工业机器人应用编程

自学·考证·上岗一本通

韩鸿鸾 宁 爽 张志慧 著

| 高级 |

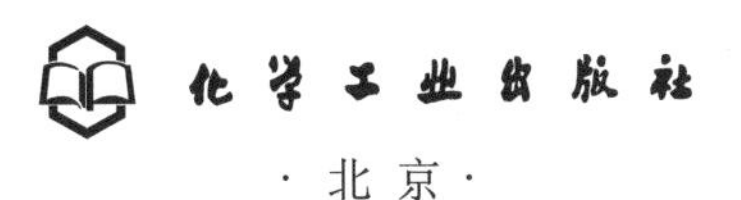

化学工业出版社
·北京·

内容简介

本书是基于“1＋X”的上岗用书，根据“工业机器人应用编程职业技能等级标准（高级）”要求而编写。

本书包括一般弧焊工业机器人工作站的现场编程、其他常见轨迹类工业机器人的现场编程、具有外轴的工作站现场编程、工业机器人生产线的设计与应用、离线编程的应用等内容。

本书适合作为工业机器人应用编程职业技能岗位（高级）的考证用书，也适合企业中工业机器人应用编程初学者学习参考。

图书在版编目（CIP）数据

工业机器人应用编程自学·考证·上岗一本通：高级/韩鸿鸾，宁爽，张志慧著. —北京：化学工业出版社，2022.4

ISBN 978-7-122-40820-4

Ⅰ.①工… Ⅱ.①韩… ②宁… ③张… Ⅲ.①工业机器人-程序设计-资格考试-自学参考资料 Ⅳ.①TP242.2

中国版本图书馆CIP数据核字（2022）第027298号

责任编辑：王 烨　　文字编辑：吴开亮

责任校对：王 静　　装帧设计：刘丽华

出版发行：化学工业出版社（北京市东城区青年湖南街13号 邮政编码100011）

印　装：三河市延风印装有限公司

787mm×1092mm 1/16 印张17 字数422千字 2022年9月北京第1版第1次印刷

购书咨询：010-64518888　　售后服务：010-64518899

网　址：http://www.cip.com.cn

凡购买本书，如有缺损质量问题，本社销售中心负责调换。

定　价：89.80元

前言

为提高职业院校人才培养质量、满足产业转型升级对高素质复合型、创新型技术技能人才的需求，国务院印发的《国家职业教育改革实施方案》提出，从2019年开始，在职业院校、应用型本科高校启动“学历证书+若干职业技能等级证书”制度试点（以下称1+X证书制度试点）工作。

1+X证书制度对彰显职业教育的类型教育特征、培养未来产业发展需要的复合型技术技能人才、打造世界职教改革发展的中国品牌具有重要意义。

1+X证书制度是深化复合型技术技能人才培养培训模式和评价模式改革的重要举措，对构建国家资历框架也具有重要意义。职业技能等级证书是1+X证书制度设计的重要内容，是一种新型证书，不是国家职业资格证书的翻版。教育部、人社部两部门目录内职业技能等级证书具有同等效力，持有证书人员享受同等待遇。

这里的“1”为学历证书，指学生在学制系统内实施学历教育的学校或其他教育机构中完成了一定教育阶段学习任务后获得的文凭。

“X”为若干职业技能等级证书，职业技能等级证书是在学生完成某一职业岗位关键工作领域的典型工作任务所需要的职业知识、技能、素养的学习后获得的反映其职业能力水平的凭证。从职业院校育人角度看，“1+X”是一个整体，构成完整的教育目标，“1”与“X”作用互补、不可分离。

在职业院校、应用型本科高校启动学历证书+ 职业技能等级证书的制度，即1+X证书制度，鼓励学生在获得学历证书的同时，积极取得多类职业技能等级证书。

本书根据“工业机器人应用编程职业技能等级标准（高级）”要求而编写，主要内容包括一般弧焊工业机器人工作站的现场编程、其他常见轨迹类工业机器人的现场编程、具有外轴的工作站现场编程、工业机器人生产线的设计和应用、离线编程的应用等。本书可满足工业机器人应用编程岗位人员的自学、考证、上岗的用书需求，对应知应会的岗位技能和“1+X”考证要求都进行了详细讲解。

本书由威海职业学院（威海市技术学院）韩鸿鸾、宁爽、张志慧著。本书在编写过程中得到了山东省、河南省、河北省、江苏省、上海市等技能鉴定部门的大力支持，在此深表谢意。

由于时间仓促，著者水平有限，书中不足之处请广大读者给予批评指正。

著者于山东威海

2022年6月

目录

第 3 章 具有外轴的工作站现场编程 / 107

第 4 章 工业机器人生产线的设计与应用 / 153

第 5 章 离线编程的应用 / 205

第1章 一般弧焊工业机器人工作站的现场编程

1.1 认识一般弧焊工业机器人工作站

1.1.1 弧焊工业机器人及其工作站

（1）机器人本体

用于焊接的工业机器人一般有3～6个自由运动轴，在末端执行器夹持焊枪，按照程序要求轨迹和速度进行移动。轴数越多，运动越灵活，目前工业装备中最常见的就是六轴多关节焊接机器人。

1）三轴工业机器人

直角坐标机器人即三轴工业机器人，又叫桁架机器人或龙门式机器人。图1-1所示为全自动三轴直角坐标系焊接机器人，它由多维直线导轨搭建而成，直线导轨由精制铝型材、齿型带、直线滑动导轨或齿轮齿条等组成。它的运动自由度仅包含三维空间的正交平移，每个运动自由度之间的空间夹角为直角，同时，在X、Y、Z三轴基础上可以扩展旋转轴和翻转轴，构成五自由度和六自由度机器人。直角坐标机器人主要特点是灵活、多功能、高可靠性、高速度、高精度、高负载，可用于恶劣的环境，便于操作维修，缺点就是只有3个自由度，加工范围及灵活性方面的局限性较大，一般用于加工小型、焊缝简单的工件。

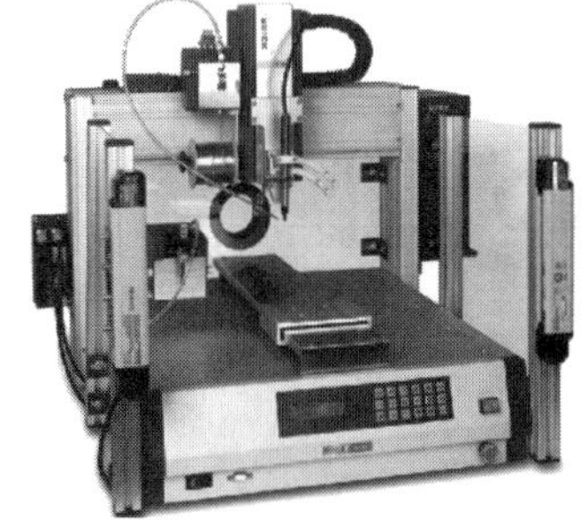

图1-1　全自动三轴焊接机器人

2）四轴工业机器人

图1-2所示为常见的两种四轴焊接机器人。四轴工业机器人的手臂部分可以在一个几何平面内自由移动，前两个关节可以在水平面上左右自由旋转，第三个关节可以在垂直平面内

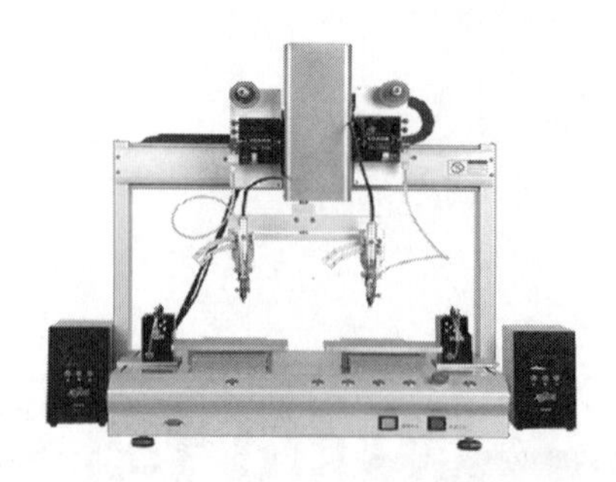

图 1-2　四轴焊接机器人

向上和向下移动或围绕其垂直轴旋转，但不能倾斜。这种独特的设计使四轴机器人具有很强的刚性，从而使它们能够胜任高速和高重复性的工作。

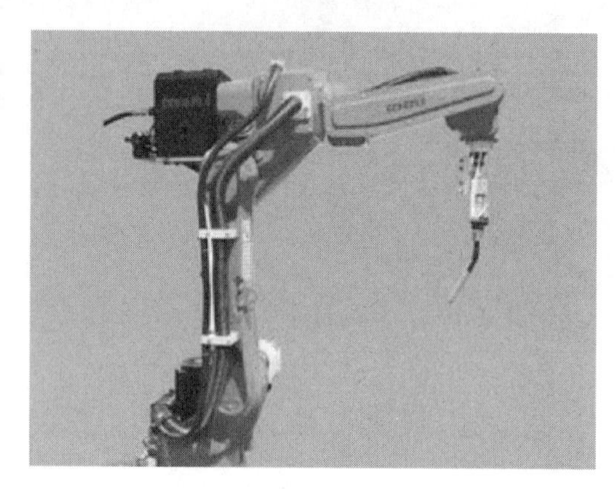

图 1-3　五轴焊接机器人

3）五轴工业机器人

五轴工业机器人（图 1-3）可以在 X、Y、Z 三个方向进行转动，可以依靠基座上的轴实现转身的动作，同时手部有灵活转动的轴，可以实现运动机构的升降、伸缩、旋转等多个独立运动方式，相比四轴机器人更加灵活。

4）六轴工业机器人

图 1-4 列举了部分品牌的六轴焊接机器人。六轴工业机器人是目前工业生产中装备最多的机型。六轴机器人的第一个关节轴能像四轴机器人一样在水平面自由旋转，后两个关节轴能在垂直平面移动。此外，六轴机器人有一个“手臂”，两个“腕”关节，这让它具有类似人类手臂和手腕的活动能力。它可以穿过 X、Y、Z 轴，同时每个轴可以独立转动，与五轴机器人的最大区别就是增加了一个可以自由转动的轴。因此六轴工业机器人更加灵活高效，其能够深入的工作领域自然就变得更加广泛。

（2）工作站

焊接机器人工作站是焊接机器人工作的一个单元，按照机器人与辅助设备的组合形式及协作方式大体可以分为简易焊接机器人工作站、焊接机器人＋变位机组合的工作站（非协同作业）、焊接机器人与辅助设备协同作业的工作站。其中，焊接机器人与周边设备协同作业的工作站是指机器人与变位机之间，或不同机器人之间，通过协调与合作共同完成作业任务的工作站。这一类工作站依据协调方式的不同，又可以分为非同步工作站和同步协作工作站。非同步工作站中，焊接机器人与周边设备不同时运动，运动关系和轨迹规划内容比较简单，所能完成的任务也比较简单。对一些复杂的作业任务，必须依靠机器人与周边设备在作业过程中同步协调运动，共同完成作业任务，此时机器人与周边设备的协调运动是同步工作站必须要解决的问题。

1）简易焊接机器人工作站

在简易焊接机器人工作站（其构成如图 1-5 所示）中，工件不需要改变位姿，机器人焊枪可以直接到达加工位置，焊缝较为简单，一般没有变位机，把工件通过夹具固定在工作台上即可完成焊接操作，是一种能用于焊接生产的、最小组成的焊接机器人系统。这种类型的

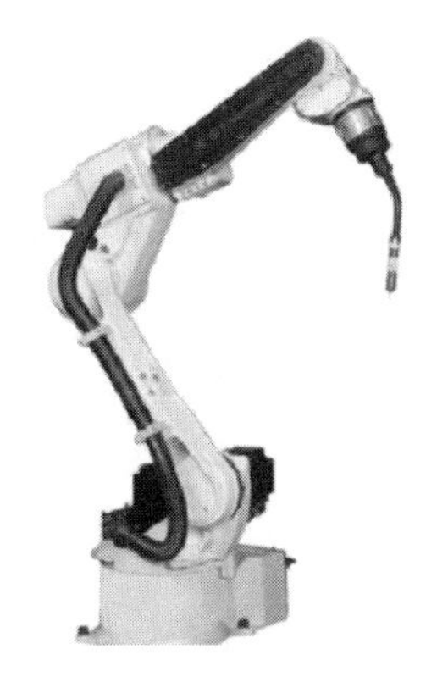

(a) BA006川崎焊接机器人

(b) 安川MA1400焊接机器人

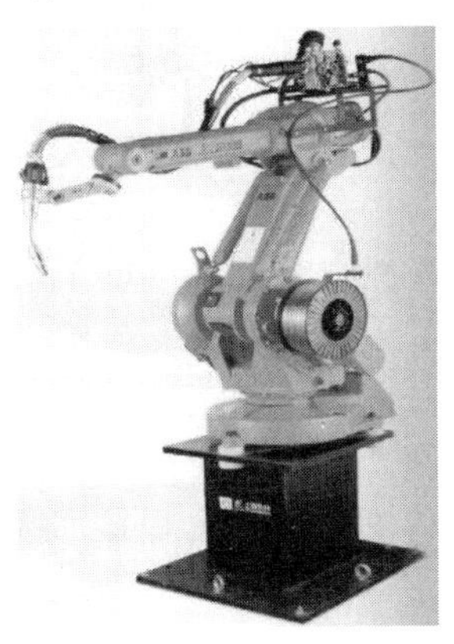

(c) ABB1410机器人

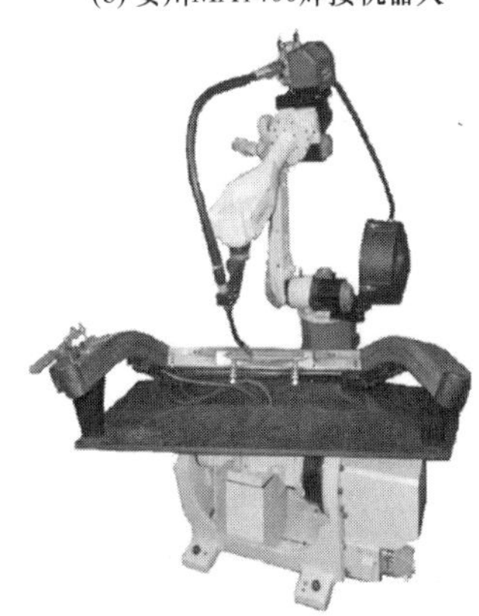

(d) FANUC M-10iA

图 1-4　六轴焊接机器人

工作站的主要结构包括焊接机器人系统、工作台、工装夹具、围栏、安全保护设施和排烟系统等部分，另外根据需要还可安装焊枪喷嘴清理及剪丝装置。该工作站设备操作简单，成本较低，故障率低，经济效益好；但是，由于工件是固定的，无法改变位置，因此无法应用在复杂焊缝的工况中。

2）焊接机器人＋变位机组合的工作站（非协同作业）

这类工作站是目前装备应用较广的一种焊接系统。非协同作业主要是指变位机和机器人不协同作业，变位机仅用来夹持工件并根据焊接需要改变工件的姿态。它在结构上比简易焊接机器人工作站要复杂一些，变位机与焊接机器人也有多种不同的组合形式。

① 回转工作台＋焊接机器人工作站　图 1-6 所示为常见的回转工作台＋焊接机器人工作站，这种类型的工作站与简易焊接机器人工作站结构相类似，区别在于焊接时工件需要通过变位机的旋转而改变位置。变位机只做回旋运动，因此，常选用两分度的回转工作台（1轴）只做正反 180°回转。

回转工作台的运动一般不由机器人控制柜直接控制，而是由另外的可编程控制器（PLC）来控制。当机器人焊接完一个工件后，通过其控制柜的 I/O 端口给 PLC 一个信号，PLC 按预定程序驱动伺服电机或气缸使工作台回转。工作台回转到预定位置后将信号传给机器人控制柜，调出相应程序进行焊接。

② 旋转-倾斜变位机＋焊接机器人工作站　在焊接加工中，有时为获得理想的焊枪姿态及路径，需要工件做旋转或倾斜变位，这就需要配置旋转-倾斜变位机，通常为两轴变位机。

图 1-5　简易焊接机器人工作站

图 1-6　回转工作台＋焊接机器人工作站

在这种工作站的作业中，焊件既可以旋转（自转）运动，也可以做倾斜变位，图 1-7 所示为一种常见的旋转-倾斜变位机＋焊接机器人工作站。

这种类型的外围设备一般都是由 PLC 控制，不仅控制变位机正反 180°回转，还要控制工件的倾斜、旋转或分度的转动。在这种类型的工作站中，机器人和变位机不是协调联动的，即当变位机工作时，机器人是静止的，机器人运动时变位机是不动的。所以编程时，应先让变位机使工件处于正确焊接位置后，再由机器人来焊接作业，再变位，再焊接，直到所有焊缝焊完为止。旋转-倾斜变位机＋焊接机器人工作站比较适合焊接那些需要变位的较小型工件，应用范围较为广泛，在汽车、家用电器等生产中常常采用这种方案的工作站，具体结构会因加工工件不同有差别。

③ 翻转变位机＋焊接机器人工作站　图 1-8 所示为翻转变位机＋焊接机器人工作站，在这类工作站的焊接作业中，工件需要翻转一定角度以满足机器人对工件正面、侧面和反面的焊接。翻转变位机由头座和尾座组成，一般头座转盘的旋转轴由伺服电机通过变速箱驱动，采用码盘反馈的闭环控制，可以任意调速和定位，适用于长工件的翻转变位。

图 1-7　旋转-倾斜变位机＋焊接机器人工作站

图 1-8　翻转变位机＋焊接机器人工作站

④ 龙门架＋焊接机器人工作站　图 1-9 是龙门架＋焊接机器人工作站中一种较为常见的组合形式。为增加机器人的活动范围采用倒挂焊接机器人的形式，可以根据需要配备不同类型的龙门机架，图 1-9 中配备的是一台三轴龙门机架。龙门机架的结构要有足够的刚度，各轴都由伺服电机驱动、码盘反馈闭环控制，其重复定位精度必须要求达到与机器人相当的水平。龙门机架配备的变位机可以根据加工工件来选择，图 1-9 中就是配备了一台翻转变位

机。对不要求机器人和变位机协调运动的工作站，机器人和龙门机架分别由两个控制柜控制，因此在编程时必须协调好龙门机架和机器人的运行速度。一般这种类型的工作站主要用来焊接中大型结构件的纵向长直焊缝。

⑤ 轨道式焊接机器人工作站　轨道式焊接机器人工作站的形式如图 1-10 所示，一般焊接机器人在滑轨上做往返移动增加了作业空间。这种类型的工作站主要焊接中大型构件，特别是纵向长焊缝/纵向间断焊缝、间断焊点等，变位机的选择是多种多样的，一般配备翻转变位机的居多。

图 1-9　龙门架＋焊接机器人工作站

图 1-10　轨道式焊接机器人工作站

（3）清枪装置

机器人在施焊过程中焊钳的电极头氧化磨损，焊枪喷嘴内外残留的焊渣及焊丝干伸长的变化等势必影响产品的焊接质量及其稳定性。如图 1-11 所示，焊枪自动清枪站主要包括焊枪清洗机、喷硅油/防飞溅装置和焊丝剪断装置组成。焊枪清洗机主要功能是清除喷嘴内表面的飞溅，以保证保护气体的通畅；喷硅油/防飞溅装置喷出的防溅液可以减少焊渣的附着，降低维护频率；焊丝剪断装置主要用于利用焊丝进行起始点检测的场合，以保证焊丝的干伸长度一定，提高检出的精度和起弧的性能，其结构如图 1-12 所示，表 1-1 为清枪动作程序点说明。

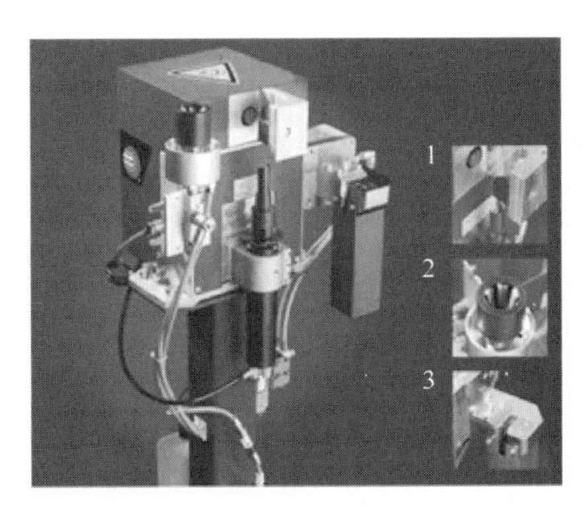

图 1-11　焊枪自动清枪站

1—焊枪清洗机；2—喷化器；3—剪丝机构

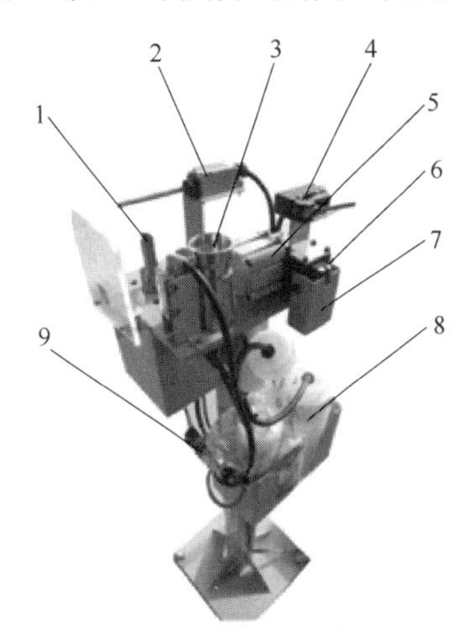

图 1-12　剪丝清洗装置

1—清渣头；2—清渣电机开关；3—喷雾头；4—剪丝气缸开关；5—剪丝气缸；6—剪丝刀；7—剪丝收集盒；8—润滑油瓶；9—电磁阀

表 1-1　清枪动作程序点说明

程序点	说　明	程序点	说　明	程序点	说　明
程序点 1	移向剪丝位置	程序点 6	移向清枪位置	程序点 11	喷油前一点
程序点 2	剪丝前一点	程序点 7	清枪前一点	程序点 12	喷油位置
程序点 3	剪丝位置	程序点 8	清枪位置	程序点 13	喷油前一点
程序点 4	剪丝前一点	程序点 9	清枪前一点	程序点 14	焊枪抬起
程序点 5	焊枪抬起	程序点 10	焊枪抬起	程序点 15	回到原点位置

1.1.2　弧焊工业机器人工作站的作业规划

以图 1-13 焊接工件为例，采用在线示教方式为机器人输入 *AB*、*CD* 两段弧焊作业程序，加强对直线、圆弧的示教。其程序点说明见表 1-2，作业示教流程如图 1-14 所示。

表 1-2　程序点说明

程序点	说　明	程序点	说　明	程序点	说　明
程序点 1	作业临近点	程序点 4	作业过渡点	程序点 7	焊接中间点
程序点 2	焊接开始点	程序点 5	焊接开始点	程序点 8	焊接结束点
程序点 3	焊接结束点	程序点 6	焊接中间点	程序点 9	作业临近点

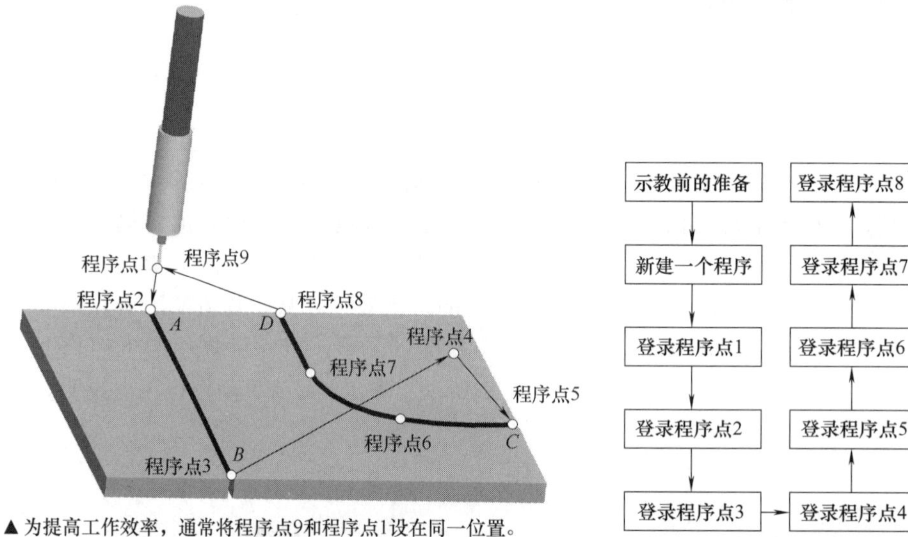

▲为提高工作效率，通常将程序点9和程序点1设在同一位置。

图 1-13　弧焊机器人运动轨迹

图 1-14　作业示教流程

（1） TCP 确定

同点焊机器人 TCP（工具中心点）设置有所不同，弧焊机器人 TCP 一般设置在焊枪尖头，而激光焊接机器人 TCP 设置在激光焦点上，如图 1-15 所示。实际作业时，需根据作业位置和板厚调整焊枪角度。以平（角）焊为例，主要采用前倾角焊（前进焊）和后倾角焊（后退焊）两种方式，如图 1-16 所示。

如板厚相同，基本上为 10°～25°；如焊枪立得太直或太倒，则难以产生熔深。前倾角焊接时，焊枪指向待焊部位，焊枪在焊丝后面移动，因电弧具有预热效果，焊接速度较快，熔深浅、焊道宽，所以一般薄板的焊接采用此法；而后倾角焊接时，焊枪指向已完成的焊缝，焊枪在焊丝前面移动，能够获得较大的熔深、焊道窄，通常用于厚板的焊接。同时，在板对板的连接之中，焊枪与坡口垂直。对对称的平角焊而言，焊枪要与拐角成 45°，如图 1-17 所示。

图 1-15　弧焊机器人工具中心点

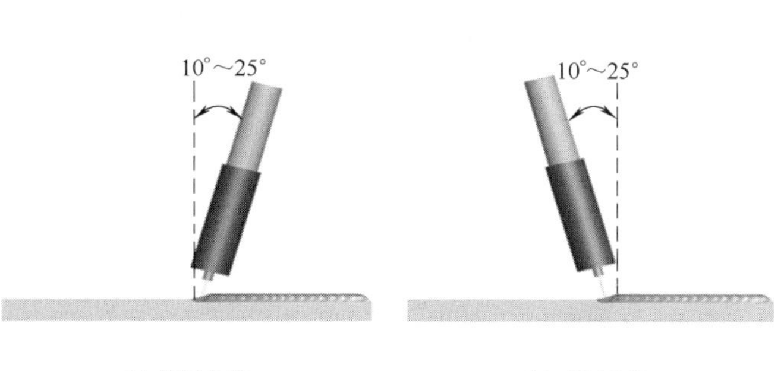

图 1-16　前倾角焊和后倾角焊

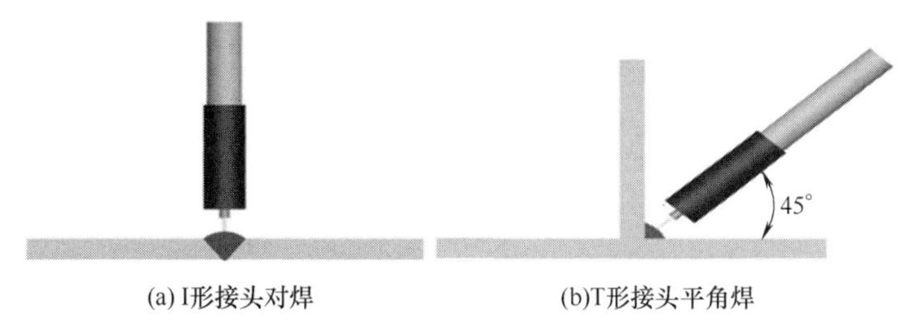

图 1-17　焊枪作业姿态

（2）操作

1）示教前的准备

① 工件表面清理。

② 工件装夹。

③ 安全确认。

④ 机器人原点确认。

2）新建作业程序

点按示教器的相关菜单或按钮，新建一个作业程序“Arc_sheet”。

3）程序点的登录

弧焊作业示教如表 1-3 所示，手动操纵机器人分别移动到程序点 1～程序点 9 位置。作业位置附近的程序点 1 和程序点 9 要处于与工件、夹具互不干涉的位置。

表 1-3　弧焊作业示教

程序点	示教方法
程序点 1 （作业临近点）	①手动操纵机器人要领移动机器人到作业临近点，调整焊枪姿态 ②将程序点属性设定为“空走点”，插补方式选择“直线插补” ③确认保存程序点 1 为作业临近点
程序点 2 （焊接开始点）	①保持焊枪姿态不变，移动机器人到直线作业开始点 ②将程序点属性设定为“焊接点”，插补方式选择“直线插补” ③确认保存程序点 2 为直线焊接开始点 ④如有需要，手动插入弧焊作业命令
程序点 3 （焊接结束点）	①保持焊枪姿态不变，移动机器人到直线作业结束点 ②将程序点属性设定为“空走点”，插补方式选择“直线插补” ③确认保存程序点 3 为直线焊接结束点
程序点 4 （作业过渡点）	①保持焊枪姿态不变，移动机器人到作业过渡点 ②将程序点属性设定为“空走点”，插补方式选择“PTP” ③确认保存程序点 4 为作业临近点

续表

程序点	示教方法
程序点 5 (焊接开始点)	①保持焊枪姿态不变,移动机器人到圆弧作业开始点 ②将程序点属性设定为"焊接点",插补方式选择"圆弧插补" ③确认保存程序点 5 为圆弧焊接开始点
程序点 6 (焊接中间点)	①保持焊枪姿态不变,移动机器人到圆弧作业中间点 ②将程序点属性设定为焊接点,插补方式选择"圆弧插补" ③确认保存程序点 6 为圆弧焊接中间点
程序点 7 (焊接中间点)	①保持焊枪姿态不变,移动机器人到圆弧作业结束点 ②将程序点属性设定为"焊接点",插补方式选择"圆弧插补" ③确认保存程序点 7 为圆弧焊接结束点
程序点 8 (焊接结束点)	①保持焊枪姿态不变,移动机器人到直线作业结束点 ②将程序点属性设定为"空走点",插补方式选择"直线插补" ③确认保存程序点 8 为直线焊接结束点
程序点 9 (作业临近点)	①保持焊枪姿态不变,移动机器人到作业临近点 ②将程序点属性设定为"空走点",插补方式选择"PTP" ③确认保存程序点 9 为作业临近点

1.2 弧焊工作站的现场编程

1.2.1 运动触发指令

（1）触发输出信号——TriggIO

1）书写格式

TriggIO TriggDate，Distance [\ Start] [\ Time] [\ Dop] [\ Gop] [\ Aop] [\ ProcID]，SetValue，[\ DODelay]；

[\ TriggDate]：触发变量名称，(triggdate)

Distance：触发距离 mm，(num)

[\ Start]：触发起始开关，(switch)

[\ Time]：时间触发开关，(switch)

[\ Dop]：触发数字输出，(signaldo)

[\ Gop]：触发组合输出，(signalgo)

[\ Aop]：触发模拟输出，(signalao)

[\ ProcID]：过程处理触发，(num)

SetValue：相应信号值，(num)

[\ DODelay]：数字输出延迟，(num)

2）应用

机器人可以在运动时通过触发指令精确地输出相应信号，当前指令用于定义触发性质，此指令必须与其他触发指令（TriggJ、TriggL 或 TriggC）同时使用才有意义。同机器人指令 TriggEquip 比较，多了时间控制功能，少了外部设备触发延迟功能，通常用于喷涂、涂胶等行业。参变量 [\ Start] 表示以运动起始点触发基准点，默认为运动终止点；参变量 [\ Time] 以时间来控制触发，允许最大时间为 0.5s；参变量 [\ ProcID]，正常情况下用户无法自行使用，此参变量用于 IPM 过程处理。

图 1-18 所示为 TriggIO 应用图形一，其程序如下。

VAR triggdate gunon;

TriggIO gunon,10\Dop:=gun,1;

TriggL p1,v500,gunon,z50,gun1;

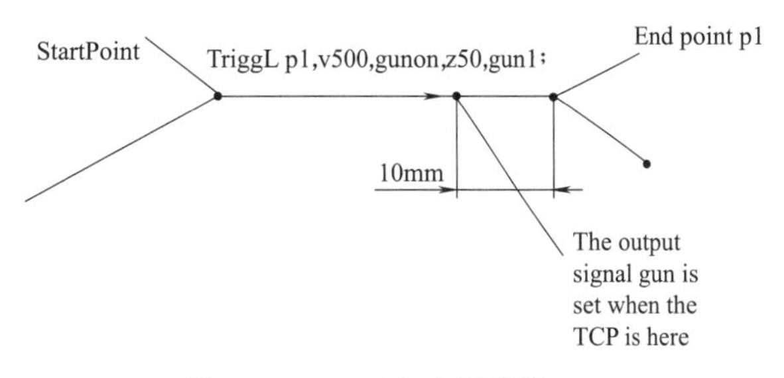

图 1-18 TriggIO 应用图形一

图 1-19 所示为 TriggIO 应用图形二，其程序如下。

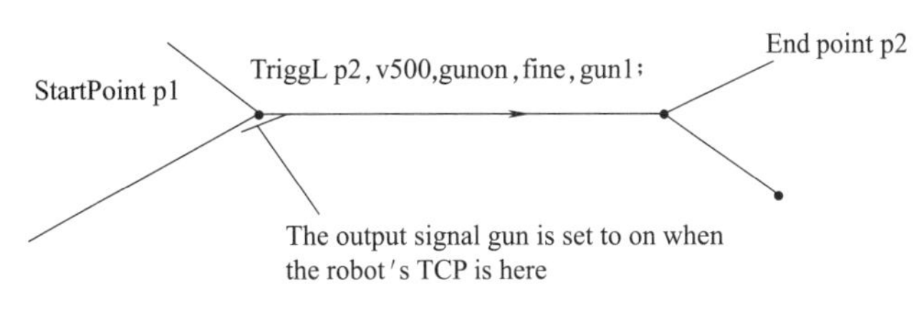

图 1-19 TriggIO 应用图形二

VAR triggdate gunon;

TriggIO gunon,0\Start\Dop:=gun,1;

MoveJ p1,v500,z50,gun1;

TriggL p2,v500,gunon,z50,gun1;

3）限制

① 当前指令使用参变量［\ Time］可以提高信号输出精度，此参变量以目标点为基准，使用固定的目标点 fine 比转角 zone 精度高，一般情况下，此参变量采用固定目标点。

② 参变量［\ Time］设置的时间应小于机器人开始减速时间（最大 0.5s），例如：运行速度 为 500mm/s，IRB2400 为 150ms，IRB6400 为 250ms，在设置时间超过减速时间的情况下，实际控制时间会缩短，但不会对正常的运行造成影响。

（2）触发中断程序——TriggInt

1）书写格式

TriggInt TriggDate，Distance［\ Start］［\ Time］，Interrupt;

［\ TriggDate］：触发变量名称，（triggdate）

Distance：触发距离 mm，（num）

［\ Start］：触发起始开关，（switch）

［\ Time］：时间触发开关，（switch）

Interrupt：触发中断名称，（intnum）

2）应用

机器人可以在运动时通过触发指令精确地进入中断处理，当前指令用于定义触发性质，此指令必须与其他触发指令（TriggJ、TriggL 或 TriggC）同时使用才有意义，通常用于喷涂、涂胶等行业。参变量［\ Start］表示以运动起始点触发基准点，默认为运动终止点，参变量［\ Time］以时间来控制触发，允许最大时间为 0.5s。

3）限制

① 正常情况下，当前指令从触发中断到得到响应，有 5～120ms 的延迟，用指令 TriggIO 或 TriggEquip 控制信号输出效果更佳。

② 当前指令使用参变量［\ Time］可以提高中断触发精度，此参变量以目标点为基准，使用固定的目标点 fine 比转角 zone 精度高，一般情况下，此参变量采用固定目标点。

③ 参变量［\ Time］设置的时间应小于机器人开始减速时间（最大 0.5s）。例如：运行速度为 500mm/s，IRB2400 为 150ms，IRB6400 为 250ms，在设置时间超过减速时间的情况下，实际控制时间会缩短，但不会对正常的运行造成影响。

图 1-20 所示为 TriggInt 的应用图形，其程序如下。

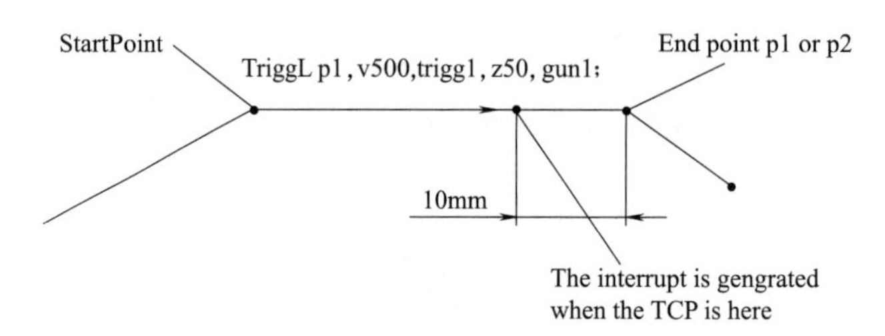

图 1-20　TriggInt 的应用图形

```
VAR intnum intno1;
VAR triggdate Trigg1;
CONNECT intno1 WITH trap1;
TriggInt trigg1, 5, intno1;
TriggL p1, v500, trigg1, z50, gun1;
TriggL p2, v500, gunon, z50, gun1;
Idelete intno1;
```

（3）指定位置触发指令——TriggEquip

1）书写格式

TriggEquip TriggDate，Distance［\ Start］，EquipLag，［\ Dop］［\ Gop］［\ Aop］［\ ProcID］，SetValue，［\ Inhib］；

［\ TriggDate］：触发变量名称，（triggdate）

Distance：触发距离 mm，（num）

［\ Start］：触发起始开关，（switch）

EquipLag：触发延迟补偿 s，（num）

［\ Dop］：触发数字输出，（signaldo）

［\ Gop］：触发组合输出，（signalgo）

［\ Aop］：触发模拟输出，（signalao）

［\ ProcID］：过程处理触发，（num）

SetValue：相应信号值，（num）

［\ Inhib］：信号抑止数据，（bool）

2）应用

机器人可以在运动时通过触发指令精确地输出相应信号，当前指令用于定义触发性质，此指令必须与其他触发指令（TriggJ、TriggL 或 TriggC）同时使用才有意义。同机器人指令 TriggIO 比较，多了外部设备触发延迟功能，少了时间控制功能，通常用于喷涂、涂胶等行业。参变量［\ Start］表示以运动起始点触发基准点，默认为运动终止点，如图 1-21 所示。参变量［\ ProcID］，正常情况下用户无法自行使用，此参变量用于 IPM 过程处理。当参变量［\ Inhib］值为 TRUE，在触发点所有输出信号（AO，GO，DO）将被置为 0。

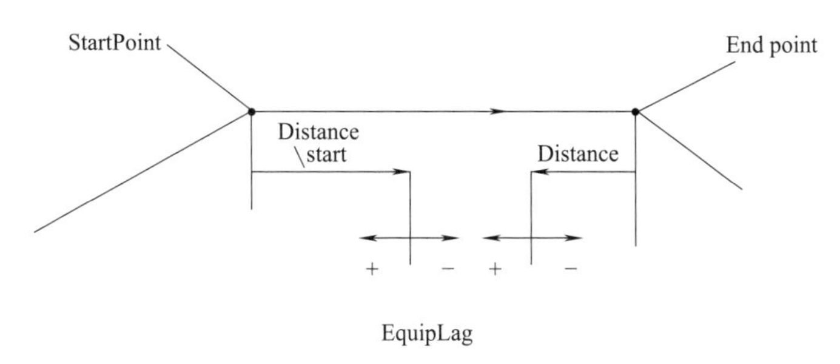

图 1-21 参变量［\ Start］的应用

图 1-22 所示为 TriggEquip 的应用图形，其程序如下。

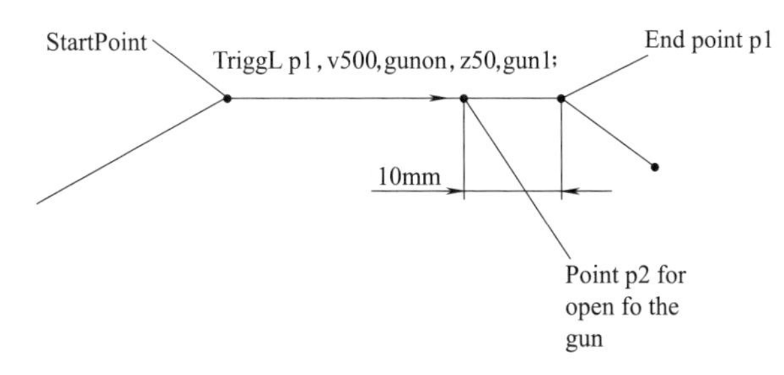

图 1-22 TriggEquip 的应用图形

VAR triggdate gunon；

TriggEquip gunon，10，0.1 \ Dop：=gun，1；

TriggL p1，v500，gunon，z50，gun1；

3）限制

① 当前指令通过触发延迟可以提高信号输出精度，设置的时间应小于机器人开始减速的时间（最大 0.5s），例如：运行速度为 500mm/s，IRB2400 为 150ms，IRB6400 为 250ms。在设置时间超过减速时间的情况下，实际时间会缩短，但不会对正常的运行造成影响。

② 触发延迟 EquipLag 值应小于系统参数内 Event Preset Time 配置值，默认为 60ms。

③ 如果触发延迟 EquipLag 值大于系统参数内 Event Preset Time 配置值，需要使用指令 SingArea \ Wrist。

（4）触发关节运动——TriggJ

1）书写格式

TriggJ［\ Conc］ToPoint speed［\ T］Trigg_1［\ T2］［\ T3］［\ T4］Zone Tool［\ Wobj］；

Trigg_1：触发变量名称，（triggdate）

［\ T2］：触发变量名称，（triggdate）

[\ T3]：触发变量名称，(triggdate)

[\ T4]：触发变量名称，(triggdate)

2）应用

机器人可以在运动时通过该触发指令在确定的位置输出某个信号或触发某个中断，同时机器人进行一个圆滑的过渡路径；需与指令 TriggIO、TriggInt、TriggEquip 等联合使用才有意义，总共可定义 4 个触发事件。

3）限制

① 当前指令通过触发延迟可以提高信号输出精度，设置的时间应小于机器人开始减速的时间（最大 0.5s），例如：运行速度为 500mm/s，IRB2400 为 150ms，IRB6400 为 250ms，在设置时间超过减速时间的情况下，实际时间会缩短，但不会对正常的运行造成影响。

② 触发延迟 EquipLag 值应小于系统参数内 Event Preset Time 配置值，默认为 60ms。

③ 如果触发延迟 EquipLag 值大于系统参数内 Event Preset Time 配置值，需要使用指令 SingArea \ Wrist。

1.2.2 区域检测（WorldZones）的 I/O 信号设定

WorldZones 选项是用于设定一个空间直接与 I/O 信号关联起来。可限制其活动空间，否则机器人的 I/O 信号立即发生变化并进行互锁（可由 PLC 编程实现）。

WorldZone 是用于控制机器人在进入一个指定区域后停止或输出一个信号。此功能可应用于两个工业机器人协同运动时设定保护区域；也可以应用于如压铸机开合模区域设置等方面。当工业机器人进入指定区域时，给外围设备输出信号。WorldZone 形状有矩形、圆柱形、关节位置型等类型，可以定义长方体两角点的位置来确定进行监控的区域设定。

使用 WorldZones 选项时，关联一个数字输出信号，该信号设定时，在一般的设定基础上需要增加参数级别选项。

① All：最高存储级别，自动状态下可修改。

② Default：系统默认级别，一般情况下使用。

③ ReadOnly：只读，在某些特定的情况下使用。在 WorldZones 功能选项中，当机器人进入区域时输出的这个 I/O 信号为自动设置，不允许人为干预，所以需要将此数字输出信号的存储级别设定为 ReadOnly。

（1）与 WorldZones 有关的程序数据

在使用 WorldZones 选项时，除常用的程序数据外，还会用到表 1-4 所示的程序数据。

表 1-4 与 WorldZones 有关的程序数据

程序数据名称	程序数据注释	程序数据名称	程序数据注释
Pos	位置数据，不包含姿态	wzstationary	固定的区域参数
ShapeData	形状数据，用来表示区域的形状	wztemporary	临时的区域参数

（2）与 WorldZones 有关的程序数据

1）WZBoxDef：矩形体区域检测设定指令

WZBoxDef 是用在大地坐标系下设定的矩形体区域检测，设定时需要定义该虚拟矩形体的两个对角点，如图 1-23 所示。

① 指令示例

```
VAR shapedata volume;
    CONST pos corner1:=[200,100,100];
    CONST pos corner2:=[600,400,400];
    …
WZBoxDef \Inside,volume,corner1,corner2;
```

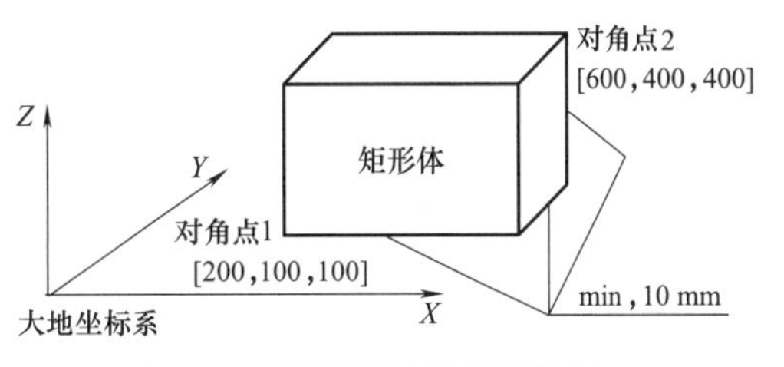

图 1-23　矩形体区域检测设定

② 指令说明（表 1-5）

表 1-5　WZBoxDef 指令说明

指令变量名称	说　　明	指令变量名称	说　　明
[\Inside]	矩形体内部值有效	Shape	形状参数
[\Outside]	矩形体外部值有效,[\Inside]和[\Outside]两者必选其一	LowPoint	对角点之一
		HighPoint	对角点之一

2）WZCylDef：圆柱体区域检测设定指令

WZCylDef 是用于在大地坐标系下设定的圆柱体区域检测，设定时需要定义该虚拟圆柱体的底面圆心、圆柱体高度、圆柱体半径 3 个参数。示例如图 1-24 所示。

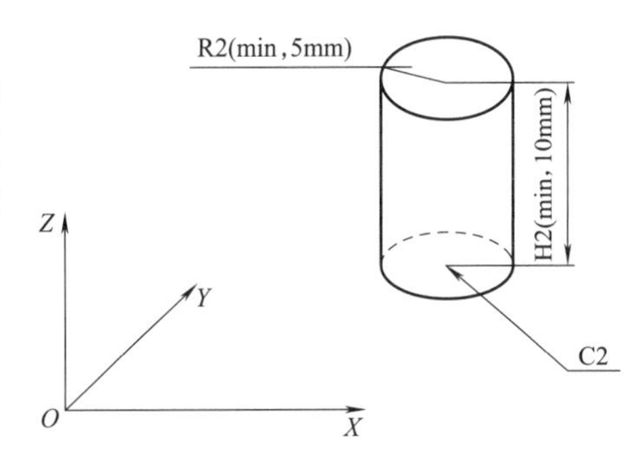

图 1-24　圆柱体区域检测设定

① 指令示例

```
VAR shapedata volume;
CONST pos C2：=[300,200,200];
CONST num R2：=100;
CONST num H2：=200;
…
WZCy1Def\Inside,volume,C2,R2,H2;
```

② 指令说明（表 1-6）

表 1-6　WZCylDef 指令说明

指令变量名称	说明	指令变量名称	说明
[\Inside]	圆柱体内部值有效	CenterPoint	底面圆心位置
[\Outside]	圆柱体外部值有效，[\ Inside]和[Outside]两者必选其一	Radius	圆柱体半径
Shape	形状参数	Height	圆柱体高度

3）WZEnable：激活临时区域检测指令

WZEnable 指令是用于激活临时区域检测。指令示例如下：

```
VAR wztemporary wzone;
…
PROC…
        WZLimSup\Temp,wzone,volume;
        MoveL p pick,v500,z40,tool1;
        WZDisable wzone;
        MoveL p place,v200,z30,tool1;
```

```
        WZEnable wzone;
        MoveL p home,v200,z30,tool1;
ENDPROC
```

4）WZDisable：激活临时区域检测指令

WZDisable 指令是用于使临时区域检测失效。指令示例如下：

```
VAR wztemporary wzone;
…
PROC…
        WZLimSup\Temp,wzone,volume;
        MoveL p pick,v500,z40,tool1;
        WZDisable wzone;
        MoveL p place,v200,z30,tool1;ENDPROC
```

注意：只有临时区域，才能使用 WZEnable 指令激活。

5）WZDOSet：区域检测激活输出信号指令

WZDOSet 是用在区域检测被激活时输出设定的数字输出信号，当该指令被执行一次后，机器人的工具中心点（TCP）接触到设定区域检测的边界时，设定好的输出信号将输出一个特定的值。

① 指令示例

```
WZDOSet\Temp,service\Inside,volume,do_service,1;
```

② 指令说明（表 1-7）

表 1-7　WZDOSet 指令说明

指令变量名称	说　明
[\Temp]	开关量，设定为临时的区域检测
[\Stat]	开关量，设定为固定的区域检测，[\Temp]和[\Stat]两者选其一
WorldZone	wztemporary 或 wzstationary
[\Inside]	开关量，当 TCP 进入设定区域时输出信号
[\Before]	开关量，当 TCP 或指定轴无限接近设定区域时输出信号，[\Inside]和[\Before]两者选其一
Shape	形状参数
Signal	输出信号名称
SetValue	输出信号设定值

（3） WorldZone 区域监控功能的使用

1）步骤

WorldZone 监控的是当前的 TCP 的坐标值，监控的坐标区域是基于当前使用的工件坐标 WOBJ 和工具坐标 TOOLDATA。一定要使用 Event Routine 中的 POWER_ON 在启动系统的时候运行一次，就会开始自动监控了，WorldZone 操作步骤见表 1-8。

2）应用 WorldZone 创建 HOME 输出信号

① 选择 608-1 World Zones 功能，如图 1-25 所示。

② 创建 routine，例如 power_on，进行相关设置，如图 1-26 所示。

③ 插入定义 worldzoneHome 位指令 WZHomeJointDef，如图 1-27、图 1-28 所示。

表 1-8　WorldZone 操作步骤

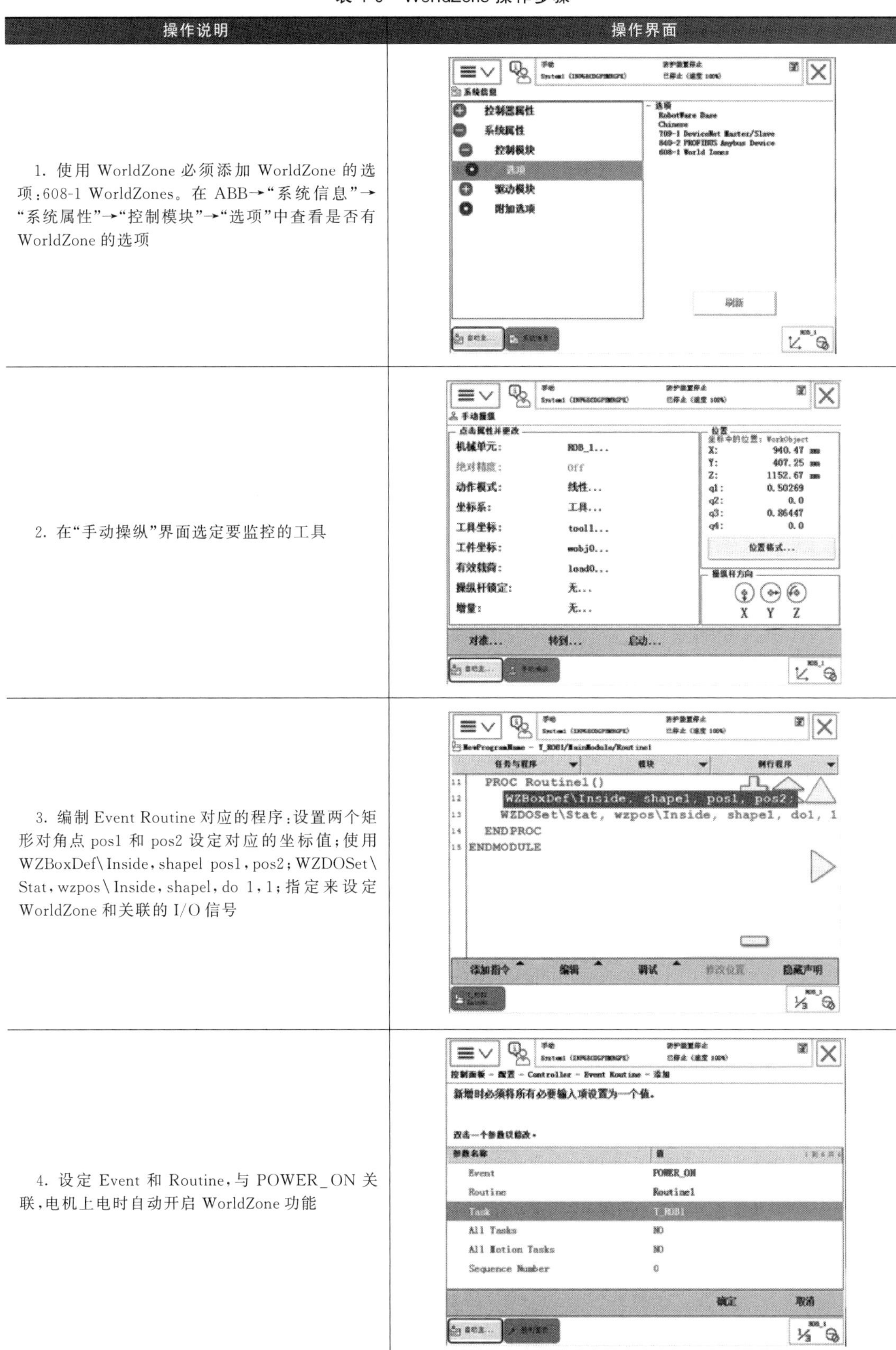

操作说明	操作界面
1. 使用 WorldZone 必须添加 WorldZone 的选项：608-1 WorldZones。在 ABB→“系统信息”→“系统属性”→“控制模块”→“选项”中查看是否有 WorldZone 的选项	
2. 在“手动操纵”界面选定要监控的工具	
3. 编制 Event Routine 对应的程序：设置两个矩形对角点 pos1 和 pos2 设定对应的坐标值；使用 WZBoxDef\Inside，shapel pos1，pos2；WZDOSet\Stat，wzpos\Inside，shapel，do 1，1；指定来设定 WorldZone 和关联的 I/O 信号	
4. 设定 Event 和 Routine，与 POWER_ON 关联，电机上电时自动开启 WorldZone 功能	

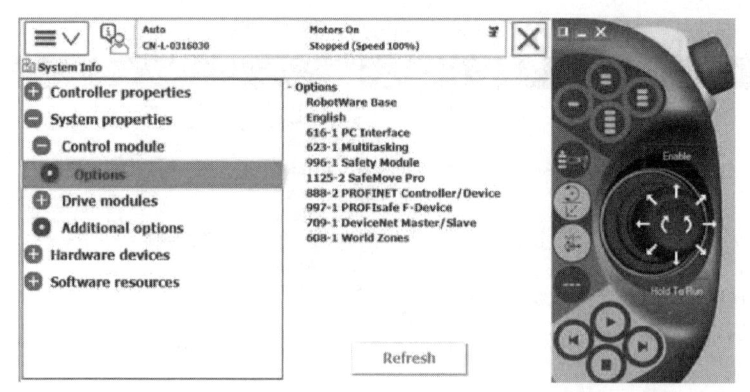

图 1-25　World Zones 功能

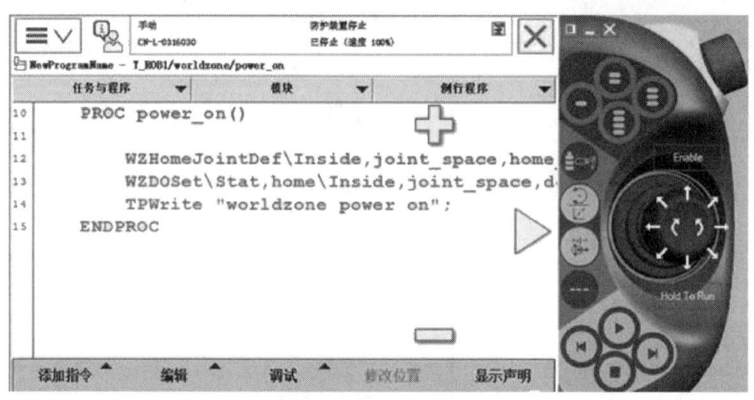

图 1-26　创建 routine

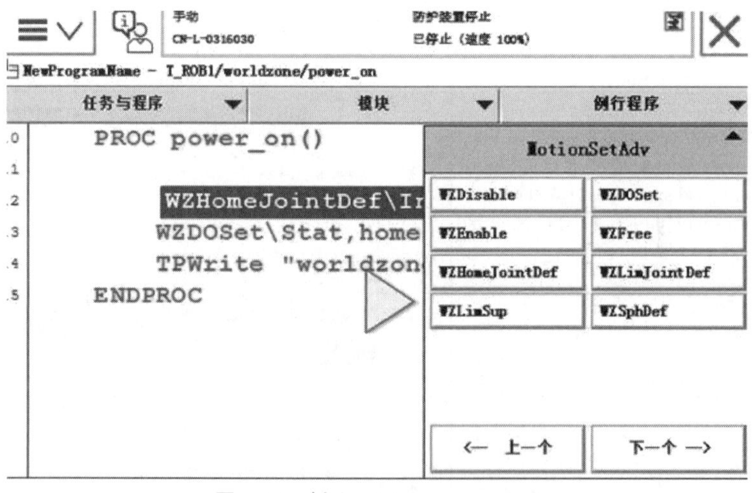

图 1-27　插入 WZHomeJointDef

其中，\Inside 表示监控机器人各轴在这个范围内，joint_space 为 shapedata，即机器人会把后续 home 点和误差构成的范围存入该数据。图 1-28 中光标位置为 Home 位，数据类型为 JointTarget，光标后的参数为每个轴的允许误差，例如 2，2，2，2，2，2 表示各轴允许基于 Home 位各轴±2°的误差。

④ 插入 WZDOSet 指令，设置对应 DO 输出，如图 1-29 所示。

其中 do_home 为设置的对应输出信号，1 表示需要输出的信号值为 1。如果机器人在

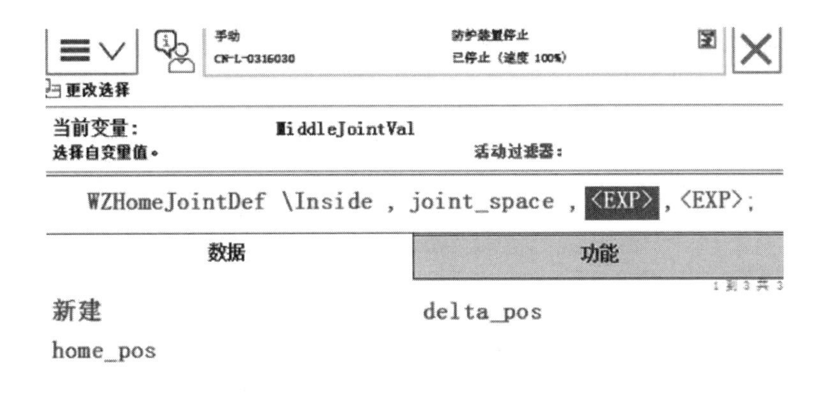

图 1-28　定义 worldzoneHome

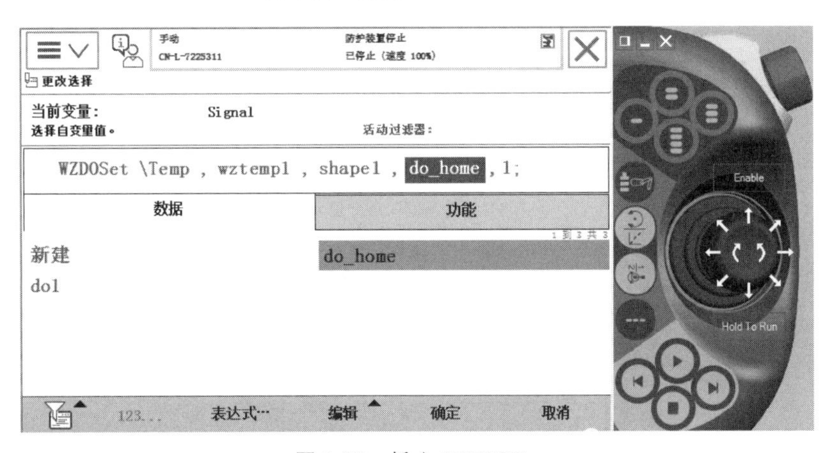

图 1-29　插入 WZDOSet

Home 区间内，输出 1；否则输出 0。

⑤ 进入“控制面板”→“配置”→I/O→signal，把 do_home 下的 Access Level 设为 ReadOnly（只读），如图 1-30 所示。

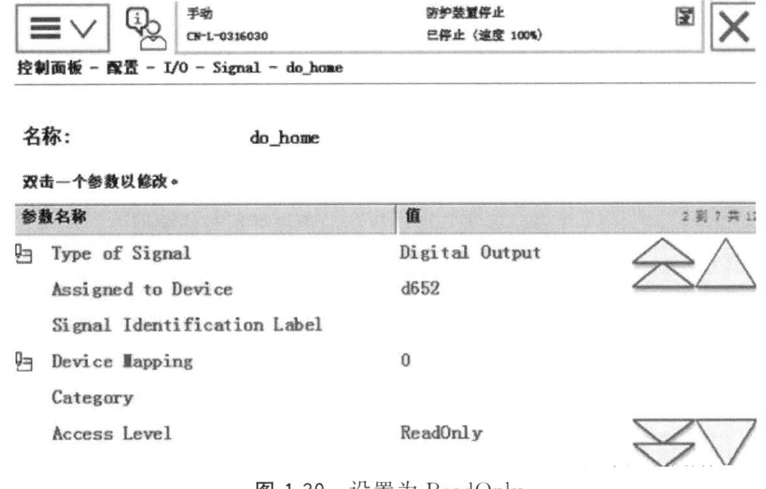

图 1-30　设置为 ReadOnly

⑥ 以上的设置语句，仅需在开机时自动运行一次即可。进入“控制面板”→“配置”→Controller 主题下，设置 Event Routine，其中 Power On 为开机事件，Routine 的 power_on 为设置 WorldZone 的程序，如图 1-31 所示。

⑦ 重启机器人。

⑧ 如果机器人在 Home 位，do_home 输出为 1；否则为 0，如图 1-32 所示。

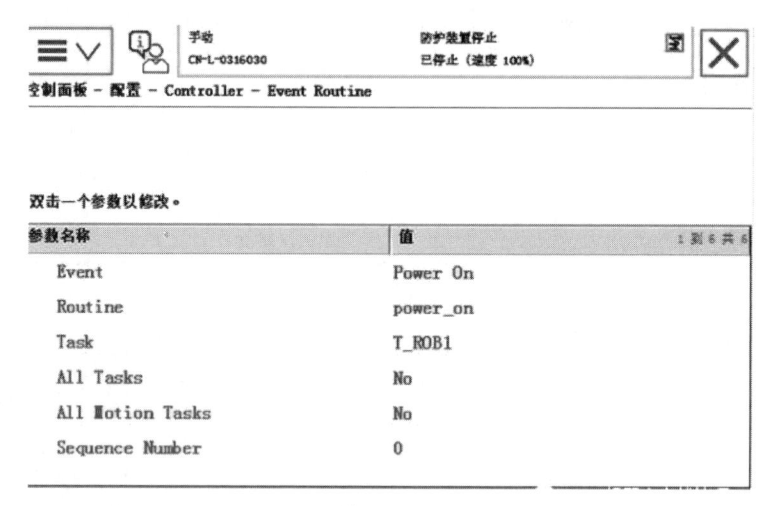

图 1-31　设置 Event Routine

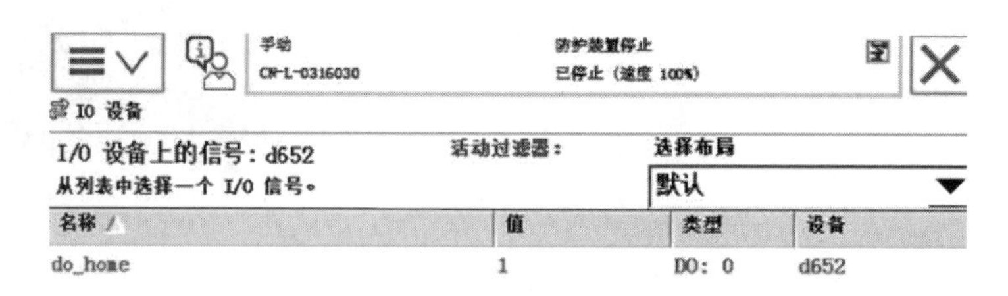

图 1-32　机器人在 Home 位

1.2.3　弧焊指令

目前，工业机器人行业四巨头（ABB、FANUC、YASKAWA、KUKA）都有相应的专业软件提供功能强大的弧焊指令，例如 ABB 的 RobotWare-Arc，KUKA 的 KUKA. ArcTech、KUKA. LaserTech、KUKA. SeamTech、KUKA TouchSense，FANUC 的 Arc Tool Softwar。可快速地将熔焊（电弧焊和激光焊）投入运行和编制焊接程序，并具有接触传感、焊缝跟踪等功能，其焊接开始与结束指令见表 1-9。现以 ABB 焊接工业机器人指令进行介绍。

表 1-9　工业机器人行业四巨头的焊接开始与结束指令

类别	弧焊作业命令			
	ABB	FANUC	YASKAWA	KUKA
焊接开始	ArcLStart/ArcCStart	Arc Start	ARCON	ARC_ON
焊接结束	ArcLEnd/ArcCEnd	Arc End	ARCOF	ARC_OFF

（1） ABB 焊接机器人运动指令

弧焊指令的基本功能与普通 Move 指令一样，可实现运动及定位，主要包括 ArcL、

ArcC、sm（seam）、wd（weld）、Wv（weave）。任何焊接程序都必须以 ArcLStart 或 ArcCStart 开始，通常我们运用 ArcLStart 作为起始语句；任何焊接过程都必须以 ArcLEnd 或 ArcCEnd 结束；焊接中间点用 ArcL 或 ArcC 语句。焊接过程中不同语句可以使用不同的焊接参数（seam data、weld data 和 wave data）。

1）直线焊接指令 ArcL（Linear Welding）

直线弧焊指令，类似于 MoveL，包含如下 3 个选项。

① ArcLStart

表示开始焊接，用于直线焊缝焊接的开始，工具中心点 TCP 线性移动到指定目标位置，整个过程通过参数进行监控和控制。ArcLStart 语句具体内容如图 1-33 所示。

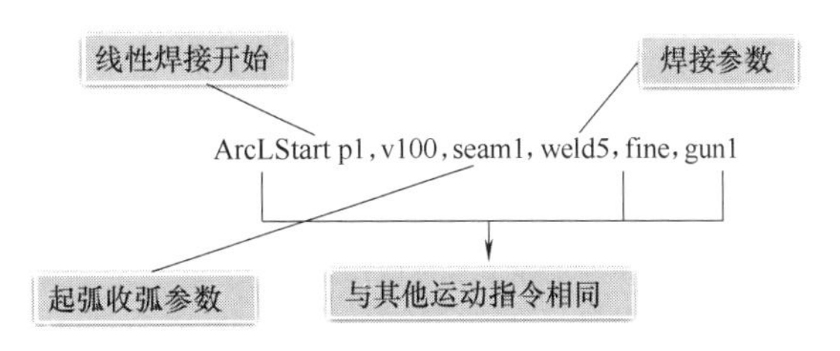

图 1-33　ArcLStart 语句具体内容

② ArcLEnd

表示焊接结束，用于直线焊缝的焊接结束，工具中心点 TCP 线性移动到指定目标位置，整个过程通过参数进行监控和控制。ArcLEnd 语句具体内容如图 1-34 所示。

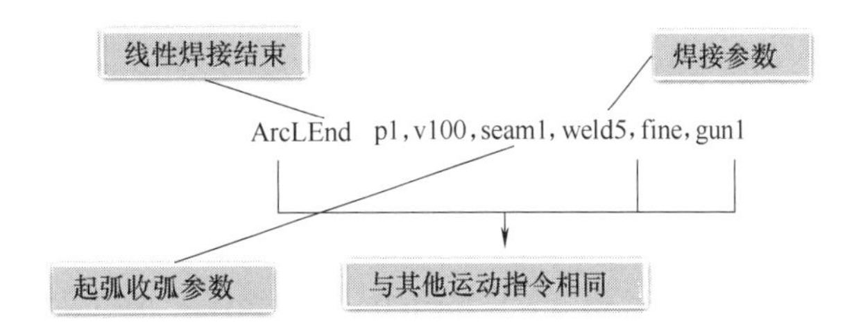

图 1-34　ArcLEnd 语句具体内容

③ ArcL

表示焊接中间点。ArcL 语句具体内容如图 1-35 所示。

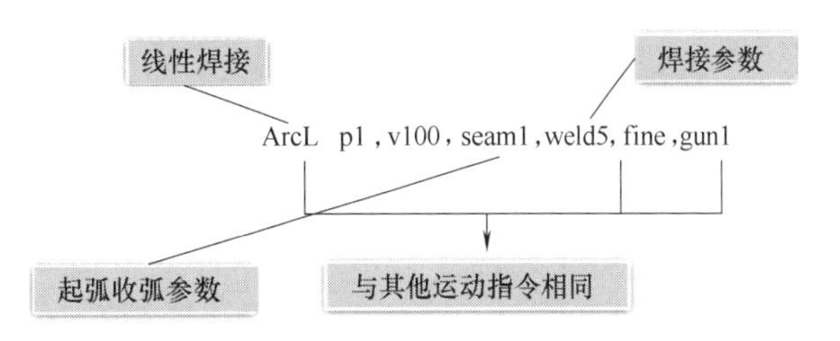

图 1-35　ArcL 语句具体内容

2）圆弧焊接指令 ArcC（Circular Welding）

圆弧弧焊指令，类似于 MoveC，包括 3 个选项。

① ArcCStart

表示开始焊接，用于圆弧焊缝的焊接开始，工具中心点 TCP 线性移动到指定目标位置，整个过程通过参数进行监控和控制。ArcCStart 语句具体内容如图 1-36 所示。

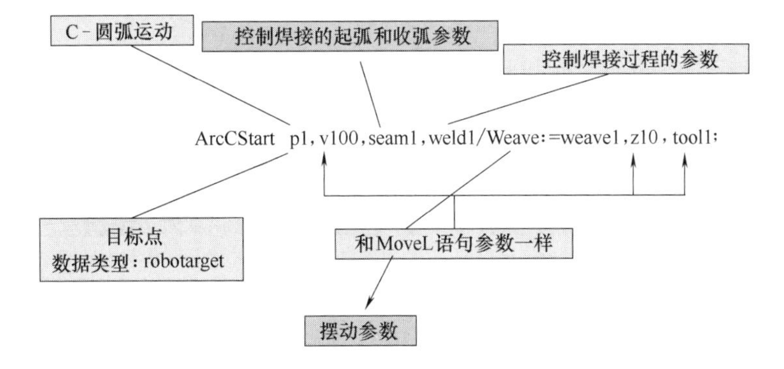

图 1-36　ArcCStart 语句具体内容

② ArcC

ArcC 用于圆弧弧焊焊缝的焊接，工具中心点 TCP 圆弧运动到指定目标位置，焊接过程通过参数控制。ArcC 语句具体内容如图 1-37 所示。

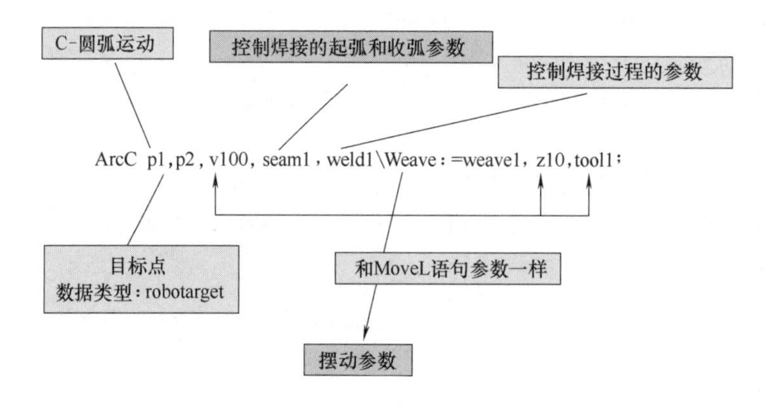

图 1-37 ArcC 语句具体内容

③ ArcCEnd

用于圆弧焊缝的焊接结束，工具中心点 TCP 圆弧运动到指定目标位置，整个焊接过程通过参数监控和控制。ArcCEnd 语句具体内容如图 1-38 所示。

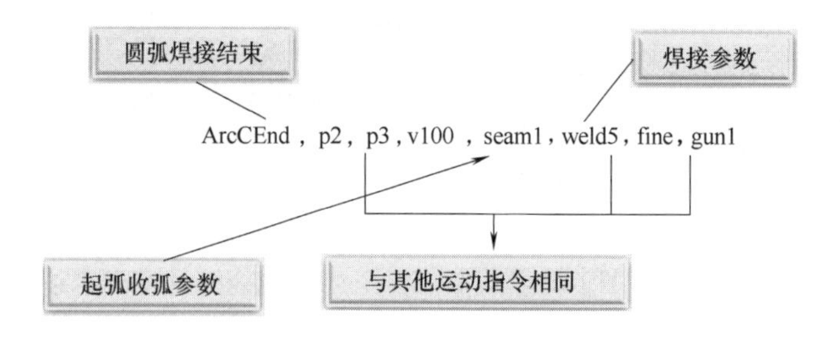

图 1-38 ArcCEnd 语句具体内容

（2）焊接程序数据的设定

焊接编程中主要包括 3 个重要的程序数据：Seamdata、Welddata 和 Weavedata。这 3 个焊接程序数据是提前设置并存储在程序数据里的，在编辑焊接指令时可以直接调用。同时，在编辑调用时也可以对这些数据进行修改。

1）Seamdata 的设定

弧焊参数的一种，定义起弧和收弧时的焊接参数，其参数说明见表 1-10。在示教器中设置 Seamdata 的操作步骤如表 1-11 所示。（二维码 4-21 参数 Seamdata 的设置）。

表 1-10 弧焊参数 Seamdata

序号	参数	说明
1	purge_time	保护气管路的预充气时间，以秒为单位，这个时间不会影响焊接的时间
2	preflow_time	保护气的预吹气时间，以秒为单位
3	bback_time	收弧时焊丝的回烧量，以秒为单位
4	postflow_time	尾送气时间，收弧时为防止焊缝氧化保护气体的吹气时间，以秒为单位

表 1-11　参数 Seamdata 的设置

操作说明	操作界面
1. 在 ABB 主菜单中点击“程序数据”	
2. 点击“视图”，点击“全部数据类型”	
3. 在“全部数据类型”中选择 seamdata，点击“显示数据”	
4. 点击“新建”，建立一个新的 seamdata 数据	

续表

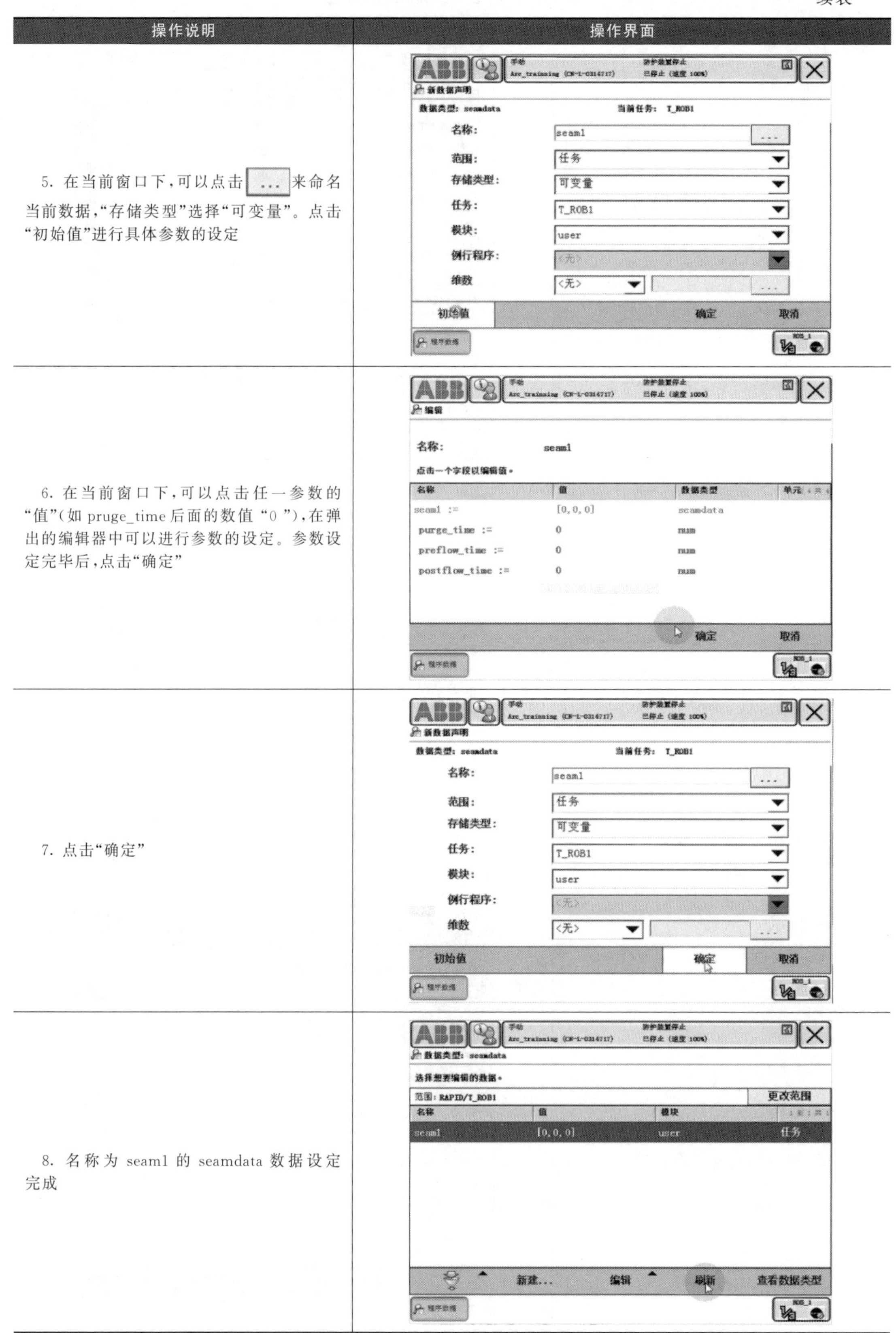

操作说明	操作界面
5. 在当前窗口下，可以点击 ... 来命名当前数据，“存储类型”选择“可变量”。点击“初始值”进行具体参数的设定	
6. 在当前窗口下，可以点击任一参数的“值”（如 pruge_time 后面的数值“0”），在弹出的编辑器中可以进行参数的设定。参数设定完毕后，点击“确定”	
7. 点击“确定”	
8. 名称为 seam1 的 seamdata 数据设定完成	

2）Welddata 的设定

弧焊参数的一种，定义焊接加工中的焊接参数，主要参数说明见表 1-12。在示教器中设置 Welddata 的操作步骤如表 1-13 所示。

表 1-12　弧焊参数 Welddata

序号	弧焊指令	指令定义的参数
1	weld_speed	焊缝的焊接速度，单位是 mm/s
2	weld_voltage	定义焊缝的焊接电压，单位是 V
3	weld_wirefeed	焊接时送丝系统的送丝速度，单位是 m/min
4	weld_speed	焊缝的焊接速度，单位是 mm/s

表 1-13　参数 Welddata 的设置

操作说明	操作界面
1. 在 ABB 主菜单中选择“程序数据”	
2. 点击“视图”，点击“全部数据类型”	
3. 在“全部数据类型”中选择 welddata，点击“显示数据”	

续表

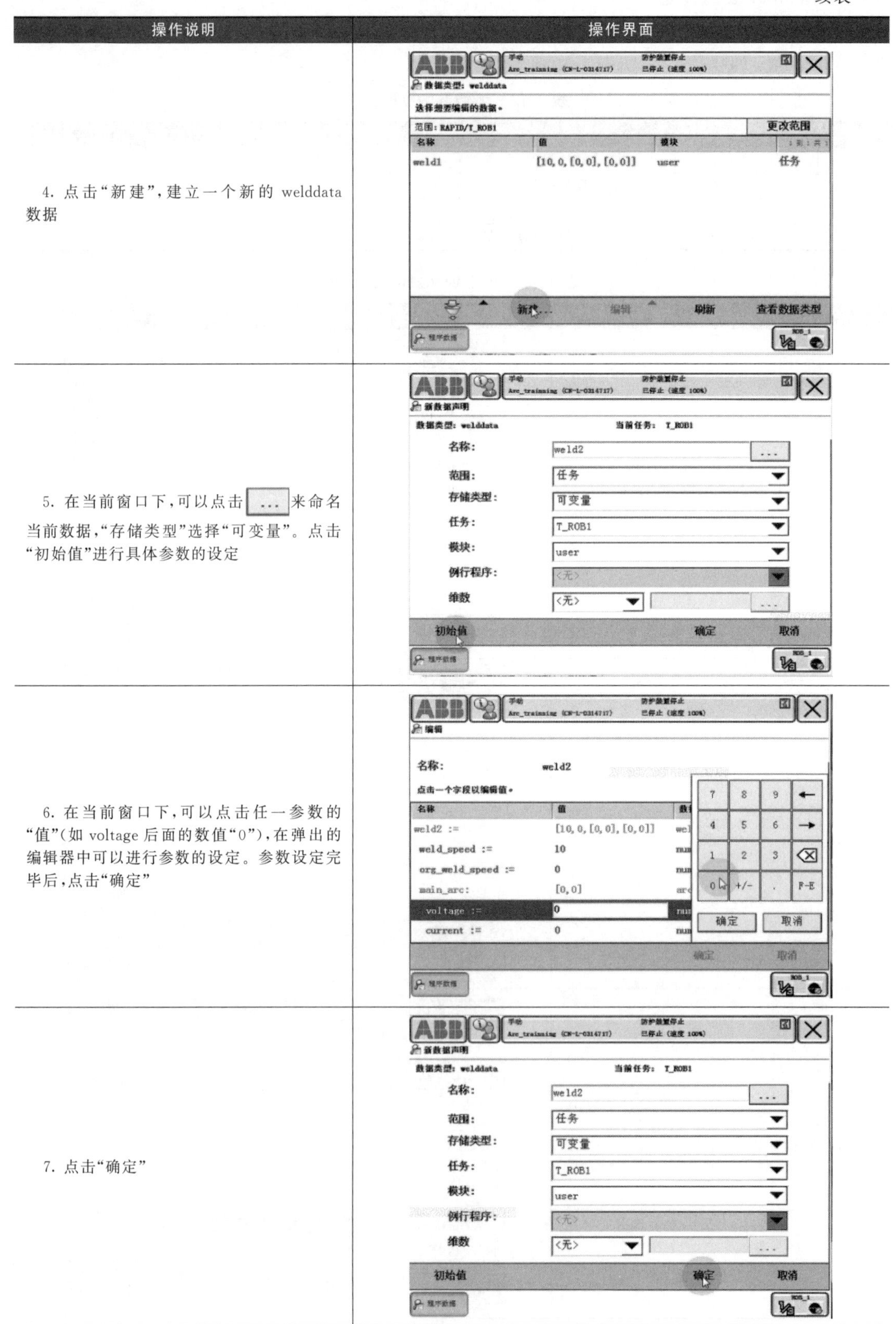

操作说明	操作界面
4. 点击“新建”，建立一个新的 welddata 数据	
5. 在当前窗口下，可以点击 ... 来命名当前数据，“存储类型”选择“可变量”。点击“初始值”进行具体参数的设定	
6. 在当前窗口下，可以点击任一参数的“值”（如 voltage 后面的数值“0”），在弹出的编辑器中可以进行参数的设定。参数设定完毕后，点击“确定”	
7. 点击“确定”	

续表

操作说明	操作界面
8. 名称为 weld2 的 welddata 数据设定完成	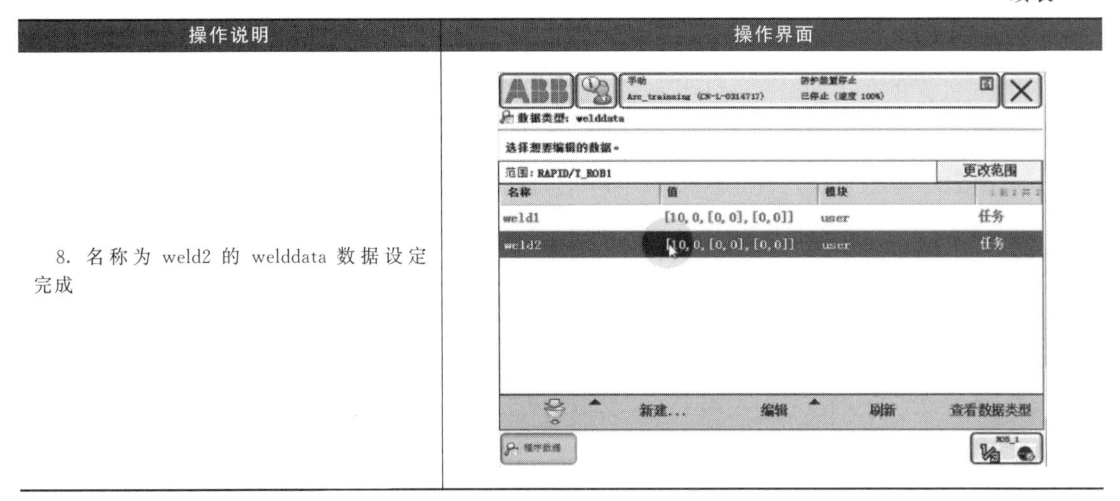

3）Weavedata 的设定

弧焊参数的一种，定义焊接过程中焊枪摆动的参数，其参数说明见表 1-14。在示教器中设置 Weavedata 的操作步骤如表 1-15 所示。

表 1-14　弧焊参数 Weavedata

序号	弧焊指令	指令定义的参数	
1	weave_shape 焊枪摆动类型	0	无摆动
		1	平面锯齿形摆动
		2	空间 V 字形摆动
		3	空间三角形摆动
2	weave_type 机器人摆动方式	0	机器人 6 个轴均参与摆动
		1	仅五轴和六轴参与摆动
		2	一、二、三轴参与摆动
		3	四、五/六轴参与摆动
3	weave_length	摆动一个周期的长度	
4	weave_width	摆动一个周期的宽度	
5	weave_height	空间摆动一个周期的高度，只有在三角形摆动和 V 字形摆动时此参数才有效	

表 1-15　参数 Weavedata 的设置

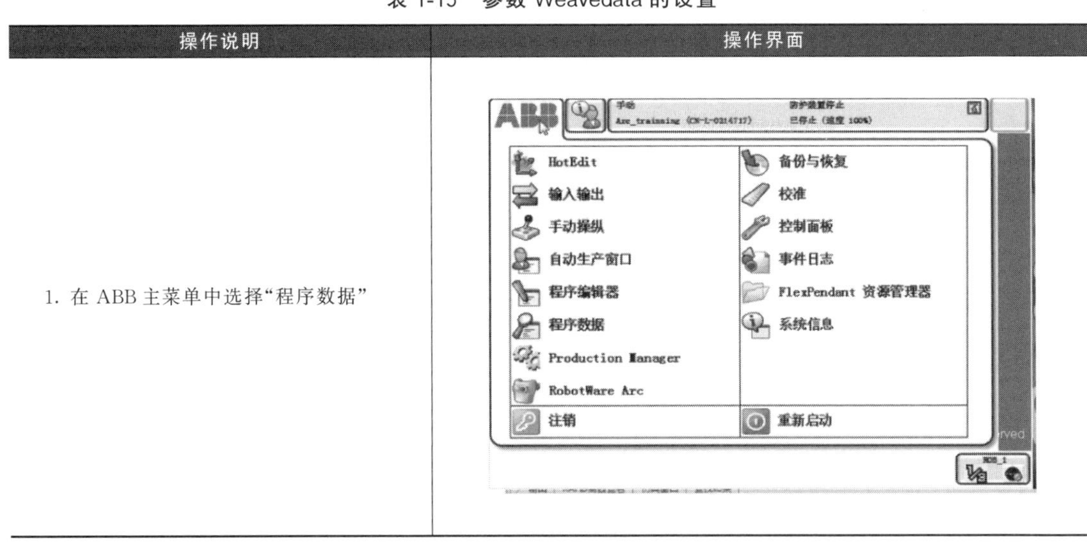

操作说明	操作界面
1. 在 ABB 主菜单中选择“程序数据”	

续表

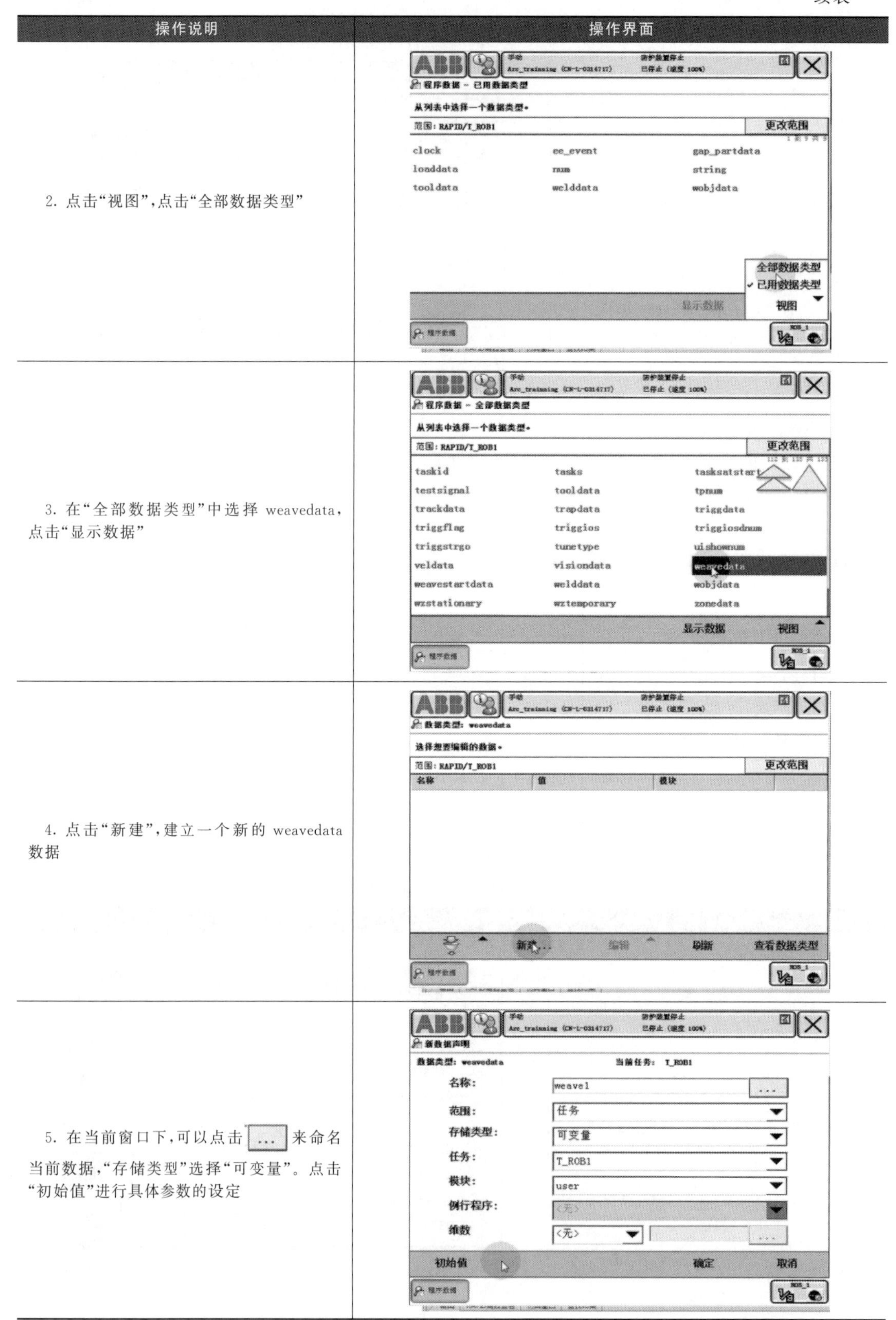

操作说明	操作界面
2. 点击“视图”，点击“全部数据类型”	
3. 在“全部数据类型”中选择 weavedata，点击“显示数据”	
4. 点击“新建”，建立一个新的 weavedata 数据	
5. 在当前窗口下，可以点击 ... 来命名当前数据，“存储类型”选择“可变量”。点击“初始值”进行具体参数的设定	

续表

操作说明	操作界面
6. 在当前窗口下,可以点击任一参数的“值”(如 weave_shape 后面的数值“0”),在弹出的编辑器中可以进行参数的设定。参数设定完毕后,点击“确定”	
7. 点击“确定”	
8. 名称为 weave1 的 weavedata 数据设定完成	

4）单独设置参数

下面以单独设置起弧、收弧及回烧 Burnback 电流电压为例来介绍，其步骤如下。

① 点击“示教器”→“控制面板”→“配置”→“主题”选择 Process，如图 1-39 所示。

② 选择 Arc Equipment Properties，如图 1-40 所示。

③ 修改 Ignition On 为 TRUE（可以设置起弧参数），修改 Fill On 为 TRUE（可以设置收弧参数），修改 Burnback On 为 TRUE（回烧有效，可以设置回烧时间），修改 Burnback Voltage On 为 TRUE（可以设置回烧电压），如图 1-41 所示。

④ 重启。

⑤ 在“程序数据”→seamdata 里，可以设置起弧、收弧及回烧参数。

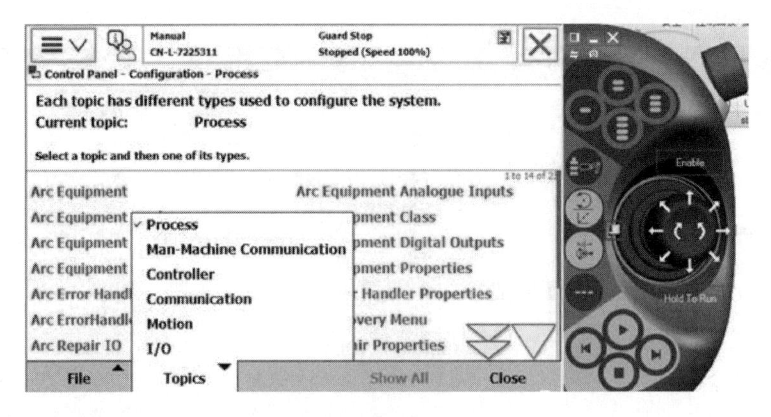

图 1-39 选择 Process

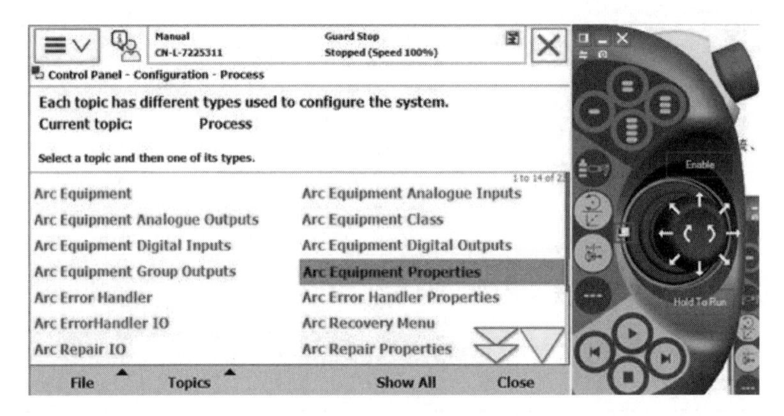

图 1-40 选择 Arc Equipment Properties

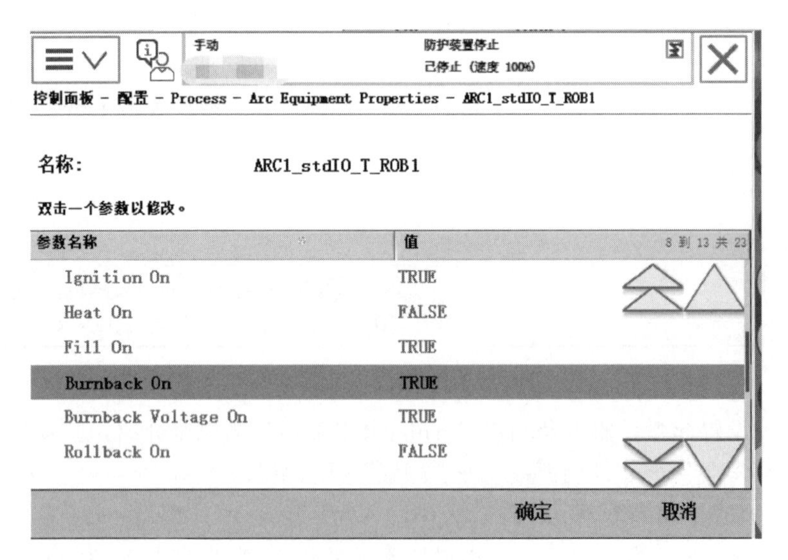

图 1-41 修改参数

5）焊接功能屏蔽

① 进入 Robot Ware Arc 窗口，如图 1-42 所示。

② 选择 Blocking，如图 1-43 所示。

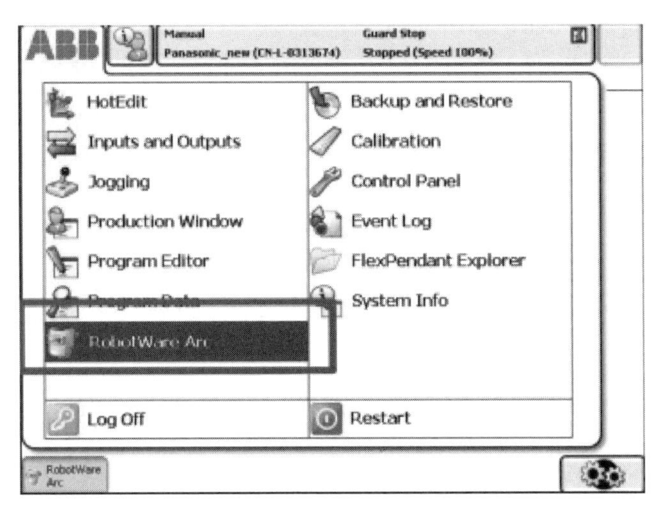

图 1-42　Robot Ware Arc

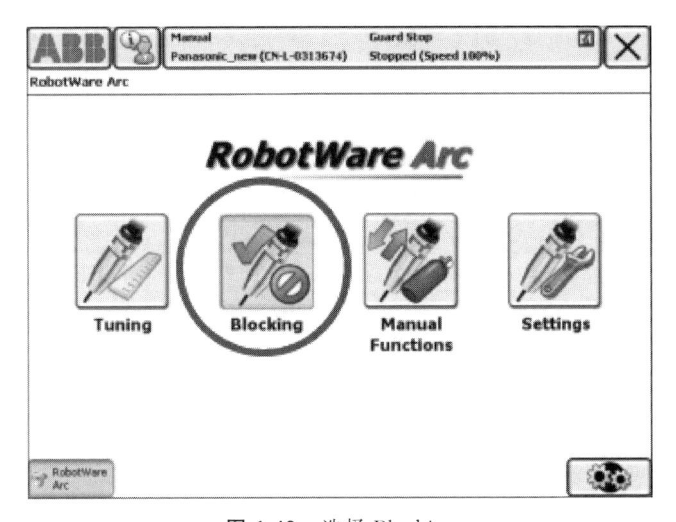

图 1-43　选择 Blocking

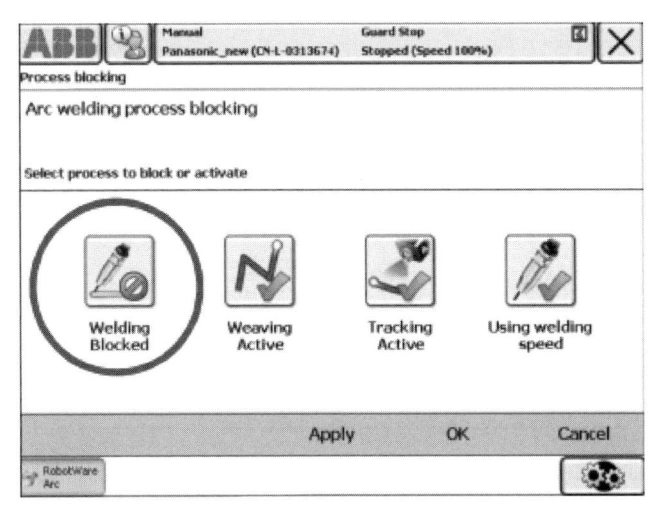

图 1-44　选择 Welding Blocked

③ 选择 Welding Blocked，如图 1-44 所示。

④ 完成焊接功能屏蔽。

6）弧焊系统

① 独立弧焊系统参数设置，如图 1-45 与图 1-46 所示。独立焊接工业机器人的系统参数见表 1-16。

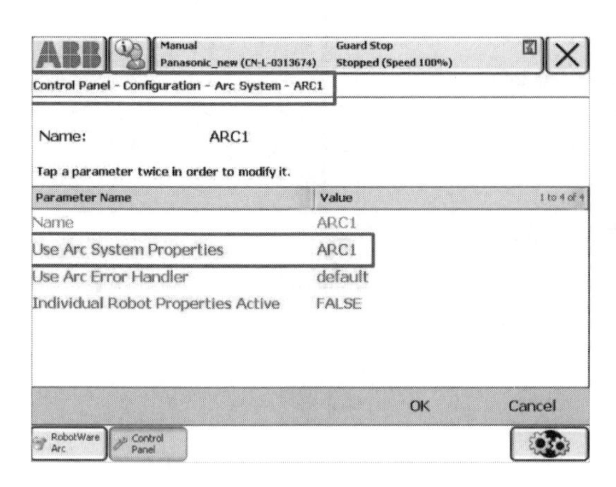

图 1-45　进入弧焊系统

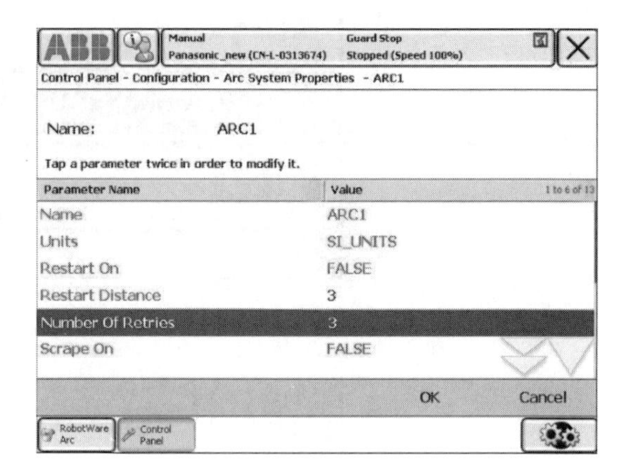

图 1-46　参数

表 1-16　独立焊接工业机器人的系统参数

参数	名称	值	说明	类型
Restart On	重复起弧设置	TRUE	机器人会在起弧失败处进行重复起弧	bool
		FALSE	机器人不会在起弧失败后进行重复起弧	
Restart Distance	回退距离		每次进行重复引弧时，回退的距离	num
Number Of Retries	重复引弧最大次数		重复引弧的最大次数，超过设置的次数，机器人不会再进行反复起弧	num
Scrape On	刮擦起弧设置	TRUE	采用刮擦起弧，刮擦起弧方式在 seamdata 中进行设置	bool
		FALSE	不采用刮擦起弧	
Scrape Option On	刮擦起弧选项设置	TRUE	可对刮擦起弧参数进行设置，包括电流、电压等	bool
		FALSE	不对刮擦起弧参数进行设置	
Scrap Width	刮擦宽度		刮擦起弧时刮擦宽度	num
Scrap Direction	刮擦起弧方向	0	垂直于焊缝进行刮擦起弧	num
		90	平行于焊缝进行刮擦起弧	
Scrape Cycle Time	刮擦起弧时间		单位为秒	num
Ignition Move Delay On	时间设置	TRUE	引弧成功后，可设置等待时间，机器人再开始运动	bool
		FALSE	引弧成功后，机器人直接开始运动；当设置为 TRUE 时，在 sandata 中会出现延迟时间选项，单位为秒	

② 协作焊接工业机器人的系统参数，如图 1-47 与图 1-48 所示。协作焊接工业机器人的系统参数见表 1-17。

图 1-47　进入一个弧焊系统

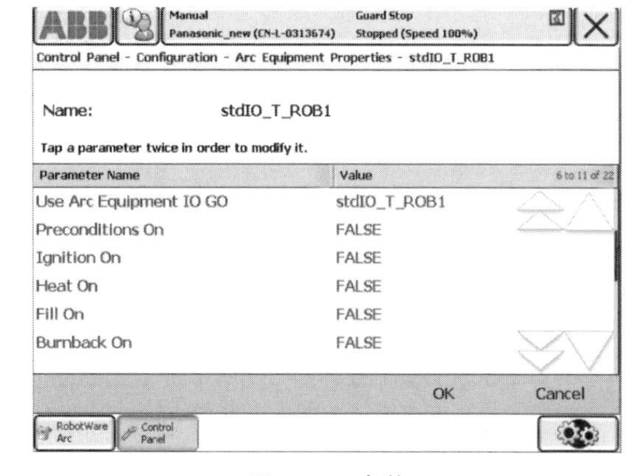

图 1-48　参数

表 1-17　协作焊接工业机器人的系统参数

参数	名称	值	说明	类型
Ignition On	引弧功能设置	TRUE	在 seamdata 中出现引弧电流电压参数，可对引弧参数进行配置	bool
		FALSE	不对引弧参数进行设置	
Heat On	热起弧参数设置	TRUE	在 seamdata 中出现热起弧电流电压与距离，可对热起弧参数进行配置	bool
		FALSE	不对热起弧参数进行设置	
Fill On	填弧坑参数设置	TRUE	在 seamdata 中出现填弧坑电流电压、填弧坑时间与冷却时间，可对填弧坑参数进行配置	bool
		FALSE	不对填弧坑参数进行设置	
Burnback On	回烧时间	TRUE	在 seamdata 中出现回烧时间，可对回烧时间进行配置	bool
		FALSE	不设置回烧时间	
Burnback Voltage On	回烧电压	TRUE	在 seamdata 中出现回烧电压，可对回烧电压进行配置	bool
		FALSE	不设置回烧电压	
Arc Preset	焊接开始前设置		焊接参数准备，单位为秒；设置为 1，表示焊接开始前 1s，机器人将焊接电流与电压预先发给焊接系统	num
Ignition Timeout	引弧时间参数		引弧时间参数，通常设为 1，单位为秒；当机器人将起弧信号给焊机后，在 1s 内仍未收到起弧成功信号，机器人会自动再次引弧，引弧次数超过设置的起弧次数，系统会报错	num
Motion Time Out	同时引弧时间差		用于 Multimove 系统中，表示两台机器人同时引弧时允许的时间差；如果超过这个时间差；系统会报错	num

1.2.4　ABB 弧焊机器人轨迹示教操作

轨迹示教操作一般有直线与圆弧焊缝轨迹两种，现以图 1-49 所示圆弧焊缝轨迹示教为例进行介绍。当弧焊机器人的加工焊缝为圆弧焊缝时，示教点的编辑操作主要包括 MoveL、ArcCStart、ArcC、ArcCEnd。

在图中，MoveL 是指机器人行走的空间路径，在此处并无焊接操作。整个焊缝包含两条圆弧焊缝和一条直线焊缝。具体示教编程操作如表 1-18 所示。

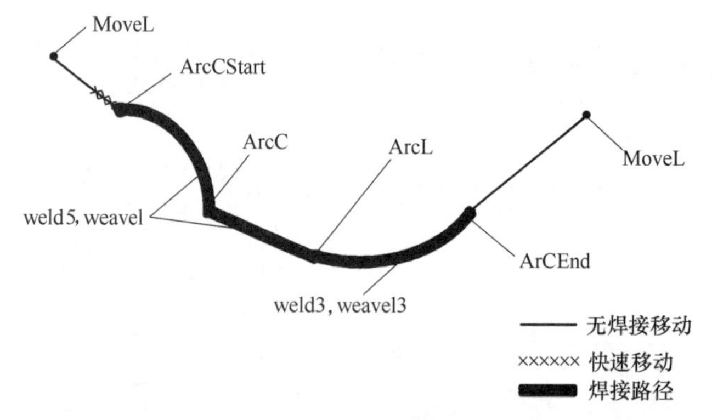

图 1-49 圆弧焊缝

表 1-18 圆弧焊缝编程示教

操作说明	操作界面
1. 在 ABB 主菜单中选择“手动操纵”，查看坐标系、工具坐标、工件坐标等是否设置正确，确认无误后关闭界面	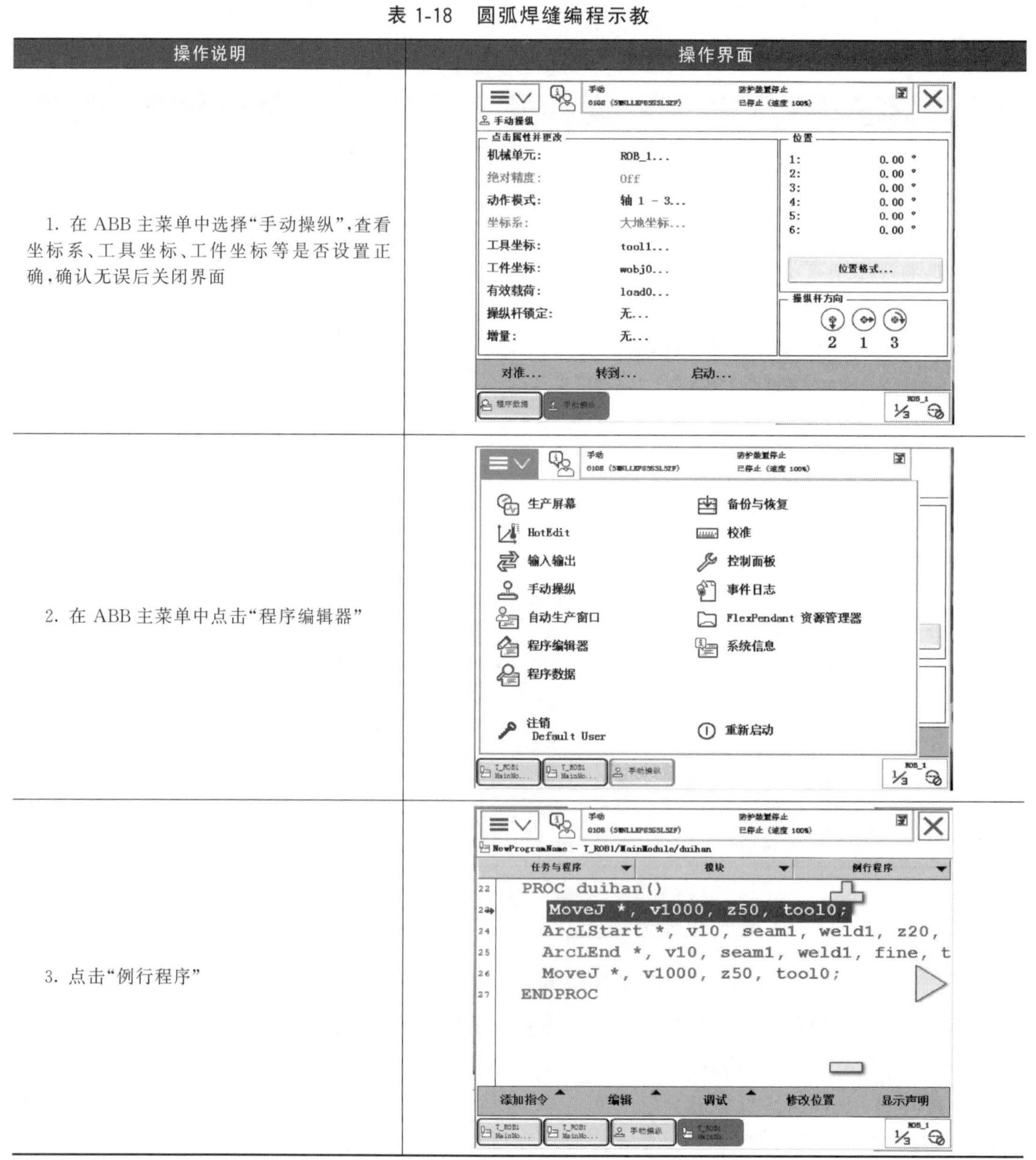
2. 在 ABB 主菜单中点击“程序编辑器”	
3. 点击“例行程序”	

续表

操作说明	操作界面
4. 点击“文件”，点击“新建例行程序”	
5. 点击“ABC...”，命名例行程序	
6. 在键盘中输入例行程序名称“yuanhu”，点击“确定”	
7. 点击“确定”	

续表

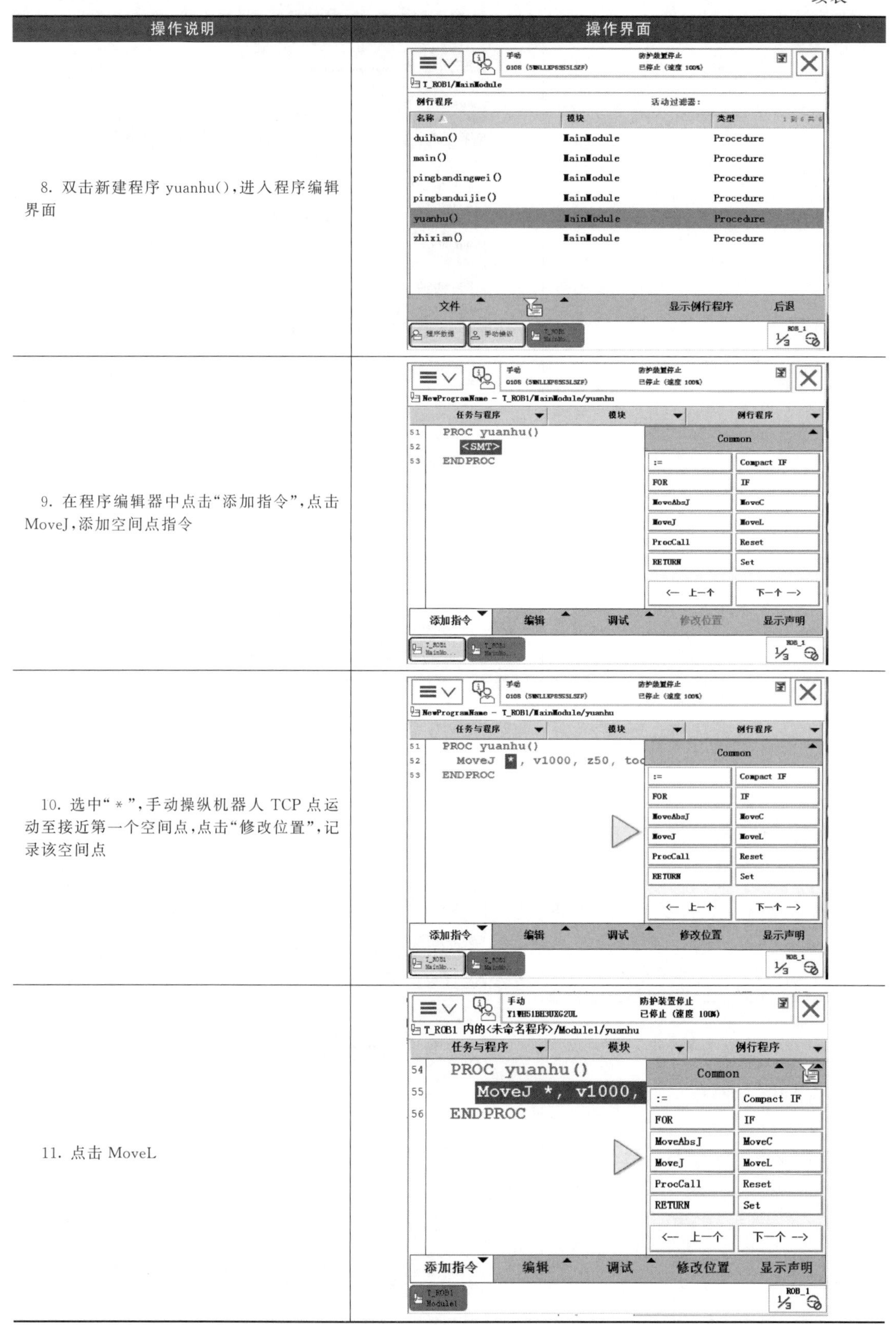

操作说明	操作界面
8. 双击新建程序 yuanhu()，进入程序编辑界面	
9. 在程序编辑器中点击“添加指令”，点击 MoveJ，添加空间点指令	
10. 选中“*”，手动操纵机器人 TCP 点运动至接近第一个空间点，点击“修改位置”，记录该空间点	
11. 点击 MoveL	

续表

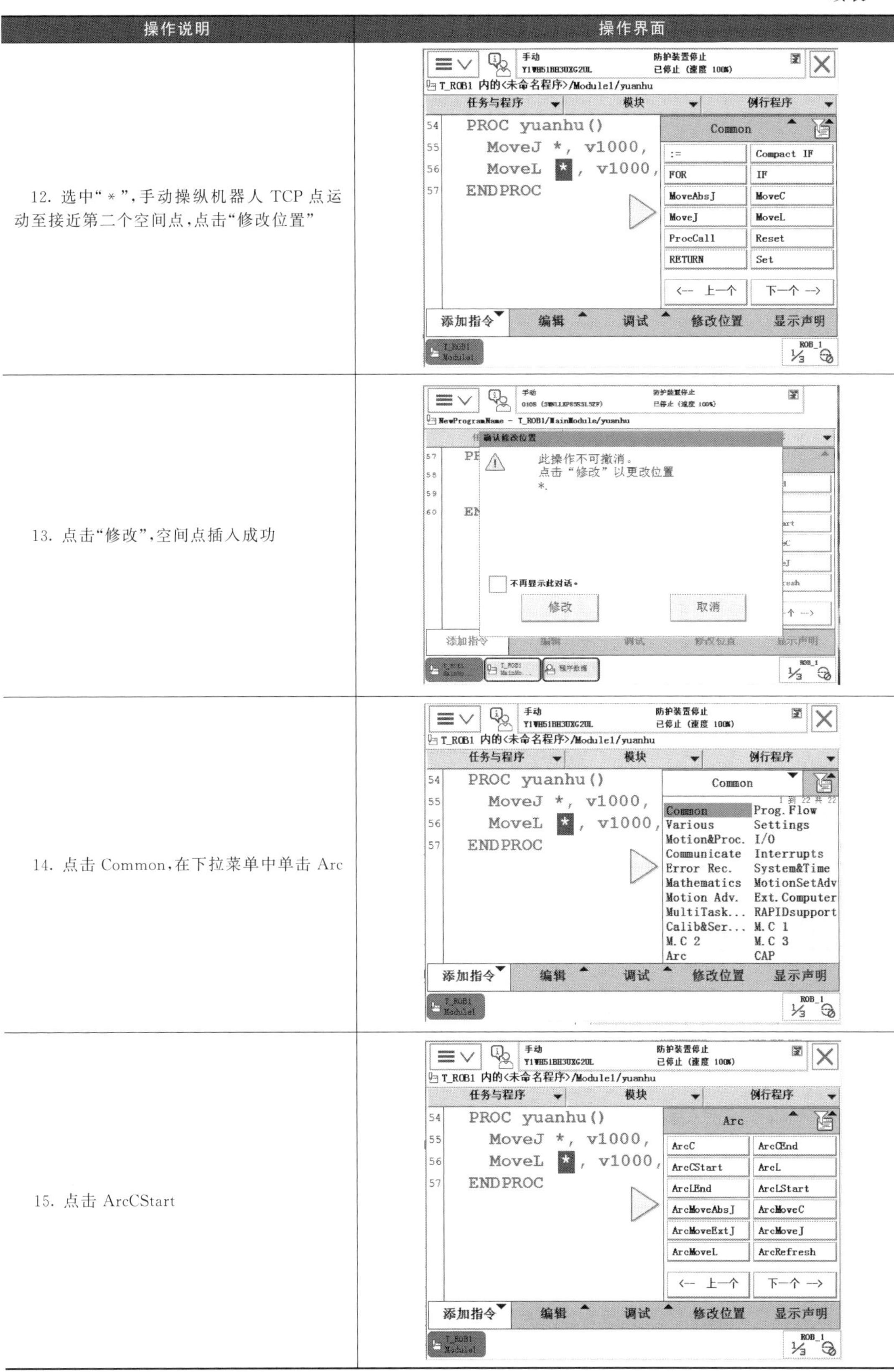

操作说明	操作界面
12. 选中“*”，手动操纵机器人 TCP 点运动至接近第二个空间点，点击“修改位置”	
13. 点击“修改”，空间点插入成功	
14. 点击 Common，在下拉菜单中单击 Arc	
15. 点击 ArcCStart	

续表

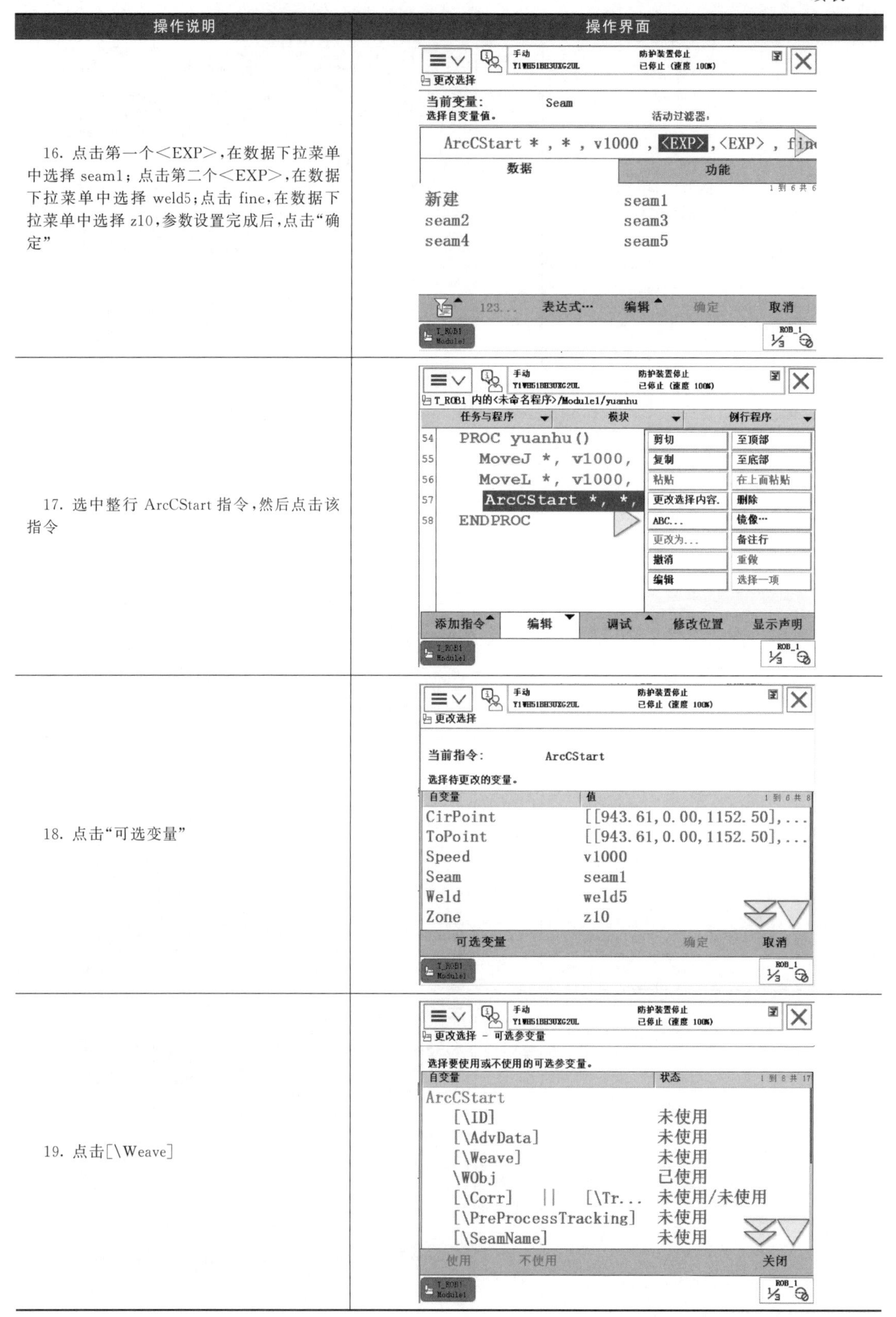

操作说明	操作界面
16. 点击第一个<EXP>,在数据下拉菜单中选择 seam1；点击第二个<EXP>,在数据下拉菜单中选择 weld5;点击 fine,在数据下拉菜单中选择 z10,参数设置完成后,点击“确定”	
17. 选中整行 ArcCStart 指令,然后点击该指令	
18. 点击“可选变量”	
19. 点击[\Weave]	

操作说明	操作界面
20. 点击“使用”	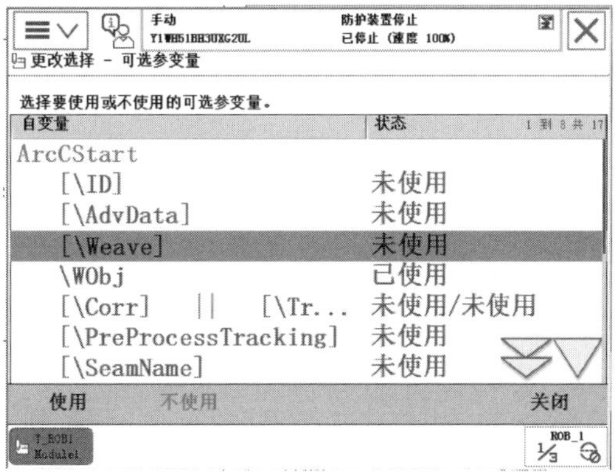 手动 Y1WH51BH3UXG2UL 防护装置停止 已停止（速度 100%） 更改选择 - 可选参变量 选择要使用或不使用的可选参变量。 自变量 状态 1 到 8 共 17 ArcCStart [\ID] 未使用 [\AdvData] 未使用 [\Weave] 未使用 \WObj 已使用 [\Corr] || [\Tr... 未使用/未使用 [\PreProcessTracking] 未使用 [\SeamName] 未使用 使用 不使用 关闭 T_ROB1 Module1 ROB_1 1/3
21. 点击“关闭”	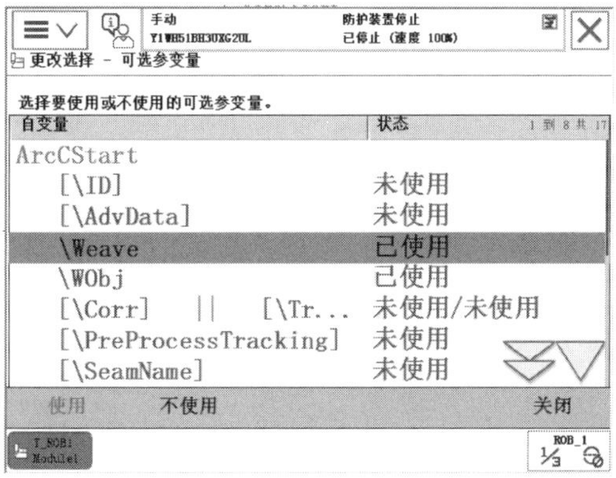 手动 Y1WH51BH3UXG2UL 防护装置停止 已停止（速度 100%） 更改选择 - 可选参变量 选择要使用或不使用的可选参变量。 自变量 状态 1 到 8 共 17 ArcCStart [\ID] 未使用 [\AdvData] 未使用 \Weave 已使用 \WObj 已使用 [\Corr] || [\Tr... 未使用/未使用 [\PreProcessTracking] 未使用 [\SeamName] 未使用 使用 不使用 关闭 T_ROB1 Module1 ROB_1 1/3
22. 点击＜EXP＞	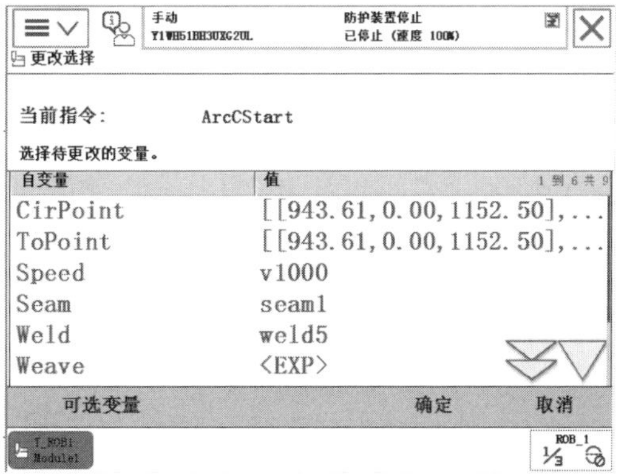 手动 Y1WH51BH3UXG2UL 防护装置停止 已停止（速度 100%） 更改选择 当前指令: ArcCStart 选择待更改的变量。 自变量 值 1 到 6 共 9 CirPoint [[943.61,0.00,1152.50],... ToPoint [[943.61,0.00,1152.50],... Speed v1000 Seam seam1 Weld weld5 Weave <EXP> 可选变量 确定 取消 T_ROB1 Module1 ROB_1 1/3
23. 点击 weave1,点击“确定”	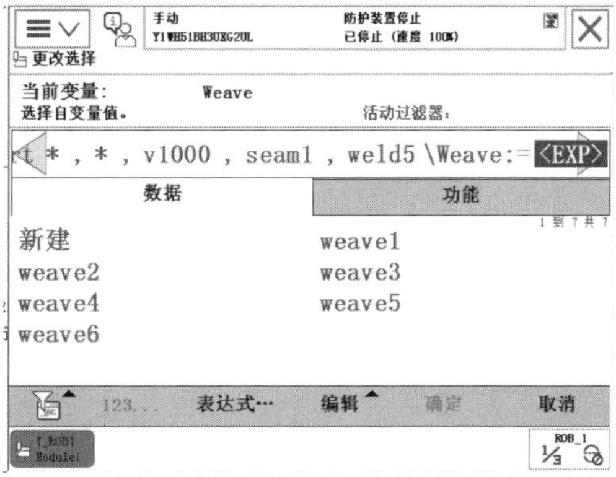 手动 Y1WH51BH3UXG2UL 防护装置停止 已停止（速度 100%） 更改选择 当前变量: Weave 选择自变量值。 活动过滤器: t * , * , v1000 , seam1 , weld5 \Weave:= <EXP> 数据 功能 1 到 7 共 7 新建 weave1 weave2 weave3 weave4 weave5 weave6 123... 表达式… 编辑 确定 取消 T_ROB1 Module1 ROB_1 1/3

续表

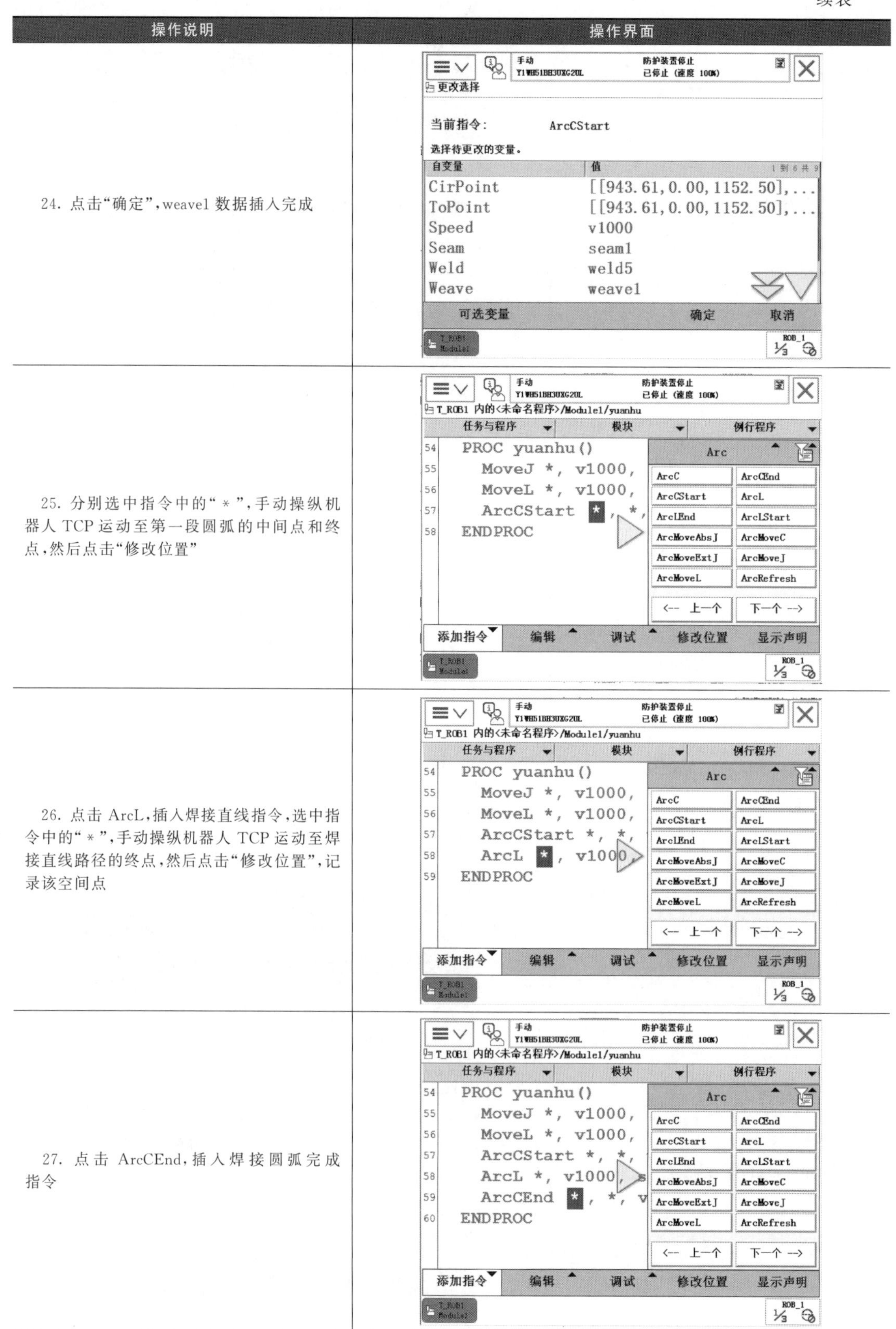

操作说明	操作界面
24. 点击“确定”，weavel 数据插入完成	
25. 分别选中指令中的“＊”，手动操纵机器人 TCP 运动至第一段圆弧的中间点和终点，然后点击“修改位置”	
26. 点击 ArcL，插入焊接直线指令，选中指令中的“＊”，手动操纵机器人 TCP 运动至焊接直线路径的终点，然后点击“修改位置”，记录该空间点	
27. 点击 ArcCEnd，插入焊接圆弧完成指令	

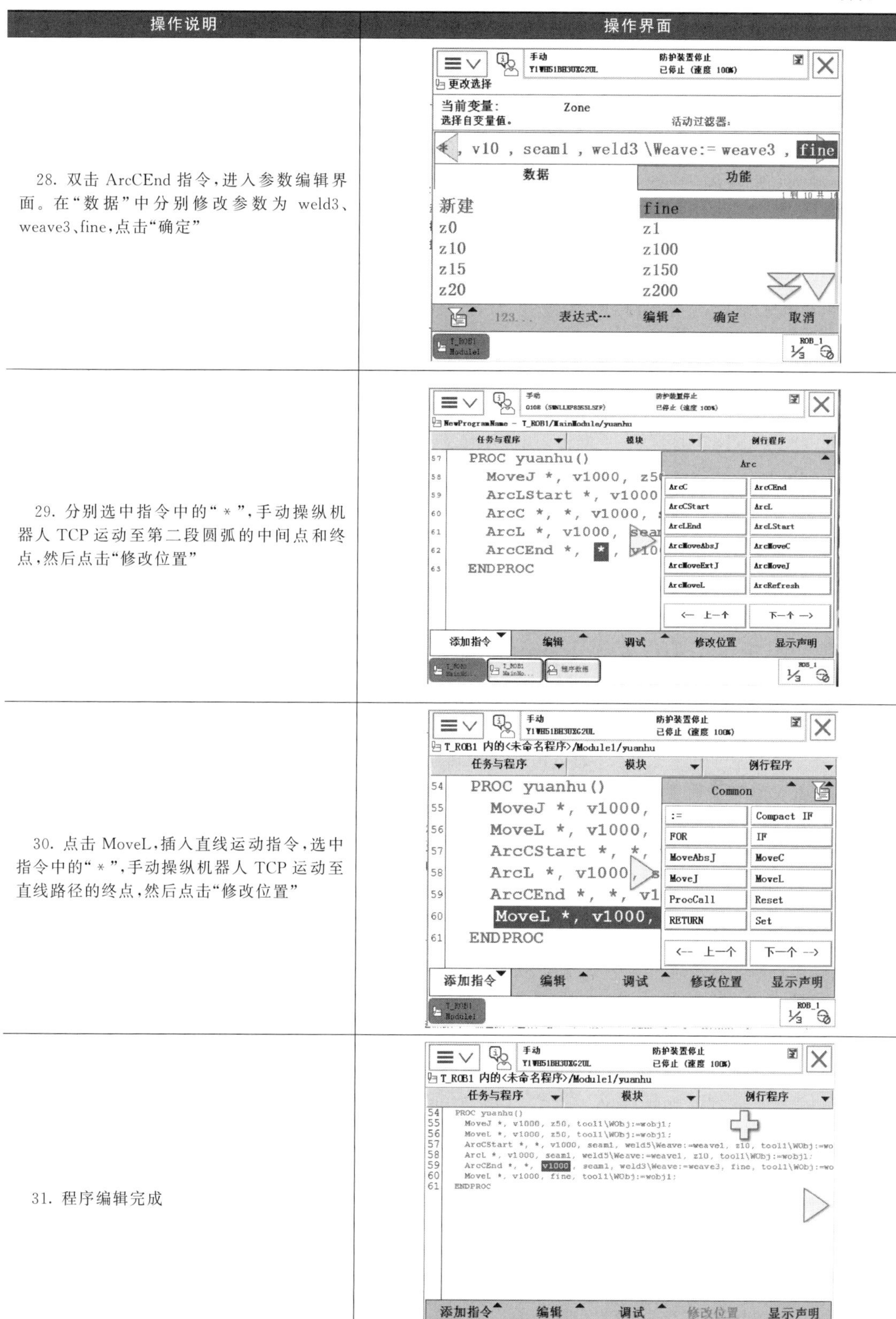

操作说明	操作界面
28. 双击 ArcCEnd 指令，进入参数编辑界面。在“数据”中分别修改参数为 weld3、weave3、fine，点击“确定”	
29. 分别选中指令中的“*”，手动操纵机器人 TCP 运动至第二段圆弧的中间点和终点，然后点击“修改位置”	
30. 点击 MoveL，插入直线运动指令，选中指令中的“*”，手动操纵机器人 TCP 运动至直线路径的终点，然后点击“修改位置”	
31. 程序编辑完成	

圆弧焊缝的示教程序如下：

```
PROC yuanhu()
MoveJ *,v1000,z50,tool1\Wobj:=wobj1;
ArcL *,v1000,z50,tool1\Wobj:=wobj1;
ArcCStart *,*,v1000,seam1,weld5\Weave=weave5,z10,tool1\Wobj:=wobj1;
ArcL *,v1000,seam1,weld5\Weave=weave5,z10,tool1\Wobj:=wobj1;
ArcCEnd *,*,v1000,seam1,weld3\Weave=weave3,fine,tool1\Wobj:=wobj1;
MoveJ *,v1000,fine,tool1\Wobj:=wobj1;
ENDPROC
```

程序编辑完成后，首先空载运行，检查程序编辑及各点示教的准确性。检查无误后运行程序。

1.2.5 平板对焊示教编程

使用机器人焊接专用指令，设置合适的焊接参数，实现平板堆焊焊接过程。要求用二氧化碳气体保护焊在Q235低碳钢热轧钢板（C级）表面平敷堆焊不同宽度的焊缝。

（1）工艺分析

1）焊接材料分析

Q235是一种普通碳素结构钢，屈服强度约为235MPa，随着材质厚度的增加，屈服值减小。由于Q235钢含碳量适中，因此其综合性能较好，强度、塑性和焊接等性能有较好的配合，用途最为广泛，大量应用于建筑及工程结构，以及一些对性能要求不太高的机械零件。焊接工件材质为Q235低碳钢，工件尺寸为300×400×10（mm），化学成分如表1-19所示。

表1-19 Q235热轧钢化学成分

牌号	等级	化学成分(质量分数)/%				
		C	Mn	Si	S	P
				≤		
Q235	A	0.14～0.22	0.30～0.65	0.300	0.050	0.045
	B	0.12～0.20	0.30～0.70		0.045	
	C	≤0.18	0.35～0.80		0.040	0.040
	D	≤0.17			0.35	0.35

2）焊接性分析

Q235的碳和其他合金元素含量较低，其塑性、韧性好，一般无淬硬倾向，不易产生焊接裂纹等倾向，焊接性能优良。Q235焊接时，一般不需要预热和焊后热处理等特殊的工艺措施，也不需选用复杂和特殊的设备。对焊接电源没有特殊要求，一般的交、直流弧焊机都可以焊接。在实际生产中，根据工件的不同加工要求，可选择手工电弧焊、CO_2气体保护焊、埋弧焊等焊接方法。

3）焊接工艺设计

二氧化碳气体保护焊工艺一般包括短路过渡和细滴过渡两种。短路过渡工艺采用细焊丝、小电流和低电压。焊接时，熔滴细小而过渡频率高，飞溅小，焊缝成形美观。短路过渡工艺主要用于焊接薄板及全位置焊接。

细滴过渡工艺采用较粗的焊丝，焊接电流较大，电弧电压也较高。焊接时，电弧是连续的，焊丝熔化后以细滴形式进行过渡，电弧穿透力强，母材熔深大。细滴过渡工艺适合于中厚板焊件的焊接。CO_2 焊的焊接参数包括焊丝直径、焊接电流、电弧电压、焊接速度、保护气流量及焊丝伸出长度等。如果采用细滴过渡工艺进行焊接，电弧电压必须选取在 34～45V 的范围内，焊接电流则根据焊丝直径来选择，对不同直径的焊丝，实现细滴过渡的焊接电流下限是不同的，如表 1-20 所示。

表 1-20　细滴过渡的电流下限及电压范围

焊丝直径/mm	电流下限/A	电弧电压/V	焊丝直径/mm	电流下限/A	电弧电压/V
1.2	300	34～45	2.0	500	34～45
1.6	400		4.0	750	

例如，工件材质为低碳钢，焊接性良好，板厚 10mm，采用细滴过渡工艺的二氧化碳焊接，选用的具体工艺参数参见表 1-21。

表 1-21　平板堆焊焊接参数

焊丝直径/mm	电流下限/A	电弧电压/V	焊接速度/(m/h)	保护气流量/(L/min)
1.2	300	34～45	40～60	25～50

（2）示教编程

1）示教编程的操作步骤

平板堆焊示教编程的操作步骤如表 1-22。

表 1-22　平板堆焊示教编程的操作步骤

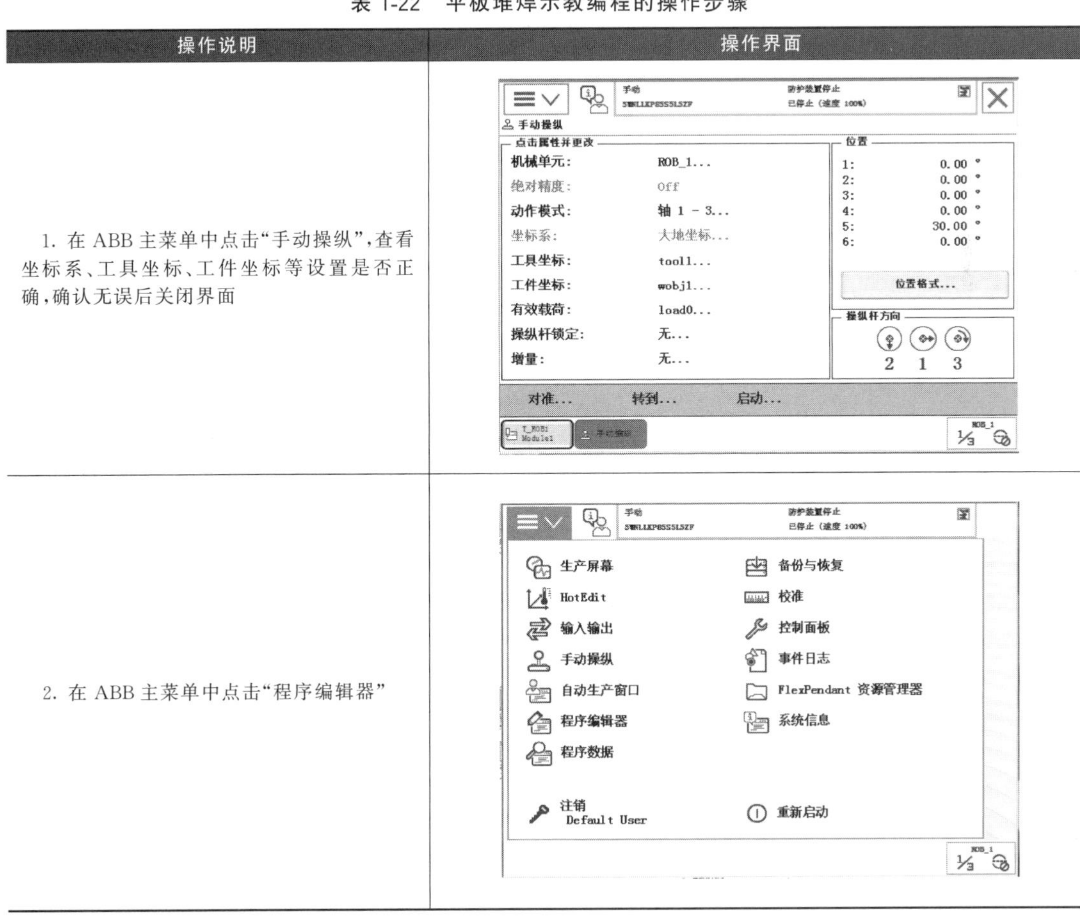

操作说明	操作界面
1. 在 ABB 主菜单中点击“手动操纵”，查看坐标系、工具坐标、工件坐标等设置是否正确，确认无误后关闭界面	
2. 在 ABB 主菜单中点击“程序编辑器”	

续表

操作说明	操作界面
3. 点击“例行程序”	
4. 点击“文件”，点击“新建例行程序”	
5. 点击 ABC...，命名例行程序	
6. 在键盘中输入例行程序名称 duihanshijiao，点击“确定”	

续表

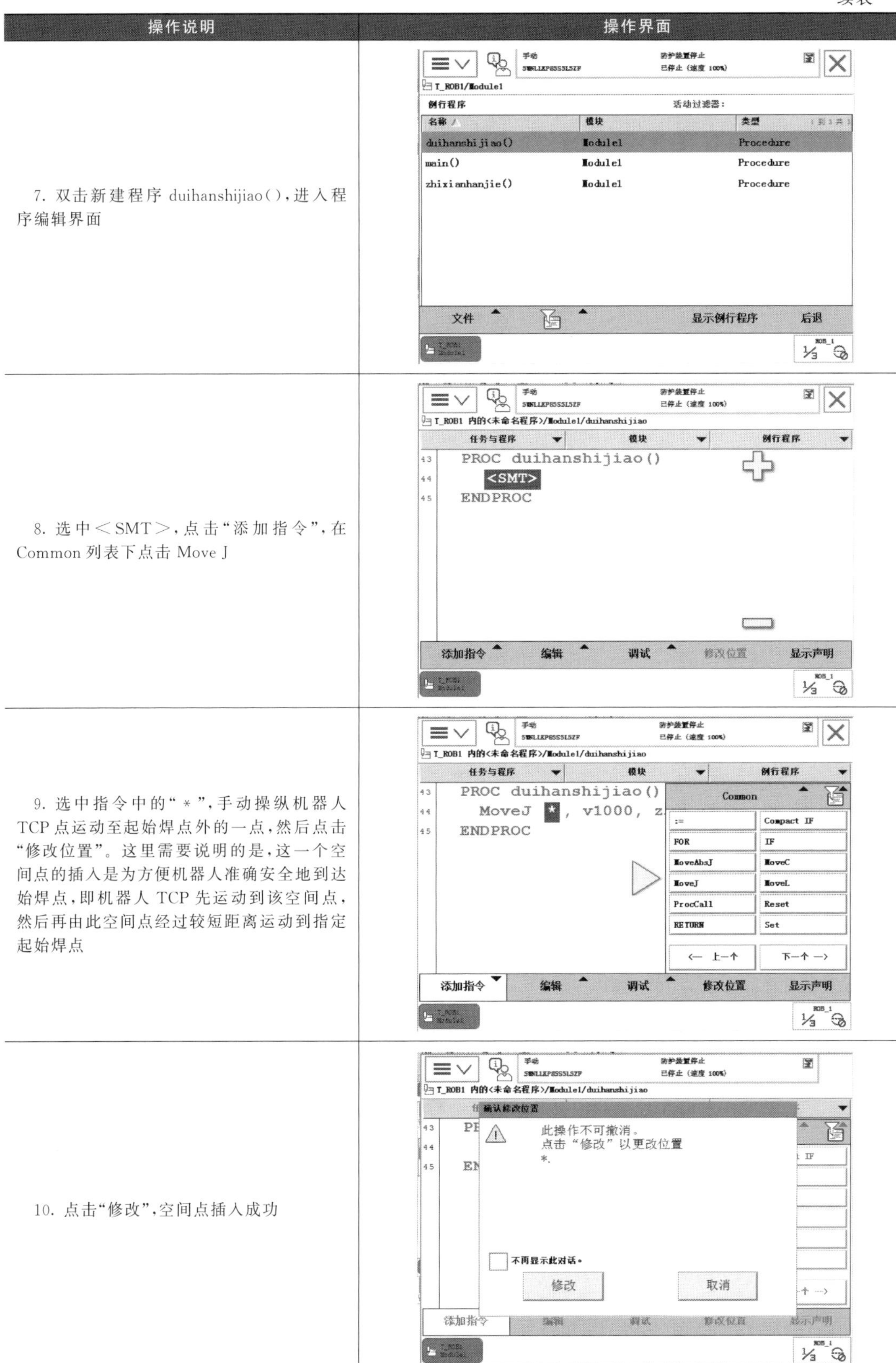

操作说明	操作界面
7. 双击新建程序 duihanshijiao()，进入程序编辑界面	
8. 选中<SMT>，点击“添加指令”，在 Common 列表下点击 Move J	
9. 选中指令中的“ * ”，手动操纵机器人 TCP 点运动至起始焊点外的一点，然后点击“修改位置”。这里需要说明的是，这一个空间点的插入是为方便机器人准确安全地到达始焊点，即机器人 TCP 先运动到该空间点，然后再由此空间点经过较短距离运动到指定起始焊点	
10. 点击“修改”，空间点插入成功	

续表

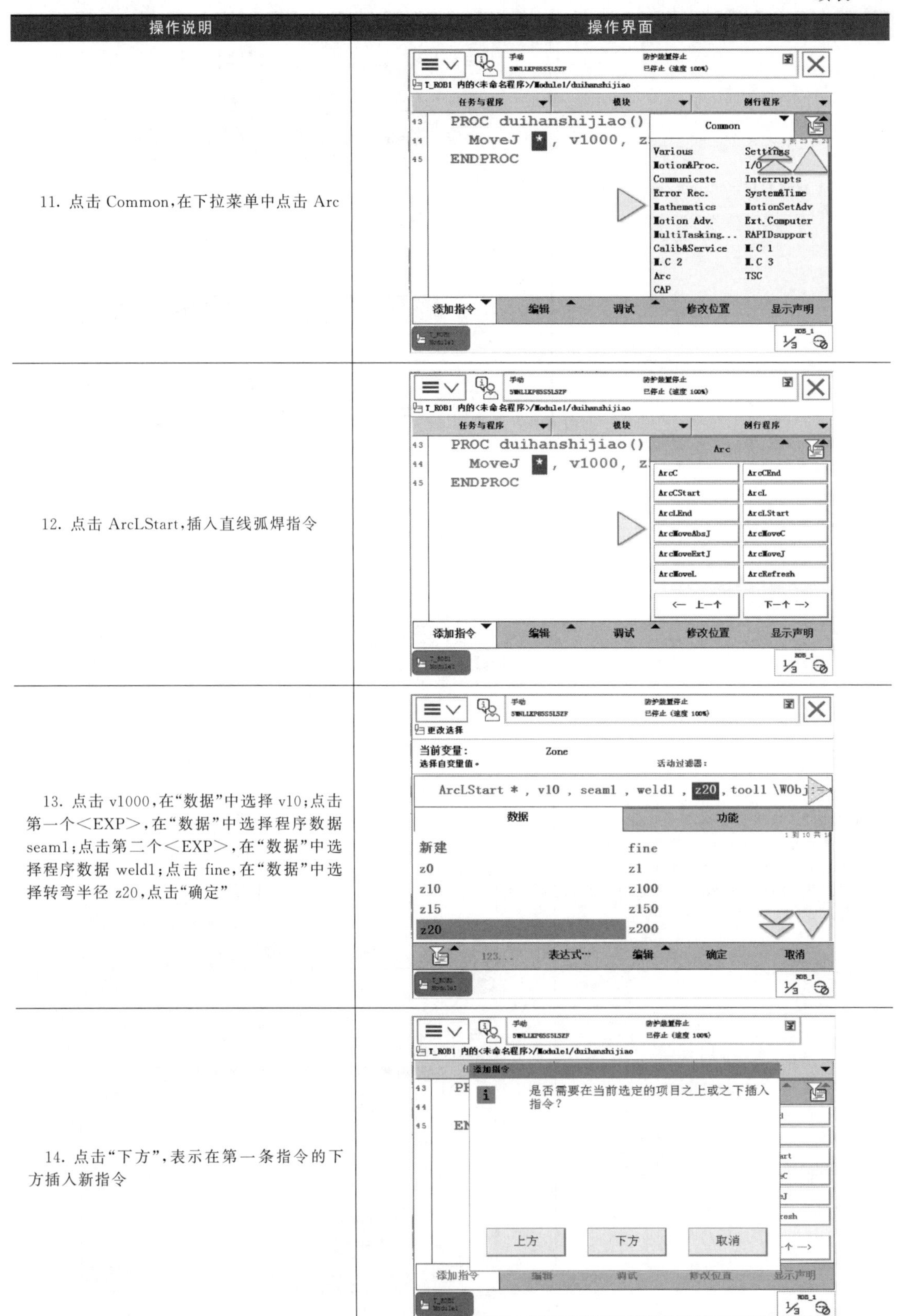

操作说明	操作界面
11. 点击 Common，在下拉菜单中点击 Arc	
12. 点击 ArcLStart，插入直线弧焊指令	
13. 点击 v1000，在“数据”中选择 v10；点击第一个<EXP>，在“数据”中选择程序数据 seam1；点击第二个<EXP>，在“数据”中选择程序数据 weld1；点击 fine，在“数据”中选择转弯半径 z20，点击“确定”	
14. 点击“下方”，表示在第一条指令的下方插入新指令	

续表

操作说明	操作界面
15. 选中指令中的“*”，手动操纵机器人TCP点运动至起焊点，同时手动单轴操作机器人调整焊枪姿态，焊枪与焊缝横向垂直，与焊缝方向成75°～80°，然后点击“修改位置”，记录该空间点	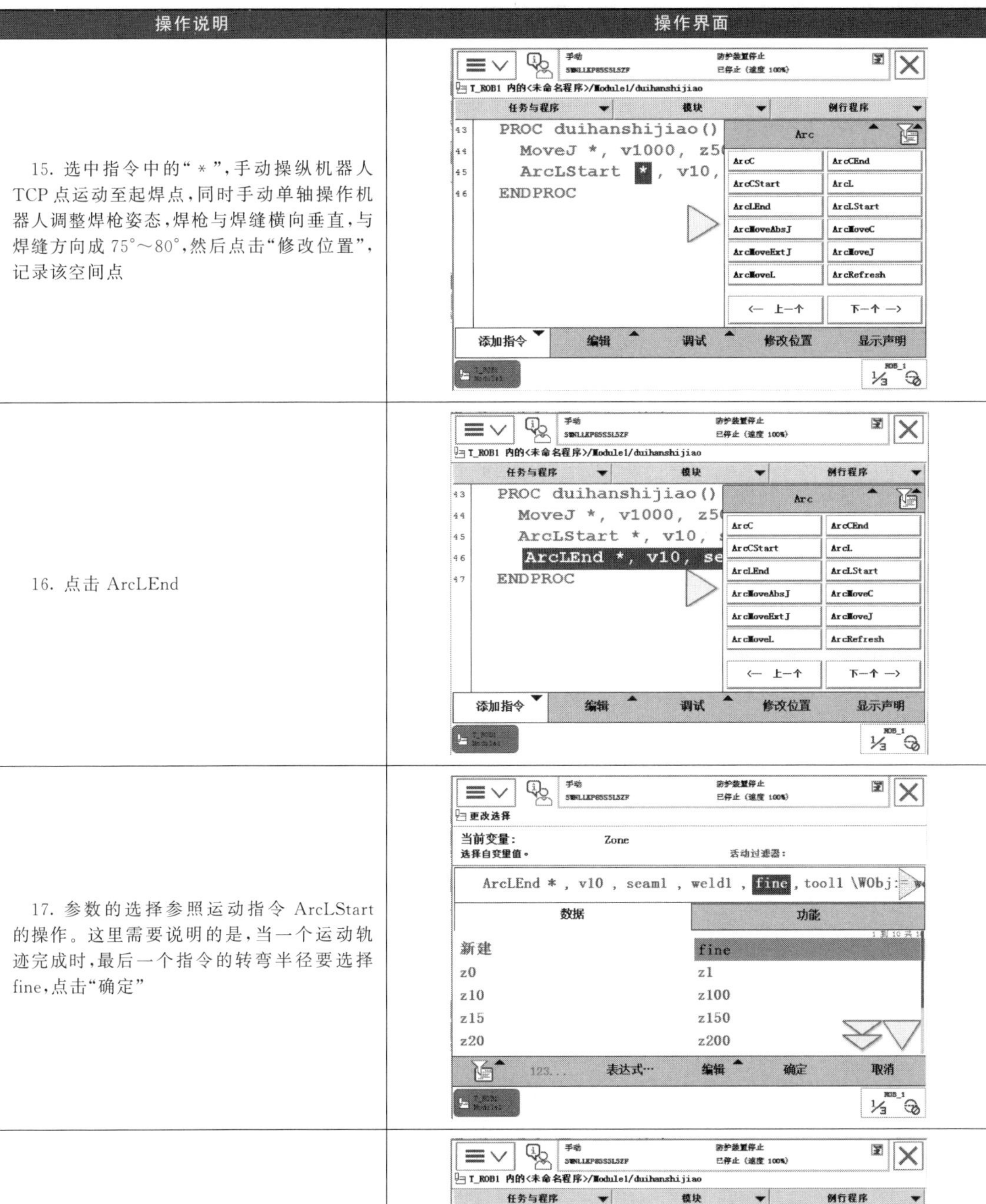
16. 点击ArcLEnd	
17. 参数的选择参照运动指令ArcLStart的操作。这里需要说明的是，当一个运动轨迹完成时，最后一个指令的转弯半径要选择fine，点击“确定”	
18. 选中指令中的“*”，手动操纵机器人TCP点运动至焊缝终点，然后点击“修改位置”，记录该空间点	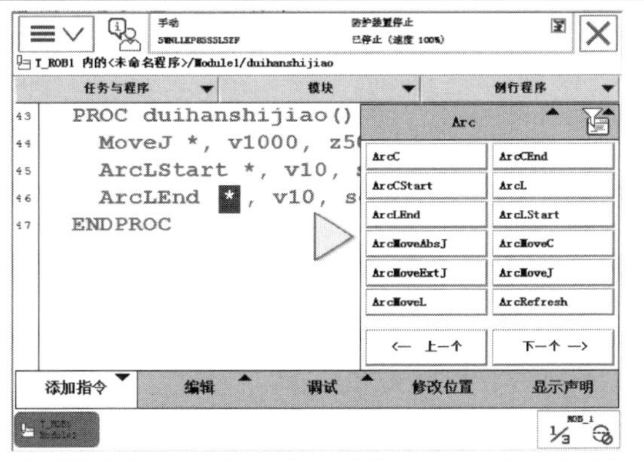

续表

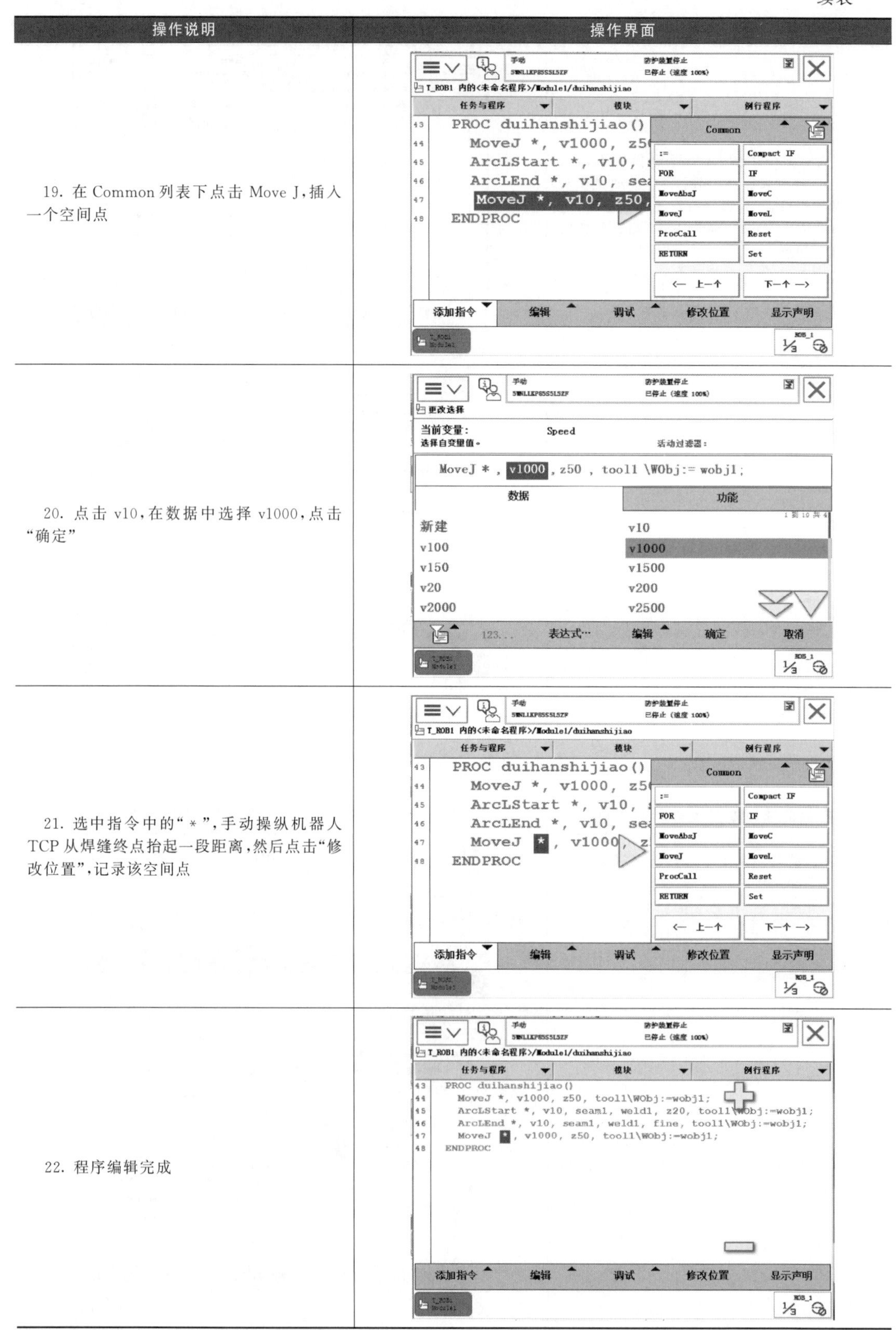

操作说明	操作界面
19. 在 Common 列表下点击 Move J，插入一个空间点	
20. 点击 v10，在数据中选择 v1000，点击“确定”	
21. 选中指令中的“＊”，手动操纵机器人 TCP 从焊缝终点抬起一段距离，然后点击“修改位置”，记录该空间点	
22. 程序编辑完成	

平板堆焊的示教程序如下。

```
PROC duihanshijiao()
MoveJ * ,v1000,z50,tool1\wobj:=wobj1;
ArcLStart * ,v10,seam1;weld1,z20,tool1\wobj:=wobj1;
ArcLEnd * ,v10,seam1;weld1,fine,tool1\wobj:=wobj1;
MoveJ * ,v1000,z50,tool1\wobj:=wobj1;
ENDPROC
```

2）运行程序

编辑程序完成后，必须先空载运行所编程序，查看机器人运行路径是否正确，再进行焊接。在空载运行或调试焊接程序时，需要使用禁止焊接功能；或禁止其他功能，如禁止焊枪摆动等。空载运行程序的具体操作如表 1-23 所示。编辑程序经空载运行验证无误后，运行程序进行焊接。具体操作步骤如表 1-24 所示。

表 1-23　空载运行程序的具体操作

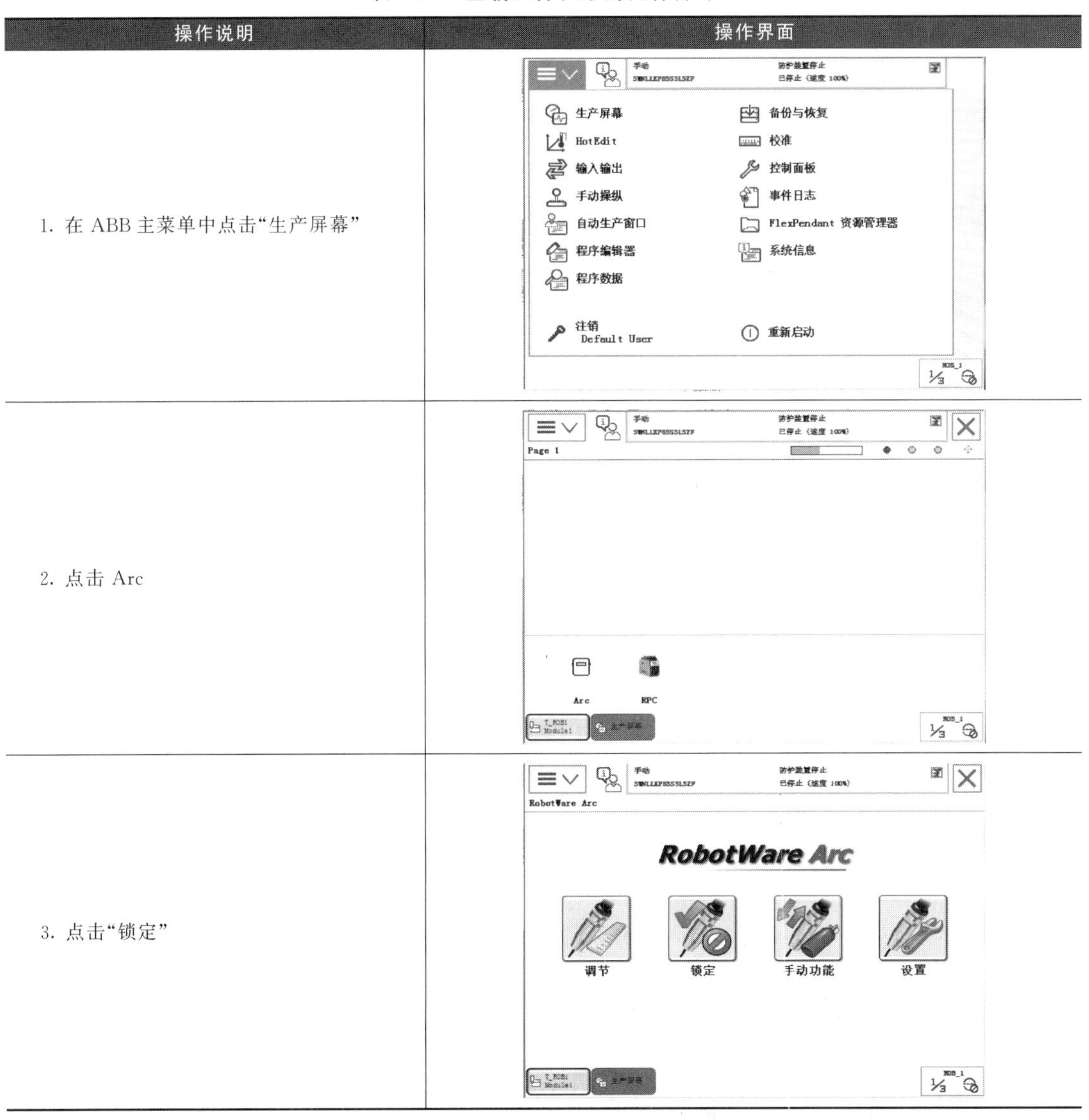

操作说明	操作界面
1. 在 ABB 主菜单中点击“生产屏幕”	
2. 点击 Arc	
3. 点击“锁定”	

续表

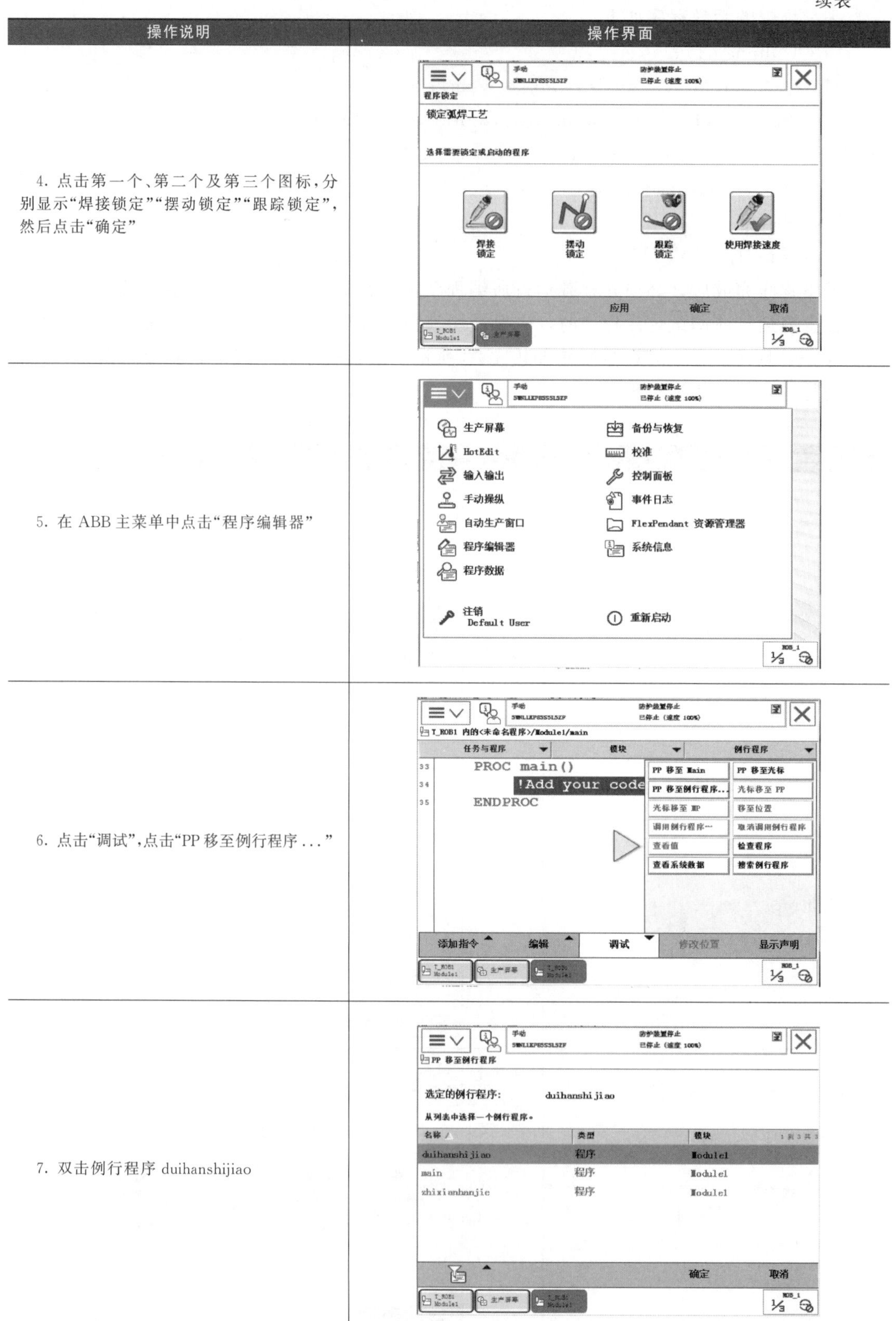

操作说明	操作界面
4. 点击第一个、第二个及第三个图标，分别显示“焊接锁定”“摆动锁定”“跟踪锁定”，然后点击“确定”	
5. 在 ABB 主菜单中点击“程序编辑器”	
6. 点击“调试”，点击“PP 移至例行程序...”	
7. 双击例行程序 duihanshijiao	

续表

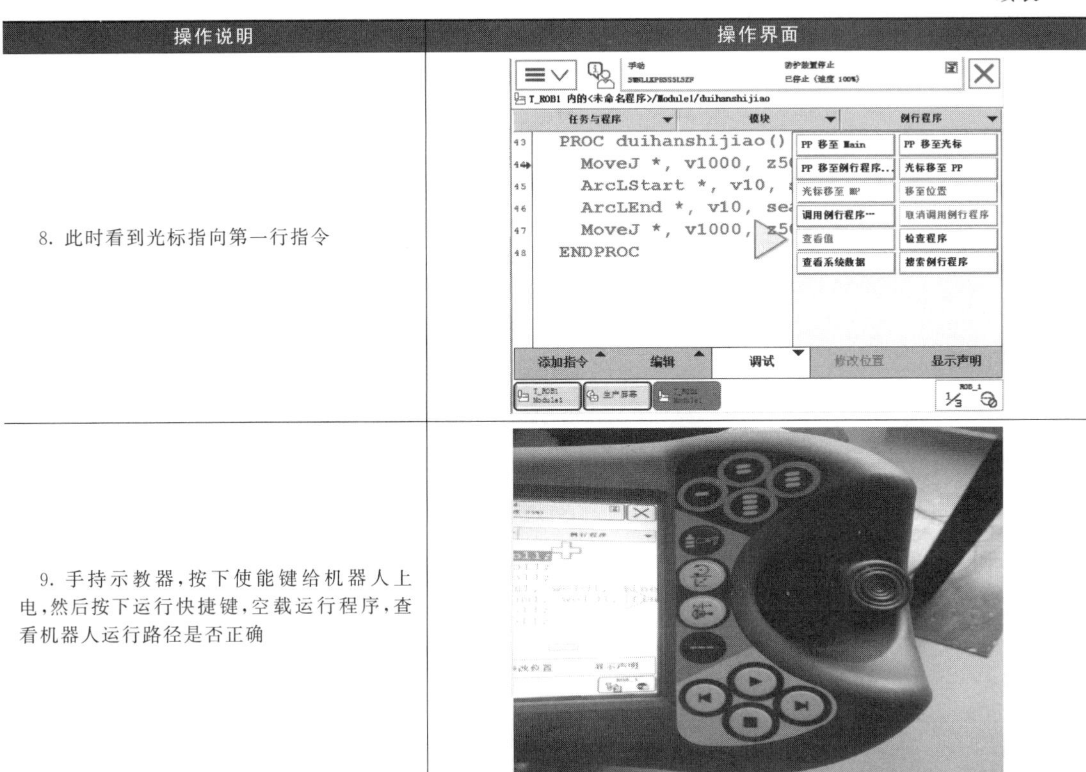

操作说明	操作界面
8. 此时看到光标指向第一行指令	
9. 手持示教器，按下使能键给机器人上电，然后按下运行快捷键，空载运行程序，查看机器人运行路径是否正确	

表 1-24　焊接运行程序的操作步骤

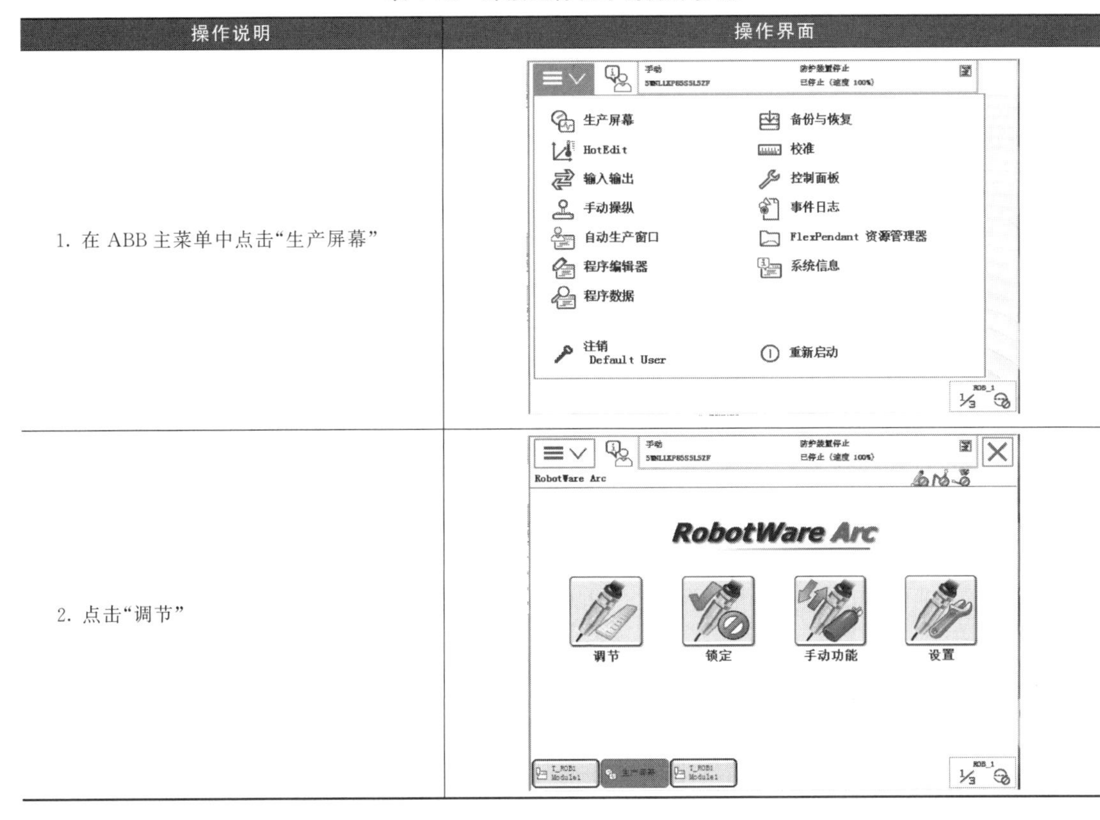

操作说明	操作界面
1. 在 ABB 主菜单中点击“生产屏幕”	
2. 点击“调节”	

续表

<table>
<tr><th>操作说明</th><th>操作界面</th></tr>
<tr><td>3. 设置 weld1 参数。分别选中焊接电压、电流、速度，点击加号或减号可改变当前数值，分别设置为：焊接电压 36V，电流 300A（在焊机上设置），焊接速度 15mm/s（图中为默认值）。点击“确定”</td><td>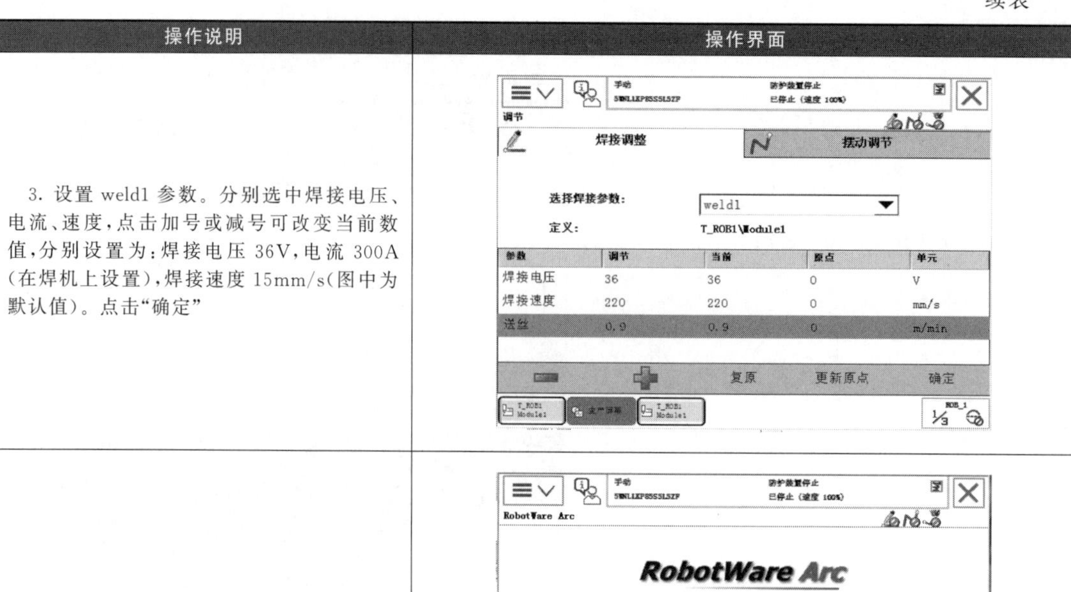
</td></tr>
<tr><td>4. 点击“锁定”，进入编辑界面</td><td>
</td></tr>
<tr><td>5. 点击第一个、第二个及第三个图标，分别显示“焊接启动”“摆动启动”“跟踪启动”，然后点击“确定”</td><td>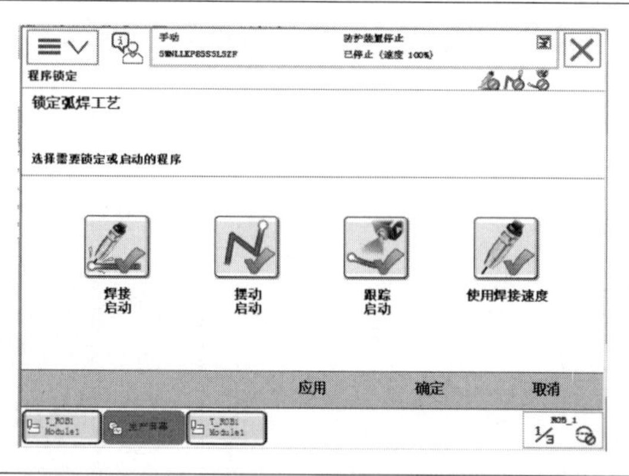
</td></tr>
<tr><td>6. 在 ABB 主菜单中点击“程序编辑器”</td><td>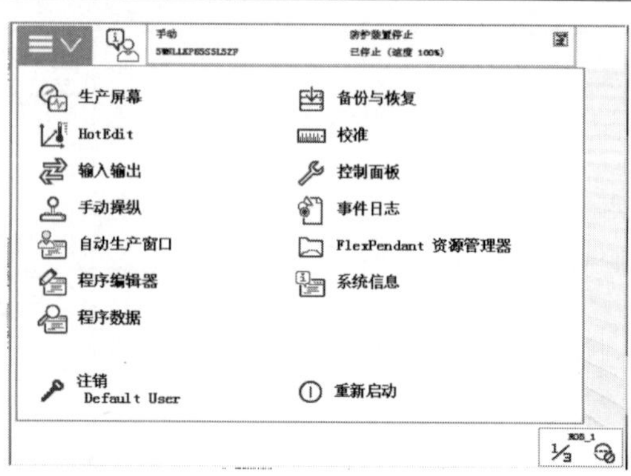
</td></tr>
</table>

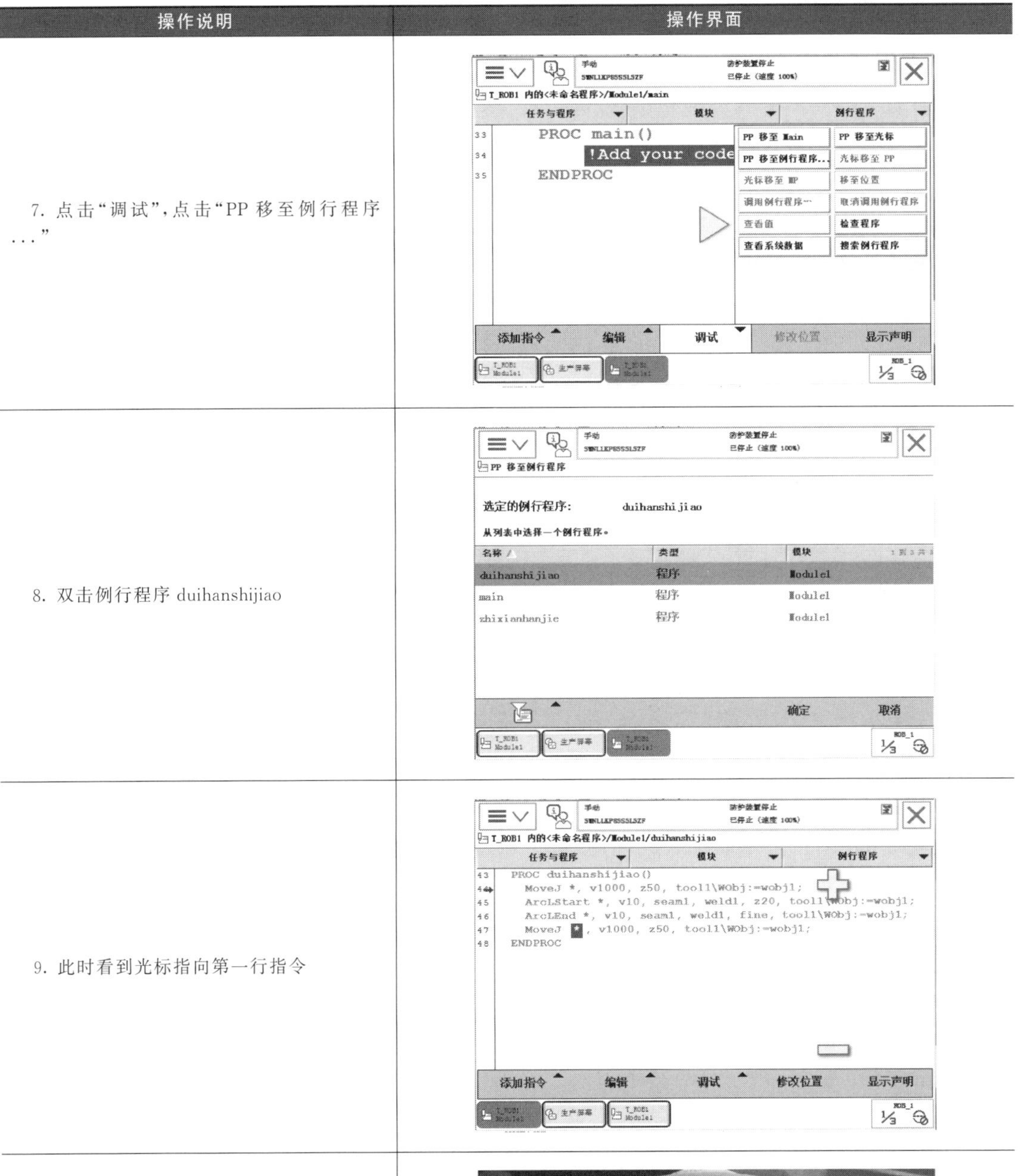

操作说明	操作界面
7. 点击“调试”，点击“PP 移至例行程序...”	
8. 双击例行程序 duihanshijiao	
9. 此时看到光标指向第一行指令	
10. 手持示教器，按下使能键给机器人上电，然后按下运行快捷键，启动程序进行焊接	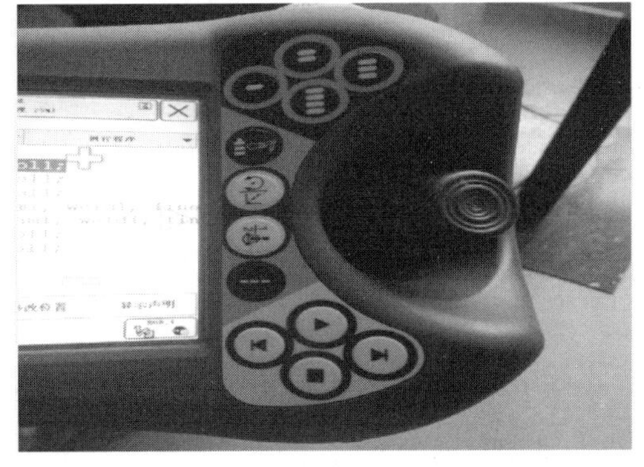

1.2.6 焊枪清理

（1）安装及信号配置

不同类型的焊枪清理机构和机器人型号安装方式不同，需要参考设备安装书进行安装。设备安装完成后，需要在机器人 I/O 板定义相关信号，以实现机器人对清枪机构的控制。在已定义的尚有备用电的 I/O 板上增加输出和输入点，具体配置内容根据焊枪清理装置而定。以 ABBIRB1410 配置日本 OTC 气控清枪器为例，需要在 I/O 板上增加两个输出点 Clear-Gun1、Clear-Gun2 和一个输入点 Clear-Gun。输出点 Clear-Gun1、Clear-Gun2 通过中间继电器驱动两个电磁阀达到固定夹持焊枪和清枪的目的，输入点 Clear-Gun 用于检测刀具升到位。

（2）焊接机器人清枪程序

焊接机器人清枪流程：当机器人焊枪运动到清枪空间点→夹紧焊枪→气动电机启动带动清枪刀具旋转→刀具升降气缸动作，刀具升到位→等待检测信号后并持续 2s→刀具升降气缸动作，刀具降到位→等待 1s 并收到检测信号→夹紧气缸动作松开焊枪。

应用 ABB 机器人 RAPID 编辑语言指令在机器人手动模式下对焊枪进行编程示教，示教的清枪程序如下。

```
PROC Clean Gun ()（程序注释）
TP Erase；清屏指令
TP Writ "Clean gun"；写屏指令
MoveJ pHome，v1000，z50，tool1；运动指令
MoveJ *，v1000，z50，tWeld Gun；运动指令
MoveJ *，v1000，fine，tWeld Gun；运动指令
Set cleangun1；置位焊枪夹紧动作
Wait Time \ InPos，1；等待 1s
Set cleangun2；置位清枪动作
Wait DI clean gun 0；等待检测信号为 0
Wait Time \ InPos，2；等待 2s
ReSet cleangun2；复位清枪动作
Wait Time \ InPos，1；等待 1s
Wait DI clean gun 1；等待检测信号为 10
ReSet cleangun1；复位焊枪夹紧动作
MoveJ *，v1000，z50，tWeld Gun；运动指令
MoveJ *，v1000，z50，tWeld Gun；运动指令
Wait Time \ InPos，0.5；等待焊枪加涂助焊剂时间
MoveJ *，v1000，z50，tWeld Gun；运动指令
MoveJ pHome，v1000，z50，tool1；机器人回原点
ENDPROC；程序结束
```

1.2.7 运动监控（碰撞）的使用

每台机器人都带有运动监控。如果没有 613-1 Collision Detection 选项，机器人运动监

控只有在自动运行的时候自动开启，“灵敏度”默认“100”，不能调。如果有 613-1 Collision Detection 选项，可以设置灵敏度，如图 1-50、图 1-51 所示。

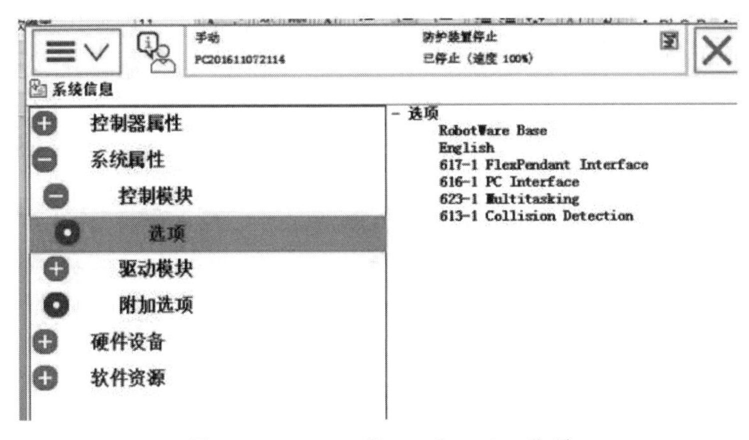

图 1-50　613-1 collision detection 选项

任务
T_ROB1
路径监控
关
开
灵敏度：
100
手动操纵监控
关
开
灵敏度：
100

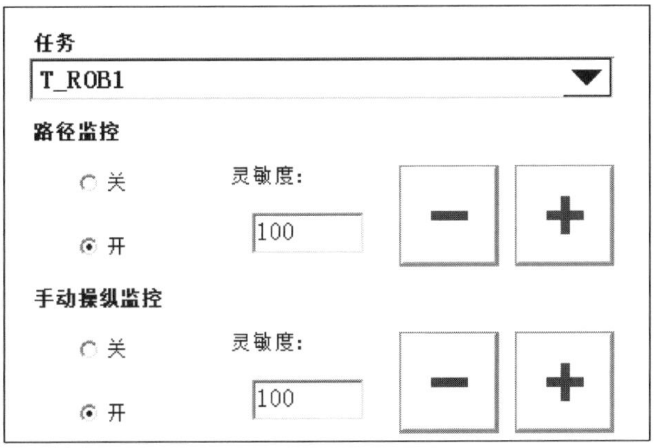

图 1-51　设置

路径监控即运行程序时的监控，灵敏度数字越大，机器人越不敏感；数字越小，越灵敏。但若数字小于 80，可能机器人由于自身的阻力而报警，故不建议设得太小。手动操纵机器人如果发生了碰撞，可以暂时关闭运动监控；运动监控的关闭、打开和调节也可通过示教器语句指令实现，如图 1-52 所示。

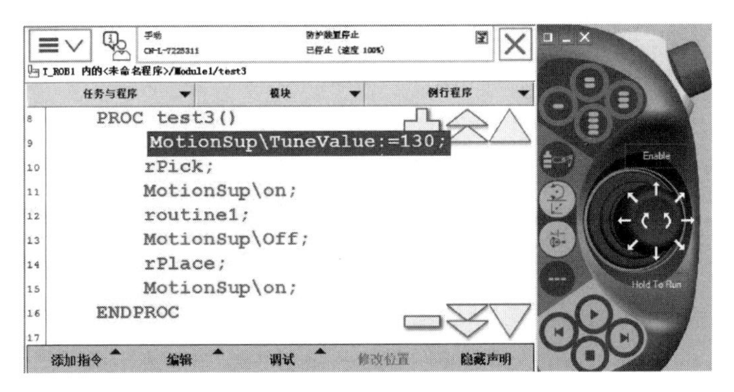

图 1-52　应用程序打开或关闭

1.2.8 ABB机器人多任务使用方法

ABB机器人支持多任务（每台机器人本体最多一个运动任务），使用多任务，机器人要有623-1 Multitasking选项，如图1-53所示。

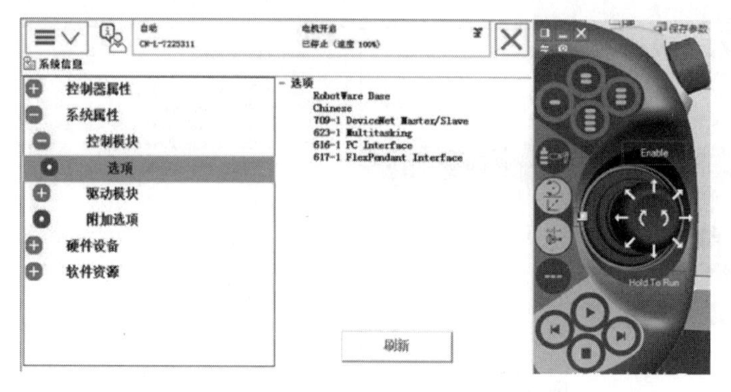

图1-53 623-1 Multitasking选项

（1）多任务管理

① 点击“控制面板”→“配置”（图1-54）→“主题”→Controller（图1-55）。

图1-54 控制面板→配置

图1-55 主题→Controller

② 如图1-56所示，进入Task，然后重启。把Type设为Normal，否则不能编程，全部

编程调试好，再设回 semi static 就可以开机自动运行了。

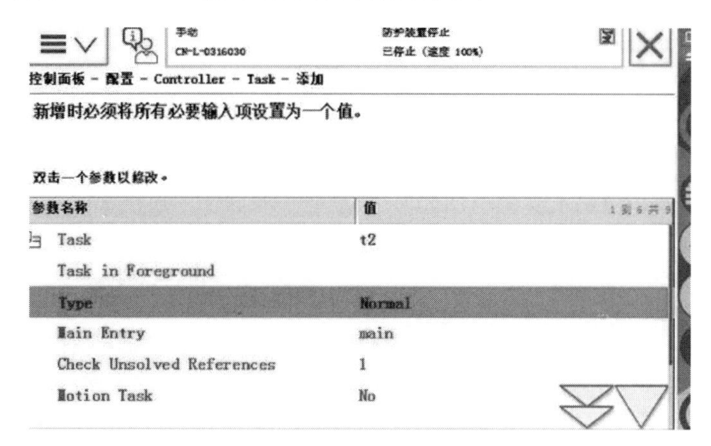

图 1-56　进入 Task

③ 点击“程序编辑器”，进入 t2 Task，如图 1-57 所示。

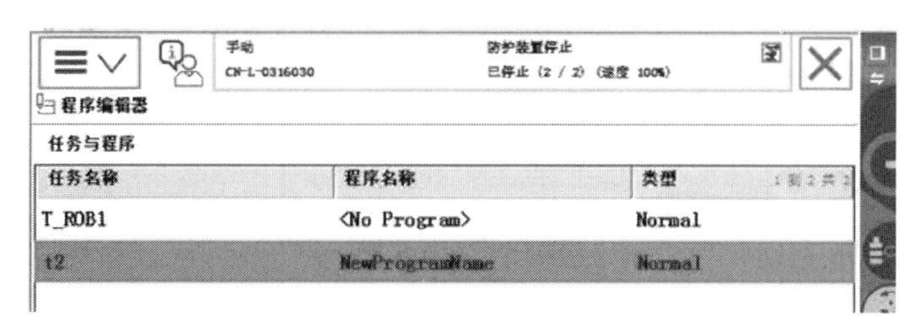

图 1-57　进入 t2 Task

（2）使用

下面以任务间传输 bool 量 flag1 为例（即任何一个任务修改了 flag1 值，另一个任务 flag1 值也修改）进行介绍。前台和后台都要建数据，“存储类型”必须是“可变量”，类型一样，名称一样，例如：PERS bool flag1；两个任务里必须都有这个 flag1，而且必须是可变量，如图 1-58 与图 1-59 所示。在 t2 里，代码如图 1-60 所示，前台任务代码如图 1-61 所示。

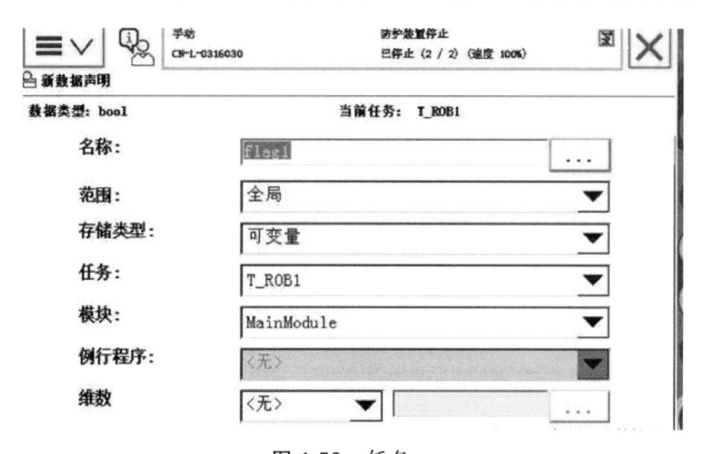

图 1-58　任务一

能实现后台任务实时扫描 di_0 信号，如果 di_0 信号变 1，flag1 即为 TRUE。前台根据逻辑，一直等待 flag1 为 TRUE。执行 waituntil 指令后，把 flag1 置 FALSE。

新数据声明

数据类型：bool　　　　当前任务：T_ROB1

名称：	flag1
范围：	全局
存储类型：	可变量
任务：	t2
模块：	MainModule
例行程序：	<无>
维数	<无>

图 1-59　任务二

```
1  MODULE MainModule
2      PERS bool flag1:=FALSE;
3      PROC main()
4          WHILE TRUE DO
5              IF di_0=1 THEN
6              flag1:=true;
7              ENDIF
8
9          ENDWHILE
10     ENDPROC
11 ENDMODULE
```

图 1-60　t2 代码

```
1  MODULE MainModule
2      PERS bool flag1:=FALSE;
3      PROC main()
4          waituntil flag1=TRUE;
5          flag1:=FALSE;
6      ENDPROC
7  ENDMODULE
```

图 1-61　前台任务代码

（3）运行

点击示教器右下角最下面一个按钮，确保两个任务都勾上，然后运行，进行测试，如图 1-62 所示。测试没问题，进入配置界面，把 t2 改为 semistatic，重启，如图 1-63 所示。

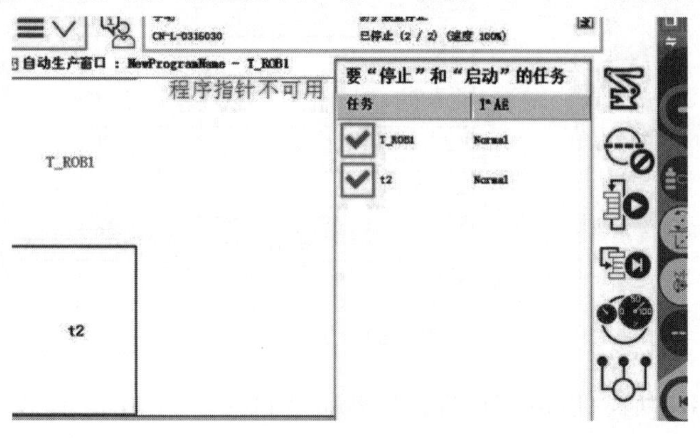

图 1-62　选择两个任务

这个时候 t2 不能选了，已经开机自动运行，如图 1-64 所示。

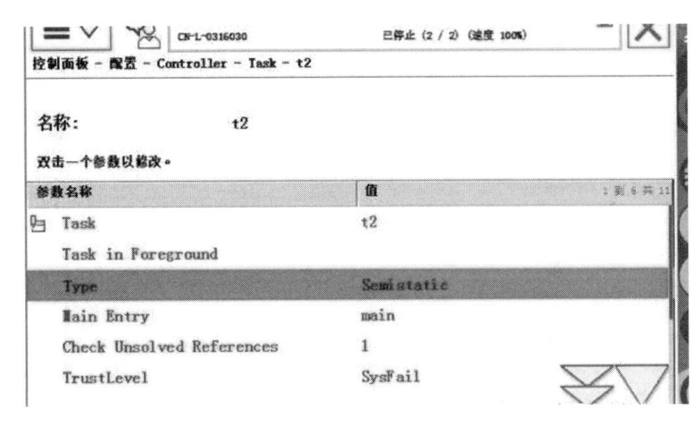

图 1-63　把 t2 改为 semistatic

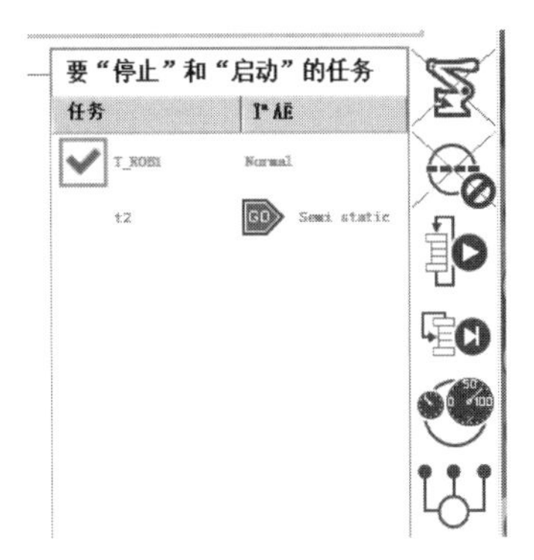

图 1-64　t2 自动运行

1.2.9　多工位预约程序

（1） ABB 机器人双工位预约程序

如图 1-65 所示的双工位生产，人工完成 1# 工位上料后点击 di_1 按钮（按钮不带保持，即人手松开信号为 0），机器人焊接 1# 工位。此过程中人工对 2# 工位上下料，完成后点击 di_2 按钮完成预约（即不需要等机器人完成 1# 工作）。机器人完成 1# 工作后，由于收到过 di_2 预约信号，机器人自动去完成 2# 工位，通过中断来实现；机器人后台在不断扫描（类似 PLC），这和机器人前台运动不冲突。后台实时扫描到信号就会去执行设定的中断程序，中断程序里没有运动指令，前台机器人不停，不影响运动。其步骤如下。

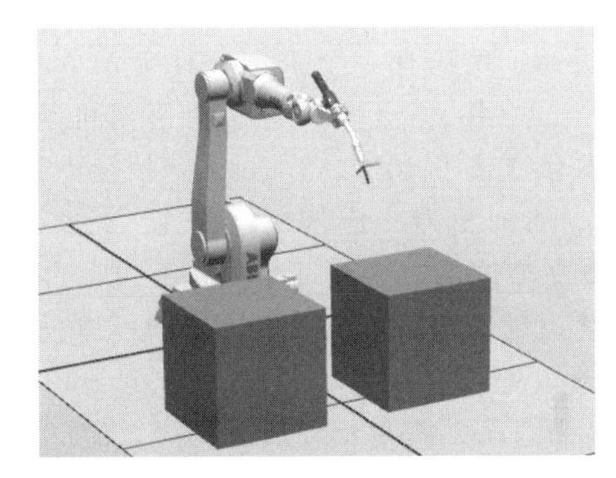

图 1-65　双工位预约

① 建立中断例行程序“tr_1”“tr_2”，进入中断程序，插入图 1-66 所示指令，即当机器人执行中断程序时，将 bool 量置 TRUE。

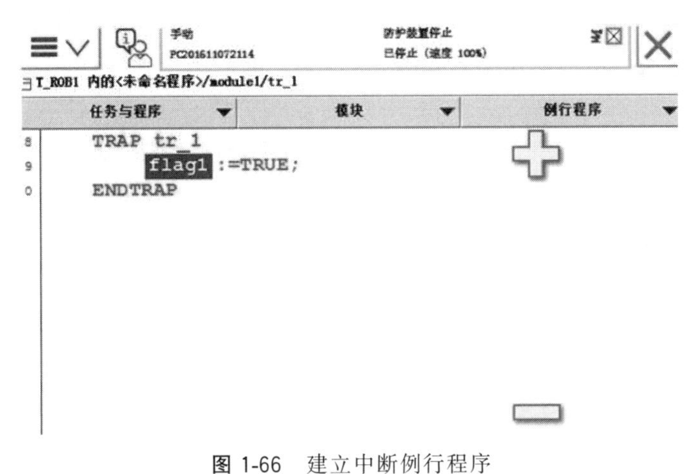

图 1-66　建立中断例行程序

② 进入主程序，设置中断及对应的 I/O 信号，图 1-67 中的 37 行表示任何时候 di_1 信号由 0 变 1，就会触发执行 tr_1 中断程序，即置 flag1 为 TRUE；35～40 行程序只要运行一遍即可，类似于设置开关，不需要反复运行。即如果没有人给 di 信号，机器人就在 home 位等待。

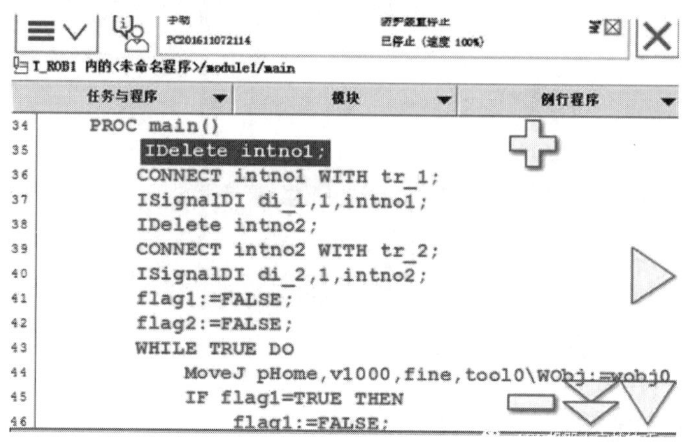

图 1-67　设置中断

（2）多工位随机多次预约程序

下面以图 1-68 所示的 5 个工位为例进行介绍。现场有 5 个工位，对应 5 个不同 routine，由 5 个不同 di 触发，可随机预约，例如依次按下 1、2、3、4、5（按钮不带保持），此时机器人应依次完成 1、2、3、4、5 顺序工位。机器人每个 routine 执行需要较多时间，执行期间，用户依旧可以预约，机器人记录预约后，再完成这个 routine，然后根据预约顺序继续执行。

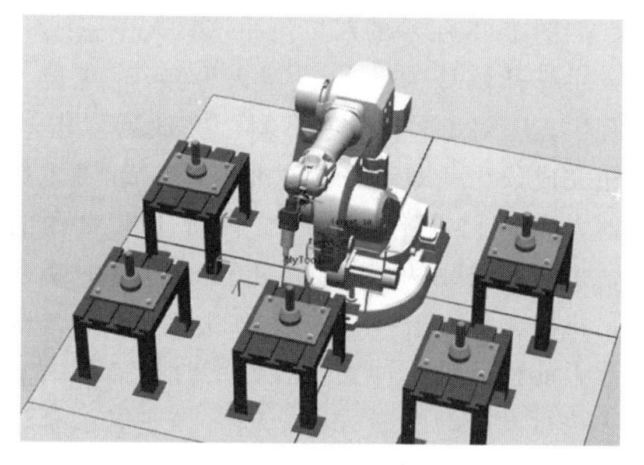

图 1-68　5 个工位

实现以上功能，最便捷的方式是使用队列 queue（先进先出原则记录信息），但 ABB 机器人默认没有队列功能；可以利用字符串及“+”号来完成模拟队列功能，编写函数完成先进先出功能程序（即后续的信息添加到字符串最后，每次从字符串拿出第一位信息使用，拿出后，字符串原有第一位信息剔除），其程序如下。

1）用中断记录用户预约按钮信息程序

```
PROC init1( )
    IDelete intno1;
    CONNECT intno1 WITH tr_1;
    ISignalDI di_test_1,1,intno1;
    IDelete intno2;
    CONNECT intno2 WITH tr_2;
    ISignalDI di_test_2,1,intno2;
    IDelete intno3;
    CONNECT intno3 WITH tr_3;
    ISignalDI di_test_3,1,intno3;
```

```
    IDelete intno4;
    CONNECT intno4 WITH tr_4;
    ISignalDI di_test_4,1,intno4;
    IDelete intno5;
    CONNECT intno5 WITH tr_5;
    ISignalDI di_test_5,1,intno5;
    s100:="";
```

2）中断程序

中断程序内，即对字符串增加信息。

```
TRAP tr_1
    s100:=s100+"1";
ENDTRAP

TRAP tr_2
    s100:=s100+"2";
ENDTRAP

TRAP tr_3
    s100:=s100+"3";
ENDTRAP

TRAP tr_4
    s100:=s100+"4";
ENDTRAP

TRAP tr_5
    s100:=s100+"5";
ENDTRAP
```

3）主程序及字符串处理函数

```
PROC test12()
    init1;
    WHILE TRUE DO
        s101:=str_cal(s100);! 获取当前字符串第一位信息
        TEST s101
        CASE "1":
            TPWrite "this is 1";
            waittime 2;
        CASE "2":
            TPWrite "this is 2";
            waittime 2;
        CASE "3":
```

```
            TPWrite "this is 3";
            waittime 2;
        CASE "4";
            TPWrite "this is 4";
            waittime 2;
        CASE "5";
            TPWrite "this is 5";
            waittime 2;
        ENDTEST
    ENDWHILE
ENDPROC
  FUNC string str_cal(inout string s_input)
      ! 字符串处理函数,使用 inout 类型,即函数会对 s_input 数据进行修改
    VAR string s_temp;
    VAR num total;
    IF s_input="" RETURN "0";
    ! 如果字符串为空,返回"0",后续程序不再执行
    total:=StrLen(s_input);! 获取字符串总长度
    TPWrite "s100:="+s100;
    s_temp:=StrPart(s_input,1,1);
    ! 获取字符串第一位
    IF total=1 THEN
        s_input:="";! 如果字符串总数为 1,新字符串为空
    else
        s_input:=StrPart(s_input,2,total-1);
        ! 新字符串为剔除原有第一位后的字符串
    ENDIF
    RETURN s_temp;! 返回第一位字符串
ENDFUNC
```

1.2.10 倒挂机器人设置

如图 1-69 所示，倒挂工业机器人的设置过程如下。

① 点击“示教器”→“控制面板”→“主题”切换为 Motion（图 1-70）→Robot（图 1-71）。此处表示机器人 base 相对于 world 的 *XYZ* 偏移，角度关系如图 1-72 所示。

② 设置旋转角度，若机器人绕 *Y* 轴旋转对应角度，修改 Gravity Beta，如图 1-73 与图 1-74 所示。若机器人绕 *X* 轴旋转对应角度，修改 Gravity Alpha，如图 1-75 所示。

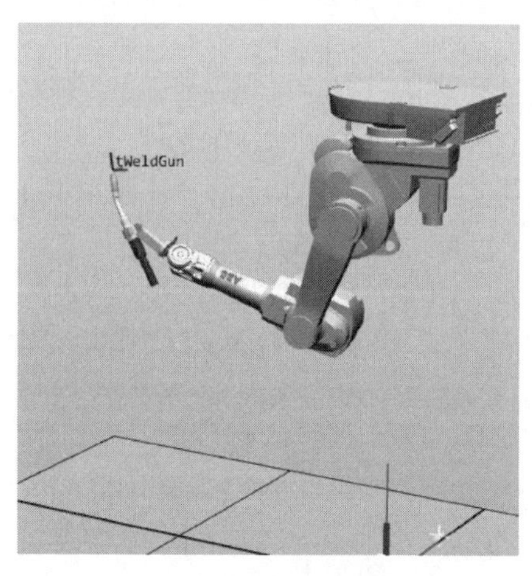

图 1-69　倒挂工业机器人

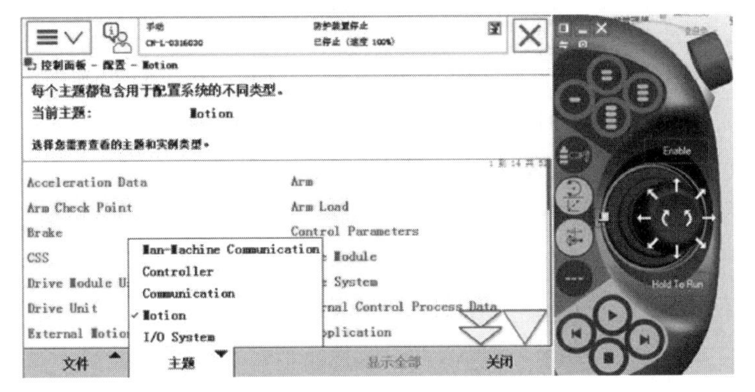

图 1-70　主题切换为 Motion

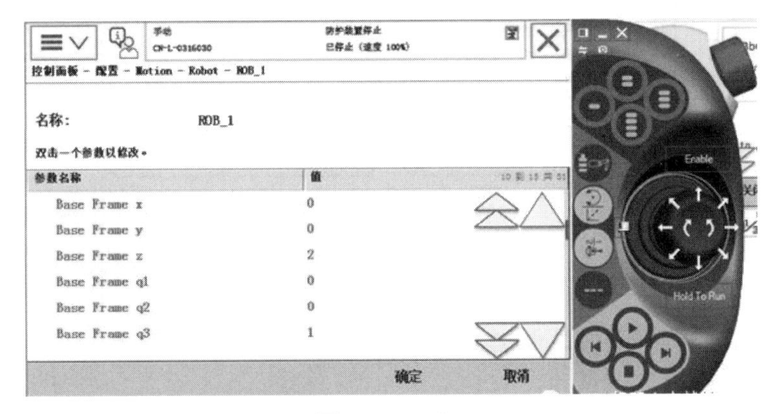

图 1-71　Robot

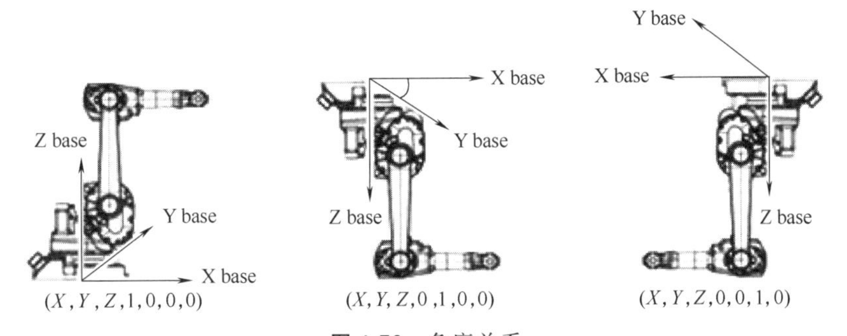

图 1-72　角度关系

图 1-73　修改 Gravity Beta

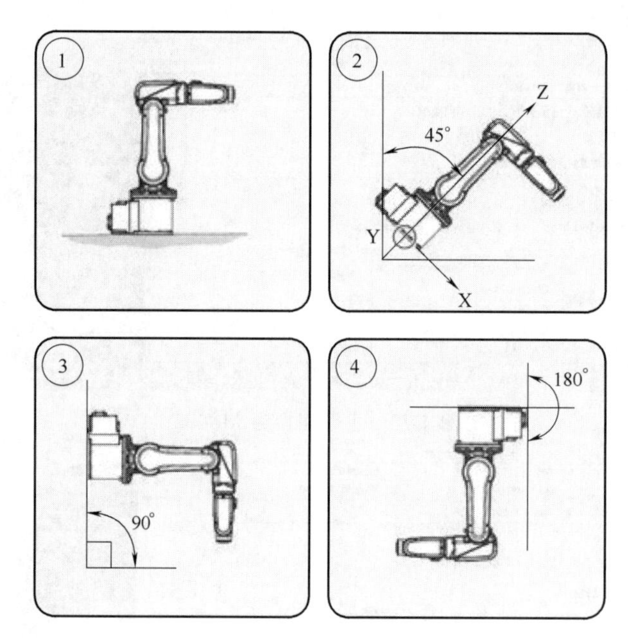

图 1-74 角度

①—地面安装（0°）；②—倾斜安装（45°）；③—垂直安装（90°）；④—倒挂安装（180°）

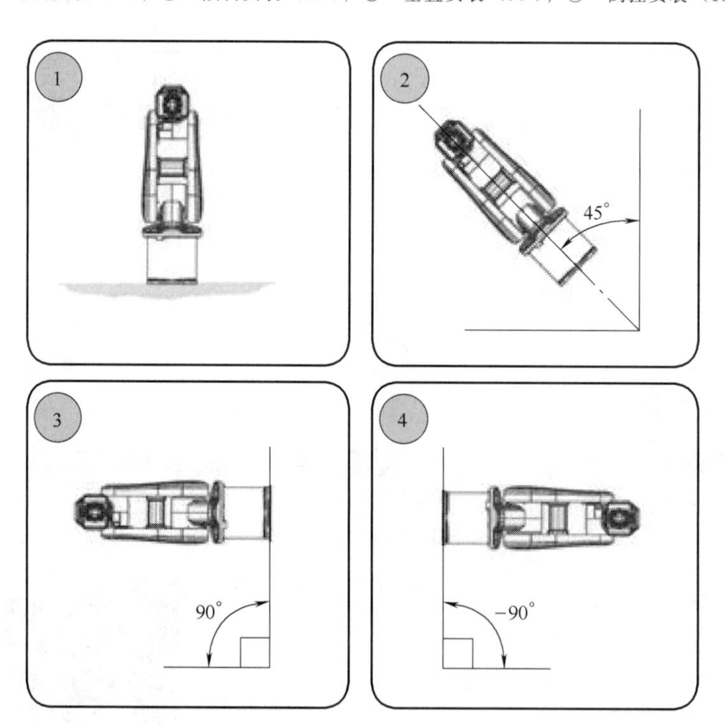

图 1-75 绕 X 轴旋转角度

①—地面安装（0°）；②—倾斜安装（45°）；③—垂直安装一（90°）；④—垂直安装二（−90°）

1.2.11 焊缝起始点寻位功能

用户可根据自己不同需求选择 633-1 的配置，主要有：焊接电源，牛眼（用来校正 TCP），焊枪清洁，SmarTac 跟踪监测，焊缝偏移，生产监控，Navigator，激光跟踪，

WeldGuide 焊接向导，Multipass，Weld Data Monitoring 焊接参数监控等。

如图 1-76 所示，焊接工件起始点位置有偏差，可以使用焊缝起始点寻位功能。其步骤如下。

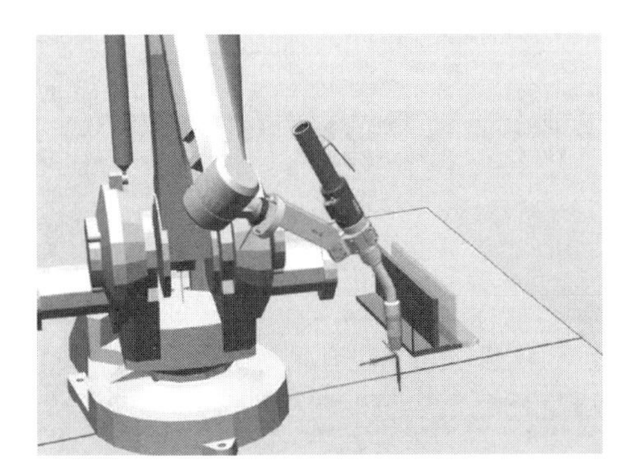

图 1-76　焊缝起始点寻位

① 选择 SmarTac 选项，如图 1-77 所示。

② 在 SmarTac 里找到 Search_1D，添加指令，如图 1-78 所示，程序如下。

Search_1D peOffset,p1,p2,v200,tWeldGun;

机器人走到 p1 点，然后往 p2 方向走，p2 是标准位置。在这个过程中，如果收到接触信号，机器人会记录当前位置和 p2 的偏差，并记录到 peoffset 里（pose 类型数据）。然后沿原路径后退。

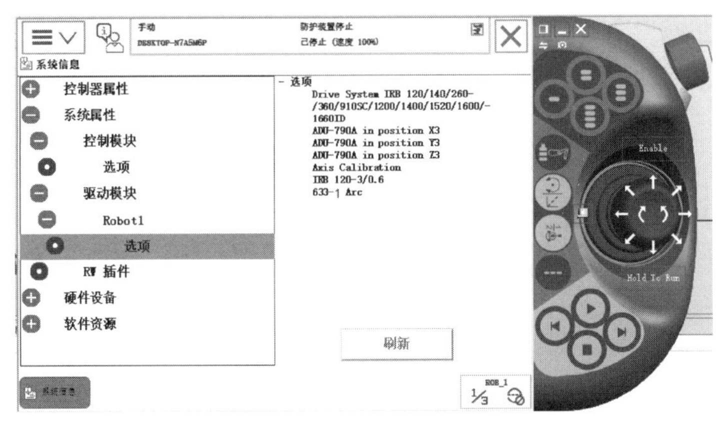

图 1-77　选择 Smartac 选项

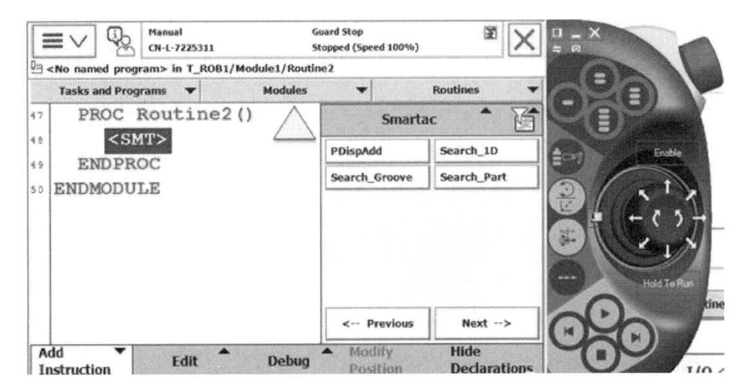

图 1-78　添加 Search_1D

如图 1-79 所示，PDispSet peoffset 表示将偏差应用于后续所有点。此时运行 Path_10，所有点均会产生 peoffset 的偏移。PDispoff 表示关闭偏移。

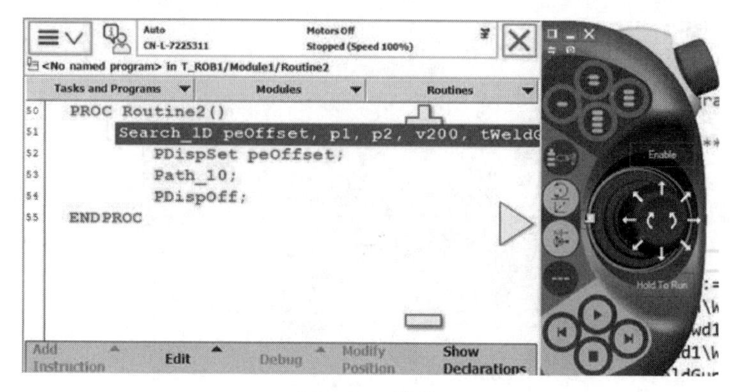

图 1-79　偏移

1.2.12　Units 焊接参数的基本单位

Units 焊接参数的基本单位如表 1-25 所示。

表 1-25　Units 焊接参数的基本单位

标准			单位
SI_UNITS	国际标准	焊接速度	mm/s
		长度单位	mm
		送丝速度	mm/s
US_UNIIS	美国标准	焊接速度	ipm
		长度单位	inch
		送丝速度	ipm
WELD_UNITS	焊接标准	焊接速度	mm/s
		长度单位	mm
		送丝速度	m/min

第2章

其他常见轨迹类工业机器人的现场编程

2.1 认识轨迹类工作站

轨迹类工作站是指其工作是以轨迹为主的工作站，是一种非负重工作站，主要有图 2-1 所示的弧焊、点焊、激光焊接、激光切割、喷涂、去毛刺、轻型加工、雕刻、涂胶、贴条、修边、弱化、滚边等。

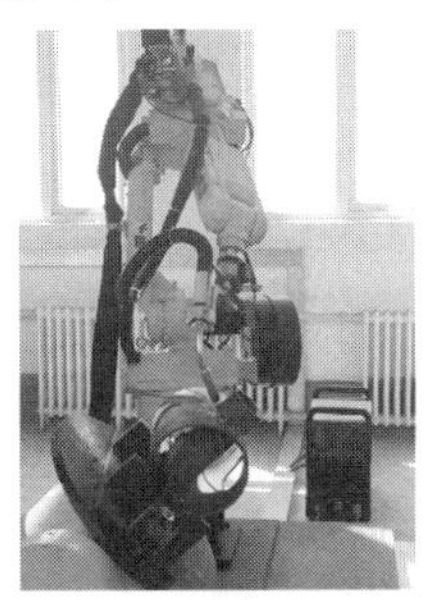

(a) 弧焊

(b) 点焊

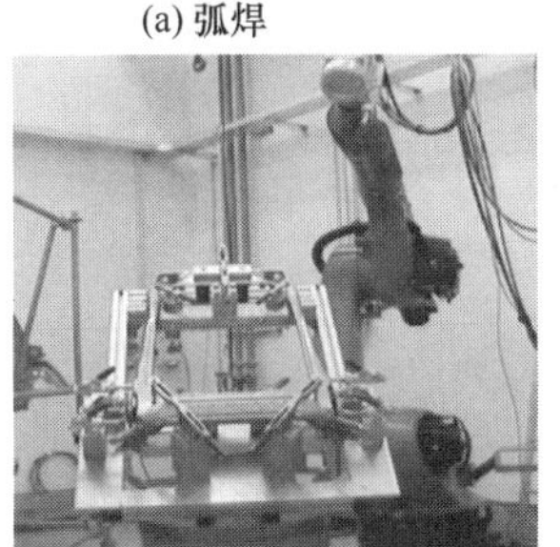

(c) 激光焊接

(d) 激光切割

图 2-1

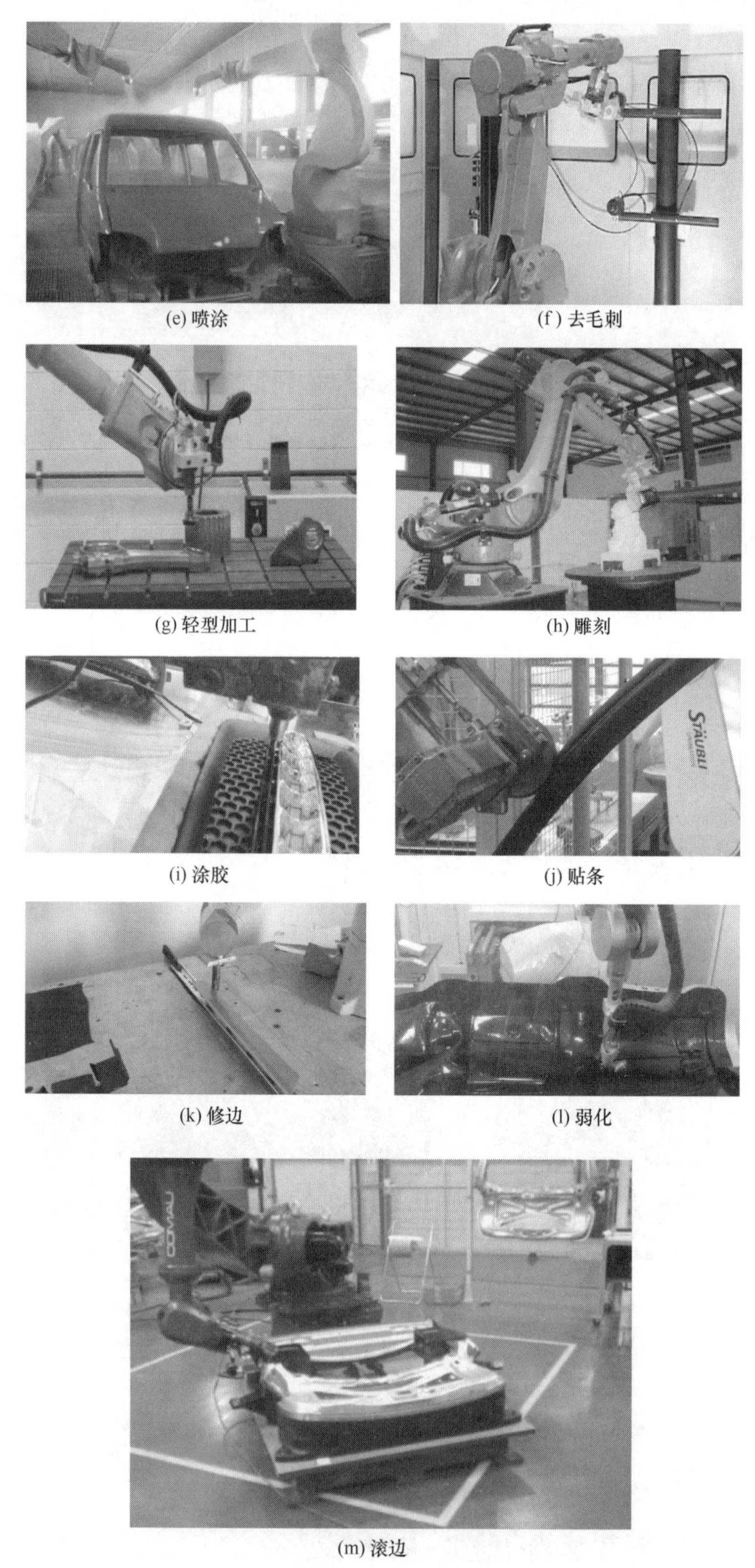

(e) 喷涂　(f) 去毛刺

(g) 轻型加工　(h) 雕刻

(i) 涂胶　(j) 贴条

(k) 修边　(l) 弱化

(m) 滚边

图 2-1　轨迹类工作站

2.1.1 常见轨迹类工作站的组成

（1）工业机器人点焊工作站的组成

工业机器人点焊工作站由机器人系统、伺服机器人焊钳、冷却水系统、电阻焊接控制装置、焊接工作台等组成，采用双面单点焊方式。整体布置如图 2-2 所示，点焊机器人系统如图 2-3 所示，图 2-3 中列出了点焊机器人工作站的完整配置，点焊机器人系统图中各部分说明见表 2-1，各部分的功能说明见表 2-2。

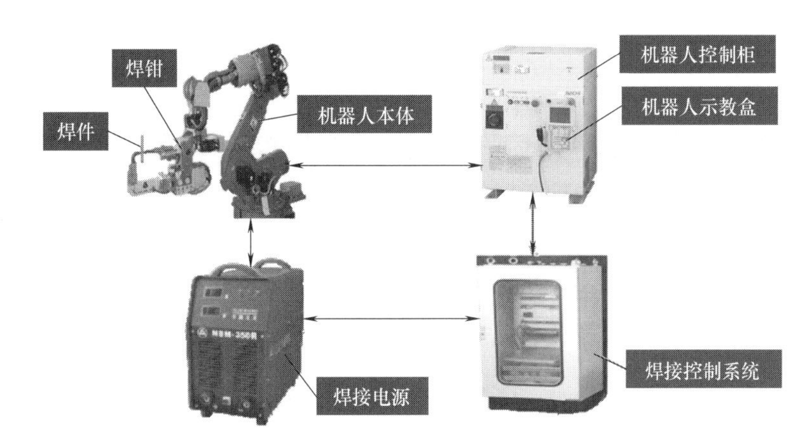

图 2-2 整体布置图

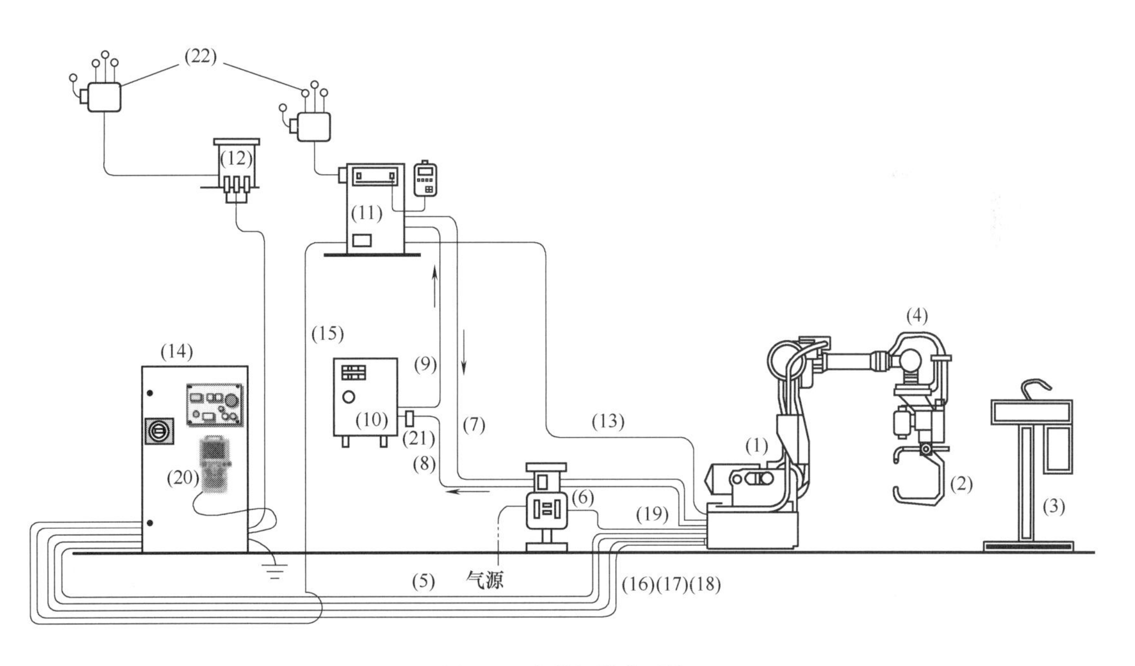

图 2-3 点焊机器人系统

表 2-1 点焊机器人系统图中各部分说明

设备代号	设备名称	设备代号	设备名称
（1）	机器人本体(ES165D)	（3）	电极修磨机
（2）	伺服焊钳	（4）	手首部集合电缆(GISO)

续表

设备代号	设备名称	设备代号	设备名称
(5)	焊钳伺服控制电缆 S1	(14)	机器人控制柜 DX100
(6)	气/水管路组合体	(15)	点焊指令电缆(I/F)
(7)	焊钳冷水管	(16)	机器人供电电缆 2BC
(8)	焊钳回水管	(17)	机器人供电电缆 3BC
(9)	点焊控制箱冷水管	(18)	机器人控制电缆 1BC
(10)	冷水阀组	(19)	焊钳进气管
(11)	点焊控制箱	(20)	机器人示教器(PP)
(12)	机器人变压器	(21)	冷却水流量开关
(13)	焊钳供电电缆	(22)	电源

表 2-2 点焊机器人系统各部分功能说明

类型	设备代号	功能及说明
机器人相关	(1)(4)(5)(13)(14)(15)(16)(17)(18)(20)	焊接机器人系统及与其他设备的联系
点焊系统	(2)(3)(11)	实施点焊作业
供气系统	(6)(19)	如果使用气动焊钳时，焊钳加压气缸完成点焊加压，需要供气。当焊钳长时间不用时，须用气吹干焊钳管道中残留的水
供水系统	(7)(8)(9)(10)(21)	用于对设备(2)(11)进行冷却
供电系统	(12)(22)	系统动力

1）点焊电极

点焊电极是保证点焊质量的重要零件，其主要功能有向工件传导电流、向工件传递压力、迅速导散焊接区的热量。常用的点焊电极形式如图 2-4 所示。

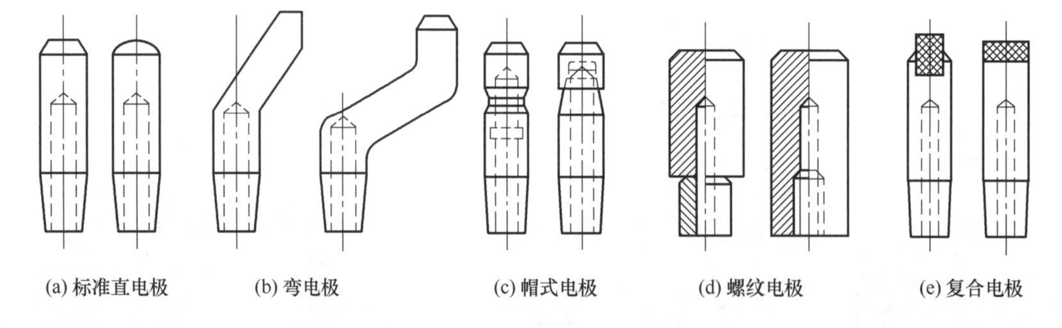

图 2-4 常用的点焊电极形式

2）点焊机器人

点焊机器人（spot welding robot）用于点焊自动作业的工业机器人，末端持握的作业工具是焊钳。一般来说，装配一台汽车车体大约需要几千个焊点，其中半数以上的焊点由机器人操作完成。最初，点焊机器人只用于增强焊接作业，后来逐渐被用于定位焊接作业，如图 2-5 所示。

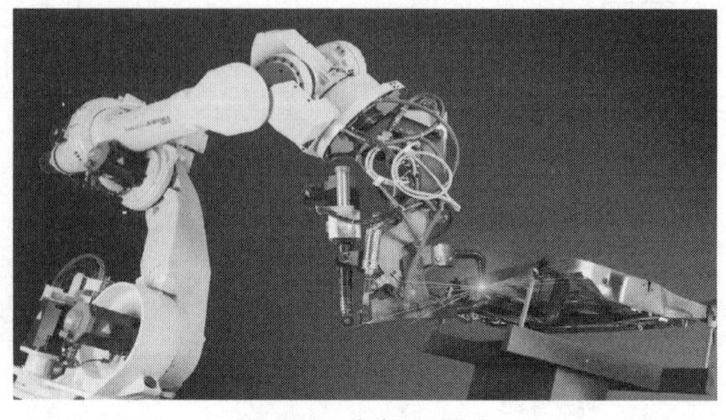

图 2-5 点焊机器人

3）点焊机器人焊钳

点焊机器人焊钳从用途上可分为C型和X型两种，如图2-6所示。C型焊钳用于点焊垂直及近于垂直倾斜位置的焊缝，X型焊钳则主要用于点焊水平及近于水平倾斜位置的焊缝。应首先根据工件的结构形式、材料、焊接规范以及焊点在工件上的位置分布来选用焊钳的形式、电极直径、电极间的压紧力、两电极的最大开口度和焊钳的最大喉深等参数。

4）点焊控制器

焊接电流、通过时间和电极加压是电焊的三大条件，而电焊控制器是合理控制这三大条件的装置，是电焊作业系统中最重要的设备，如图2-7所示。

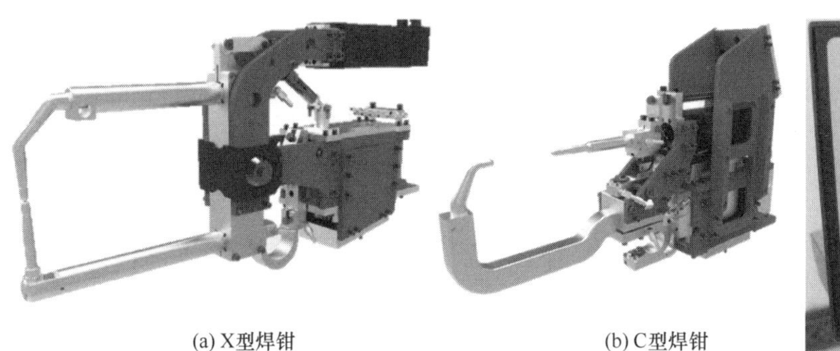

(a) X型焊钳　　(b) C型焊钳

图2-6　常用C型和X型点焊钳的基本结构形式

工件号　焊接时间　热量
No.　TIME　HEAT
N　T　H
YF 903　點焊機
微機精密控制器

图2-7　点焊控制器

点焊控制器由CPU、EPROM及部分外围接口芯片组成最小控制系统，它可以根据预定的焊接监控程序，完成点焊时的焊接参数输入，点焊程序控制，焊接电流控制及焊接系统故障自诊断，并实现与本体计算机及手控示教盒的通信联系。

5）电阻焊接控制装置

电阻焊接控制装置是合理控制时间、电流和加压力这三大焊接条件的装置，综合了焊钳的各种动作的控制、时间的控制及电流调整的功能。通常的方式是装置启动后就会自动进行一系列的焊接工序。工业机器人点焊工作站使用的电阻焊接控制装置型号为IWC5-10136C，是采用微机控制，同时具备高性能和高稳定性的控制器。IWC5-10136C型电阻焊接控制装置具有按照指定的直流焊接电流进行定电流控制功能、步增功能、各种监控及异常检测功能。电阻焊接控制器如图2-8所示。IWC5-10136C型电阻焊接控制器配套有编程器和复位

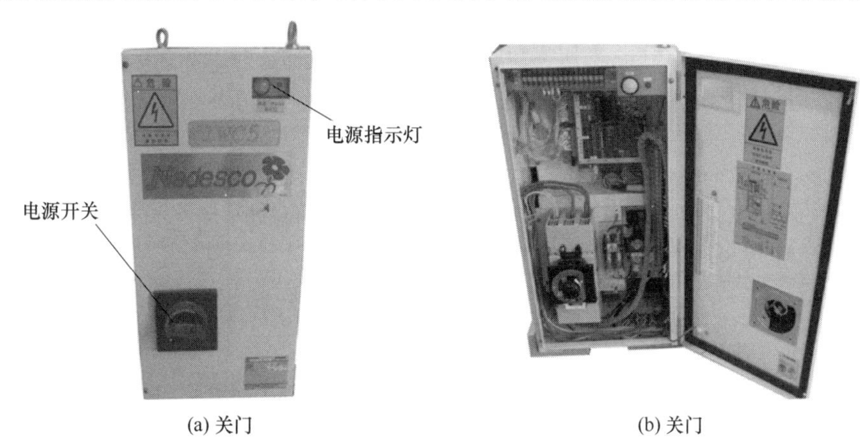

(a) 关门　　(b) 关门

图2-8　电阻焊接控制器

器，如图 2-9、图 2-10 所示。编程器用于焊接条件的设定；复位器用于异常复位和各种监控。

图 2-9　编程器

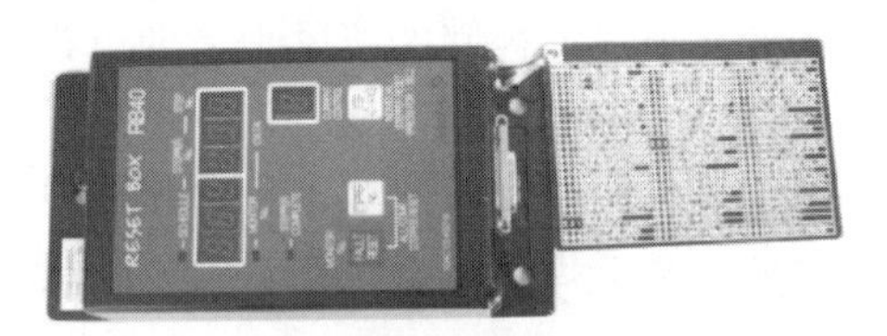

图 2-10　复位器

6）供电系统

供电系统主要包括电源（图 2-11）和机器人变压器（图 2-12），其作业是为点焊机器人系统提供动力。

7）冷却水阀组

由于点焊是低压大电流焊接，在焊接过程中，导体会产生大量的热量，所以焊钳、焊钳变压器需要水冷，供水系统如图 2-13 所示，冷却水系统如图 2-14 所示。

图 2-11　电源

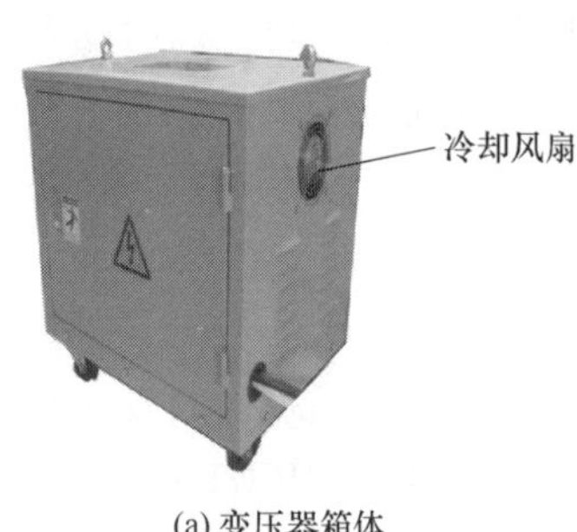

(a) 变压器箱体

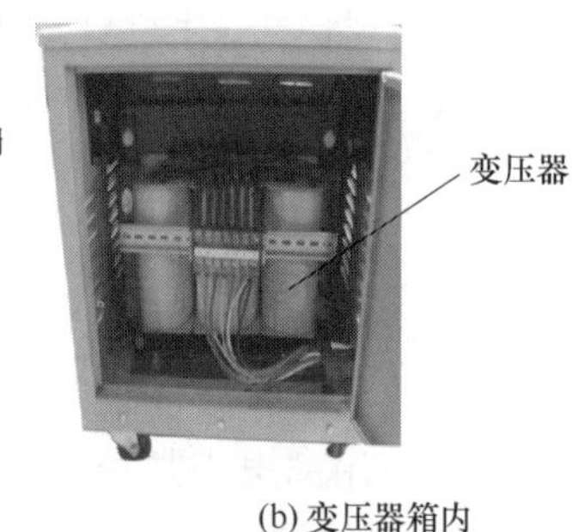

(b) 变压器箱内

图 2-12　机器人变压器

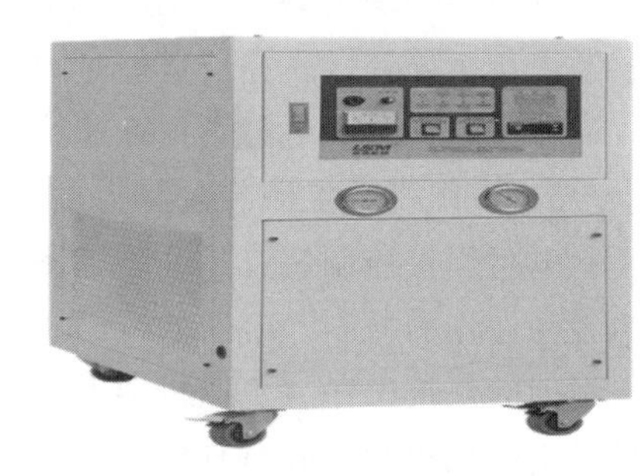

图 2-13　供水系统

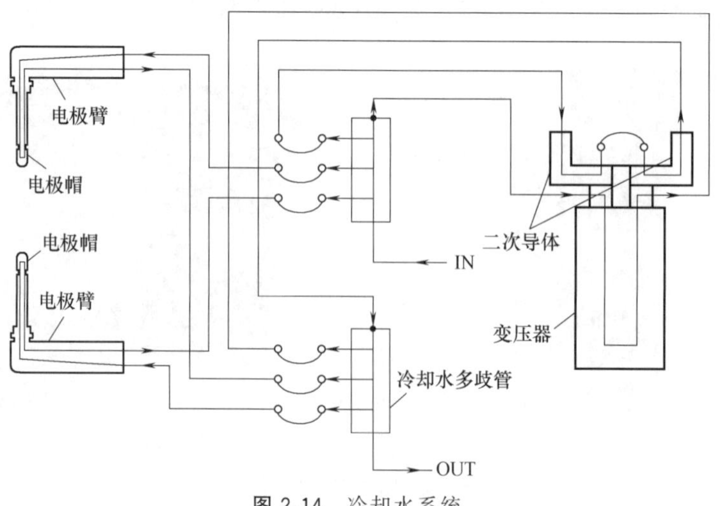

图 2-14　冷却水系统

8）辅助设备工具

辅助设备工具主要有高速电机修磨机（CDR）、点焊机压力测试仪（SP-236N）、焊机专用电流表（MM-315B），如图 2-15 所示。

(a) 高速电机修磨机

(b) 点焊机压力测试仪

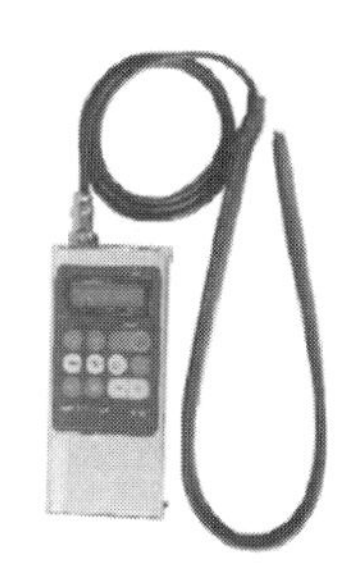

(c) 焊机专用电流表

图 2-15　辅助设备工具

9）夹具

点焊工业机器人工作站上也要用到夹具，以装夹零件。夹具根据零件的不同而异，图 2-16 所示就是一种点焊工业机器人工作站所用夹具。

图 2-16　夹具

（2）涂装机器人工作站的组成

典型的涂装机器人工作站如图 2-17 所示。

1）手腕

手腕一般有 2～3 个自由度，轻巧快速，适合内部、狭窄的空间及复杂工件的涂装。较先进的涂装机器人采用中空手臂和柔性中空手腕，如图 2-18 所示。采用中空手臂和柔性中空手腕可使软管、线缆内置，从而避免软管与工件间发生干涉，减少管道黏着薄雾、飞沫，

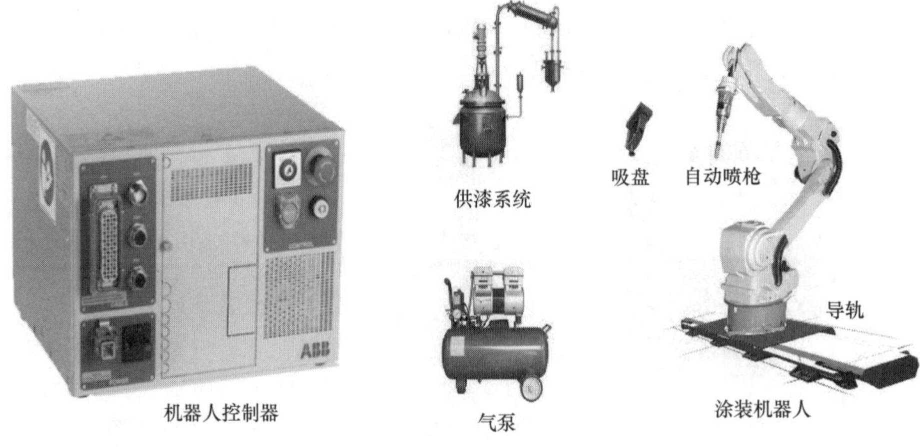

图 2-17　涂装机器人工作站

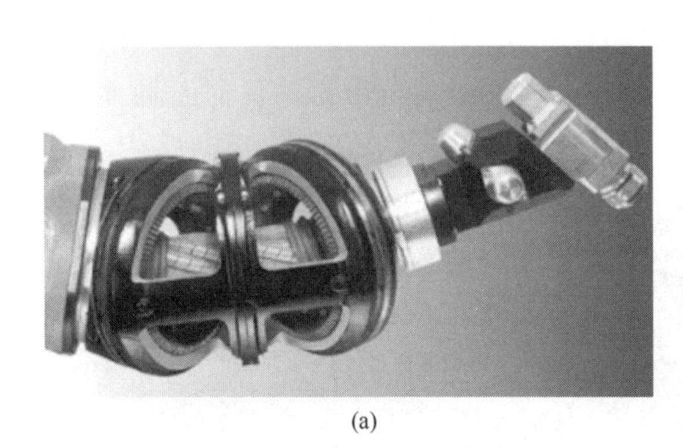
(a)

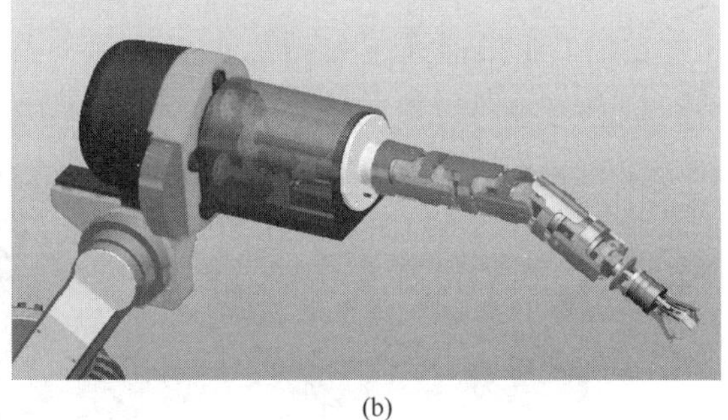
(b)

图 2-18　柔性中空手腕

最大限度降低灰尘粘到工件的可能性，缩短生产节拍。

一般在水平手臂搭载涂装工艺系统，从而缩短清洗、换色时间，提高生产效率，节约涂料及清洗液，如图 2-19 所示。

2）涂装（喷枪）

对涂装机器人，根据所采用的涂装工艺不同，机器人“手持”的喷枪及配备的涂装系统也存在差异。传统涂装工艺中空气涂装与高压无气涂装仍在广泛使用，但近年来静电涂装，特别是旋杯式静电涂装工艺凭借其高质量、高效率、节能环保等优点已成为现代汽车车身涂装的主要手段之一，并且被广泛应用于其他工业领域。

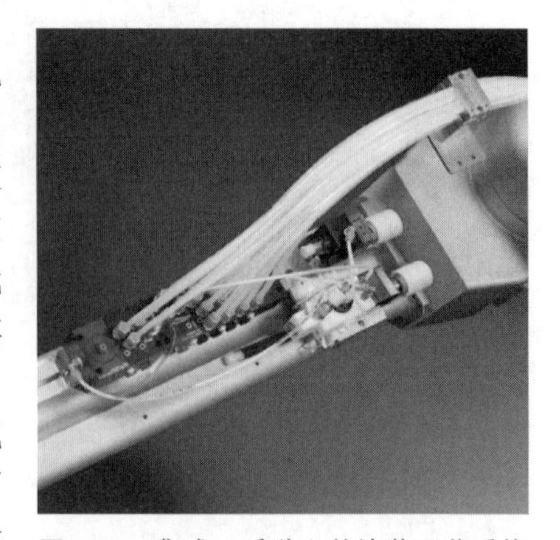

图 2-19　集成于手臂上的涂装工艺系统

① 空气涂装　所谓空气涂装，就是利用压缩空气的气流，流过喷枪喷嘴孔形成负压，在负压的作用下涂料从吸管吸入，经过喷嘴喷出，通过压缩空气对涂料进行吹散，以达到均匀雾化的效果。空气涂装一般用于家具、3C 产品外壳、汽车等产品的涂装，图 2-20 所示是较为常见的自动空气喷枪。

② 高压无气涂装　高压无气涂装是一种较先进的涂装方法，其采用增压泵将涂料增至

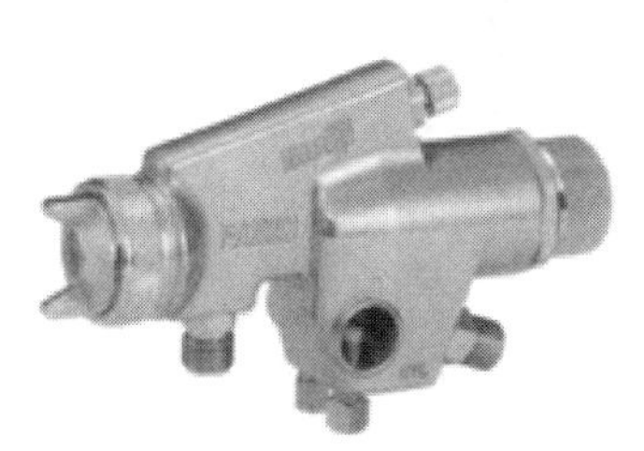

(a) 日本 明治 FA100H P

(b) 美国 DEVILBISS T-AGHV

(c) 德国 PILOT WA500

图 2-20　自动空气喷枪

6～30MPa 的高压，通过很细的喷孔喷出，使涂料形成扇形雾状，具有较高的涂料传递效率和生产效率，表面质量明显优于空气涂装。

③ 静电涂装　静电涂装一般是以接地的被涂物为阳极，接电源负高压的雾化涂料为阴极，使涂料雾化颗粒上带电荷，通过静电作用，吸附在工件表面。通常应用于金属表面或导电性良好且结构复杂的表面，或是球面、圆柱面等的涂装，其中高速旋杯式静电喷枪已成为应用最广的工业涂装设备，如图 2-21 所示。它在工作时利用旋杯的高速（一般为 30000～60000r/min）旋转运动产生离心作用，将涂料在旋杯内表面伸展成为薄膜，并通过巨大的加速度使其向旋杯边缘运动，在离心力及强电场的双重作用下，涂料破碎为极细的且带电的雾滴，向极性相反的被涂工件运动，沉积于被涂工件表面，形成均匀、平整、光滑、丰满的涂膜，其工作原理如图 2-22 所示。

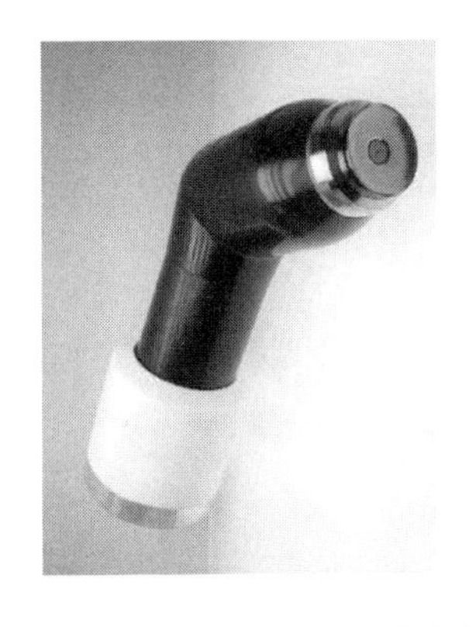
(a) ABB溶剂性涂料高速旋杯式静电喷枪

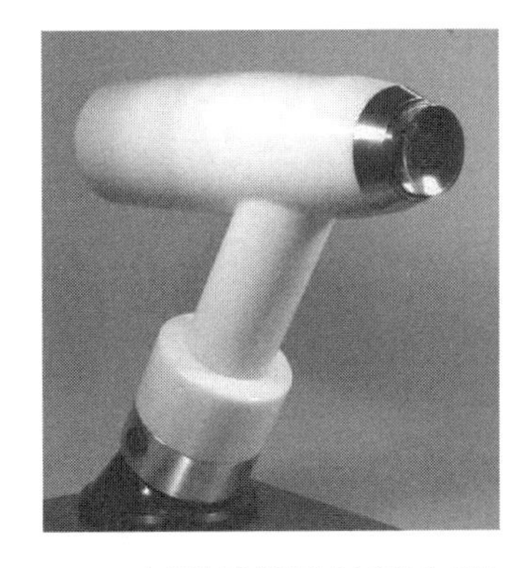
(b) ABB水性涂料高速旋杯式静电喷枪

图 2-21　高速旋杯式静电喷枪

在进行涂装作业时，为获得高质量的涂膜，除对机器人动作的柔性和精度、供漆系统及自动喷枪/旋杯的精准控制有所要求外，对涂装环境的最佳状态也提出了一定要求，如无尘、恒温、恒湿、工作环境内恒定的供风及对有害挥发性有机物含

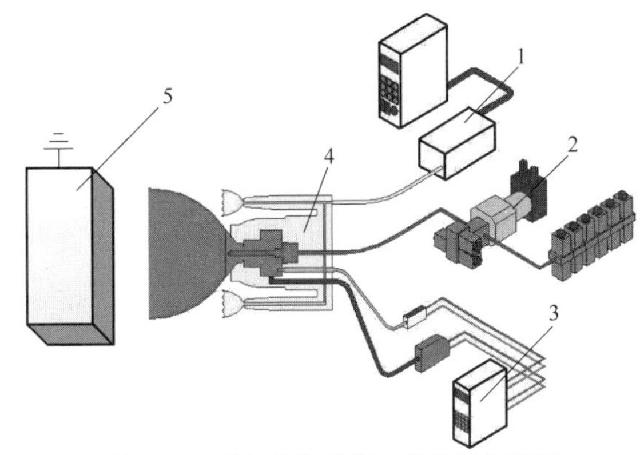

图 2-22　高速旋杯式静电喷枪工作原理
1—供气系统；2—供漆系统；3—高压静电发生系统；4—旋杯；5—工件

量的控制等，喷房由此应运而生。一般来说，喷房由涂装作业的工作室、收集有害挥发性有机物的废气舱、排气扇及可将废气排放到建筑外的排气管等组成。

3）控制系统

涂装机器人控制系统主要完成本体和涂装工艺控制。本体控制在控制原理、功能及组成上与通用工业机器人基本相同；涂装工艺的控制则是对供漆系统的控制，即负责对涂料单元控制盘、喷枪/旋杯单元进行控制，发出喷枪/旋杯开关指令，自动控制和调整涂装的参数（如流量、雾化气压、喷幅气压及静电电压），控制换色阀及涂料混合器完成清洗、换色、混色作业。

4）供漆系统

供漆系统主要由涂料单元控制盘、气源、流量调节器、齿轮泵、涂料混合器、换色阀、供漆供气管路及监控管线组成。涂料单元控制盘简称气动盘，它接收机器人控制系统发出的涂装工艺的控制指令，精准控制调节器、齿轮泵、喷枪/旋杯完成流量、空气雾化和空气成型的调整；同时控制涂料混合器、换色阀等以实现自动化的颜色切换和指定的自动清洗等功能，实现高质量和高效率的涂装。著名涂装机器人生产商 ABB、FANUC 等均有其自主生产的成熟供漆系统模块配套，图 2-23 所示为 ABB 生产的采用模块化设计、可实现闭环控制的流量调节器、齿轮泵、涂料混合器及换色阀模块。

(a) 流量调节器　(b) 齿轮泵

(c) 涂料混合器　(d) 换色阀

图 2-23　涂装系统主要部件

5）防爆系统

涂装机器人多在封闭的喷房内涂装工件的内外表面，由于涂装的薄雾是易燃易爆的，如果机器人的某个部件产生火花或温度过高，就会引起大火甚至引起爆炸，所以防爆吹扫系统对涂装机器人来说是极其重要的一部分。防爆吹扫系统主要由危险区域之外的吹扫单元、操作机内部的吹扫传感器、控制柜内的吹扫控制单元三部分组成。其防爆工作原理如图 2-24 所示，吹扫单元通过柔性软管向包含有电气元件的操作机内部施加压力，阻止爆燃性气体进入操作机内；同时由吹扫控制单元监视操作机内压、喷房气压，当异常状况发生时，立即切断操作机伺服电源。

喷漆机器人主机和操作板必须满足本质防爆安全规定，这些规定归根结底就是要求机器人在可能发生强烈爆炸的危险环境也能安全工作。日本是由产业安全技术协会负责认定安全事宜的，美国是由FMR（Factory Mutual Research）负责认定安全事宜。要想进入国际市场，必须经过这两个机构的认可。为满足认定标准，在技术上可采取两种措施：一是增设稳压屏蔽电路，把电路的能量降到规定值以内；二是适当增加液压系统的机械强度。

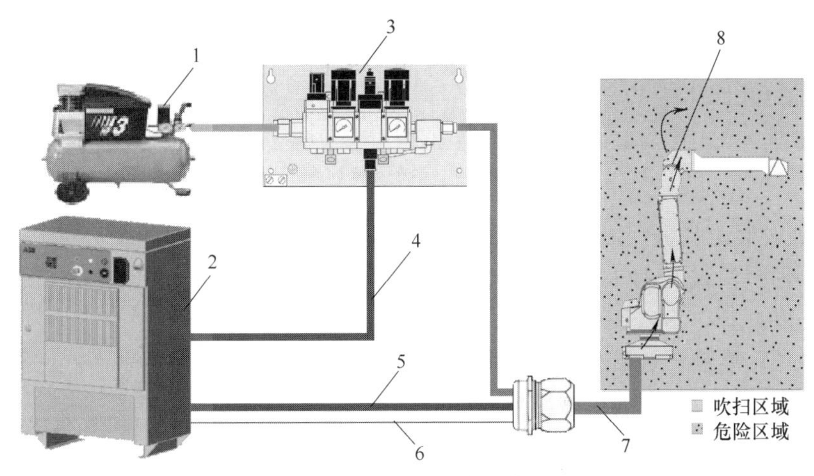

图2-24 防爆吹扫系统工作原理

1—空气接口；2—控制柜；3—吹扫单元；4—吹扫单元控制电缆；5—操作机控制电缆；6—吹扫传感器控制电缆；7—软管；8—吹扫传感器

综上所述，涂装机器人主要包括机器人和自动涂装设备两部分。机器人由防爆机器人本体及完成涂装工艺控制的控制柜组成。而自动涂装设备主要由供漆系统及自动喷枪/旋杯组成。

6）喷枪清理装置

涂装机器人的设备利用率高达90%～95%，在进行涂装作业中难免发生污物堵塞喷枪气路的情况，同时在对不同工件进行涂装时也需要进行换色作业，此时需要对喷枪进行清理。自动化的喷枪清洗装置能够快速、干净、安全地完成喷枪的清洗和颜色更换，彻底清除喷枪通道内及喷枪上飞溅的涂料残渣，同时对喷枪完成干燥作业，减少喷枪清理所耗用的时间、溶剂及空气，如图2-25所示。喷枪清洗装置在对喷枪清理时一般经过四个步骤：空气自动冲洗、自动清洗、自动溶剂冲洗、自动通风排气。

图2-25 Uni-ram UG4000型自动喷枪清理机

2.1.2 典型轨迹类作业的规划

（1）涂胶装配

1）运动规划（图2-26）

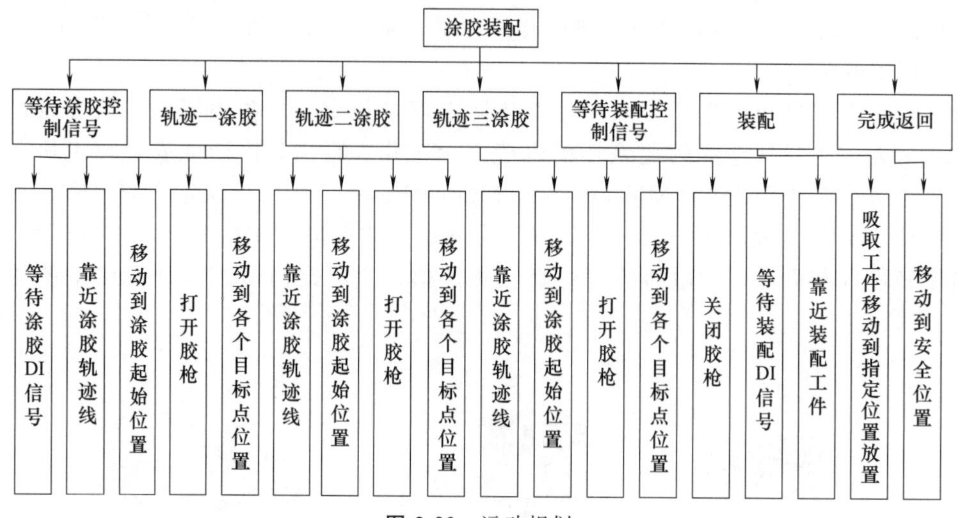

图 2-26 运动规划

2）轨迹涂胶装配任务

机器人接收到涂胶信号时，运动到涂胶起始位置点，胶枪打开，沿着图 2-27 中的轨迹一（1—2—3—4—5）涂胶，然后依次完成轨迹二、轨迹三的涂胶任务，最后回到机械原点。

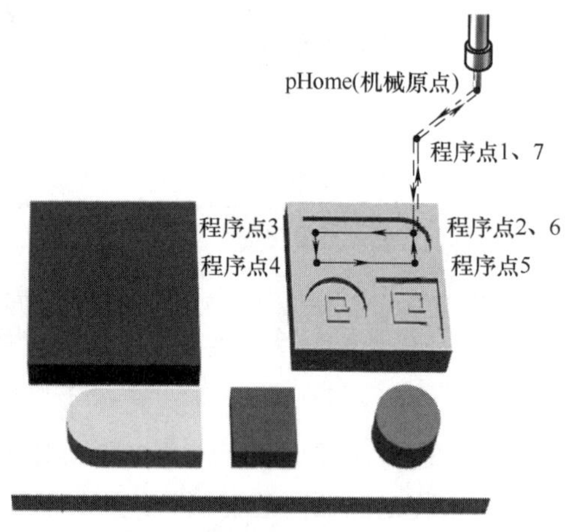

图 2-27 涂胶

3）装配

机器人接收到装配信号时，运动到装配起始位置点，末端吸盘开启，分别把图 2-28 中的工件放置到对应的槽内，再把黑色的箱盖装配到箱体上，装配完成后，机器人回到机械原点，完成涂胶装配任务。

4）箱体表面涂装

钢制箱体表面涂装作业，喷枪为高转速旋杯式自动静电涂装机，配合换色阀及涂料混合器完成旋杯打开、关闭进行涂装作业。如图 2-29 所示由 8 个程序点构成。涂装作业程序点说明见表 2-3，涂装流程如图 2-30 所示。

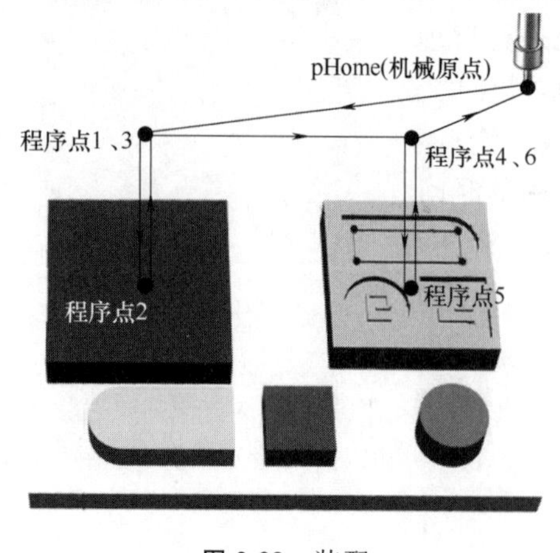

图 2-28 装配

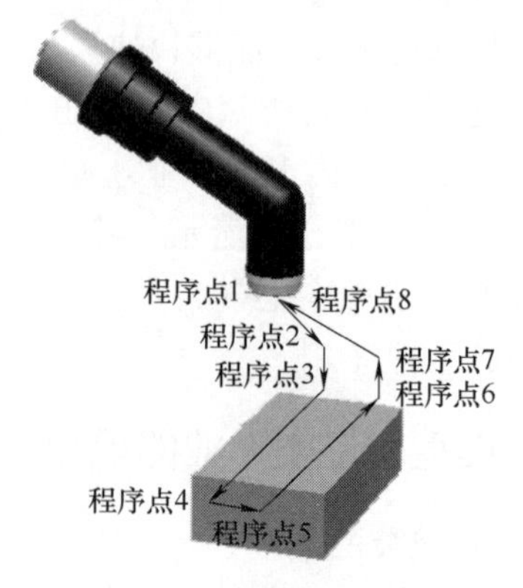

图 2-29 箱体表面涂装

表 2-3　涂装作业程序点说明

程序点	说明	程序点	说明	程序点	说明
程序点 1	机器人原点	程序点 4	涂装作业中间点	程序点 7	作业规避点
程序点 2	作业临近点	程序点 5	涂装作业中间点	程序点 8	机器人原点
程序点 3	涂装作业开始点	程序点 6	涂装作业结束点		

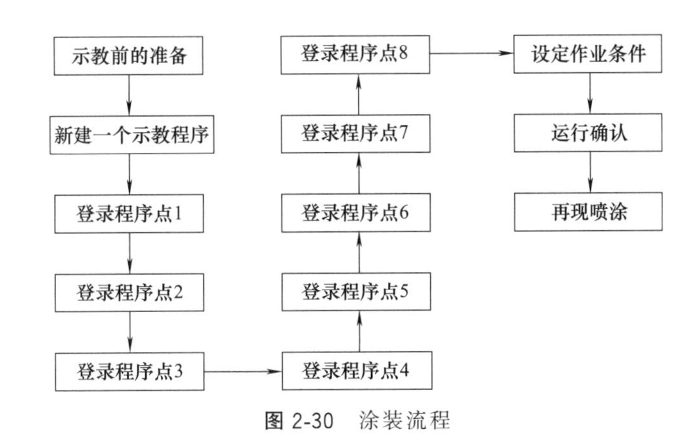

图 2-30　涂装流程

为达到工件涂层的质量要求，需保证：

① 旋杯的轴线始终要在工件涂装工作面的法线方向；

② 旋杯端面到工件涂装工作面的距离要保持稳定，一般保持在 0.2m 左右；

③ 旋杯涂装轨迹要部分相互重叠（一般搭接宽度为 2/3～3/4 时较为理想），并保持适当的间距；

④ 涂装机器人应能迎上和跟踪工件传送装置上的工件的运动；

⑤ 在进行示教编程时，若前臂及手腕有外露的管线，应避免与工件发生干涉。

5）涂装机器人作业示教流程

① 示教前的准备

a. 工件表面清理。

b. 工件装夹。

c. 安全确认。

d. 机器人原点确认。

② 新建作业程序　点击示教器的相关菜单或按钮，新建一个作业程序 Paint_sheet。

③ 程序点输入（表 2-4）

表 2-4　涂装作业示教

程序点	示教方法
程序点 1 （机器人原点）	① 手动操纵机器人移动到机器人原点 ②将程序点插补方式选择 PTP ③确认保存程序点 1 为机器人原点
程序点 2 （作业临近点）	①手动操纵机器人移动到作业临近点，调整喷枪姿态 ②将程序点插补方式选择 PTP ③确认保存程序点 2 为作业临近点
程序点 3 （涂装作业开始点）	①保持喷枪姿态不变，手动操纵机器人移动到涂装作业开始点 ②将程序点插补方式选择“直线插补” ③确认保存程序点 3 为作业开始点 ④如有需要，手动插入涂装作业开始命令

续表

程序点	示教方法
程序点 4、5 （涂装作业中间点）	①保持喷枪姿态不变,手动操纵机器人依次移动到各涂装作业中间点 ②将程序点插补方式选择“直线插补” ③确认保存程序点 4～5 为作业中间点
程序点 6 （涂装作业结束点）	①保持喷枪姿态不变,手动操纵机器人移动到涂装作业结束点 ②将程序点插补方式选择“直线插补” ③确认保存程序点 6 为作业结束点 ④如有需要,手动插入涂装作业结束命令
程序点 7 （作业规避点）	①手动操纵机器人移动到作业规避 ②将程序点插补方式选择 PTP ③确认保存程序点 7 为作业规避点
程序点 8 （机器人原点）	①手动操纵机器人移动到机器人原点 ②将程序点插补方式选择 PTP ③确认保存程序点 8 为机器人原点

④ 设定作业条件

a. 设定涂装条件。涂装条件的设定主要包括涂装流量、雾化气压、喷幅（调扇幅）气压、静电电压及颜色设置等，主要条件见表 2-5。

b. 添加涂装次序指令。在涂装开始、结束点（或各路径的开始、结束点）手动添加涂装次序指令，控制喷枪的开关。

表 2-5 涂装条件设定参考值

工艺条件	搭接宽度	喷幅/mm	枪速/(mm/s)	吐出量/(mL/min)	旋杯/(kr/min)	$U_{静电}$/kV	空气压力/MPa
参考值	2/3～3/4	300～400	600～800	0～500	20～40	60～90	0.15

⑤ 检查试运行

a. 打开要测试的程序文件。

b. 移动光标到程序开头。

c. 持续按住示教器上的有关跟踪功能键，实现机器人的单步或连续运转。

⑥ 再现涂装

a. 打开要再现的作业程序，并移动光标到程序开头。

b. 切换“模式”旋钮至“再现/自动”状态。

c. 点击示教器上的“伺服 ON”按钮，接通伺服电源。

d. 点击“启动”按钮，机器人开始再现涂装。

（2）点焊

点焊通常用于板材焊接。焊接限于一个或几个点上，将工件互相重叠，如图 2-31 所示。规划了 8 个程序点将整个焊缝分为 5 段来进行焊接，每个程序点的用途见表 2-6。

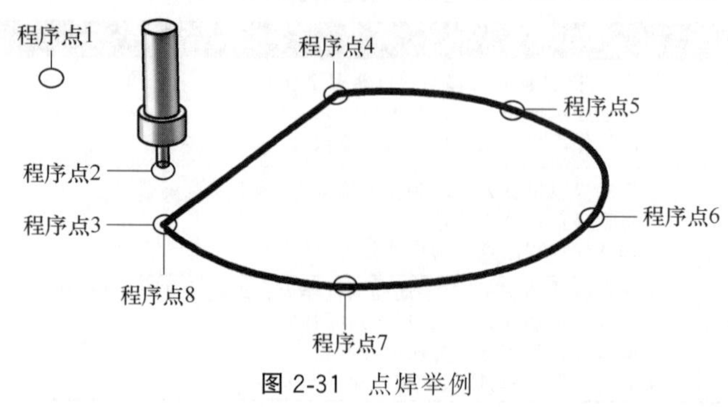

图 2-31 点焊举例

表 2-6 程序点

程序点	说明	程序点	说明	程序点	说明
程序点 1	Home 点	程序点 4	焊接中间点	程序点 7	焊接中间点
程序点 2	焊接开始临近点	程序点 5	焊接中间点	程序点 8	焊接结束点
程序点 3	焊接开始点	程序点 6	焊接中间点		

1）TCP 点确定

对点焊机器人而言，其一般设在焊钳开口的中点处，且要求焊钳两电极垂直于被焊工件表面，如图 2-32 所示。

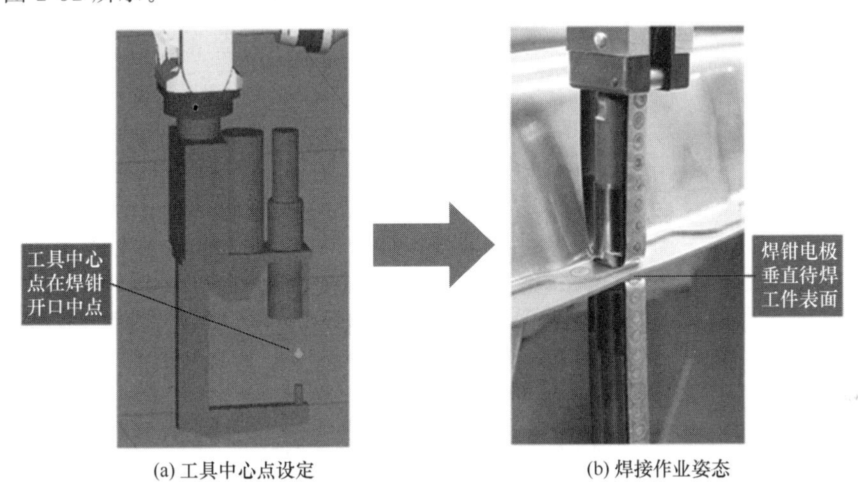

(a) 工具中心点设定　(b) 焊接作业姿态

图 2-32　TCP 点与姿态

以图 2-33 工件焊接为例，采用在线示教方式为机器人输入两块薄板（板厚 2mm）的点焊作业程序。此程序由编号 1～5 的 5 个程序点组成。本例中使用的焊钳为气动焊钳，通过气缸来实现焊钳的大开、小开和闭合三种动作。其程序点见表 2-7，作业示教流程如图 2-34 所示。

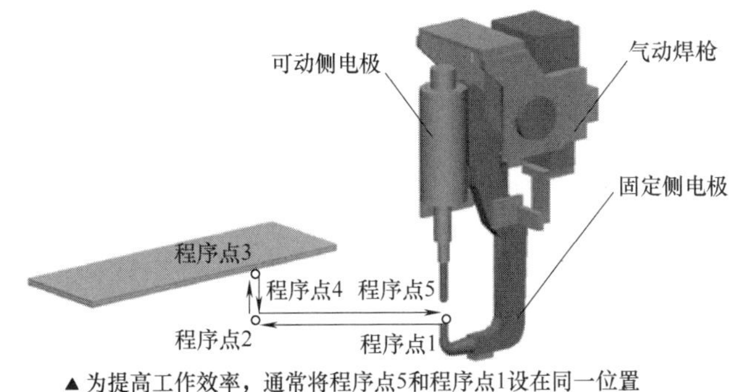

▲为提高工作效率，通常将程序点5和程序点1设在同一位置

图 2-33　点焊机器人运动轨迹

2）操作

① 示教前的准备

a. 工件表面清理。

b. 工件装夹。

c. 安全确认。

d. 机器人原点确认。

② 新建作业程序　点击示教器的相关菜单或按钮，新建一个作业程序 Spot_sheet。

表 2-7 程序点说明

程序点	说明	焊钳动作
程序点 1	机器人原点	
程序点 2	作业临近点	大开→小开
程序点 3	点焊作业点	小开→闭合
程序点 4	作业临近点	闭合→小开
程序点 5	机器人原点	小开→大开

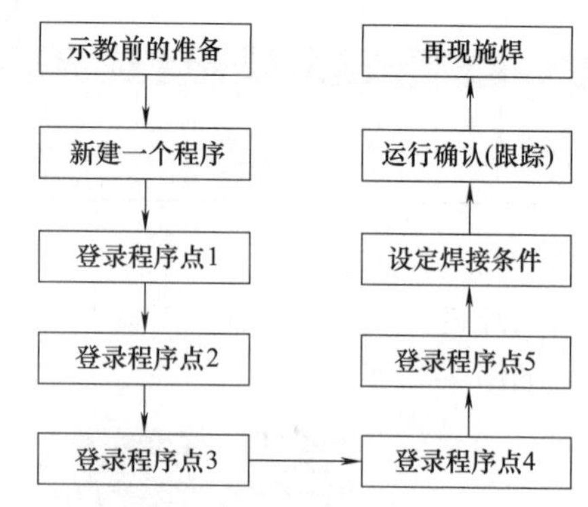

图 2-34 点焊机器人作业示教流程

③ 程序点的登录　手动操纵机器人分别移动到程序点 1～程序点 5 位置。处于待机位置的程序点 1 和程序点 5，要处于与工件、夹具互不干涉的位置。另外，机器人末端工具在各程序点间移动时，也要处于与工件、夹具互不干涉的位置。点焊作业示教如表 2-8 所示。

表 2-8 点焊作业示教

程序点	示教方法
程序点 1 （机器人原点）	①手动操纵机器人移动到机器人原点 ②将程序点属性设定为“空走点”，插补方式选择 PTP ③确认保存程序点 1 为机器人原点
程序点 2 （作业临近点）	①手动操纵机器人移动到作业临近点，调整焊钳姿态 ②将程序点属性设定为“空走点”，插补方式选择 PTP ③确认保存程序点 2 为作业临近点
程序点 3 （点焊作业点）	①保持焊钳姿态不变，手动操纵机器人移动到点焊作业点 ②将程序点属性设定为“作业点/焊接点”，插补方式选择 PTP ③确认保存程序点 3 为作业开始点 ④如有需要，手动插入点焊作业命令
程序点 4 （作业临近点）	①手动操纵机器人移动到作业临近点 ②将程序点属性设定为“空走点”，插补方式选择 PTP ③确认保存程序点 4 为作业临近点
程序点 5 （机器人原点）	①手动操纵机器人移动到机器人原点 ②将程序点属性设定为“空走点”，插补方式选择 PTP ③确认保存程序点 5 为机器人原点

注意：对程序点 4 和程序点 5 的示教，利用便利的文件编辑功能（逆序粘贴），可快速完成前行路线的复制。

3）设定作业条件

① 设定焊钳条件　焊钳条件的设定主要包括焊钳号、焊钳类型、焊钳状态等。

② 设定焊接条件　如表 2-9 所示，焊接条件包括点焊时的焊接电源和焊接时间，需在焊机上设定。

表 2-9 点焊作业条件设定

板厚/mm	大电流 - 短时间			小电流 - 长时间		
	时间/周期	压力/kgf	电流/A	时间/周期	压力/kgf	电流/A
1.0	10	225	8800	36	75	5600
2.0	20	470	13000	64	150	8000
3.0	32	820	17400	105	260	10000

4）检查试运行

为确认示教的轨迹，需测试运行（跟踪）一下程序。跟踪时，因不执行具体作业命令，所以能进行空运行。

① 打开要测试的程序文件。

② 移动光标至期望跟踪程序点所在命令行。

③ 持续按住示教器上的有关跟踪功能键，实现机器人的单步或连续运转。

5）再现施焊

轨迹经测试无误后，将“模式”旋钮对准“再现/自动”位置，开始进行实际焊接。在确认机器人的运行范围内没有其他人员或障碍物后，接通保护气体，采用手动或自动方式实现自动点焊作业。

① 打开要再现的作业程序，并移动光标到程序开头。

② 切换“模式”旋钮至“再现/自动”状态。

③ 点击示教器上的“伺服 ON”按钮，接通伺服电源。

④ 点击“启动”按钮，机器人开始运行。

2.2 常见轨迹类工作站的现场编程

常用的轨迹类工作站除弧焊外，还有点焊、涂装、雕刻等，点焊英文缩写名为“RSW”，是焊件装配成搭接接头，并压紧在两电极之间，利用电阻热融化母材金属，形成焊点的电阻焊方法，如图 2-35 所示。

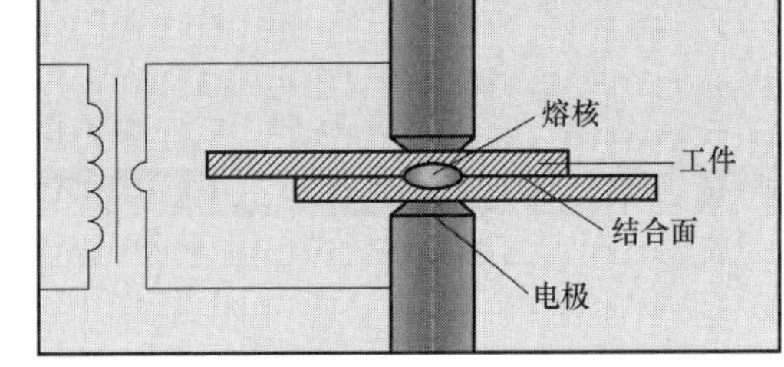

图 2-35　点焊原理

2.2.1 点焊

（1）点焊的常用指令

1）线性点焊指令 SpotL

① 指令作用　用于点焊工艺过程中机器人的运动控制，包括机器人的移动、点焊枪的开关控制和点焊参数的调用。SpotL 用于在点焊位置的 TCP 线性移动，SpotJ 用于在点焊之前的 TCP 关节运动。

② 应用举例

SpotL p100，vmax，gun1，spot10，tool1；

③ 指令说明

a. 当前点焊枪 tool1 以速度 vmax 线性运动到点焊位置点 p100。

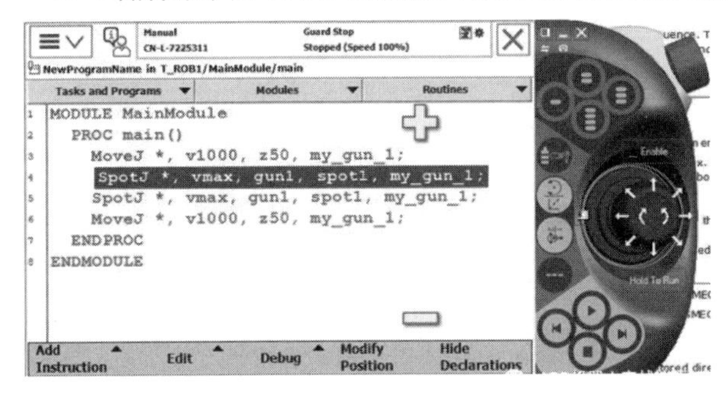

图 2-36　关节点焊指令 SpotJ

b. 点焊枪在机器人运动的过程中会预关闭。

c. 点焊工艺参数 spot10 包含了在点焊位置 p100 的点焊参数。

d. 点焊设备参数 gun1 用于指定点焊的控制器。

2）关节点焊指令 SpotJ

如图 2-36 所示，SpotJ 为 MoveJ 形式走到焊接点并焊接。语句中的

gun1 为 gundata，可以在“程序数据”→gundata 里查看。

3）点焊枪关闭压力设定指令 SetForce

① 指令作用　点焊枪关闭压力设定指令 SetForce 用于控制点焊枪关闭压力的控制。

② 应用举例

SetForce gun1，force10；

③ 指令说明　点焊枪关闭压力设定指令指定使用点焊枪参数压力，点焊设备参数 gun1 是一个 num 类型的数据，用于指定点焊的控制器。

4）校准点焊枪指令 Calibrate

图 2-37　ABB 点焊机器人出厂时的默认 I/O 配置

① 指令作用　用于在点焊中校准点焊枪电极的距离。在更换了点焊枪或枪嘴后，需要进行一次校准。

② 应用举例

Calibrate gun1 \ TipChg；

③ 执行结果　更换枪嘴后对 gun1 进行校准，gun1 对应的是正在使用的点焊设备。指令执行后，程序数据 curr_gundata 的参数 curr_tip_wear 将自动复位为零。

（2）点焊的 I/O 配置

ABB 点焊机器人出厂时的默认 I/O 配置会预置 5 个 I/O 单元，如图 2-37 所示。其含义见表 2-10～表 2-13。

表 2-10　I/O 板功能

I/O 板名称	说明	I/O 板名称	说明
SW_BOARD1	点焊设备 1 对应基本 I/O	SW_BOARD4	点焊设备 4 对应基本 I/O
SW_BOARD2	点焊设备 2 对应基本 I/O	SW_SIM_BOARD	机器人内部中间信号
SW_BOARD3	点焊设备 3 对应基本 I/O		

表 2-11　I/O 板 SW_BOARD1 的信号分配

信号	类型	说明
gl_start_weld	Output	点焊控制器启动信号
gl_weld_prog	Output group	调用点焊参数组
gl_weld_power	Output	焊接电源控制
gl_reset_fault	Output	复位信号
gl_enable_curr	Output	焊接仿真信号
gl_weld_complete	Input	点焊控制器准备完成信号
gl_weld_fault	Input	点焊控制器故障信号
gl_timer_ready	Input	点焊控制器焊接准备完成
gl_new_program	Output	点焊参数组更新信号
gl_equalize	Output	点焊枪补偿信号
gl_close_gun	Output	点焊枪关闭信号(气动枪)
gl_open_hilift	Output	打开点焊枪到 hilift 的位置(气动枪)
gl_close_hilift	Output	从 hilift 位置关闭点焊枪(气动枪)
gl_gun_open	Input	点焊枪打开到位(气动枪)
gl_hilift_open	Input	点焊枪已打开到 hilift 位置(气动枪)
gl_pressure_ok	Input	点焊枪压力没问题(气动枪)
gl_start_water	Output	打开水冷系统

续表

信号	类型	说明
gl_temp_ok	Input	过热报警信号
gl_flow1_ok	Input	管道 1 水流信号
gl_flow2_ok	Input	管道 2 水流信号
gl_air_ok	Input	补偿气缸压缩空气信号
gl_weld_contact	Input	焊接接触器状态
gl_equipment_ok	Input	点焊枪状态信号
gl_press_group	Output roup	点焊枪压力输出
gl_process_run	Output	点焊状态信号
gl_process_fault	Output	点焊故障信号

表 2-12　I/O 板 SW_SIM_BOARD 的常用信号分配

信号	类型	说明
force_complete	Input	点焊压力状态
reweld_proc	Input	再次点焊信号
skip_proc	Input	错误状态应答信号

表 2-13　I/O 信号参数

Name	Type of Signal	Assigned to Unit	Unit Mapping	说明
di_StartPro	DI	SW_BOARD1	11	点焊启动信号
gl_air_ok	DI	SW_BOARD1	6	补偿气缸压缩空气信号
gl_weld_contact	DI	SW_BOARD1	3	焊接接触器状态
gl_weld_complete	DI	SW_BOARD1	0	点焊控制器准备完成信号
gl_timer_ready	DI	SW_BOARD1	1	点焊控制器焊接准备完成
gl_temp_ok	DI	SW_BOARD1	7	过热报警信号
gl_flow1_ok	DI	SW_BOARD1	4	管道 1 水流信号
gl_flow2_ok	DI	SW_BOARD1	5	管道 2 水流信号
gl_gun_close	DI	SW_BOARD1	12	点焊枪关闭
gl_gun_open	DI	SW_BOARD1	9	点焊枪打开
gl_hilift_open	DI	SW_BOARD1	10	点焊枪已打开到 hilift 位置
gl_pressure_ok	DI	SW_BOARD1	8	点焊枪压力没问题
gl_start_weld	DO	SW_BOARD1	1	点焊控制器启动信号
gl_start_water	DO	SW_BOARD1	6	打开水冷系统
gl_open_gun	DO	SW_BOARD1	13	点焊枪打开信号
gl_open_hilift	DO	SW_BOARD1	8	打开点焊枪到 hilift 的位置
gl_weld_power	DO	SW_BOARD1	5	焊接电源控制
gl_equalize	DO	SW_BOARD1	0	点焊枪补偿信号
gl_enable_curr	DO	SW_BOARD1	2	焊接仿真信号
gl_close_hilift	DO	SW_BOARD1	9	从 hilift 位置关闭点焊枪
gl_close_gun	DO	SW_BOARD1	7	点焊枪关闭信号
do_TipDress	DO	SW_BOARD1	14	点焊枪修整
gl_reset_fault	DO	SW_BOARD1	3	复位信号
gl_weld_prog	GO	SW_BOARD1	10-12	调用点焊参数组

（3）点焊的常用参数

1）点焊设备参数（gundata）（图 2-38、表 2-14）

2）点焊工艺参数（spotdata）（图 2-39、表 2-15）

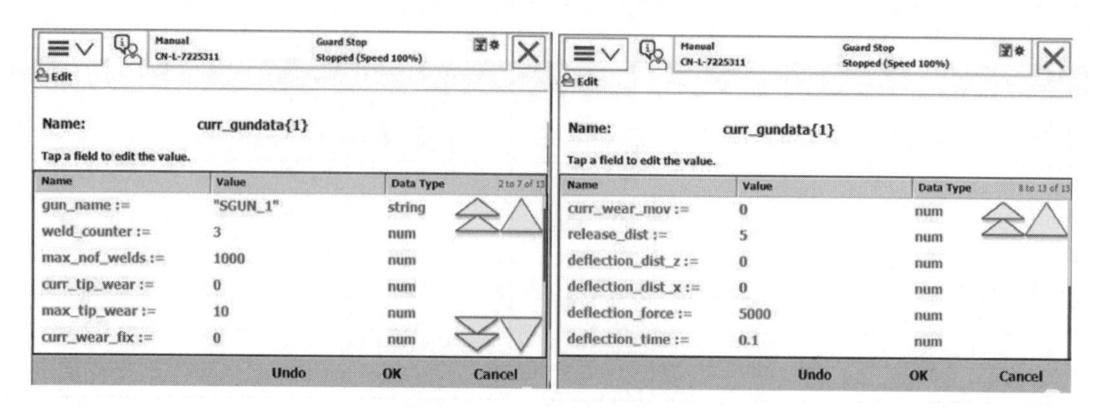

图 2-38 点焊设备参数设置

表 2-14 点焊设备参数

参数名称	参数注释
gun_name	点焊枪名字
pre_close_time	预关闭时间
pre_equ_time	预补偿时间
weld_counter	已点焊记数
max_nof_welds	最大点焊数
curr_tip_wear	当前点焊枪磨损值
max _tip_wear	点焊枪磨损值
weld_timeout	点焊完成信号延迟时间
curr_wear_fix	当前静臂修磨量
curr_wear_mov	当前动臂修磨量
release_dist	焊接前后的偏移距离(即走到焊接前,会先到偏移距离)
deflection_dist_z	工具 Z 方向的挠性形变量(对应下面的挠性压力)
deflection_dist_x	工具 X 方向的挠性形变量(对应下面的挠性压力)
deflection_force	挠性形变时的压力
deflection_time	挠性形变补偿时间

图 2-39 点焊工艺参数

表 2-15 点焊工艺参数

参数名称	参数注释	参数名称	参数注释
prog_no	点焊控制器参数组编号	plate_thickness	定义点焊钢板的厚度
tip_force	定义点焊枪压力	plate_tolerance	钢板厚度的偏差

3）点焊枪压力参数（forcedata）（表 2-16）

表 2-16 点焊枪压力参数

参数名称	参数注释	参数名称	参数注释
tip_force	点焊枪关闭压力	plate_thickness	定义点焊钢板的厚度
force_time	关闭时间	plate_tolerance	钢板厚度的偏差

（4）焊枪及外部轴的配置

下面主要介绍点焊机器人配置焊钳的基本操作。点焊焊枪是机器人常用的作业工具，配置焊钳外部轴需要用到以下内容。

1）加载 EIO 与 MOC

在原始裸机备份系统文件 Syspar 中的 EIO 文件，根据现场实际 I/O 的定义，可以用计算机离线编写 I/O 具体的名称和地址，写好之后加载到机器人。具体步骤如表 2-17 所示。

表 2-17 加载 EIO 参数操作步骤

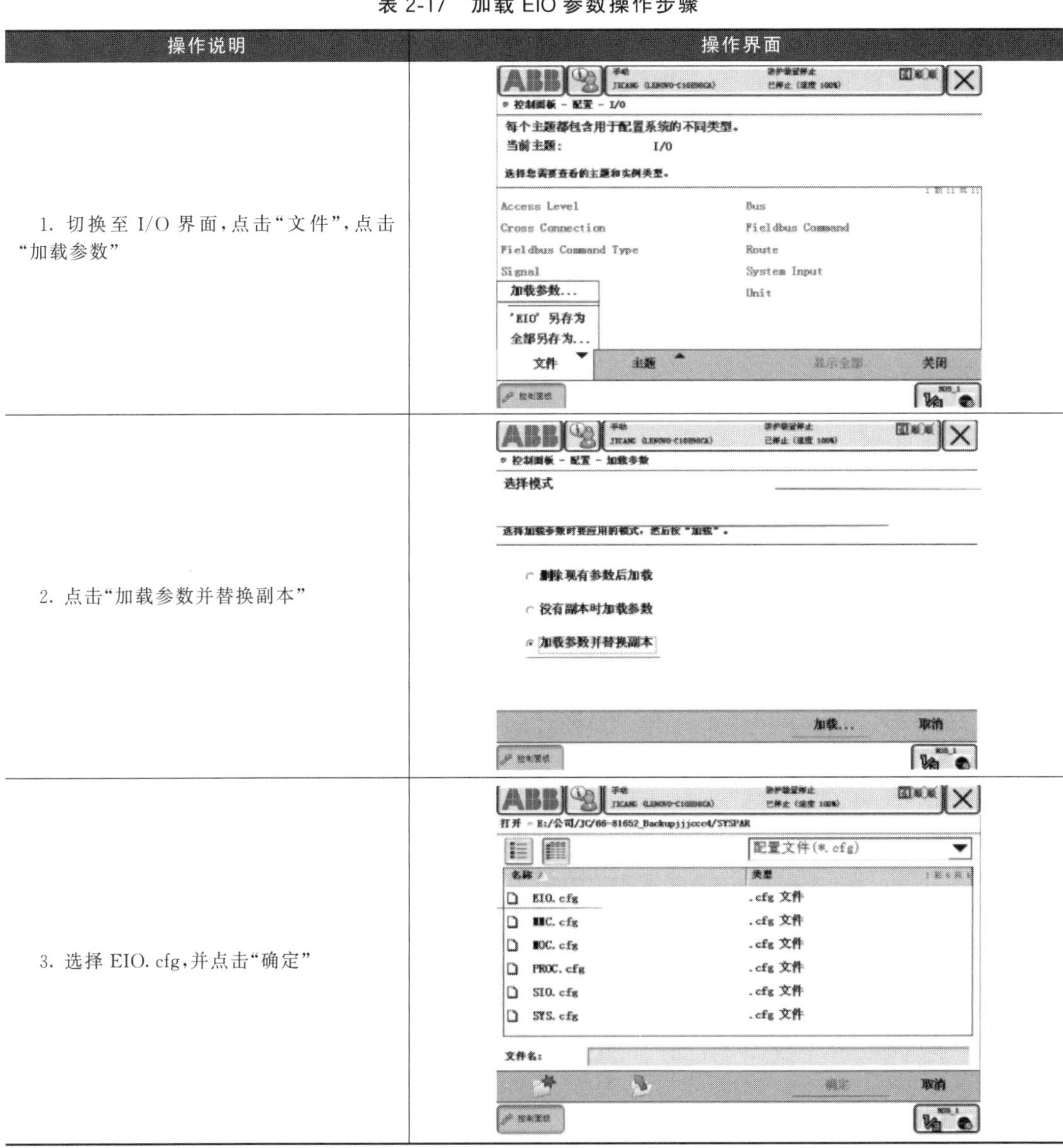

操作说明	操作界面
1. 切换至 I/O 界面，点击“文件”，点击“加载参数”	
2. 点击“加载参数并替换副本”	
3. 选择 EIO. cfg，并点击“确定”	

续表

<table>
<tr><th>操作说明</th><th>操作界面</th></tr>
<tr><td>4. 当文件 EIO 加载之后，MOC 文件也做相应的更改后进行加载。点击进入 Motion 界面，并点击“加载参数”</td><td>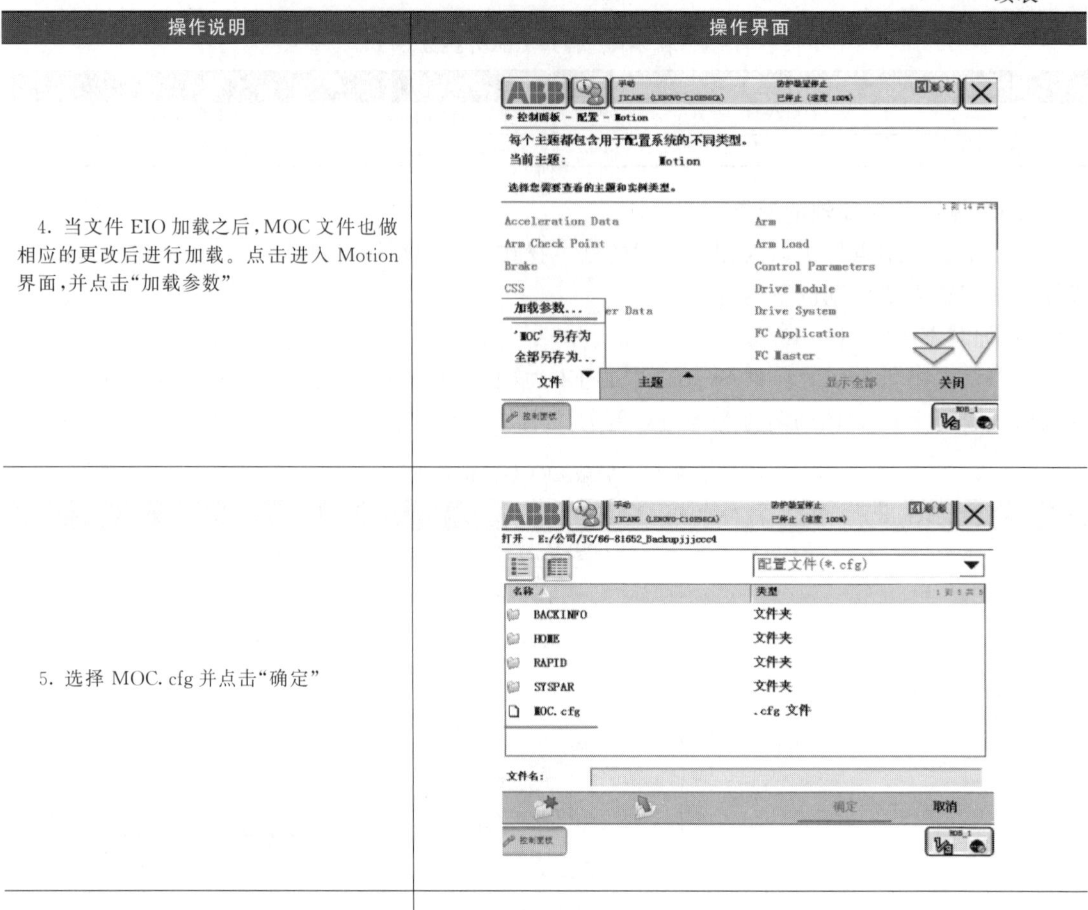
</td></tr>
<tr><td>5. 选择 MOC.cfg 并点击“确定”</td><td></td></tr>
<tr><td>6. 加载完 MOC 后应该初始化焊枪，否则不能动作。初始化后可以先拨动示教器上的操纵杆查看工具活动及运动方向，向右是打开方向，如果相反，应该把转速比数值取反（注意，转速比 * MOTER TORQUE 是负数，所以两组数据应该一正一负）</td><td></td></tr>
<tr><td>7. 传动比取反了。解决方法：将传动比的数值取反。点击“控制面板”</td><td>
</td></tr>
</table>

续表

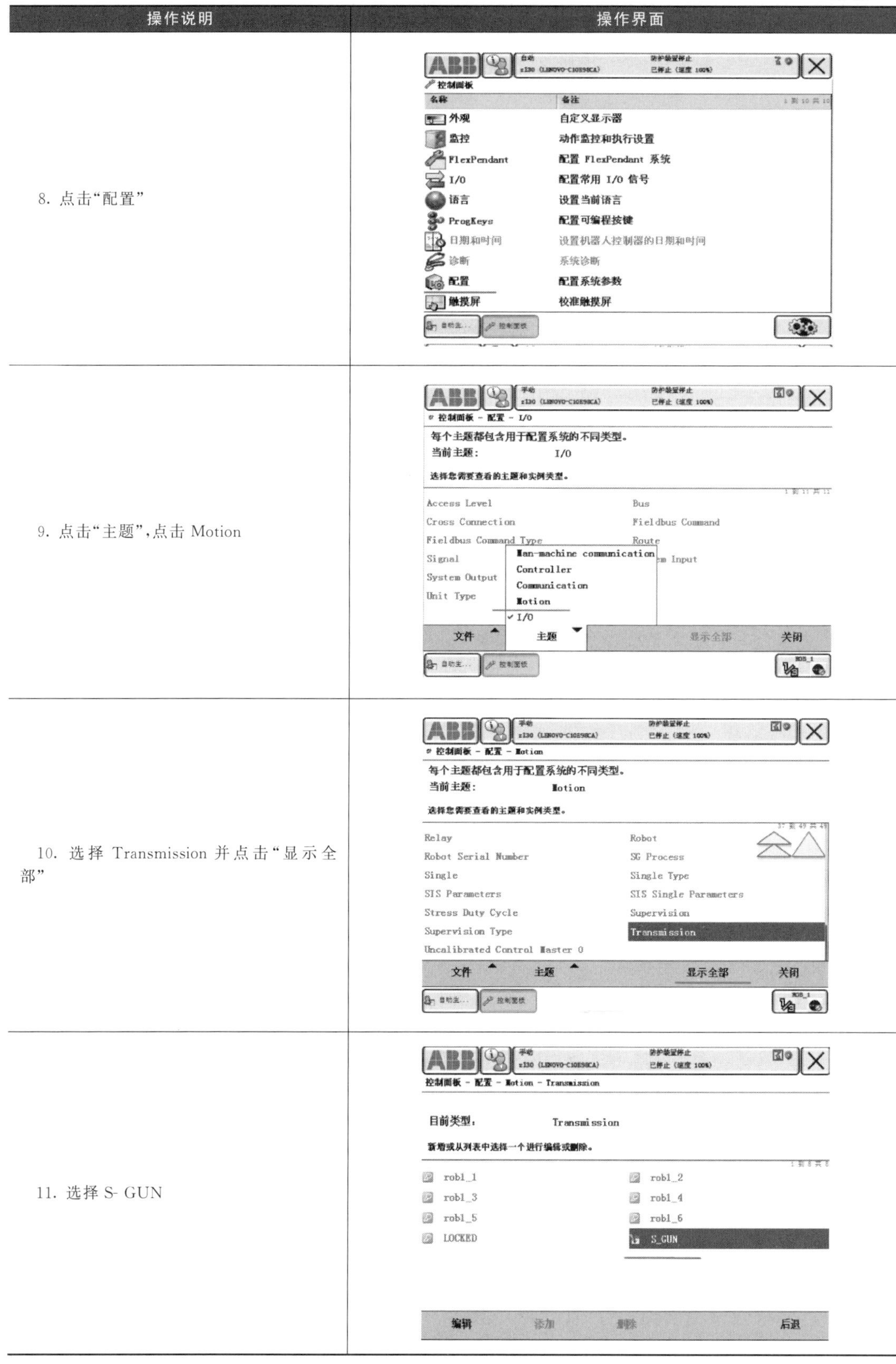

操作说明	操作界面
8. 点击“配置”	
9. 点击“主题”,点击 Motion	
10. 选择 Transmission 并点击“显示全部”	
11. 选择 S- GUN	

操作说明	操作界面
12. 将原本的数值取反即可	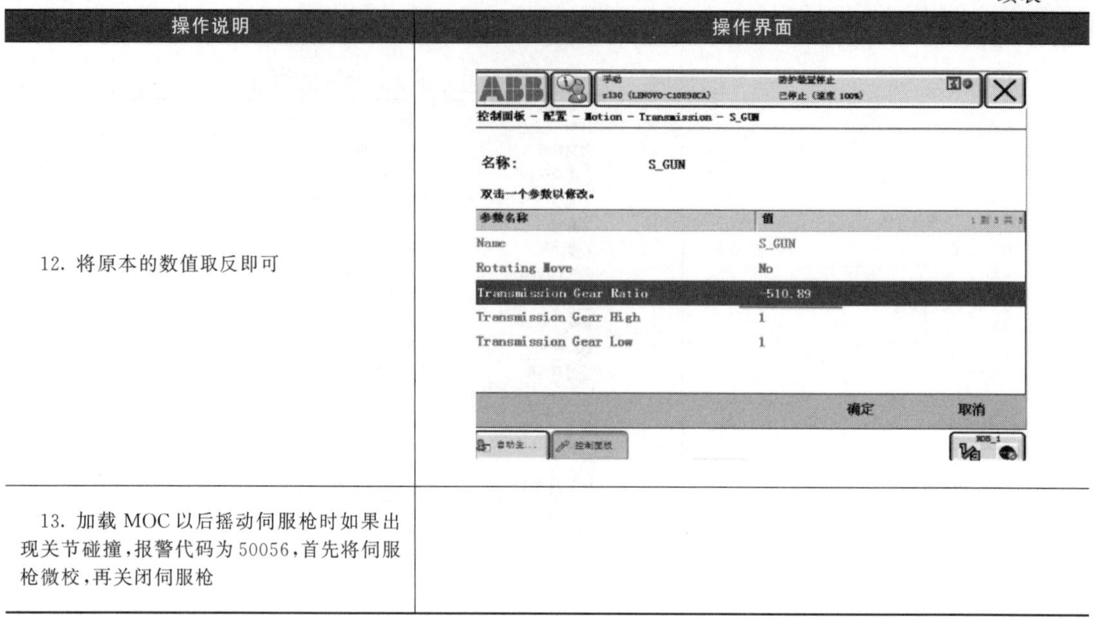
13. 加载MOC以后摇动伺服枪时如果出现关节碰撞，报警代码为50056，首先将伺服枪微校，再关闭伺服枪	

2）加载伺服焊枪

伺服焊枪的加载操作步骤如表2-18所示。

表2-18　伺服焊枪的加载操作步骤

操作说明	操作界面
1. 在ABB主菜单中点击“程序编辑器”	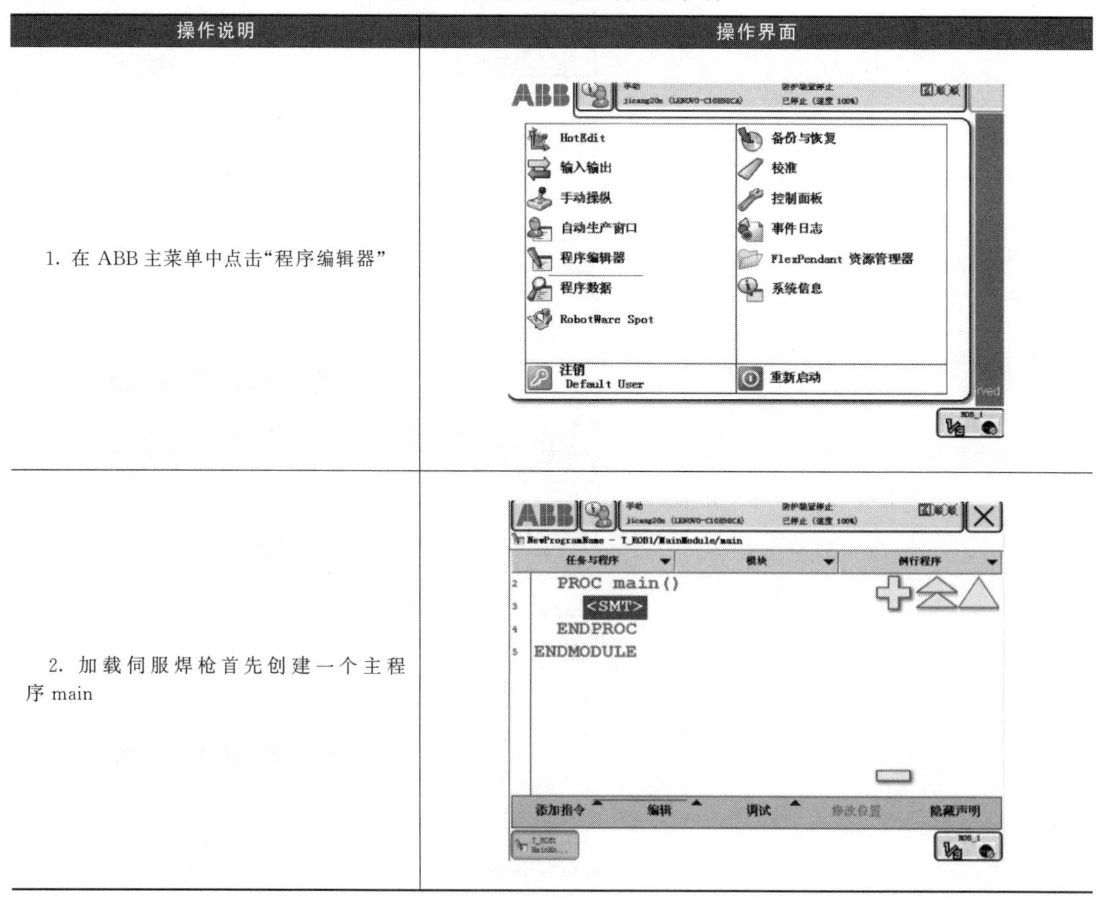
2. 加载伺服焊枪首先创建一个主程序main	

续表

操作说明	操作界面
3. 点击“PP 移至 Main”，使此程序为主程序	
4. 点击“调用例行程序...”	
5. 选择 ManAddGunName 为另行程序并长按播放键	

续表

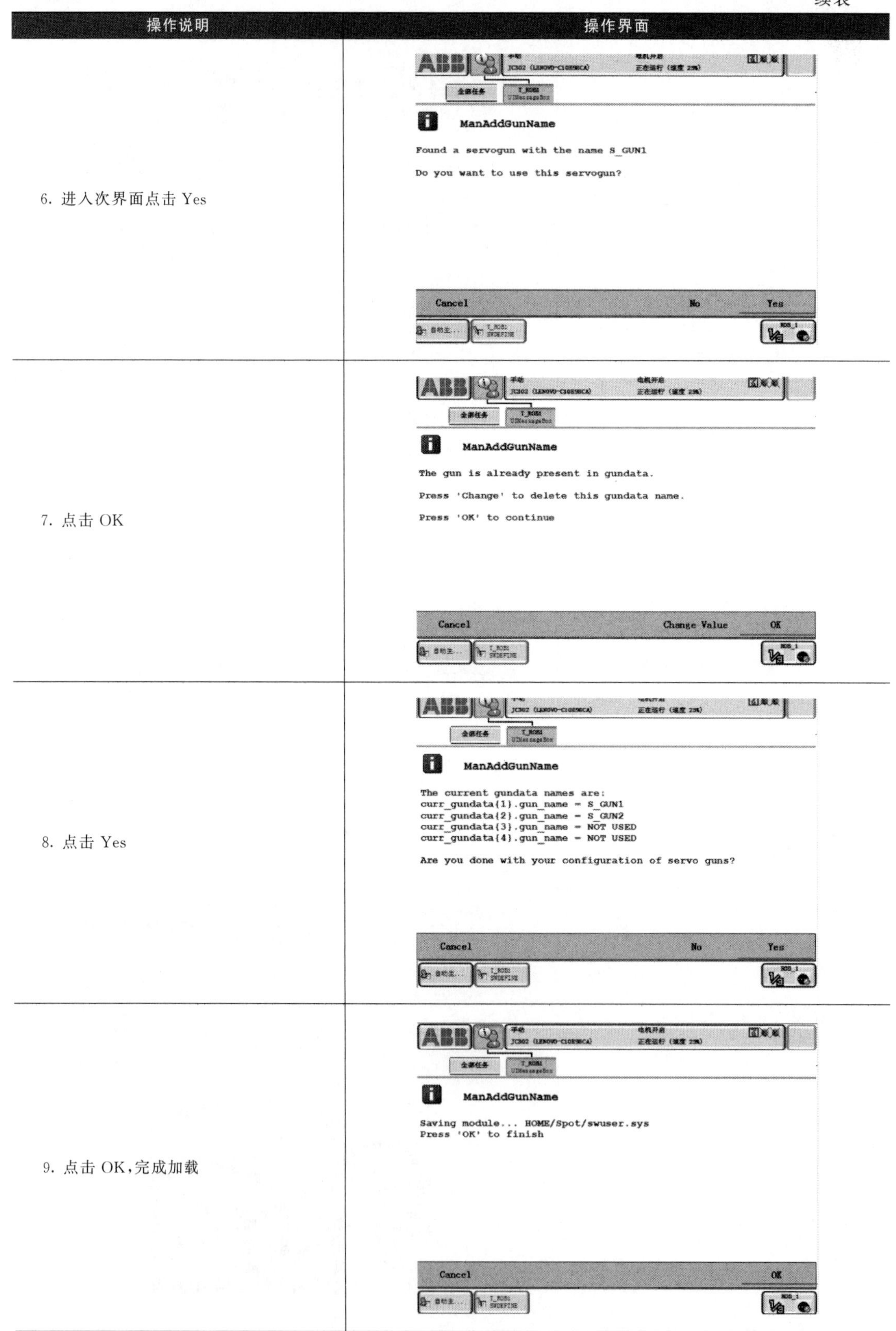

操作说明	操作界面
6. 进入次界面点击 Yes	ManAddGunName Found a servogun with the name S_GUN1 Do you want to use this servogun? Cancel No Yes
7. 点击 OK	ManAddGunName The gun is already present in gundata. Press 'Change' to delete this gundata name. Press 'OK' to continue Cancel Change Value OK
8. 点击 Yes	ManAddGunName The current gundata names are: curr_gundata{1}.gun_name = S_GUN1 curr_gundata{2}.gun_name = S_GUN2 curr_gundata{3}.gun_name = NOT USED curr_gundata{4}.gun_name = NOT USED Are you done with your configuration of servo guns? Cancel No Yes
9. 点击 OK，完成加载	ManAddGunName Saving module... HOME/Spot/swuser.sys Press 'OK' to finish Cancel OK

3）外部轴校准

外部轴校准的具体操作步骤如表 2-19 所示。

表 2-19　外部轴校准的具体操作步骤

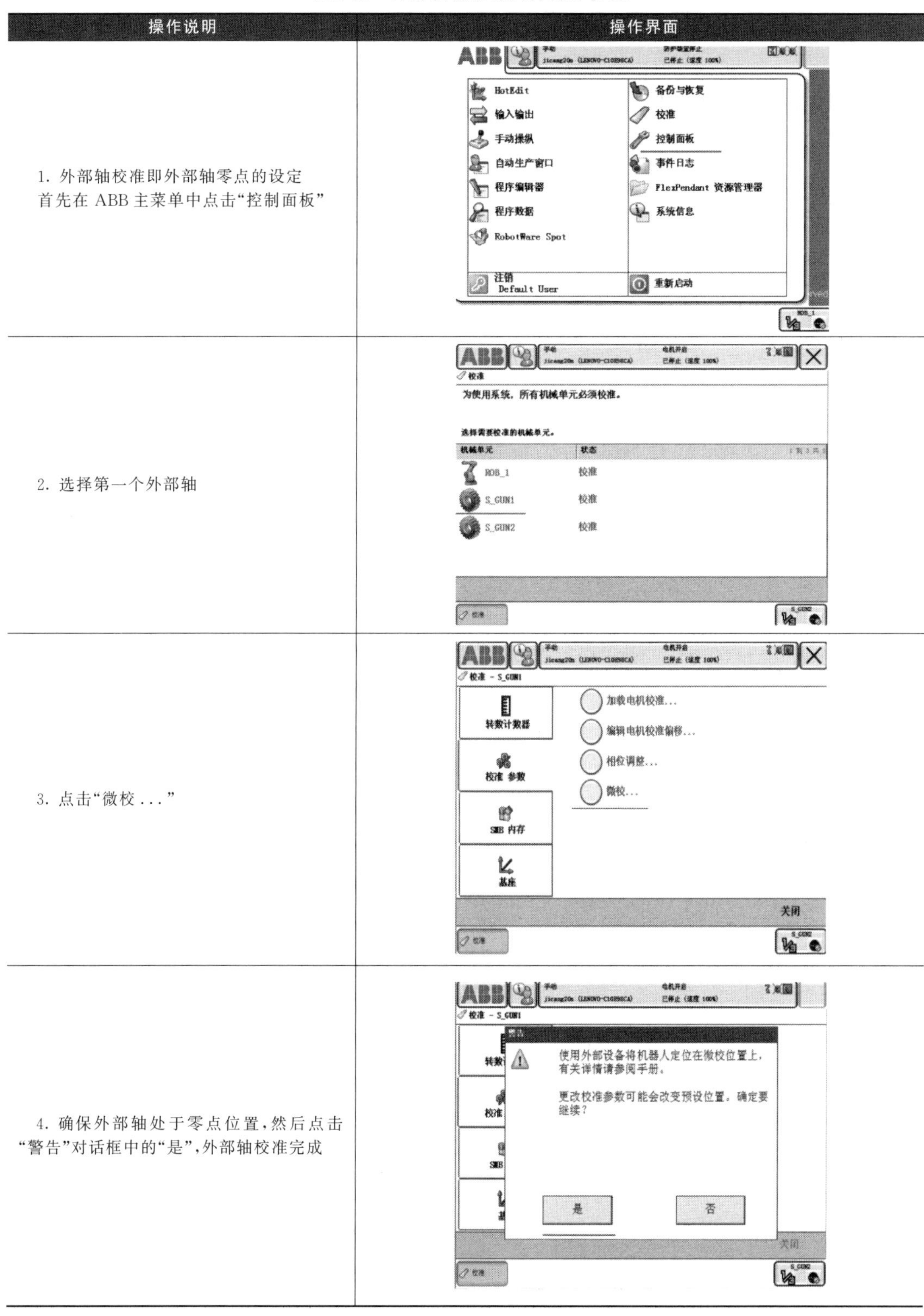

操作说明	操作界面
1. 外部轴校准即外部轴零点的设定 首先在 ABB 主菜单中点击“控制面板”	HotEdit　输入输出　手动操纵　自动生产窗口　程序编辑器　程序数据　RobotWare Spot　注销 Default User　备份与恢复　校准　控制面板　事件日志　FlexPendant 资源管理器　系统信息　重新启动
2. 选择第一个外部轴	校准 为使用系统，所有机械单元必须校准。 选择需要校准的机械单元。 机械单元　状态 ROB_1　校准 S_GUN1　校准 S_GUN2　校准
3. 点击“微校 ...”	校准 - S_GUN1 转数计数器　校准 参数　SMB 内存　基座 加载电机校准...　编辑电机校准偏移...　相位调整...　微校... 关闭
4. 确保外部轴处于零点位置，然后点击“警告”对话框中的“是”，外部轴校准完成	校准 - S_GUN1 使用外部设备将机器人定位在微校位置上，有关详情请参阅手册。 更改校准参数可能会改变预设位置。确定要继续？ 是　否

4）设定传动比

传动比是机构中两转动构件角速度的比值，也称速比。多级减速器各级传动比的分配，直接影响减速器的承载能力和使用寿命，还会影响其体积、重量和润滑。

在示教器中设定传动比的操作步骤如表 2-20 所示。

表 2-20　设定传动比的操作步骤

操作说明	操作界面
1. 在 ABB 主菜单中点击“控制面板—配置—Motion”	
2. 点击 S-GUN1	
3. 输入计算的数值,然后点击“确定”	

5）计算最大扭矩

最大扭矩的设置步骤如图 2-21 所示。

表 2-21　最大扭矩的设置步骤

操作说明	操作界面
1. 在示教器中新建一个程序	PROC test_1() ActUnit S-GUN1; SetForce gun1, force_test; ENDPROC
2. force-test 里参数，此时扭矩与压力还未转换成一定比例（正常比例接近 1：1000），所以此处压力应该为扭矩。厚度应该为压力表厚度，保持时间可以设为 2s。运动方式可设为单周循环模式，否则会连续加压。需要通过改变扭矩来测出接近最大压力对应的最大扭矩，扭矩范围一般为 2.5～5。如果超出，就要考虑是否出错 执行程序，观察压力表数据显示，更改扭矩，直到压力打出额定值。把测出的扭矩输入 motionsg-process，把 Sync Check Off 改成 Yes，在 Stress Duty Cycle 里面的最大扭矩也改成测得值	Max Force Control Motor Torque　5.5 Sync Check Off　Yes Name　S_GUN1 Speed Absolute Max　418 Torque Absolute Max　5.5
3. 设置之后点击“是”进行热启动	重新启动 在热启动控制器之前，更改不会生效。 是否立即重启？ 是　否

6）伺服焊枪上下范围

设置伺服焊枪上下范围的操作步骤如表 2-22 所示。

表 2-22　设置伺服焊枪上下范围的操作步骤

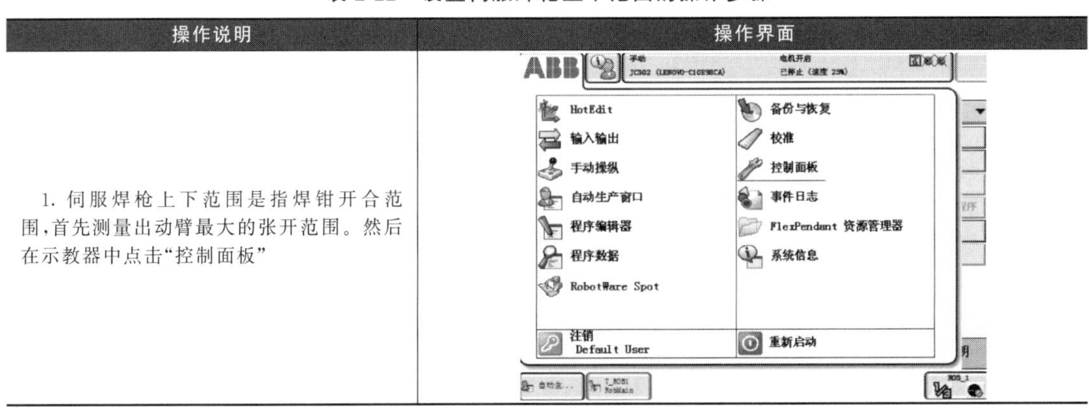

操作说明	操作界面
1. 伺服焊枪上下范围是指焊钳开合范围，首先测量出动臂最大的张开范围。然后在示教器中点击“控制面板”	HotEdit　备份与恢复 输入输出　校准 手动操纵　控制面板 自动生产窗口　事件日志 程序编辑器　FlexPendant 资源管理器 程序数据　系统信息 RobotWare Spot 注销 Default User　重新启动

续表

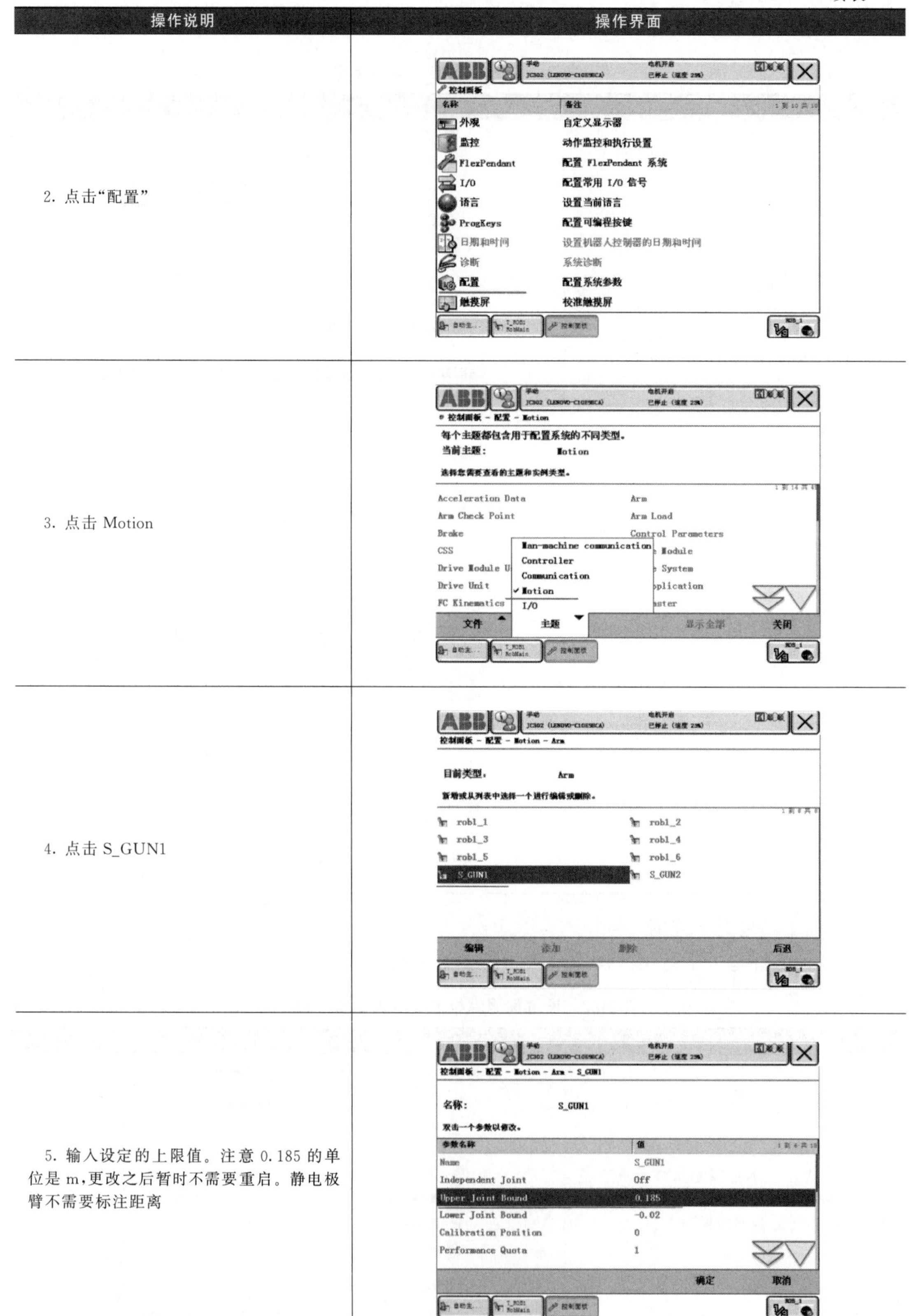

操作说明	操作界面
2. 点击“配置”	
3. 点击 Motion	
4. 点击 S_GUN1	
5. 输入设定的上限值。注意 0.185 的单位是 m，更改之后暂时不需要重启。静电极臂不需要标注距离	

7）设定最大及最小压力值

设定最大及最小压力值的具体操作步骤如表 2-23 所示。

表 2-23　设定最大及最小压力值的操作步骤

操作说明	操作界面
1. 设定焊钳的最大压力值，首先进入“Motion”，点击“SG Process”	
2. 点击 S_GUN1	
3. 点击设置焊枪的最大及最小压力值	

续表

操作说明	操作界面
4. 设置之后点击“是”进行热启动	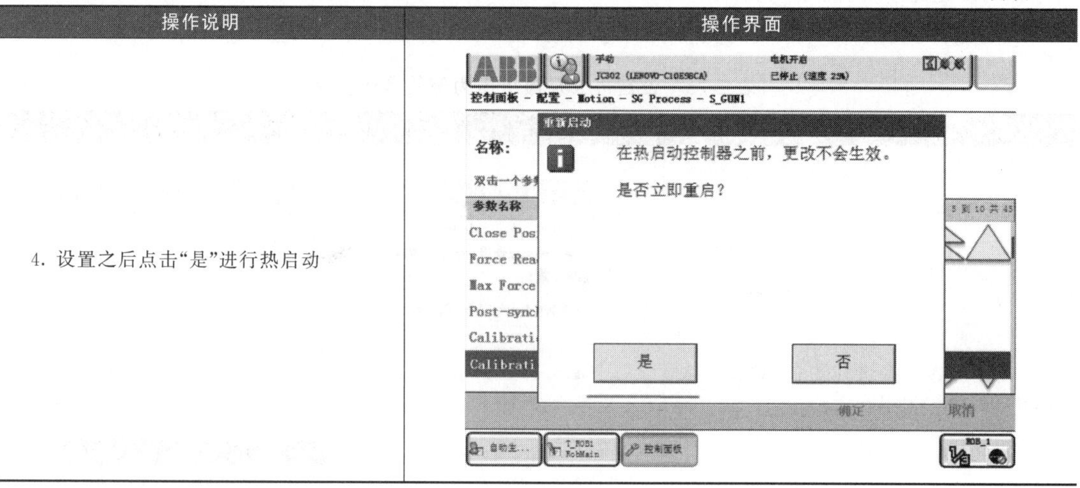

8）伺服焊枪压力测试

伺服焊枪压力测试的操作步骤如表 2-24 所示。

表 2-24　伺服焊枪压力测试的操作步骤

操作说明	操作界面
1. 点击“焊枪力校准”	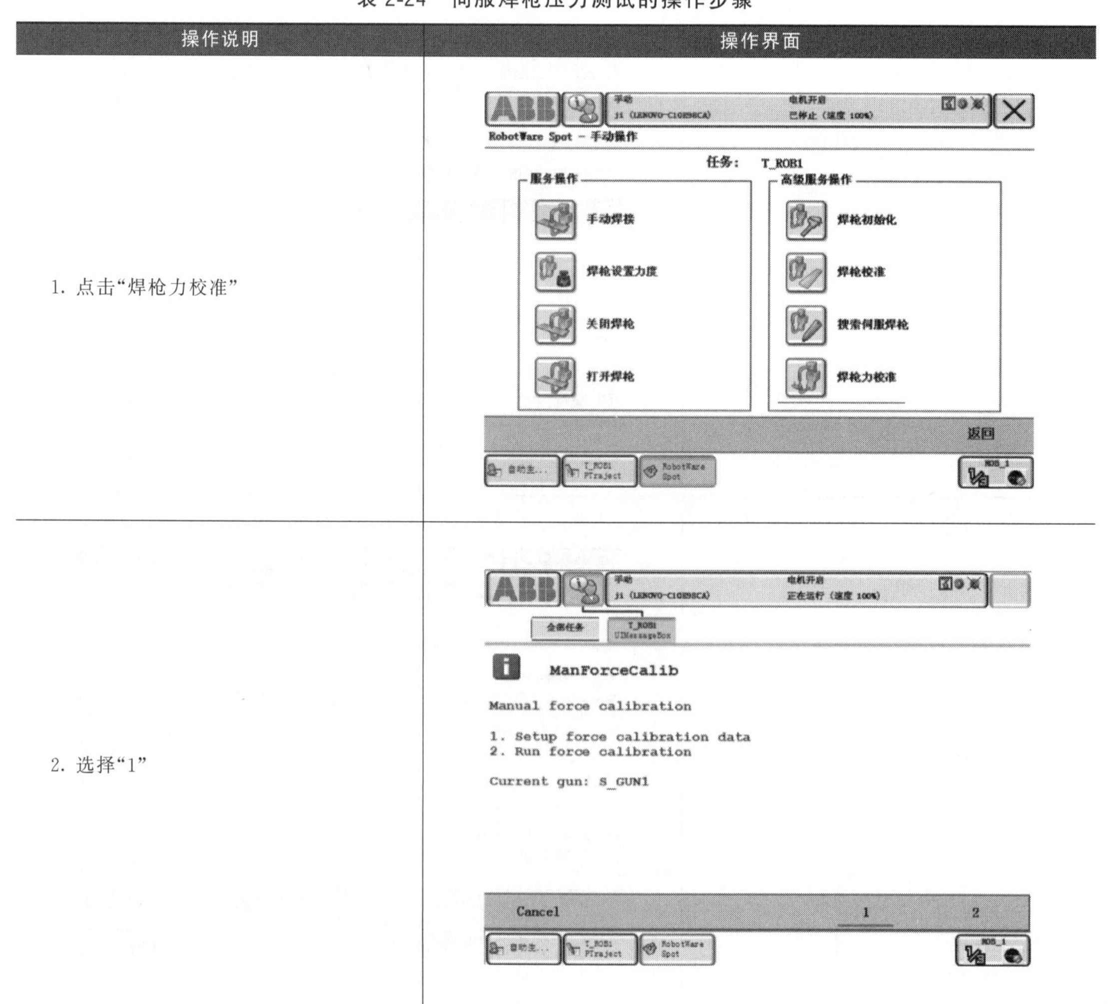
2. 选择“1”	

续表

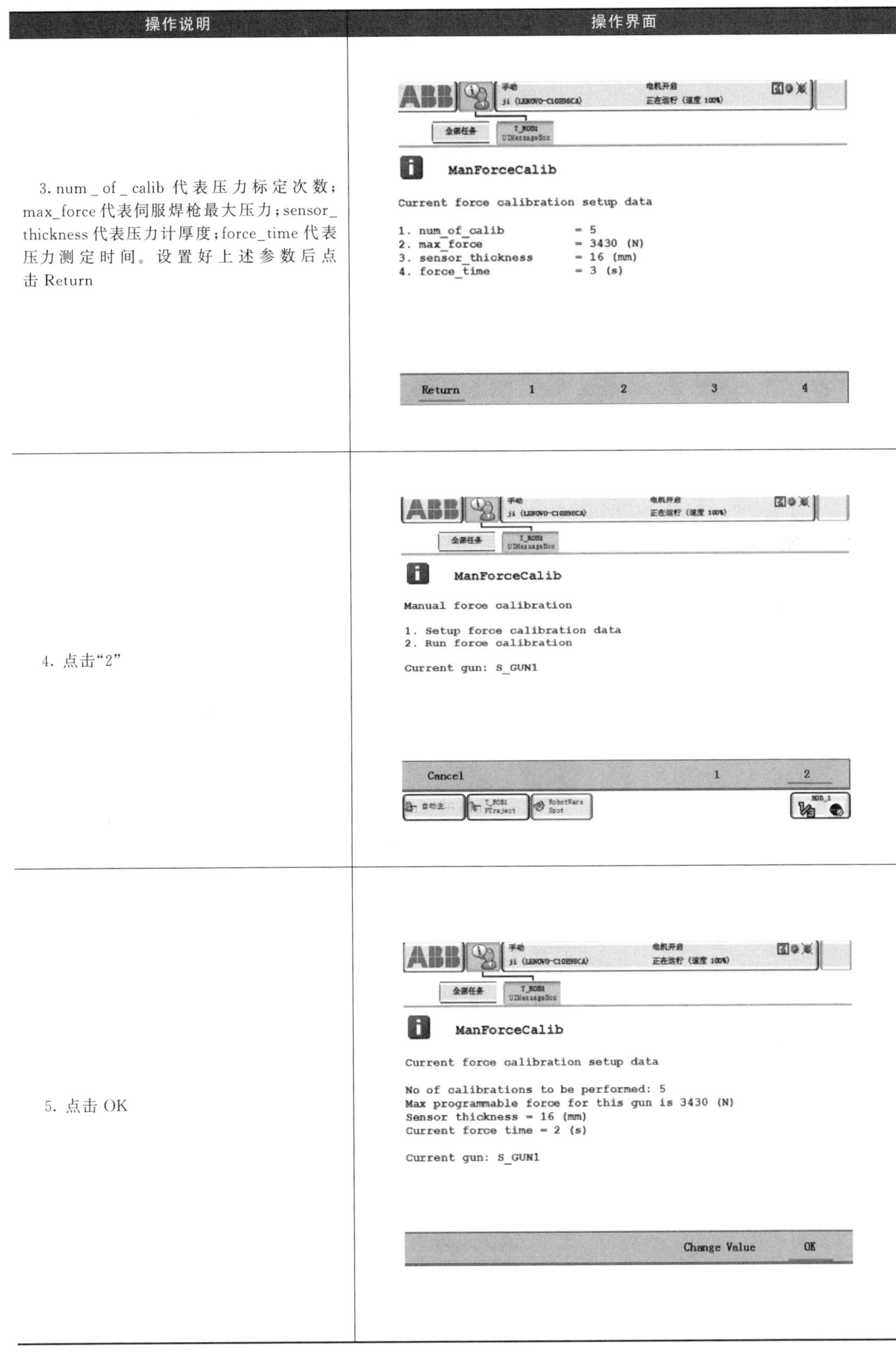

操作说明	操作界面
3. num_of_calib 代表压力标定次数；max_force 代表伺服焊枪最大压力；sensor_thickness 代表压力计厚度；force_time 代表压力测定时间。设置好上述参数后点击 Return	ManForceCalib Current force calibration setup data 1. num_of_calib = 5 2. max_force = 3430 (N) 3. sensor_thickness = 16 (mm) 4. force_time = 3 (s) Return 1 2 3 4
4. 点击“2”	ManForceCalib Manual force calibration 1. Setup force calibration data 2. Run force calibration Current gun: S_GUN1 Cancel 1 2
5. 点击 OK	ManForceCalib Current force calibration setup data No of calibrations to be performed: 5 Max programmable force for this gun is 3430 (N) Sensor thickness = 16 (mm) Current force time = 2 (s) Current gun: S_GUN1 Change Value OK

续表

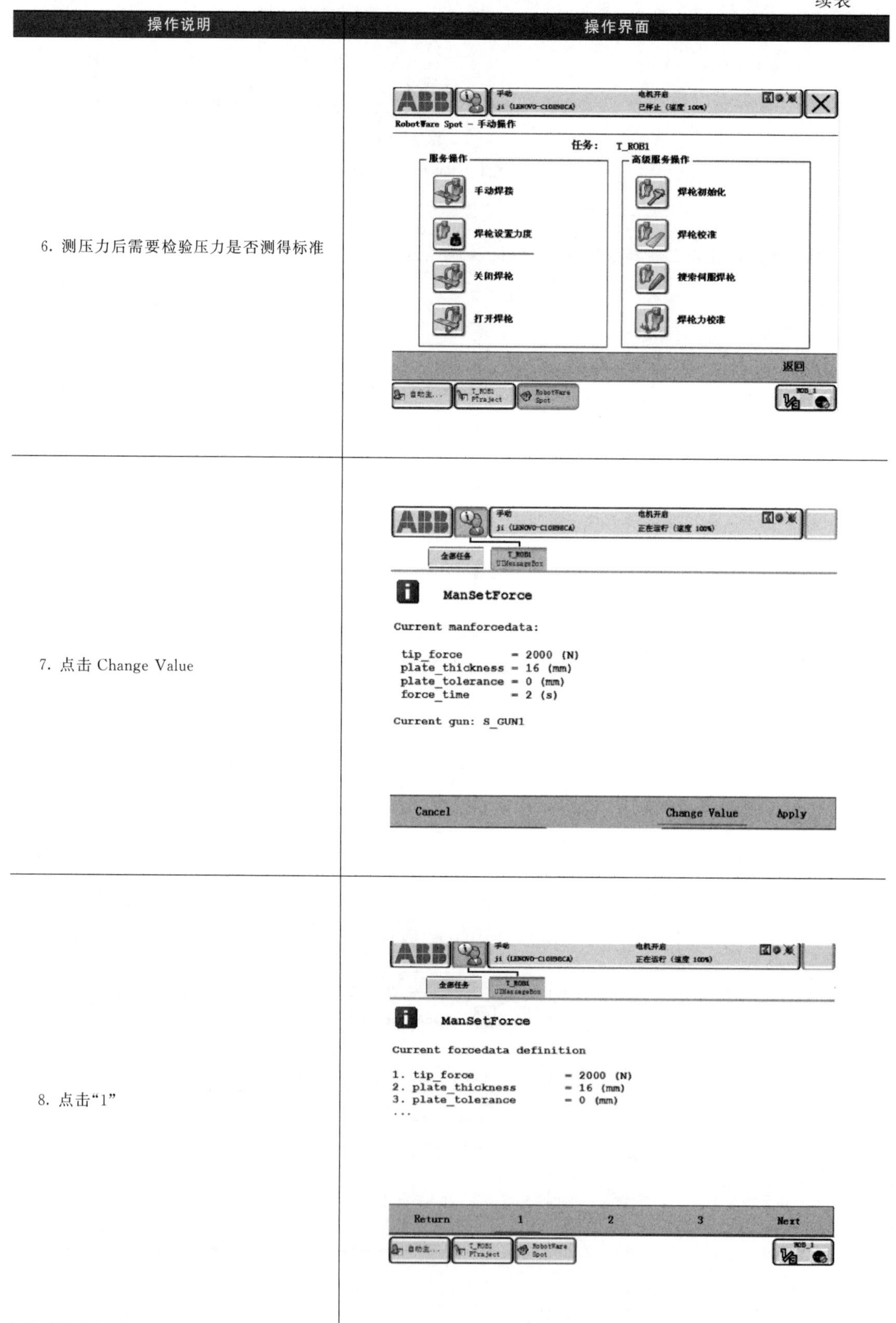

操作说明	操作界面
6. 测压力后需要检验压力是否测得标准	
7. 点击 Change Value	
8. 点击“1”	

续表

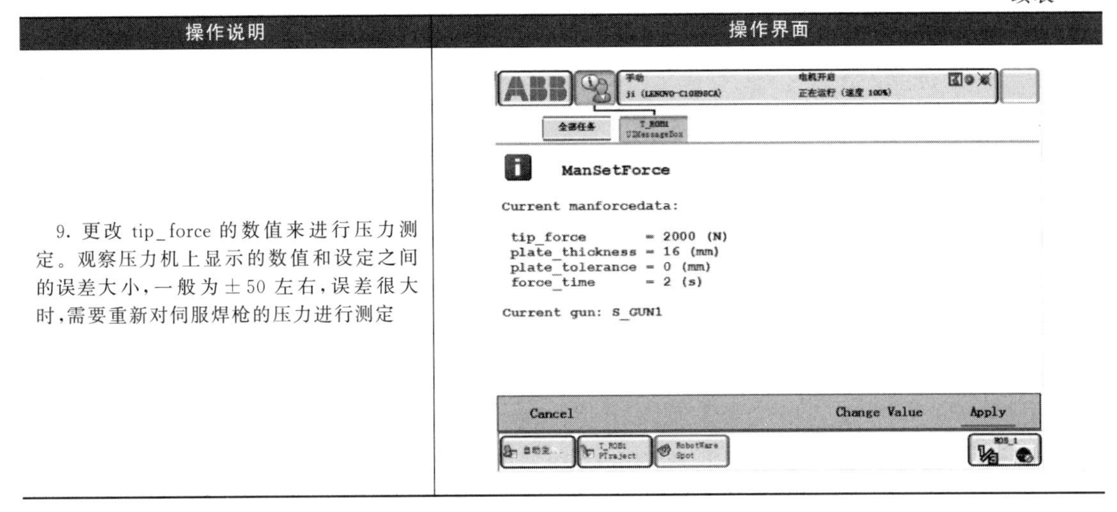

操作说明	操作界面
9. 更改 tip_force 的数值来进行压力测定。观察压力机上显示的数值和设定之间的误差大小，一般为±50 左右，误差很大时，需要重新对伺服焊枪的压力进行测定	

（5）点焊实例

图 2-40 的程序见表 2-25。

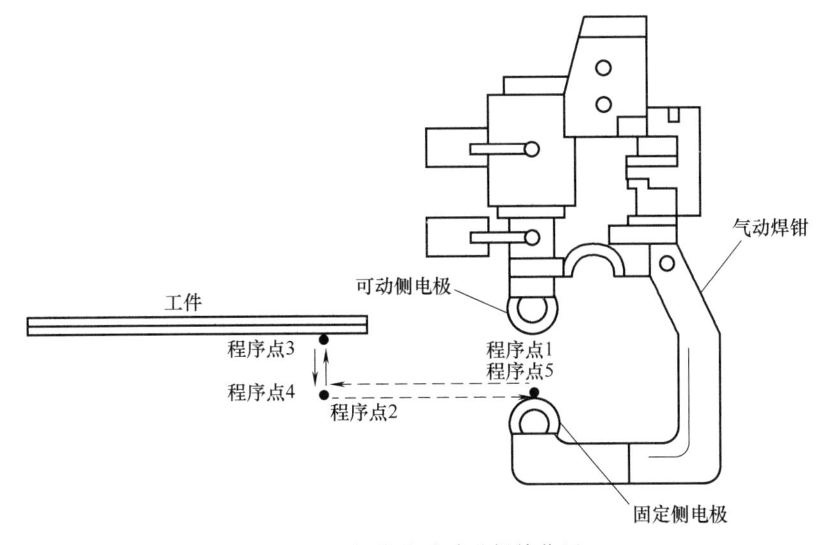

图 2-40　焊钳的移动及焊接位置

表 2-25　点焊程序

行	命令	内容说明
0000	NOP	开始
0001	MOVJ　VJ=25.00	移到待机位置　（程序点 1）
0002	MOVJ　VJ=25.00	移到焊接开始位置附近（接近点）　（程序点 2）
0003	MOVJ　VJ=25.00	移到焊接开始位置（焊接点）　（程序点 3）
0004	SPOT　GUN#(1)	焊接开始
	MODE=0	指定焊钳 no. 1
	WTM=1	指定单行程点焊钳
		指定焊接条件 1
0005	MOVJ　VJ=25.00	移到不碰撞工件、夹具的地方（退避点）（程序点 4）
0006	MOVJ　VJ=25.00	移到待机位置　（程序点 5）
0007	END	结束

2.2.2 喷涂

针对喷涂行业，ABB 机器人有专门的 dispense 软件，也有对应的指令，如图 2-41 所示。主要指令有 DispL 和 DispC，其中 DispL 为走直线，DispC 为走圆弧。在图 2-41 中机器人到 p1 点开始涂胶；p1 到 p2 之间使用 bead1 涂胶参数，如图 2-42 所示，其中 flow1 为流量，flow1_type 为流量形式，1 与速度无关（即机器人速度不论快慢，出胶量不变），2 与速度有关，即机器人出胶量会随着机器人运动速度快而加大，速度慢则减小；p2 到 p3 使用 bead2 涂胶参数；到 p3 后关闭涂胶。还应设置参数 equipdata，如图 2-43 所示，其中，ref_speed 为机器人参考速度，如果 bead 数据里的 flow1_type 选择 2，则和速度有关。如果 ref_speed 为 500，机器人速度实际也为 500，出胶量就为设置的 20，如果机器人实际速度为 250（ref_speed 的 50%），出胶量就为实际的 50%，即 10。

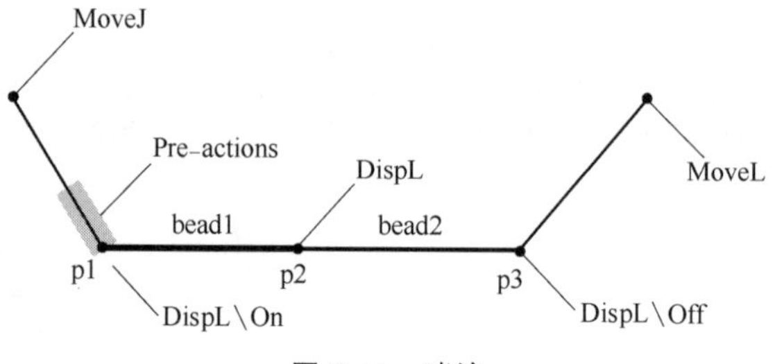

图 2-41 喷涂

Manual CN-L-7225311 Guard Stop Stopped (Speed 100%)

Edit

Name: bead1

Tap a field to edit the value.

Name	Value	Data Type
info :=	"Example D1 speed ind...	string
flow1 :=	20	num
flow2 :=	0	num
flow1_type :=	1	num
flow2_type :=	0	num
equip_no :=	1	num

Undo OK Cancel

图 2-42 bead1 涂胶参数

Manual CN-L-7225311 Guard Stop Stopped (Speed 100%)

Edit

Name: equipd{1}

Tap a field to edit the value.

Name	Value	Data Type
equipd{1} :=	["Dispenser 1",0,0,500...	equipdata
info :=	"Dispenser 1"	string
on_time :=	0	num
off_time :=	0	num
ref_speed :=	500	num
acc_max :=	3	num

Undo OK Cancel

图 2-43 设置参数 equipdata

2.2.3 切割

（1）切割正方形

在切割应用中，频繁使用切割正方形的程序，切割正方形的指令及算法是一致的，只是正方形的顶点位置、边长不一致，可以将这两个变量设为参数。

例行程序如下。

```
PROC rSquare(robtarget pBase,num nSideSize)
        MoveL  pBase,v1000,fine,tool1 \WObj:=wobj0;
        MoveL  Offs(pBase,nSideSize,0,0),v1000,fine,tool1 \WObj:=wobj0;
        MoveL  Offs(pBase,nSideSize,nSideSize,0),v1000,fine,tool1 \WObj:=
wobj0;
        MoveL  Offs(pBase,0,nSideSize,0),v1000,fine,tool1 \WObj:=wobj0;
```

```
        MoveL    pBase,v1000,fine,tool1 \WObj:=wobj0;
    ENDPROC
    PROC MAIN( )
        rSquare p1,100;
        rSquare p2,200;
    ENDPROC
```

执行结果：

这样在调用该切割正方形的程序时，再指定当前正方形的顶点及边长即可在对应位置切割对应边长大小的正方形。上述程序中，机器人先后切割了 2 个正方向，即以 p1 为顶点、100 为边长的正方形，以 p2 为顶点、200 为边长的正方形。

（2） ABB 机器人切割小圆

切割半径小于 5mm 的圆，若直接使用普通 MoveC 指令，实际轨迹并不理想。切割小圆，机器人可以使用 WristMove（即机器人运动时只动作腕关节）功能，该功能包含于 687-1 Advanced Robot Motion 选项中，如图 2-44 所示。该功能可以仅让机器人四、五轴运动，或仅五、六轴运动，或四、六轴运动，其余轴不运动，减小其他轴误差对轨迹的影响，完成小圆切割。机器人运行的轨迹实际并非圆，而是如图 2-45 所示的轨迹，但在工具 Z 的延伸方向，轨迹为标准圆，即切割的结果为标准圆。

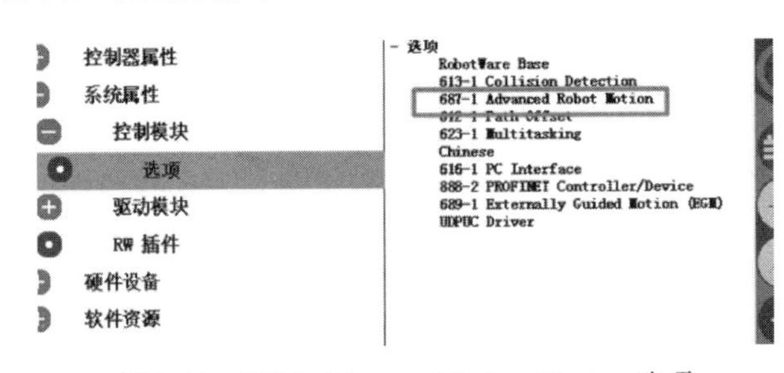

图 2-44　687-1 Advanced Robot Motion 选项

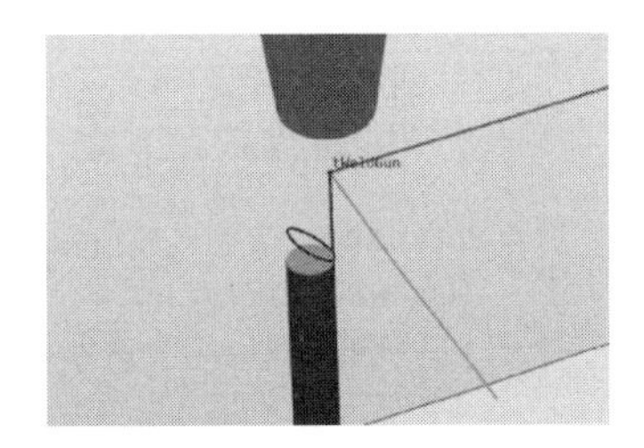

图 2-45　轨迹实际

默认 CirPathMode 为路径坐标系，若要仅使用四、五轴切割小圆，切换到 CirPath Mode \ Wrist45，程序如下。

```
PROC main()
    r:=5;
    CirPathMode\PathFrame;
    ! MoveL Target_10,v1000,z50,tWeldGun\WObj:=wobj0;
    MoveL offs(Target_10,-r,0,20),v100,fine,tWeldGun\WObj:=wobj0;
    MoveL offs(Target_10,-r,0,0),v100,fine,tWeldGun\WObj:=wobj0;
    CirPathMode\Wrist45;
    MoveC offs(Target_10,0,-r,0),offs(Target_10,r,0,0),v20,z10,tWeldGun\
WObj:=wobj0;
    MoveC offs(Target_10,0,r,0),offs(Target_10,-r,0,0),v20,fine,tWeldGun\
WObj:=wobj0;
    CirPathMode\PathFrame;
    MoveL offs(Target_10,-r,0,20),v100,fine,tWeldGun\WObj:=wobj0;
ENDPROC[ ]
```

2.2.4 独立轴设置及使用

打磨工业机器人，可以省去打磨电机，直接由六轴驱动。理论上可使六轴无限旋转或使变位机某一轴无限循环。无限旋转，需要应用图 2-46 的 610-1 Independent Axis 选项。如图 2-47 所示，使六轴无限旋转的操作为单击“控制面板”→“配置”→选择 Motion→在 Arm 下找到六轴，修改上下限和 Independent Joint，然后重启，其程序如下。

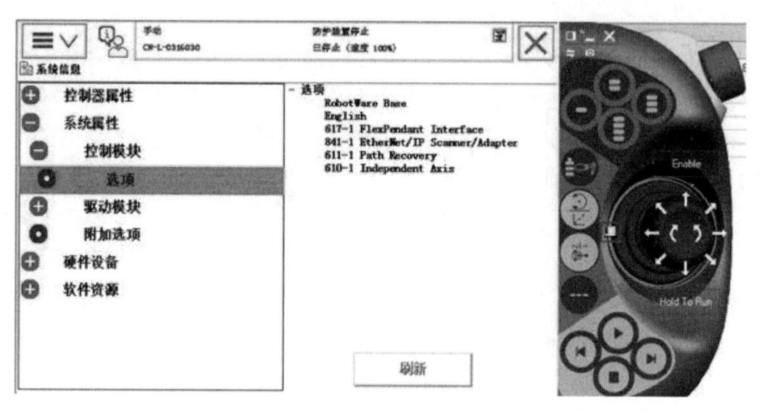

图 2-46　610-1 Independent Axis 选项

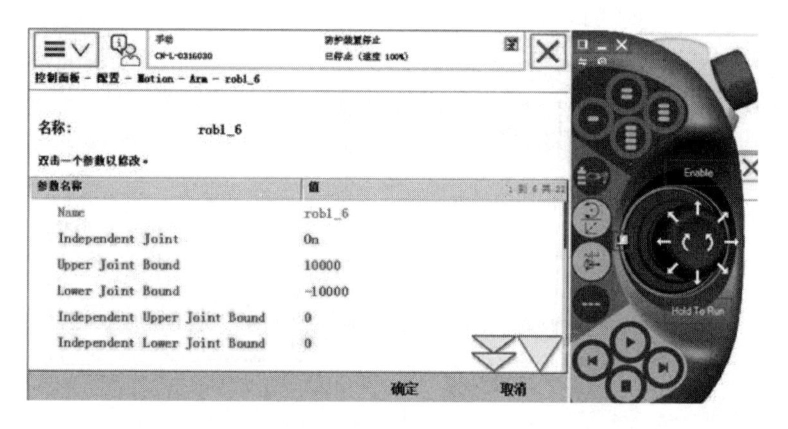

图 2-47　六轴无限旋转

```
PROC Polish()
    MoveL Target_10,v1000,fine,tWeldGun\WObj:=Workobject_1;
    ! Change axis 6 of ROB_1 to independent mode and
    ! rotate it with 180 degrees/second
    IndCMove ROB_1,6,30;
    ! 切换 6 轴为独立轴模式,速度 30°/s
    WaitUntil IndSpeed(ROB_1,6\InSpeed);
    ! 等待 6 轴达到速度
    WaitTime 0.2;
    MoveL Target_20,v100,z50,tWeldGun\WObj:=Workobject_1;
    MoveL Target_30,v100,fine,tWeldGun\WObj:=Workobject_1;
```

```
    IndCMove ROB_1,6,0;
    ! 停止 6 轴
    WaitUntil IndSpeed(ROB_1,6\ZeroSpeed);
    ! 等待 6 轴速度为零
    WaitTime 0.2;
    IndReset ROB_1,6\RefNum:=0\Short;
    ! 切换 6 轴回标准模式
    MoveL Target_10,v1000,fine,tWeldGun\WObj:=Workobject_1;
ENDPROC
```

2.2.5 机器人沿路径倒退运行设置

机器人运行过程中，可能出于某些原因，需要沿原路径倒退回某位置后才能执行后续动作。这就需要应用 611-1 Path Recovery 选项，如图 2-48 所示，程序举例如图 2-49 所示。指令 PathRecStart 用来记录回退的起点，PathRecStop 用于停止记录回退。PathRecMoveBwd \ID:=start_id；表示机器人沿原路径倒退，退到 ID 起点处。如果问题处理完，需要回到刚才发生问题处，可以使用 PathRecMoveFwd。

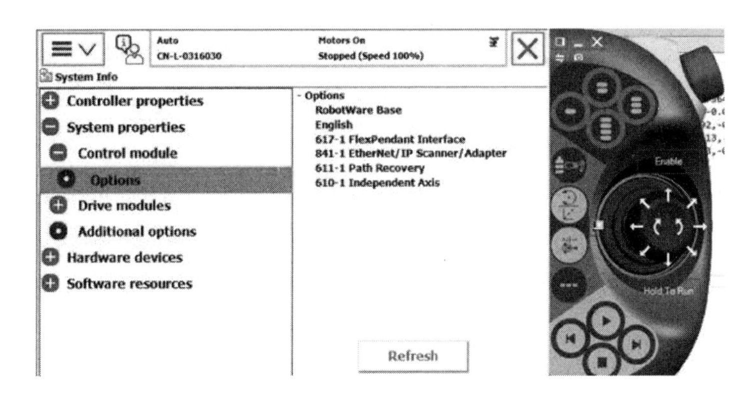

图 2-48 611-1 Path Recovery 选项

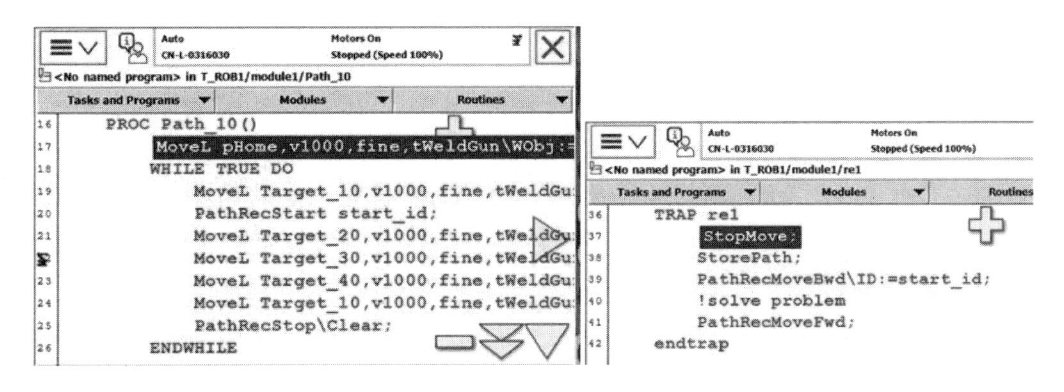

图 2-49 程序举例

以下程序示例为机器人运行，通过中断触发（模拟发生故障等），机器人回退到起点，处理完故障后运行回故障发生位置，继续运行。

```
PROC main()
    init;
    path_10;
ENDPROC|

PROC Path_10()
    MoveL pHome,v1000,fine,tWeldGun\WObj:=Workobject_1;
    WHILE TURE DO
    MoveL Target_10,v1000,fine,tWeldGun\WObj:=Workobject_1;
    PathRecStart start_id;
    MoveL Target_20,v1000,fine,tWeldGun\WObj:=Workobject_1;
    MoveL Target_30,v1000,fine,tWeldGun\WObj:=Workobject_1;
    MoveL Target_40,v1000,fine,tWeldGun\WObj:=Workobject_1;
    MoveL Target_10,v1000,fine,tWeldGun\WObj:=Workobject_1;
    PathRecStop\Clear;
ENDWHILE
ENOPROC
PROC init()
    IDelete intno1;
    CONNECT intno1 WITH re1;
    ISignalDI di_0,1,intno1;
ENDPROC

TRAP re1
    StopMove;
    StorePath;
    PathRecMoveBwd\ID:start_id;
    I solve problem
    PathRecMoveFwd;
endtrap
```

2.2.6 中断轨迹并恢复

机器人在正常运行，突然收到某个信号后，机器人需要到 service 位置，处理完成后回归到刚才中断的位置，并继续执行未走完的轨迹。可以使用中断来实时监控信号触发，中断程序内容如下。

```
TRAP trap1
    StopMove;! 停止机器人运动
    StorePath;! 存储未运行完的轨迹队列
    t_temp:=crobt(\Tool:=tweldGun\WObj:=workobject_1);
    ! 记录停止点位置
    MoveL pHome,v500,fine,tWeldGun\WObj:=Workobject_1;
```

```
    ! 移动到 Home 位置
    TPWrite"robot at home";
    waittime 2;
    MoveL t_temp,v500,fine,tWeldGun\WObj:=Workobject_1;
    ! 回到刚才停止位置
    RestoPath;! 恢复未执行轨迹队列
    startmove;! 机器人再次开始移动
ENDTRAP
```

2.2.7 机器人绘制解析曲线

（1）机器人绘制双曲线

双曲线方程为 $x^2/a^2-y^2/b^2=1$；双曲线参数方程为 $x=a/\cos\alpha$，$y=b\tan\alpha$。式中，α 为参数。应用参数方程，由于 α 在 90°附近，双曲线会无限逼近渐近线，即位置会无限远，所以机器人画曲线时，采用 0°～70°、110°～250°、290°～360°，机器人画双曲线程序如下。为避免轨迹干扰，加入 do 信号控制，即 do 为 1 时，才显示机器人轨迹。

```
PROC main()
    reset do0;
    waittime 1;
  !   MoveL p500,v1000,fine,tWeldGun\WObj:=wobj0;
    ! p500 is center position
    a:=100;
    b:=80;
    MoveL offs(p500,a/cos(0),b * tan(0),0),v100,fine,tWeldGun\WObj:=wobj0;
    set do0;
    FOR i FROM 0 TO 70 DO
        x:=a/cos(i);
        y:=b * tan(i);
        MoveL offs(p500,x,y,0),v100,z1,tWeldGun\WObj:=wobj0;
    ENDFOR
    MoveL offs(p500,a/cos(70),b * tan(70),0),v100,fine,tWeldGun\WObj:=
wobj0;
    reset do0;
    MoveL offs(p500,a/cos(110),b * tan(110),0),v100,fine,tWeldGun\WObj:=
wobj0;
    set do0;
    FOR i FROM 110 TO 250 DO
        x:=a/cos(i);
        y:=b * tan(i);
        MoveL offs(p500,x,y,0),v100,z1,tWeldGun\WObj:=wobj0;
```

```
        ENDFOR
        MoveL offs(p500,a/cos(250),b * tan(250),0),v100,fine,tWeldGun\WObj:=
wobj0;
        reset do0;
        MoveL offs(p500,a/cos(290),b * tan(290),0),v100,fine,tWeldGun\WObj:=
wobj0;
        set do0;
        FOR i FROM 290 TO 360 DO
            x:=a/cos(i);
            y:=b * tan(i);
            MoveL offs(p500,x,y,0),v100,z1,tWeldGun\WObj:=wobj0;
        ENDFOR
```

（2）机器人绘制椭圆

椭圆方程：$x^2/a^2+y^2/b^2=1$；参数方程：$x=\mathrm{a}\cos\theta$，$y=\mathrm{b}\sin\theta$。机器人画椭圆程序如下。

```
    PROC main()
        ! MoveL p500,v1000,z50,tWeldGun\WObj:=wobj0;
        ! p500 is center position|
        a:=200;
        b:=100;
        FOR i FROM 1 TO 360 DO
            y:=a * cos(i);
            x:=b * sin(i);
            MoveL offs(p500,x,y,0),v100,z1,tWeldGun\WObj:=wobj0;
        ENDFOR
ENDPROC
```

第3章

具有外轴的工作站现场编程

3.1 具有外轴工作站的编程

为扩大工业机器人的工作范围，让机器人可以在多个不同位置上完成作业任务，提高工作效率和柔性，一种典型的配置就是增加外部轴，将机器人安装在移动轨道上，如图 3-1 所示。变位机是工业机器人焊接生产线及焊接柔性加工单元的重要组成部分，是外部扩展轴，其作用是将被焊工件通过旋转、平移或两者结合的方式以获得最佳焊接位置，实现焊接的自动化、机械化，提高生产效率和焊接质量，如图 3-2 所示。当然，变位机也可用于其他生产，例如图 2-1（h）所示的雕刻。

图 3-1 轨道

图 3-2 变位机

3.1.1 外轴

（1）行走轨道

1）单轴龙门移动轨道

图 3-3 所示为单轴龙门移动轨道实物。单轴龙门移动轨道主要由 X 轴移动轨道及结构件、固定 Y 轴、龙门立柱、X 轴驱动主轴箱及精密减速机、拖链、防护罩及附件等组成。单轴龙门移动轨道是机器人的外部轴，可自由编程，也可与机器人系统联动进行轨迹插补运算，从而使机器人处于最佳的焊接姿态进行焊接。轨道设计时消除了齿轮与齿条啮合的间隙，所以传动精度很高。龙门提供了机器人倒吊式安装平台，扩大了机器人的可达范围。

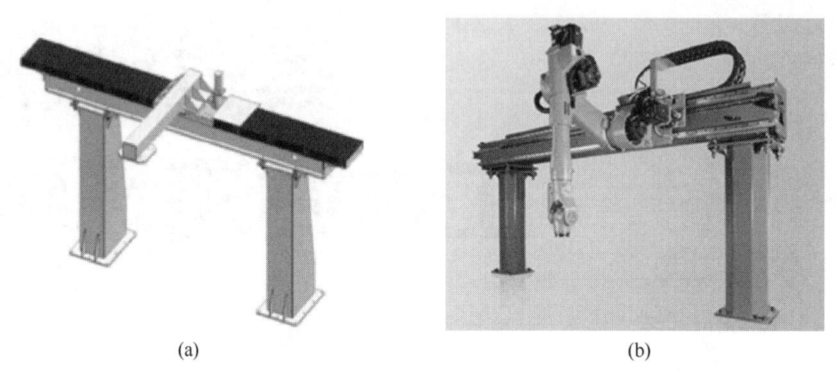

(a) (b)

图 3-3 单轴龙门移动轨道实物

2）两轴龙门移动轨道

图 3-4 所示为两轴龙门移动轨道实物。两轴龙门移动轨道主要由 X 轴移动轨道及结构件，固定 Y 轴，Z 轴移动轨道及结构件、龙门立柱、X 轴驱动主轴箱及精密减速机、Z 轴驱动主轴箱及精密减速机、拖链、防护罩及附件等组成。相比单轴龙门移动轨道，两轴龙门移动轨道使机器人的活动可达范围更大。

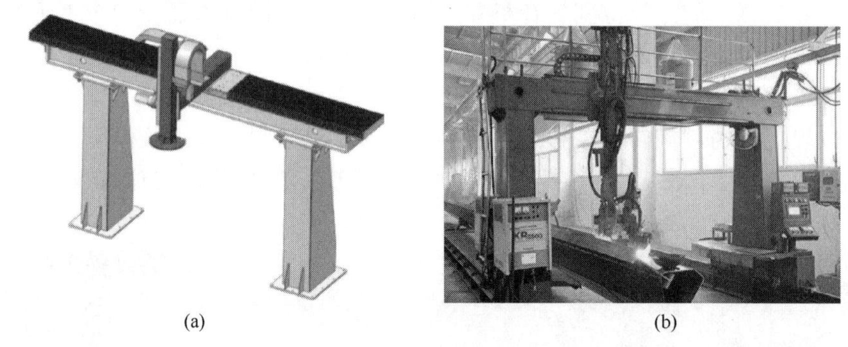

(a) (b)

图 3-4 两轴龙门移动轨道实物

3）三轴龙门移动轨道

三轴龙门移动轨道主要由 X 轴移动轨道及结构件、Y 轴移动导轨及结构件、Z 轴移动轨道及结构件、龙门立柱、X 轴驱动主轴箱及精密减速机、Y 轴驱动主轴箱及精密减速机、Z 轴驱动主轴箱及精密减速机、拖链、防护罩及附件等组成。三轴龙门移动轨道实物如图 3-5 所示，它是机器人的外部轴，可自由编程，也可与机器人系统联动进行轨迹插补运算，从而使机器人处于最佳的焊接姿态进行焊接。轨道设计时消除了齿轮与齿条啮合的间隙，所以传动精度很高。龙门提供了机器人倒吊式安装平台，机器人的可达范围最大。

4）单轴机器人地面轨道

单轴机器人地面轨道主要由地面轨道及结构件、X 轴驱动主轴箱及精密减速机、溜板及结构件、拖链、防护罩及附件等组成。图 3-6 所示为单轴机器人地面轨道，地面轨道是机器人

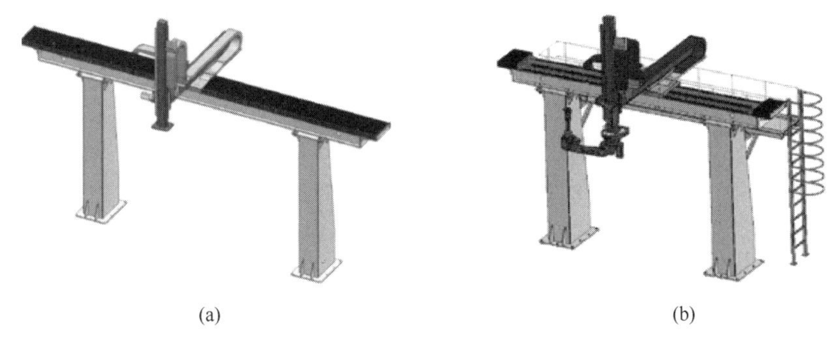

(a)　　　　　　　　　　(b)

图 3-5　三轴龙门移动轨道实物

的外部轴，可自由编程，也可与机器人系统联动进行轨迹插补运算。轨道设计时消除了齿轮与齿条啮合的间隙，所以传动精度很高。地轨提供了机器人站立式安装平台，安全、可靠。

图 3-6　单轴机器人地面轨道

5）两轴机器人地面轨道

两轴机器人地面轨道主要由 X 轴轨道及结构件、Z 轴轨道及结构件、C 型悬臂支撑、X 轴驱动主轴箱及精密减速机、Z 轴驱动主轴箱及精密减速机、安全气缸、防掉落机构、电磁阀、气管、拖链、防护罩及附件等组成（图 3-7 所示为两轴机器人地面轨道）。两轴机器人地面轨道提供了机器人站立式安装平台，安全、可靠。

6）C 型机器人倒吊支撑

C 型支撑主要由固定立柱及结构件、溜板及结构件、C 型支撑臂、Z 轴驱动主轴箱及精密减速机、安全气缸、防掉落机构、电磁阀、气管、拖链、防护罩及附件等组成。图 3-8 所

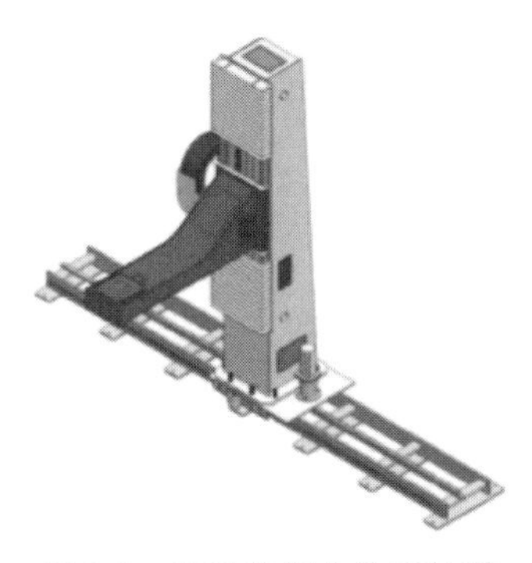

图 3-7　两轴机器人地面轨道

图 3-8　C 型机器人倒吊支撑

示为C型机器人倒吊支撑示意图，Z 轴轨道设计时消除了齿轮与齿条啮合的间隙，所以传动精度很高。C型支撑提供了机器人倒吊（或站立）式安装平台。

（2）变位机

变位机主要由旋转机头、变位机构及控制器等部分组成。其中旋转机头的转速可调，可根据要求调节倾斜角度。通过工作台的升降、翻转和回转使固定在工作台上的工件达到所需的焊接或装配角度，工作台回转为变频无级调速，可得到满意的焊接速度。

1）单轴E型机器人变位机

单轴E型机器人变位机（实物如图3-9所示）拥有一个机器人的外部轴，它的速度可以人为进行自由编程，并与机器人控制系统联动进行轨迹插补运算。变位机驱动使用机器人系统自带电机、精密RV减速机，通过减速机及回转支承齿轮副达到多级减速的目的。

2）双轴L型机器人变位机

双轴L型机器人变位机拥有两个机器人的外部轴，每个轴的速度均可进行自由编程，并与机器人控制系统联动进行轨迹插补运算，图3-10所示为双轴L型机器人变位机实物。变位机驱动使用机器人系统自带电机、精密RV减速机，通过减速机及回转支承齿轮副达到多级减速的目的。

图3-9　单轴E型机器人变位机实物

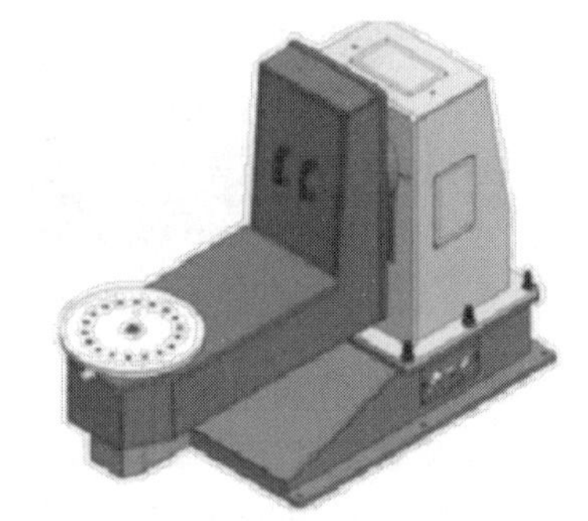

图3-10　双轴L型机器人变位机实物

3）两轴H型机器人变位机（头尾架式）

两轴H型头尾架式单轴变位机（实物如图3-11所示）拥有一个机器人的外部轴，该轴的速度可以人为进行自由编程，并与机器人控制系统联动进行轨迹插补运算。变位机驱动使用机器人系统自带电机、精密RV减速机，通过减速机及回转支承齿轮副达到多级减速的目的。尾架带有刹车装置，通过气缸伸缩固定尾架转盘，从而提高变位机整体安全系数及不同种类的应用性能要求。

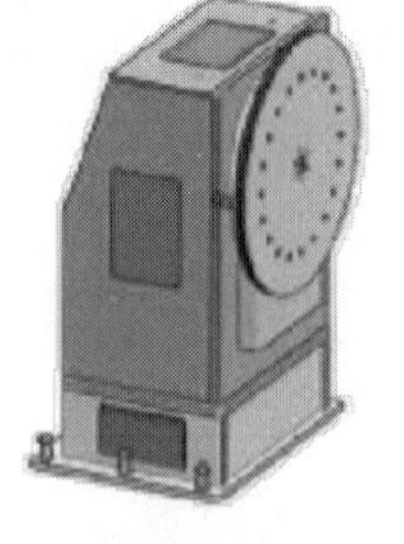

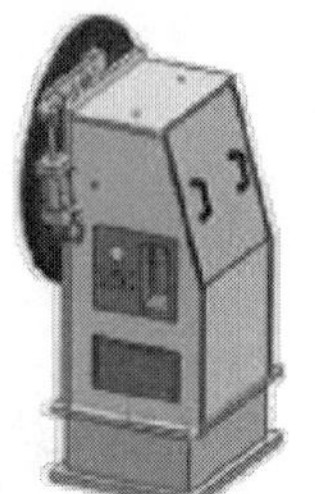

图3-11　两轴H型机器人变位机

4）两轴D型机器人变位机

两轴D型机器人变位机拥有两个机器人的外部轴，每个轴的速度可进行自由编程，并与机器人控制系统联动进行轨迹插补运算。图3-12所示为两轴D型机器人变位机。变位机驱动使用机器人系统自带电机、精密RV减速机，通过减速机及与调心滚子轴承上安装的齿轮副达到多级减速的目的。

5）两轴C型机器人变位机

两轴C型机器人变位机拥有两个机器人的外部轴，每个轴的速度可以人为进行自由编程，并与机器人控制系统联动进行轨迹插补运算。图3-13所示为两轴C型机器人变位机。变位机驱动使用机器人系统自带电机、精密RV减速机，通过减速机及回转支承齿轮副达到多级减速的目的。

图3-12　两轴D型机器人变位机

6）单轴M型机器人变位机

单轴M型机器人变位机拥有一个机器人的外部轴，它的速度可以人为进行自由编程，并与机器人控制系统联动进行轨迹插补运算。图3-14所示为单轴M型机器人变位机。变位机驱动使用机器人系统自带电机、精密RV减速机，通过减速机及回转支承齿轮副达到多级减速的目的。尾架安装在地面导轨上，尾架与头架之间的距离可通过地轨进行人工自动调节，从而适应不同种类工件、工装的安装。尾架带有刹车装置，通过气缸伸缩固定尾架转盘，从而提高变位机整体安全系数及适应不同种类的应用性能要求。

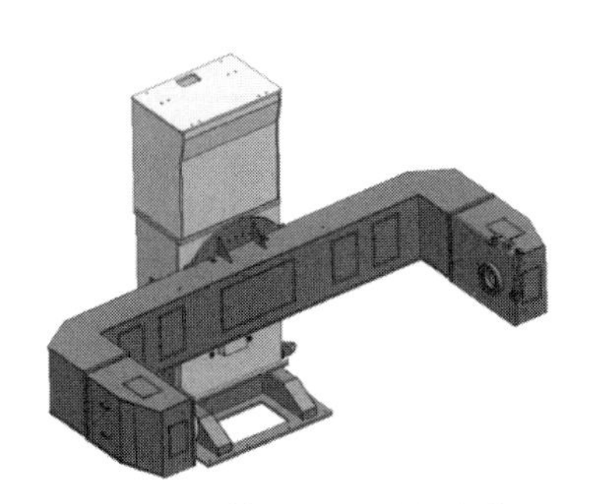
图3-13　两轴C型机器人变位机

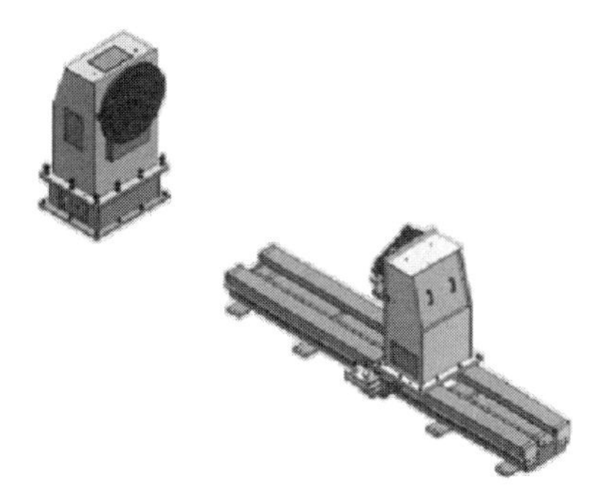
图3-14　单轴M型机器人变位机

3.1.2　外轴指令

（1）外轴激活 ActUnit

1）书写格式

ActUnit　MecUnit

MecUnit：外轴名（mecunit）

2）应用

将机器人一个外轴激活。例如：当多个外轴公用一个驱动板时，通过外轴激活指令ActUnit选择当前所使用的外轴。

```
MoveL p10,v100,fine,tool1; P10,外轴不动
ActUnit  track_motion; P20,外轴联动 track_motion
MoveL p20,v100,z10,tool1; P30,外轴联动 orbit_a
DeactUnit  track_motion;
```

ActUnit　orbit_a；

MoveL p30，v100，z10，tool1；

3）限制

① 不能在指令 StorePath…RestorePath 内使用。

② 不能在预置程序 RESTART 内使用。

③ 不能在机器人转轴处于独立状态时使用。

（2）关闭外轴 DeactUnit

1）书写格式

DeactUnit　MecUnit

MecUnit：外轴名　　（mecunit）

2）应用

将机器人一个外轴失效。例如：当多个外轴共用一个驱动板时，通过外轴激活指令 DeactUnit 使当前所使用的外轴失效。

机器人外轴可以设置开机不自动激活，然后通过 Jogging 界面或程序激活和停用。例如变位机 STN1，开机未激活，如图 3-15 所示。进入 Jogging 界面切换到 STN1 界面，单击 Activate 激活外轴，如图 3-16 所示。程序里可以通过 Active 进行激活，Deactive 进行停用。

如果要判断当前外轴是否激活，可以使用函数 IsMechUnitActive，返回 TRUE 表示激活，返回 FALSE 表示未激活，如图 3-17 所示。如果未激活，则通过程序进行激活。

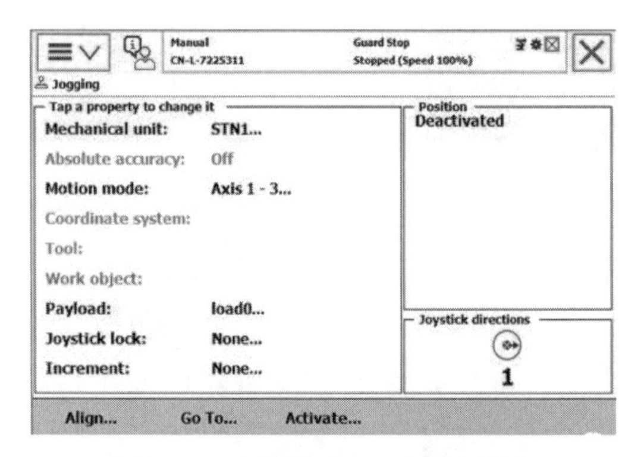

图 3-15　变位机 STN1 开机未激活

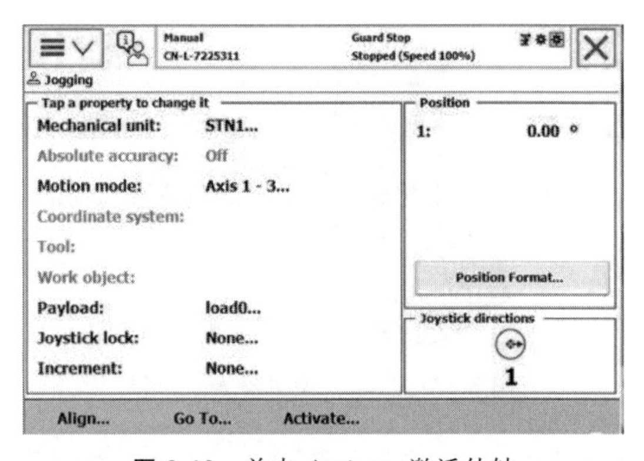

图 3-16　单击 Activate 激活外轴

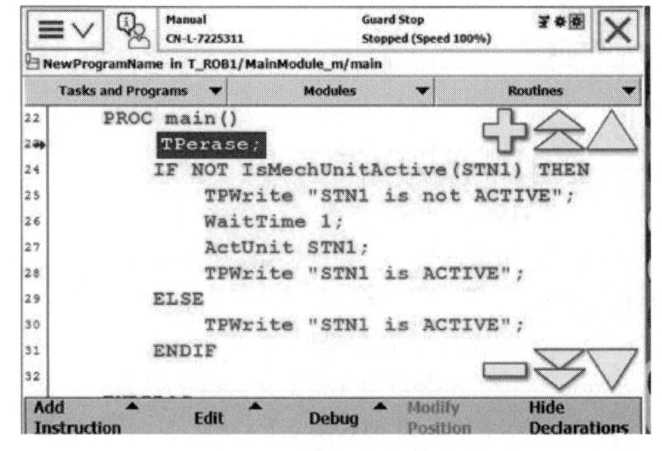

图 3-17　判断外轴是否激活

（3）外轴偏移关闭 EOffsOff

1）书写格式

EOffsOff

2）应用

当前指令用于使机器人通过编程达到的外轴位置更改功能失效，必须与指令 EOffsOn 或 EOffsSet 同时使用。程序实例如下。

MoveL p10,v500,z10,tool1；外轴位置更改失效

EOffsOn\Exep:=p10,p11,tool1;

MoveL p20,v500,z10,tool1；外轴位置更改生效

MoveL p30,v500,z10,tool1;

EOffsOff;

MoveL p50,v500,z10,tool1；外轴位置更改失效

（4）外轴偏移激活 EOffsOn

1）书写格式

EOffsOn

2）应用

此指令可用于具有导轨外轴的机器人程序编制。程序实例如下。

SearchL sen1,psearch,p10,v100,tool1;

PDispOn\Exep:=psearch,*,tool1;

EOffsOn\Exep:=psearch,*;

3）限制

① 当前指令在使用后，机器人外轴位置将被更改，直到使用指令 EOffsOff 后才失效。

② 在机器人系统冷启动、加载新机器人程序、程序重置（Start From Beginning）三种情况下，机器人坐标转换功能将自动失效。

（5）指定数值外轴偏移 EOffsSet

1）书写格式

EOffsSet EAxOffs;

EAxOffs：外轴位置偏差量(extjoint)

2）应用

当前指令通过输入外轴位置偏差量，使机器人外轴位置通过编程进行实时更改，对导轨类外轴，偏差值单位为 mm；对转轴类外轴，偏差值单位为角度。程序实例如下，程序执行如图 3-18 所示。

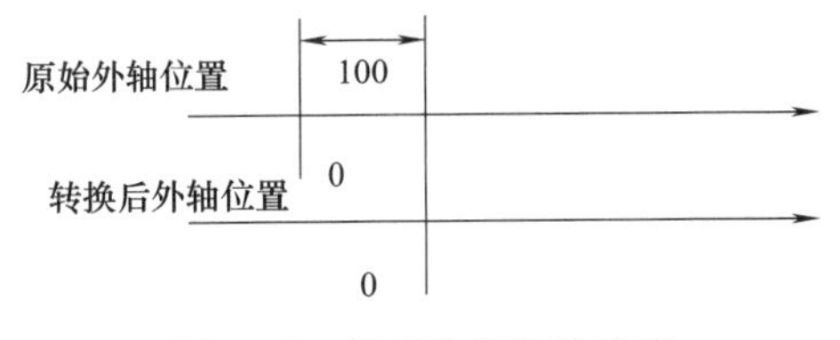

图 3-18 指定数值外轴偏移

VAR extjoint eax_a_p100:=[[100,0,0,0,0];

MoveL p10,v500,z10,tool1；外轴位置更改失效

EOffsSet eax_a_p100;

MoveL p20,v500,z10,tool1；外轴位置更改生效

EOffsOff;

MoveL p30,v500,z10,tool1；外轴位置更改失效

3）限制

① 当前指令在使用后，机器人外轴位置将被更改，直到使用指令 EOffsOff 后才失效。

② 在机器人系统冷启动、加载新机器人程序、程序重置（Start From Beginning）三种情况下机器人坐标转换功能将自动失效。

3.1.3 外轴校准

（1）变位机粗校准

ABB 标准变位机等外轴设备，并没有与图 3-19 所示的机器人本体相同的，电机偏移值标签贴在变位机上。

变位机的零件校准是先单轴移动变位机某一轴，如图 3-20 所示使该轴标记位置对齐。如图 3-21 所示，单击示教器→校准→校准参数→微校，将当前位置作为变位机该轴绝对零位（此操作会修改该轴电机校准偏移）。

（2）变位机精校准

建立准确的 tool 数据（TCP），设置过程中使用正确的 tool，如图 3-22 所示，设置步骤如下。

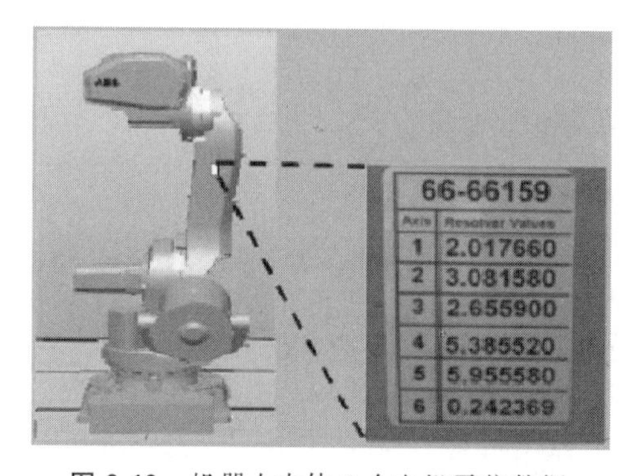

图 3-19　机器人本体 6 个电机零位数据

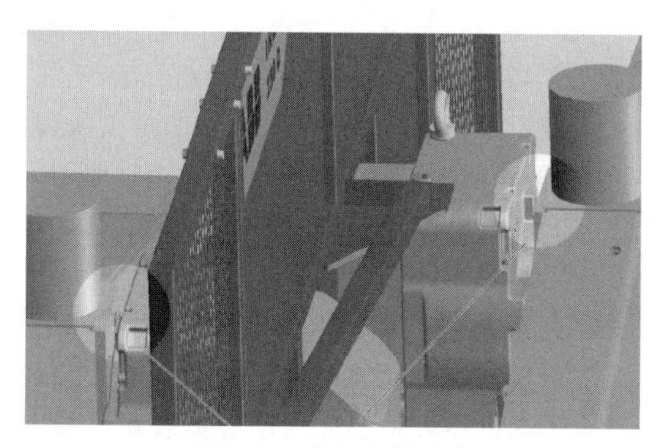

图 3-20　标记位置对齐

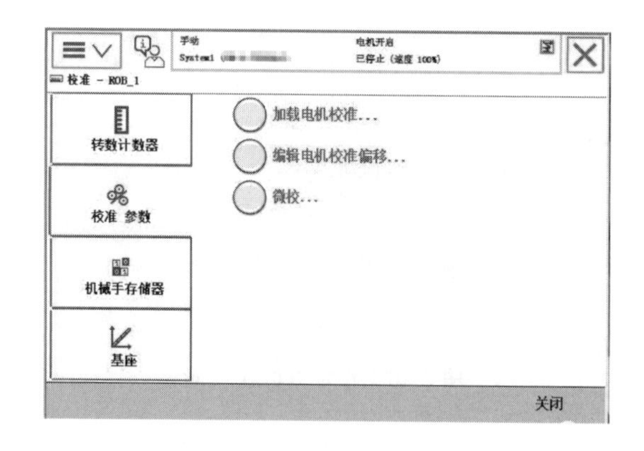

图 3-21　校准

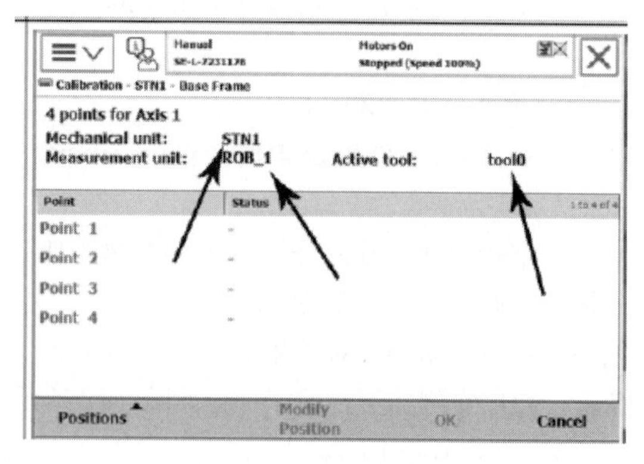

图 3-22　tool 数据

① 进入手动操纵界面，选择正确的工具坐标。

② 进入校准，选择变位机，选择“基座”（BASE），如图 3-21 所示。

③ 移动机器人工具至变位机旋转盘上一标记处，并点击“修改位置”按钮记录第一个位置，如图 3-23 所示。

④ 旋转变位机一定角度（如 45°），再次移动机器人工具至变位机旋转盘上标记处，并点击“修改位置”按钮记录第二个位置，如图 3-24 所示，采用同样的方法记录点 3 和点 4。

⑤ 移动机器人离开变位机并记录为延伸器点 Z（该操作仅设定变位机 base 的 Z 的正方向）。完成所有记录后点击“确定”按钮，完成计算，如图 3-25 所示。

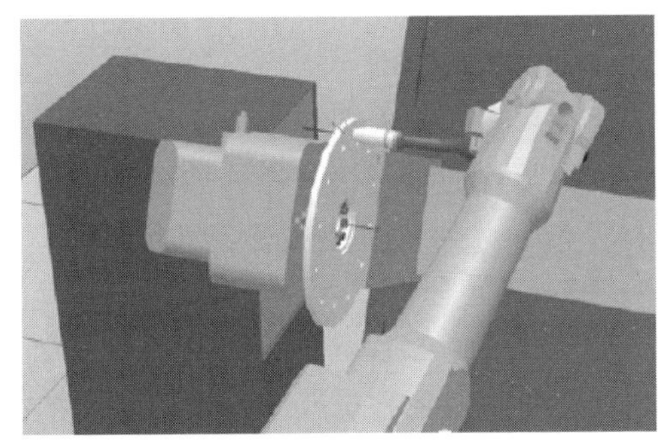

图 3-23　第一个位置

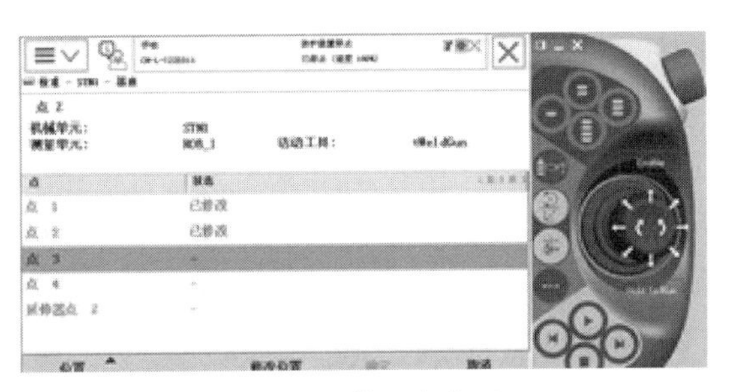

图 3-24　第二个位置

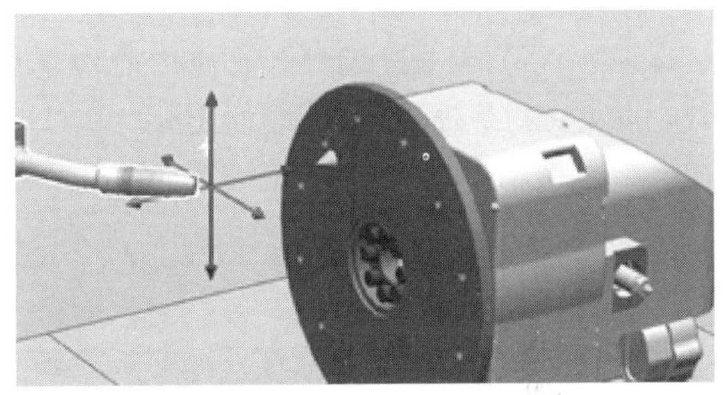

图 3-25　移动机器人离开变位机

⑥ 在手动操纵界面，选择工件坐标并新建一个工件坐标系，修改该坐标系的 ufprog 为 FALSE（即 uframe 不能人为修改值），ufmec 修改为变位机的名字（即该坐标系被变位机驱动），如图 3-26 所示，此后记录的点位坐标均在该坐标系下，可以轻易实现联动。

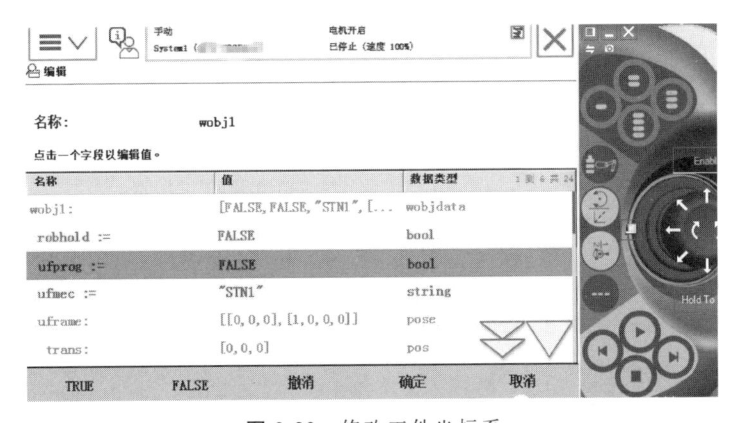

图 3-26　修改工件坐标系

⑦ 可以进入示教器→“控制面板”→“配置”→“主题”→Motion，在 single 下看到变位机的 Base 相对于 world 坐标系的关系。

3.1.4　T 形接头拐角焊缝的机器人和变位机联动焊接

在机器人焊接复杂焊缝时，例如 T 形接头拐角焊缝、螺旋焊缝、曲线焊缝、马鞍形焊缝等，为获得良好的焊接效果，需要采用机器人和变位机联动焊接的方式。在联动焊接过程中，变位机要做相应运动而非静止，变位机的运动必须能和机器人共同合成焊缝的轨迹，并保持焊接速度和焊枪姿态在要求范围内，其目的就是在焊接过程中通过变位机的变位让焊缝各点的熔池始终都处于水平或小角度下坡状态，焊缝外观平滑美观，焊接质量高。

（1）布置任务

下面仅以机器人和变位机联动焊接一条角焊缝为例，介绍机器人和变位机联动焊接的操作。需要焊接的直线拐角焊缝如图 3-27 中的红线所示，母材为 6mm 的 Q235 钢板，不开坡口。

图 3-27 直线拐角焊缝

（2）工艺分析

① 母材及焊接性分析　Q235 钢属于普通低碳钢，影响淬硬倾向的元素含量较少，根据碳当量估算，裂纹倾向不明显，焊接性良好，无需采取特殊工艺措施。

② 焊材　根据母材型号，按照等强度原则选用规格 ER49-1、直径 1.2mm 的焊丝，使用前检查焊丝是否损坏，除去污物杂锈，保证其表面光滑。

③ 焊接设备　采用旋转-倾斜变位机＋弧焊机器人联动工作站。

④ 焊接参数　焊接参数如表 3-1 所示。

表 3-1 焊接参数

焊接层次	电流/A	电压/V	焊接速度/(mm/s)	摆动幅度/mm	焊丝直径/mm	CO_2 气流量/(L/min)	焊丝伸出长度
1	125	21	3	2.5	1.2	15	12

（3）焊接准备

1）检查焊机

① 冷却水、保护气、焊丝/导电嘴/送丝轮规格。

② 面板设置（保护气、焊丝、起弧收弧、焊接参数等）。

③ 工件接地良好。

2）检查信号

① 手动送丝、手动送气、焊枪开关及电流检测等信号。

② 水压开关、保护气检测等传感信号，调节气体流量。

③ 电流、电压等控制的模拟信号是否匹配。

（4）定位焊

选用二氧化碳气体保护焊进行点焊定位（图 3-28），为保证既焊透又不烧穿，必须留有

(a)

(b)

图 3-28 定位焊

合适的对接间隙和合理的钝边。选用工作夹具将焊件固定在变位机上，如图 3-29 所示。

（5）示教编程

在焊接路径上设置的示教点位置如图 3-30 所示。为保证焊接路径准确，在第一条直焊缝上设置了 4 个示教点，第二条直焊缝设置了 3 个示教点，其中 p4 和 p5 两点是靠近拐角位置的 2 个点，在焊接路径上共设置 7 个点。为保证拐角位置焊接质量，p4 和 p5 两点应靠近拐角位置，并分别设置在拐角两侧。直线拐角焊缝焊接程序的示教编程操作如表 3-2 所示。

图 3-29　将焊件固定在变位机上

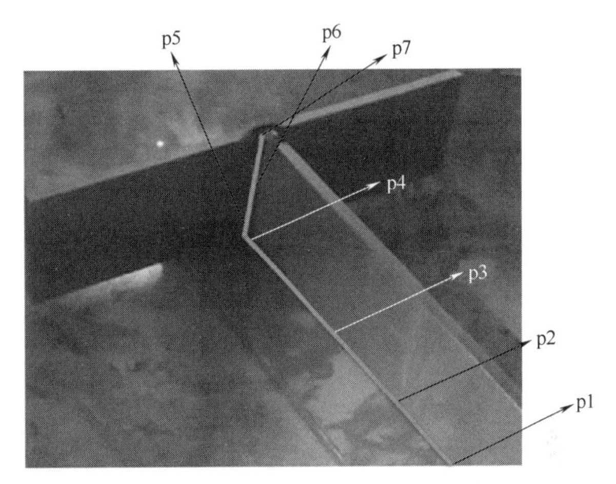

图 3-30　焊接路径上示教点的分布

表 3-2　直线拐角焊缝焊接程序的示教编程

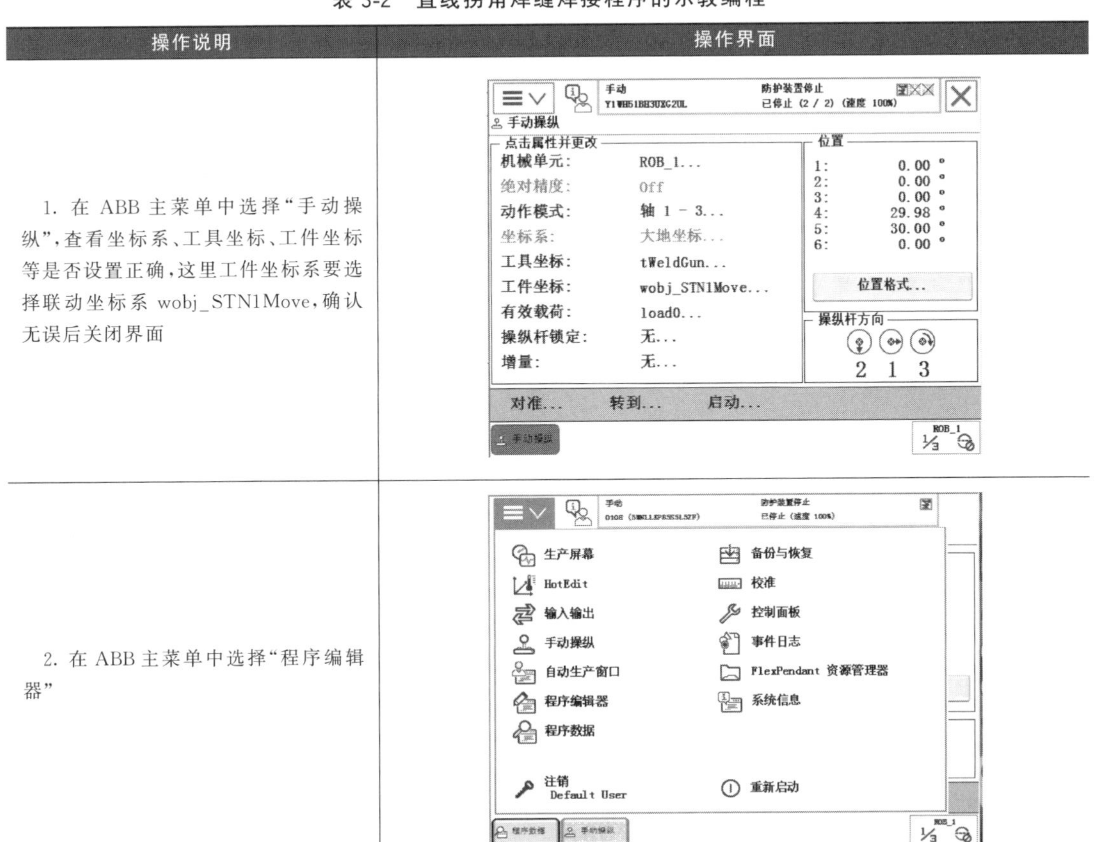

操作说明	操作界面
1. 在 ABB 主菜单中选择“手动操纵”，查看坐标系、工具坐标、工件坐标等是否设置正确，这里工件坐标系要选择联动坐标系 wobj_STN1Move，确认无误后关闭界面	
2. 在 ABB 主菜单中选择“程序编辑器”	

续表

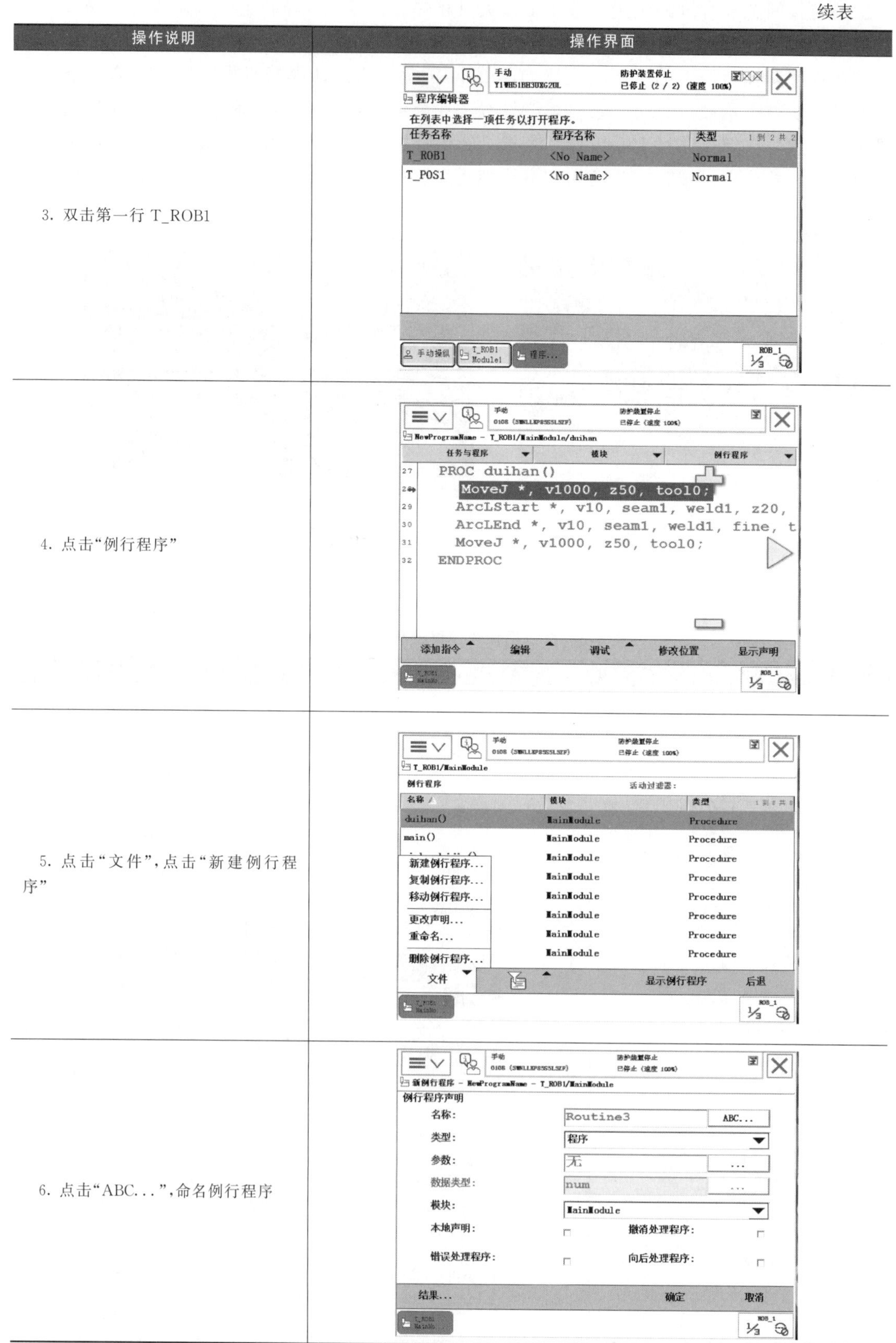

操作说明	操作界面
3. 双击第一行 T_ROB1	
4. 点击“例行程序”	
5. 点击“文件”，点击“新建例行程序”	
6. 点击“ABC...”，命名例行程序	

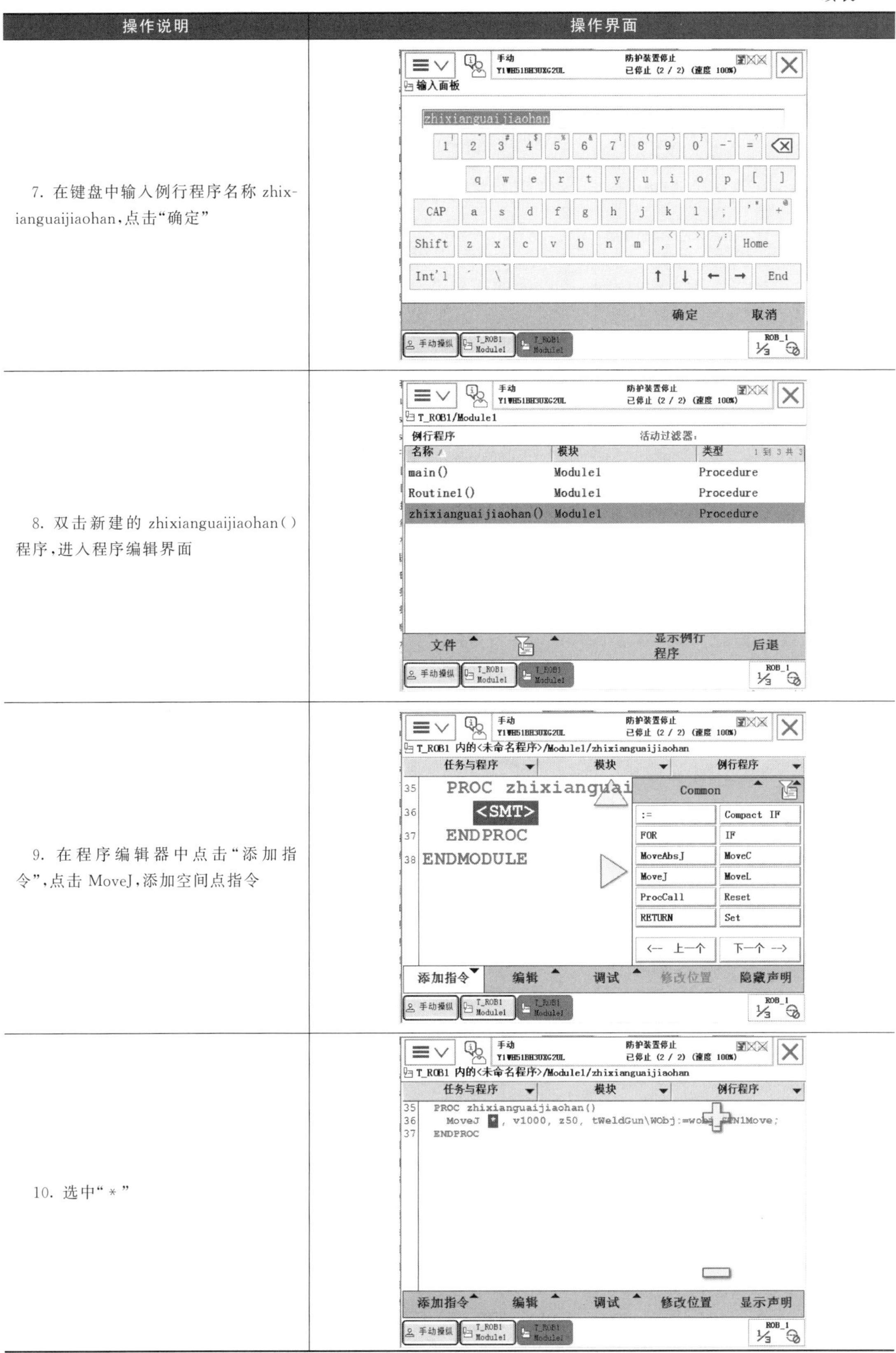

操作说明	操作界面
7. 在键盘中输入例行程序名称 zhixianguaijiaohan，点击“确定”	
8. 双击新建的 zhixianguaijiaohan()程序，进入程序编辑界面	
9. 在程序编辑器中点击“添加指令”，点击 MoveJ，添加空间点指令	
10. 选中“*”	

续表

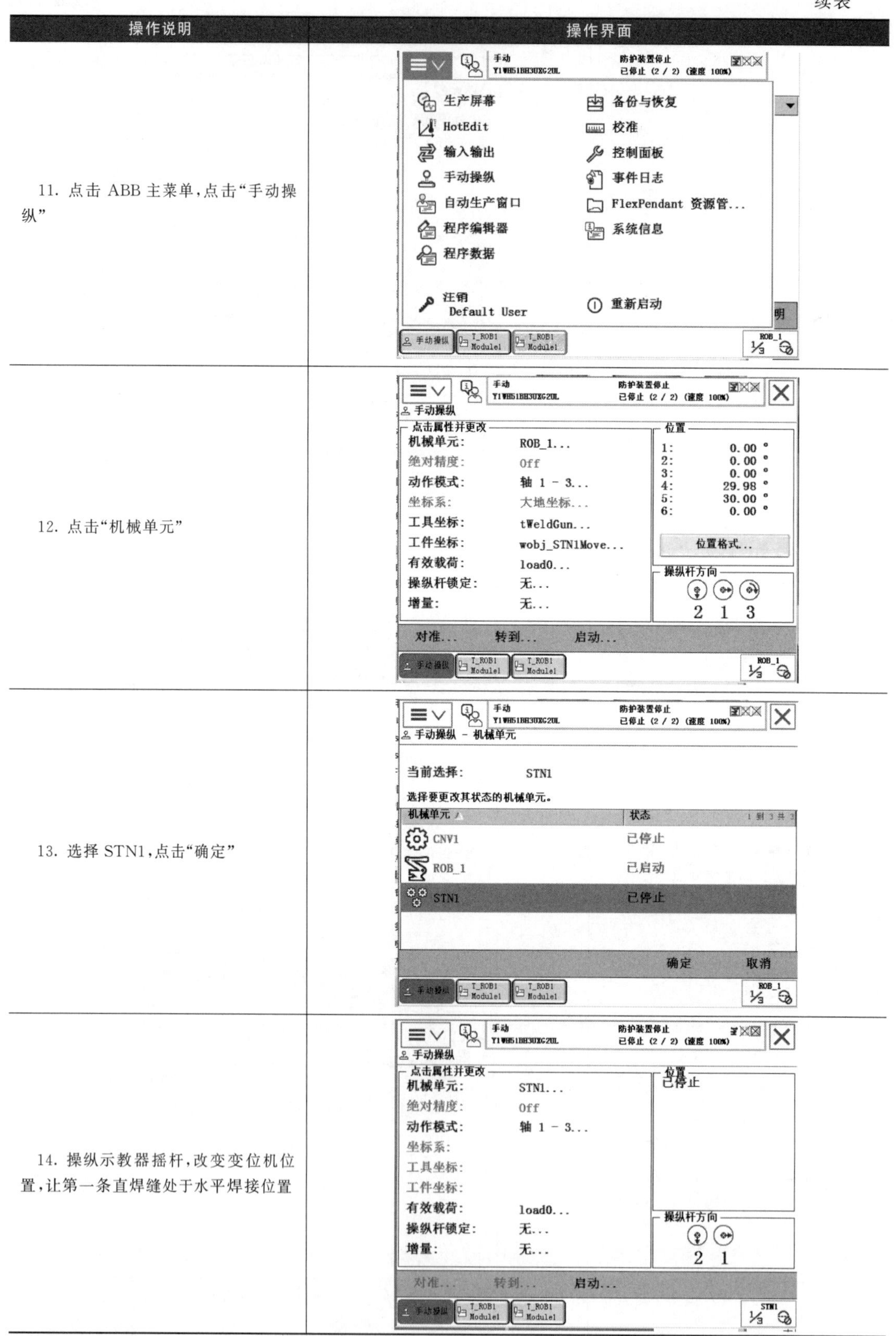

操作说明	操作界面
11. 点击 ABB 主菜单,点击“手动操纵”	
12. 点击“机械单元”	
13. 选择 STN1,点击“确定”	
14. 操纵示教器摇杆,改变变位机位置,让第一条直焊缝处于水平焊接位置	

续表

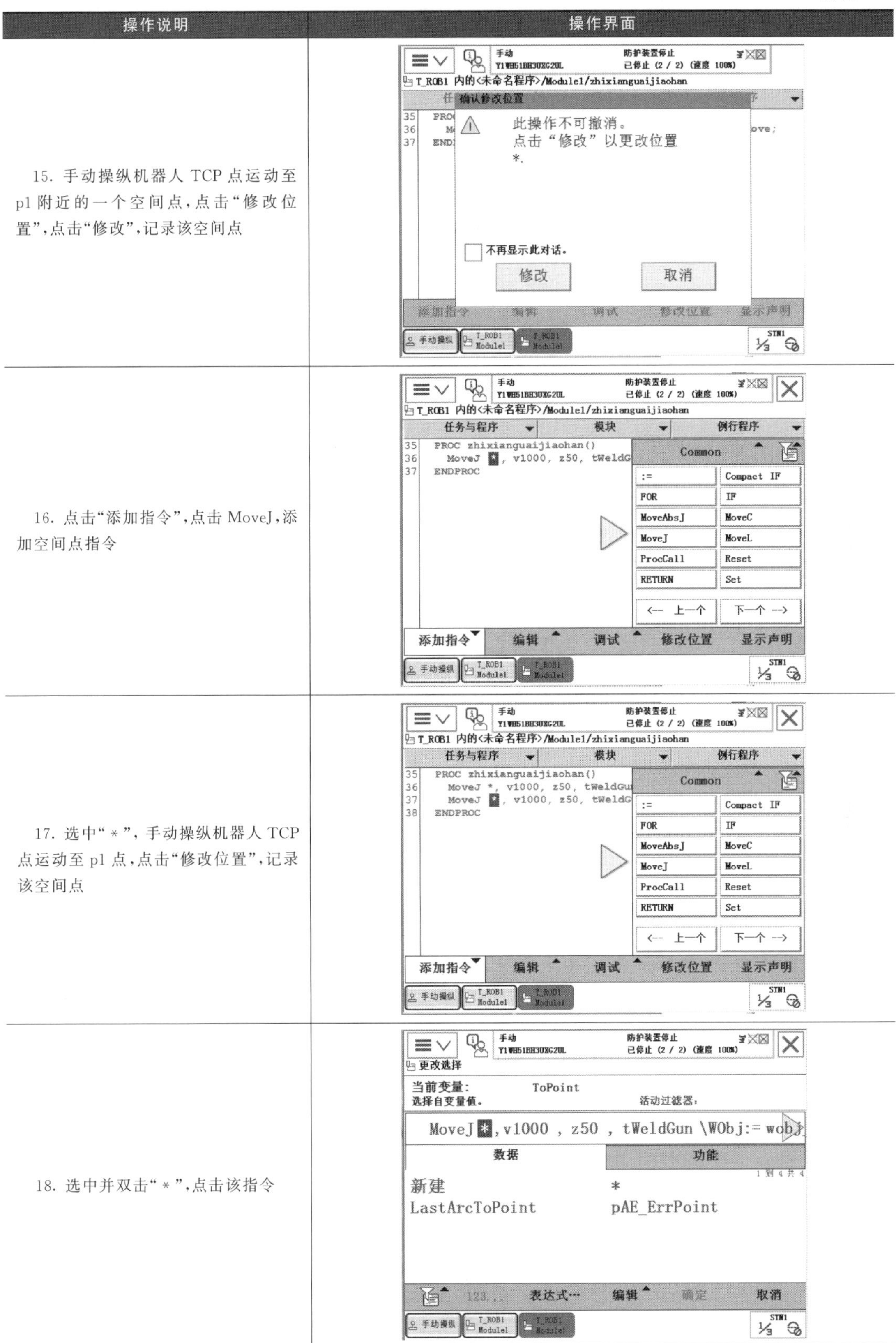

操作说明	操作界面
15. 手动操纵机器人 TCP 点运动至 p1 附近的一个空间点，点击“修改位置”，点击“修改”，记录该空间点	
16. 点击“添加指令”，点击 MoveJ，添加空间点指令	
17. 选中“*”，手动操纵机器人 TCP 点运动至 p1 点，点击“修改位置”，记录该空间点	
18. 选中并双击“*”，点击该指令	

续表

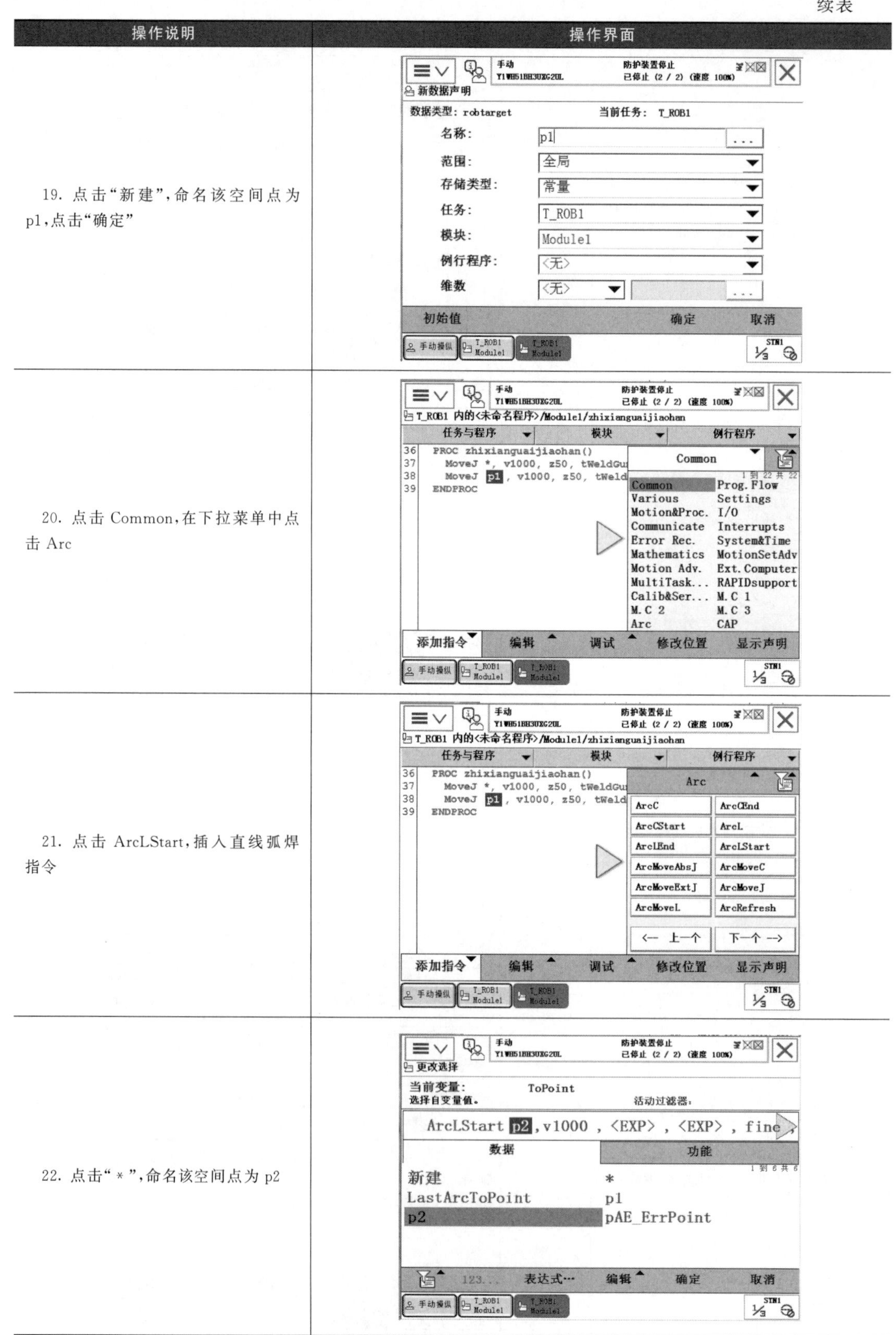

操作说明	操作界面
19. 点击“新建”，命名该空间点为p1，点击“确定”	
20. 点击 Common，在下拉菜单中点击 Arc	
21. 点击 ArcLStart，插入直线弧焊指令	
22. 点击“*”，命名该空间点为 p2	

续表

操作说明	操作界面
23. 分别点击<EXP>，依次选中相应的程序数据，点击“确定”	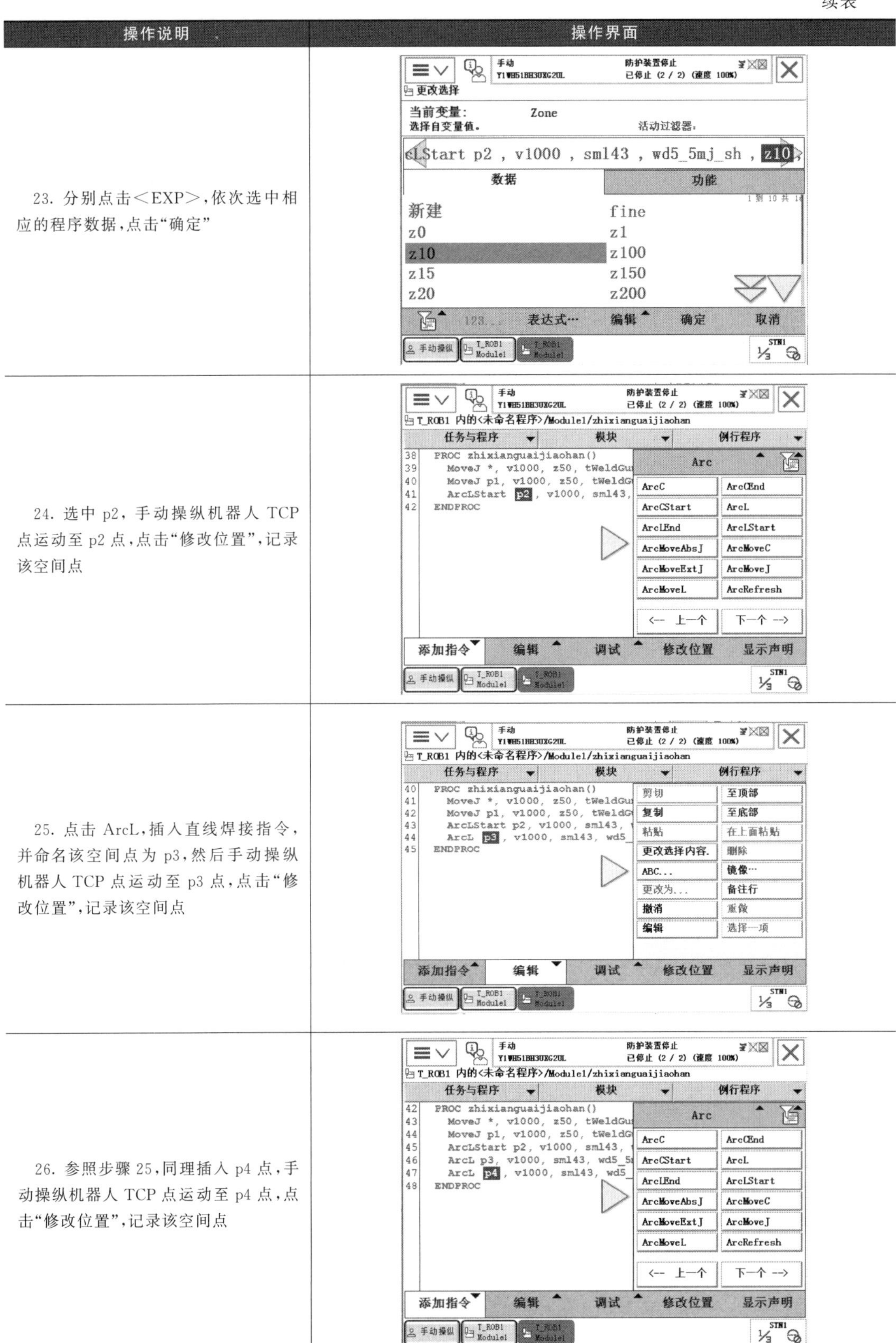
24. 选中 p2，手动操纵机器人 TCP 点运动至 p2 点，点击“修改位置”，记录该空间点	
25. 点击 ArcL，插入直线焊接指令，并命名该空间点为 p3，然后手动操纵机器人 TCP 点运动至 p3 点，点击“修改位置”，记录该空间点	
26. 参照步骤 25，同理插入 p4 点，手动操纵机器人 TCP 点运动至 p4 点，点击“修改位置”，记录该空间点	

续表

操作说明	操作界面
27. 参照步骤 25，同理插入 p5 点	
28. 参照步骤 12～14，改变变位机位置，使第二条直焊缝处于水平焊接位置，然后选中 p5，手动操纵机器人 TCP 点运动至 p5 点，并调整好焊枪姿态，点击“修改位置”，记录该空间点	
29. 参照步骤 25，同理插入 p6 点	
30. 点击 ArcLEnd，并命名空间点为 p7，同时选中转弯半径为 fine，点击“确定”	

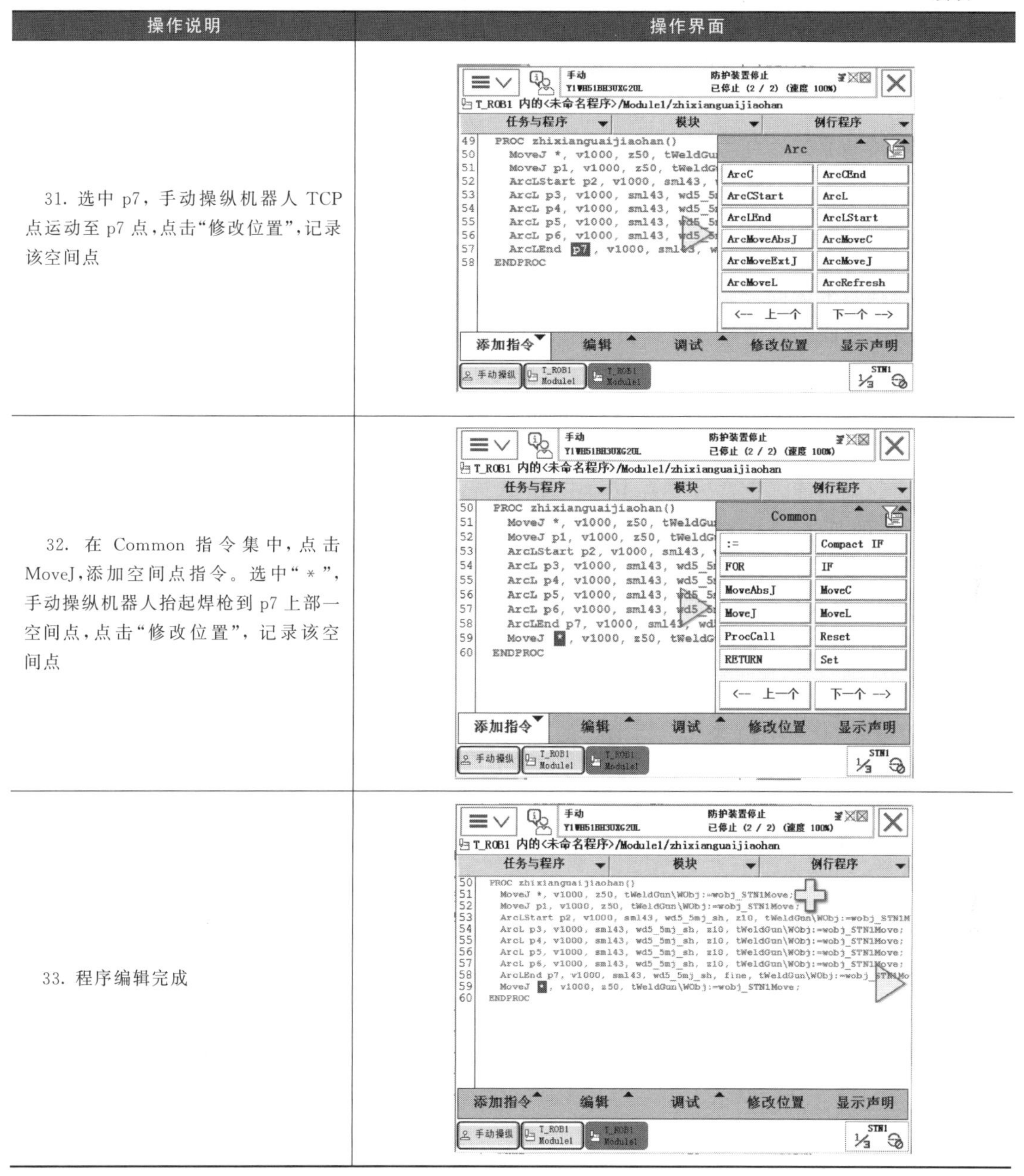

操作说明	操作界面
31. 选中 p7，手动操纵机器人 TCP 点运动至 p7 点，点击“修改位置”，记录该空间点	
32. 在 Common 指令集中，点击 MoveJ，添加空间点指令。选中“＊”，手动操纵机器人抬起焊枪到 p7 上部一空间点，点击“修改位置”，记录该空间点	
33. 程序编辑完成	

直线拐角焊缝的示教程序如下：

```
PROCzhixianguaijiaohan()
    MoveJ ＊,v1000,z50,tWeldGun\wobj:=wobj_STN1Move;
    MoveJ p1,v1000,z50,tWeldGun\wobj:=wobj_STN1Move;
    ArcLStart p2,v1000,sm143,wd5_5mj_sh,z10,tWeldGun\wobj:=wobj_STN1Move;
    ArcL p3,v1000,sm143,wd5_5mj_sh,z10,tWeldGun\wobj:=wobj_STN1Move;
    ArcL p4,v1000,sm143,wd5_5mj_sh,z10,tWeldGun\wobj:=wobj_STN1Move;
    ArcL p5,v1000,sm143,wd5_5mj_sh,z10,tWeldGun\wobj:=wobj_STN1Move;
```

```
    ArcL p6,v1000,sm143,wd5_5mj_sh,z10,tWeldGun\wobj:=wobj_STN1Move;
    ArcLEnd p7,v1000,sm143,wd5_5mj_sh,z10,tWeldGun\wobj:=wobj_STN1Move;
    MoveJ *,v1000,z50,tWeldGun\wobj:=wobj_STN1Move;
ENDPROC
```

程序编辑完成后，首先空载运行，检查程序编辑及各点示教的准确性。检查无误后运行程序。

3.1.5 ABB机器人独立轴-非同步联动

通常外轴与本体联动，外轴坐标记录于机器人 Robtarget 的外轴数据中，此时运动指令，外轴与本体联动。若希望外轴执行其他任务的同时执行一项机器人任务，从而节省周期时间，则可以使用该功能。简言之，就是机器人走自己的，外轴走自己的，机器人不需要先等外轴走完再运行，也可以在运行外轴的同时机器人运行，即外轴与机器人本体非同步联动。

使用独立轴功能，机器人要有 Independent Axes [610-1] 选项。并且在控制面板-配置的 Motion 中的 Arm 下，将 Independent Joint 设为 on，同时修改独立轴上下限，如图 3-31 所示。完整后重启。

如图 3-32 所示，外轴开始旋转后，对外轴上工件加工（外轴不停），或机器人启动外轴旋转后去做其他任务，无需等待外轴转到位，参数设置见表 3-3，程序如下。

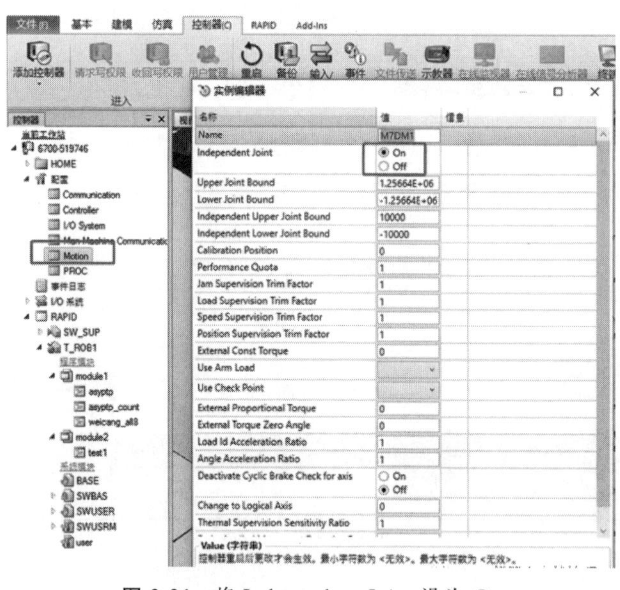

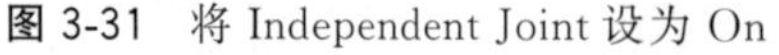
图 3-31　将 Independent Joint 设为 On

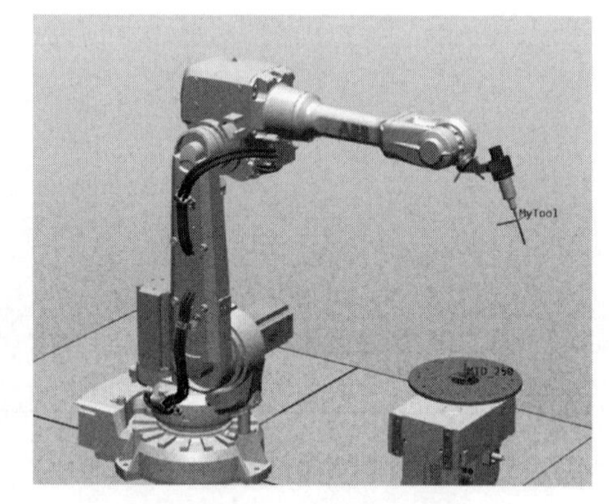
图 3-32　外轴独立轴

表 3-3　参数设置

指令	名称	说明
IndAMove	绝对位置移动	移动到指定位置
IndCMove	连续移动	按指定的速度连续移动
IndDMove	点动(增量)	移动指定距离

注意：使用独立轴时，外轴数据必须要有，不能为 9E9，但实际在独立轴运动时，外轴

的位置直接由相关指令控制，不由 robtarget 里的外轴数据控制。

CONST robtarget p100:=[[1635.71,0,2005],[0.5,0,0.866025,0],[0,0,0,0],[100,9E+09,9E+09,9E+09,9E+09,9E+09]];　　！以上的外轴数据 100 一定要有，不能是 9E9

PROC test1()　　　ActUnit M7DM1;　　　！激活外轴

IndAMove M7DM1,1\ToAbsNum:=10,2;　　　！切换外轴为独立轴模式;！让七轴转到 10°,速度为 2°/s,此时不用等外轴转到位,机器人可以继续运行

MoveL p100,v100,fine,tool0\WObj:=wobj0;　　　！外轴在独立轴模式,但 p100 中的外轴值不能是 9E+09,否则会报错,这里的 100 没有意义

MoveL offs(p100,100,0,0),v50,fine,tool0\WObj:=wobj0;

WaitUntil IndInpos(M7DM1,1)=TRUE;　　　！等七轴到位置(之前设定的 10°)

WaitTime 0.2;

IndAMove M7DM1,1\ToAbsNum:=0,10;　　　！让七轴转回 0°,速度 10°/s

WaitUntil IndInpos(M7DM1,1)=TRUE;

WaitTime 0.2;

ENDPROC

3.1.6　移动机器人外轴保持 TCP 不变

如图 3-33 所示，机器人配置了导轨后，移动外轴，机器人 7 个轴一起动，在正确配置外轴（导轨）后，如果在手动操纵界面，如图 3-34 与图 3-35 所示，选择了 World，此时切换到外轴后，机器人和外轴同时被选中，即表示现在联动。此时移动外轴，机器人 TCP 不动，7 个轴一起移动。如果此时只移动外轴，先切回机器人界面，坐标系选择 Base，此时再切回外轴，如图 3-36 所示。图标显示只选中外轴，可以单独移动外轴，如图 3-35 所示。

图 3-33　机器人配置导轨

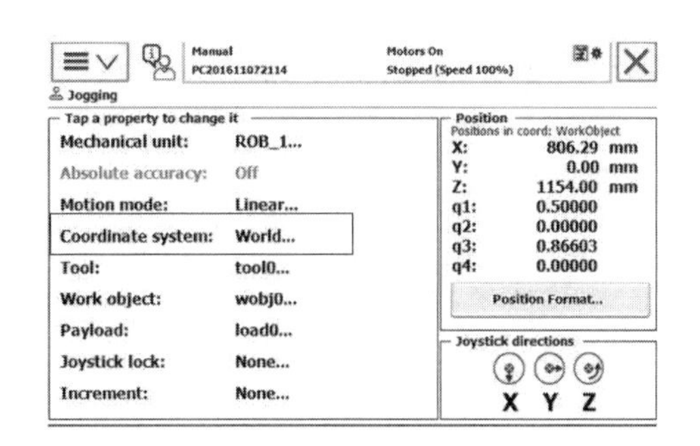

图 3-34　选择 World

图 3-35　移动

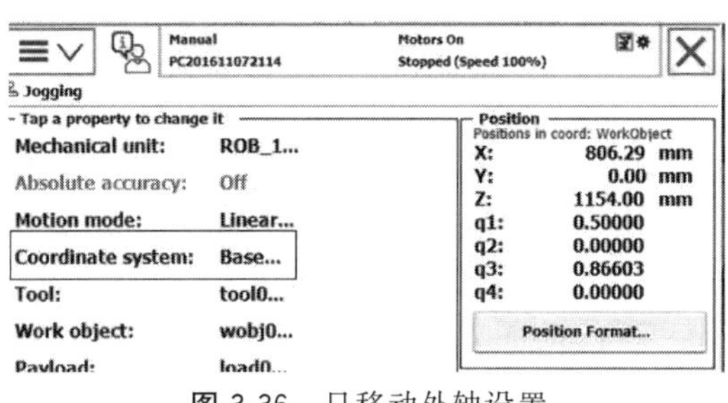

图 3-36　只移动外轴设置

3.2 协同工作站的编程

为提高工作效率，有时两台工业机器人同时对一工件进行工作，例如，焊装车间可能要求点焊、弧焊机器人同时对侧前门或侧后门进行焊接。点焊和弧焊两个机器人的工作过程都由外部 PLC 控制，图 3-37 是两台点焊工业机器人对同一工件进行焊接。

图 3-37 两台点焊工业机器人协同工作站

3.2.1 参数

（1） Controller 参数域集合

1）Task

① Task：任务名称。必须是唯一的，不能是相关机械单元的名称，也不能与 RAPID 程序中的变量名称相同。

② Type：控制启动/停止和系统重启行为。正常-手动启动和停止任务程序（例如，从 FlexPendant 示教器进行启动和停止）。在急停时，任务将停止。静态-重启时，任务程序将从原位置继续运行，无法从 FlexPendant 示教器或利用紧急停止来停止任务程序。半静态-重启时，任务程序将从头启动，无法从 FlexPendant 示教器或利用紧急停止来停止任务程序。凡是控制着机械单元的任务，其类型都必须是“正常”才行。

③ MotionTask：指出任务程序是否可靠 RAPID 移动指令来控制机械人。

④ Use Mechanical Unit Group：定义该任务会使用哪个机械单元组。Use Mechanical Unit Group 涉及配置类型 Mechanical Unit Group 的参数 Name。运动任务（MotionTask 设为 Yes）控制着机械单元组中的各机械单元。非运动任务（MotionTask 设为 No）仍能读取机械单元组中的活动机械单元的参数值（例如，TCP 位置）。

注意：即便任务不控制任何机械单元，也必须为所有任务定义 Use Mechanical Unit Group。

2）Mechanical Unit Group

机械单元组必须至少包含一个机械单元、机械臂或其他机械单元（即 Robot 和 Mech Unit 1 不得为空）。这些参数属于参数域集合 Controller 中的配置类型 Mechanical Unit Group，参数涉及参数域集合 Motion 中的配置类型 Mechanical Unit 的参数 Name。

① Name：机械单元组的名称。

② Robot：指定机械单元组中带 TCP 的机器人（若有）。

③ Mech Unit 1：指定机械单元组中未配 TCP 的机械单元（如有）。

④ Mech Unit 2～ Mech Unit 6：指定机械单元组中未配 TCP 的第二～第六个机械单元（如配备不止一个机械单元）。

⑤ Use Motion Planner：规定用哪个运动规划器来计算此机械单元组的运动。Use Motion Planner 涉及参数域集合 Motion 中的配置类型 Motion Planner 的参数 Name。

（2） Motion 参数域集合

1）Drive Module User Data

如果应断开一个驱动模块，而不中断连至机器人系统其他驱动模块的附加轴和机械臂，可使用驱动模块断开功能。此参数属于参数域集合 Motion 中的配置类型 Drive Module User Data。将 Allow Drive Module Disconnect 设为 TRUE，从而断开驱动模块。

2）Mechanical Unit

不可为机械臂编辑配置类型 MechanicalUnit 中的参数。只可为附加轴编辑参数。这些参数属于参数域集合 Motion 中的配置类型 Mechanical Unit。

① Name：机械单元名称。

② Allow move of user frame：指出是否应能让机械单元移动用户坐标系。

③ Activate at Start Up：指出在控制器启动时，机械单元是否应处于活动状态。在单个机器人系统中，机械臂一直处于活动状态。在 MultiMove 系统中，可在启动时机械单元（包括机械臂）处于不活动状态，再随后激活。

④ Deactivation Forbidden：指出是否可能停用机械单元。在单个机器人系统中，不可能停用一个机械臂。在 MultiMove 系统中，可以停用一个机械臂，而同时将另一机械臂保持在活动状态。

3）Motion Planner

运动规划器将计算机械单元组的运动。当数个任务处于同步移动模式时，这些任务采用同一运动规划器（相关运动规划器中的第一个运动规划器）。安装时，将为每一机械臂配置 Motion Planner。Motion Planner 配置用于优化该特定机械臂的运动。请勿改变机械臂与 Motion Planner 之间的连接。这些参数属于参数域集合 Motion 中的配置类型 Motion Planner。

① Name：相关运动规划器的名称。

② Speed Control Warning：在同步移动模式中，一个机械臂的速度可能慢于编程速度，这是因为另一个机械臂可能限制它的速度（例如，在另一个机械臂的路径更长的情况下）。如果 Speed Control Warning 设为 Yes，那么，当机械臂移动速度相对于工件慢于编程速度时，将发出报警。仅利用 Speed Control Warning 来监测 TCP 速度，即不监测附加轴的速度。

③ Speed Control Percent：如果 Speed Control Warning 被设置成 Yes，那么当实际速度慢于编程速度的这一百分数时，系统便会发出一条警告。

【例 3-1】 如图 3-38 所示，为两个独立机械臂配置“UnsyncArc”，这些机械臂将各由一项任务来操作。其配置如表 3-4 所示。

表 3-4　为两个独立机械臂配置“UnsyncArc”

参数	设置			
Task	Task	Type	Motion Task	Use Mechanical Unit Group
	T_ROB1	NORMAL	Yes	rob1
	T_ROB2	NORMAL	Yes	rob2
Mechanical Unit Group	Name	Robot	Mech Unit 1	Use Motion Planner
	rob1	ROB_1		motion_planner_1
	rob2	ROB_2		motion_planner_2
Motion Planner	Name		Speed Control Warning	
	motion_planner_1		No	
	motion_planner_2		No	

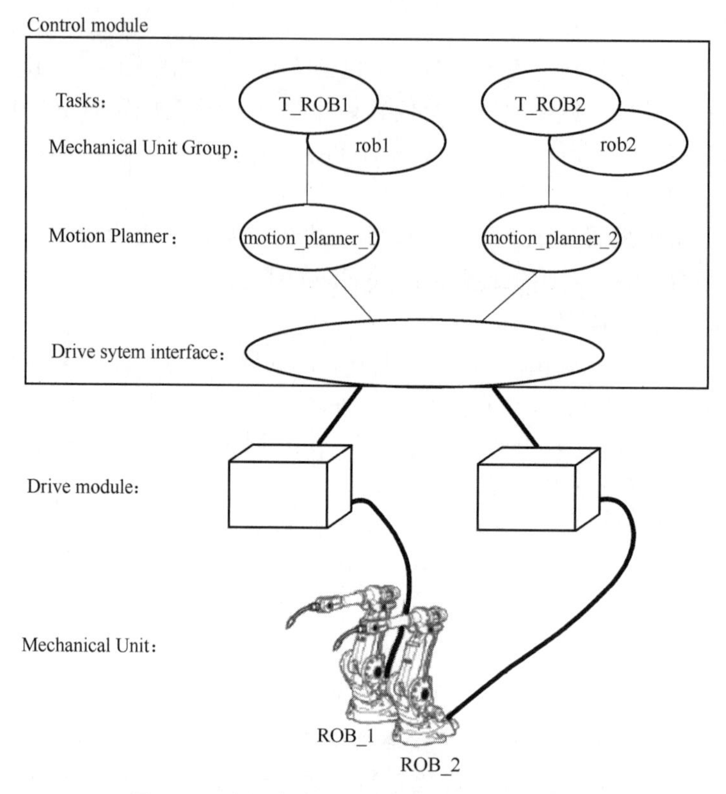

图 3-38　为两个独立机械臂配置“UnsyncArc”

【例 3-2】 如图 3-39 所示，为两个独立机器人和一个变位器配置“SyncArc”。这 3 个机械单元将各由一项任务来操作。配置如表 3-5 所示。

表 3-5　为两个独立机器人和一个变位器配置“SyncArc”

<table>
<tr><th>参数</th><th colspan="4">设置</th></tr>
<tr><td rowspan="4">Task</td><td>Task</td><td>Type</td><td>Motion Task</td><td>Use Mechanical Unit Group</td></tr>
<tr><td>T_ROB1</td><td>NORMAL</td><td>Yes</td><td>rob1</td></tr>
<tr><td>T_ROB2</td><td>NORMAL</td><td>Yes</td><td>rob2</td></tr>
<tr><td>T_STN1</td><td>NORMAL</td><td>Yes</td><td>stn1</td></tr>
<tr><td rowspan="4">Mechanical Unit Group</td><td>Name</td><td>Robot</td><td>Mech Unit 1</td><td>Use Motion Planner</td></tr>
<tr><td>rob1</td><td>ROB_1</td><td></td><td>motion_planner_1</td></tr>
<tr><td>rob2</td><td>ROB_2</td><td></td><td>motion_planner_2</td></tr>
<tr><td>stn1</td><td></td><td>STN_1</td><td>motion_planner_3</td></tr>
<tr><td rowspan="4">Motion Planner</td><td colspan="2">Name</td><td>Speed Control Warning</td><td>Speed Control Percent</td></tr>
<tr><td colspan="2">motion_planner_1</td><td>Yes</td><td>90</td></tr>
<tr><td colspan="2">motion_planner_2</td><td>Yes</td><td>90</td></tr>
<tr><td colspan="2">motion_planner_3</td><td>No</td><td></td></tr>
<tr><td rowspan="4">Mechanical Unit</td><td>Name</td><td>Allow move of user frame</td><td>Activate at Start Up</td><td>Deactivation Forbidden</td></tr>
<tr><td>ROB_1</td><td>Yes</td><td>Yes</td><td>Yes</td></tr>
<tr><td>ROB_2</td><td>Yes</td><td>Yes</td><td>Yes</td></tr>
<tr><td>STN_1</td><td>Yes</td><td>Yes</td><td>No</td></tr>
</table>

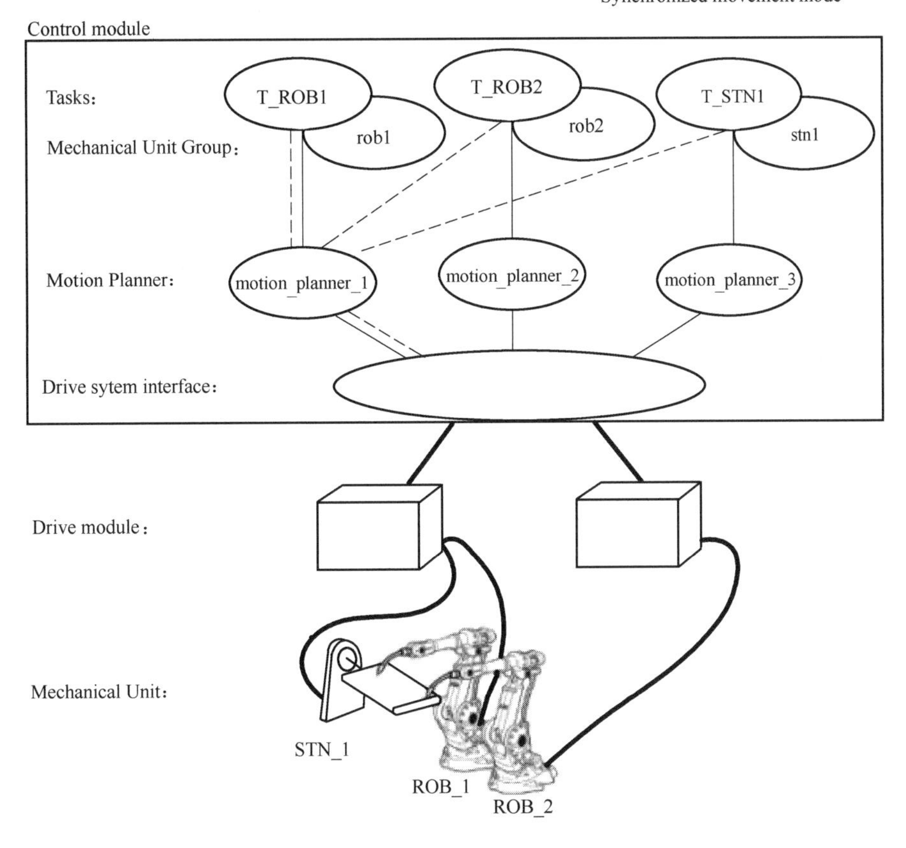

图 3-39　为两个独立机器人和一个变位器配置“SyncArc”

（3） I/O 参数

配多个机械臂系统的 I/O 配置通常与单个机器人系统的并无区别。但是，对一些系统输入和系统输出，需要指定涉及的是哪项任务或哪个机械臂。这需说明用于指定系统输入具体针对哪项任务或系统输出具体针对哪个机械臂的哪些参数。

1）System Input

这些参数属于参数域集合 I/O 中的配置类型 System Input，主要用 Argument 2 指定此系统输入影响哪项任务；如果参数 Action 被设为 Interrupt 或 Load and Start，那么，Argument 2 必须指定一项任务。Action 的所有其他参数值将产生对所有任务有效的系统输入，并且无需采用 Argument 2。Argument 2 涉及配置类型 Task 的参数 Task。

2）System Output

这些参数属于参数域集合 I/O 中的配置类型 System Output，主要用 Argument 指定系统输出涉及哪个机械单元。如果参数 Status 被设为 TCP Speed、TCP Speed Reference 或 MechanicalUnitActive，那么，Argument 必须指定一个机械单元。对 Status 的所有其他参数值，系统输出不涉及单个机械臂，无需采用 Argument。Argument 涉及参数域集合 Motion 中的配置类型 Mechanical Unit 的参数。

3.2.2 编程

（1）数据类型

1）syncident

将利用数据类型 syncident 的变量来确定不同任务程序中的 WaitSyncTask、SyncMoveOn 或 SyncMoveOff 指令使其同步，所有任务程序中的 syncident 变量都必须具有同一个名称。全局声明每一任务中的 syncident 变量。

2）tasks

数据类型 tasks 的永久变量包含与 WaitSyncTask 或 SyncMoveOn 同步的任务的名称。tasks 变量必须声明为系统全局（永久）变量，在所有任务程序中名称和内容均相同。

3）identno

SyncMoveOn 和 SyncMoveOff 指令间执行的任何移动指令的自变数 ID 中，采用了配置类型 identno 的数值或变量。

（2）系统数据

系统数据（机械臂内部数据）将进行预定义，可以从 RAPID 程序读取系统数据，但不可从中改变系统数据。

ROB_ID：引用由任务控制的机械臂（如有）。如果在未控制机械臂的任务中使用，将出现错误。在采用 ROB _ ID 前，通常采用 TaskRunRob()来核实这项。

（3）指令

1）WaitSyncTask

WaitSyncTask 的作用是在相关程序的某个特殊点处实现若干任务程序的同步。将等待另一项任务程序。当所有任务程序达到 WaitSyncTask 指令时，程序将继续执行。

2）SyncMoveOn

利用 SyncMoveOn 来启动同步移动模式。SyncMoveOn 指令将等待另一项任务程序。当所有任务程序到达 SyncMoveOn 时，这些任务程序将在同步移动模式下继续执行。不同任务程序的移动指令被同步执行，直到执行指令 SyncMoveOff 为止。在 SyncMoveOn 指令前，必须对停止点进行编程。

3）SyncMoveOff

利用 SyncMoveOff 来终止同步移动模式。SyncMoveOff 指令将等待另一项任务程序。当所有任务程序到达 SyncMoveOff 时，这些任务程序将在非同步模式下继续执行。在 SyncMoveOff 指令前，必须对停止点进行编程。

4）SyncMoveUndo

采用 SyncMoveUndo 来结束同步移动，即便并非所有其他任务都执行了 SyncMoveUndo 指令。SyncMoveUndo 将供 UNDO 处理器使用。当从无返回值例程移动程序指针时，将利用 SyncMoveUndo 来结束同步。

5）MoveExtJ

MoveExtJ（移动外关节）将在无需 TCP 的情况下，移动一个或数个机械单元。在无任何机械臂的一项任务中，将利用 MoveExtJ 来移动附加轴。

6）IsSyncMoveOn

将利用 IsSyncMoveOn 来辨别机械单元组是否处于同步移动模式。未控制任何机械单元的任务可找出参数 UseMechanicalUnitGroup 中定义的机械单元是否处于同步移动模式。应具有返回程序。

7）RobName

将利用 RobName 来取得受任务控制的机械臂的名称，它将会以字符串形式返回机械单元名称。在从未控制机械臂的任务中调用时，将返回空字符串。

8）同步自变数

SyncMoveOn 和 SyncMoveOff 指令之间执行的所有移动指令必须让自变数 ID 被指定。对（每一任务程序中）所有应同步执行的移动指令，ID 自变数必须相同。ID 自变数可为数值，也可为 syncident 变量。ID 的用途在于支持运算符，让运算符更容易发现相互同步的移动指令。要确保在同样的 SyncMoveOn 和 SyncMoveOff 指令之间，ID 值未用于一项以上的移动指令。如果对连续几个移动指令来讲，ID 值在上升（例如，10、20、30……），那么，这也有助于运算符。未处于 SyncMoveOn 和 SyncMoveOff 指令之间的移动指令不得具备自变数 ID。

9）联动对象

① robhold

robhold 定义了是否由本任务中的机械臂来夹持对象。robhold 一般设为 FALSE。夹持对象的机械臂的任务（其中，robhold 将设为 TRUE）不必声明为 FALSE，除非使用固定工具。

② ufprog

如果对象是固定的，那么 ufprog 设为 TRUE。如果任何机械单元能移动对象，那么，ufprog 设为 FALSE。

③ ufmec

ufmec 设为移动对象的机械单元的名称。如果 ufprog 设为 TRUE，那么，ufmec 可保留为空字符串（没有任何机械单元可移动对象）。

（4）实例

1）具有 STN-1 名称的工业机器人

```
PERS wobjdata wobj_stn1 := [FALSE,FALSE,"STN_1",[[0,0,0],[1,0,0,0]],[[0,0,250],[1,0,0,0]]];
```

2）一机器人夹持另一机器人移动工件

机械臂 ROB_1 正在对机械臂 ROB_2 夹持的零件进行焊接。由机械臂 ROB_2 移动该工件。

声明 ROB_1 中的对象时，robhold 自变数必须设为 FALSE，这是因为 robhold TRUE 仅用于固定工具。对 ROB_2，任何对象均可处于活动状态，因为仅 ROB_2 的关节角才与 ROB _ 1 的对象配合。

```
PERS wobjdata wobj_rob1 := [FALSE,FALSE,"ROB_2",[[0,0,0],[1,0,0,0]],[[0,0,250],[1,0,0,0]]];
```

3）"UnsyncArc" 独立移动

例如，如图 3-40 所示，一个机械臂对一个对象焊接一个圆形物，而另一个机械臂对另一个对象焊接一个方形物。编写其程序。

说明：为让示例简单通用，将利用常规移动指令（例如 MoveL）来替代焊接指令（例如 ArcL）。本任务均如此。

T_ROB1 任务程序

```
MODULE module1
TASK PERS wobjdata wobj1:=[FALSE,TRUE,"",[[500,-200,1000],[1,0,0,0]],[[100,200,100],[1,0,0,0]]];
TASK PERS tooldata tool1:=...
CONST robtarget p11:=...
...

CONST robtarget p14:=...
PROC main()
...
IndependentMove;
...
ENDPROC
PROC IndependentMove()
MoveL p11,v500,fine,tool1\WObj:=wobj1;
MoveC p12,p13,v500,z10,tool1\WObj:=wobj1;
MoveC p14,p11,v500,fine,tool1\WObj:=wobj1;
ENDPROC
ENDMODULE
```

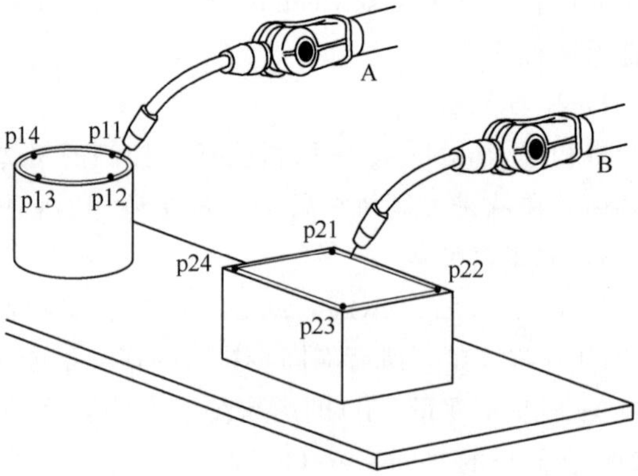

图 3-40 "UnsyncArc"独立移动示例

A—机器人 1；B—机器人 2

T_ROB2 任务程序

```
MODULE module2
TASK PERS wobjdata wobj2:=[FALSE,TRUE,"",[[500,-200,1000],[1,0,0,0]],[[100,1200,100],[1,0,0,0]]];
TASK PERS tooldata tool2:=...
CONST robtarget p21:=...
...
CONST robtarget p24:=...
PROC main()
...
IndependentMove;
...
ENDPROC
PROC IndependentMove()
MoveL p21,v500,fine,tool2\WObj:=wobj2;
MoveL p22,v500,z10,tool2\WObj:=wobj2;
MoveL p23,v500,z10,tool2\WObj:=wobj2;
MoveL p24,v500,z10,tool2\WObj:=wobj2;
```

```
MoveL p21,v500,fine,tool2\WObj:=wobj2;
ENDPROC
ENDMODULE
```

4）半联动移动

只要对象不移动，则若干机械臂可对同一对象开展工作，而不会进行同步移动。机械臂未与对象处于联动状态时，变位器可移动该对象，当对象未移动时，机械臂可与对象处于联动状态。在移动对象和与机械臂联动之间进行的切换被称作半联动移动。

半联动移动要求任务程序之间实现一定同步（例如，WaitSyncTask 指令）。变位器必须知道何时可以移动对象，机械臂必须知道自己何时可以对对象开展工作。但不要求每一移动指令均同步。

优点是每一机械臂可独立于对象工作。如果不同机械臂开展迥然不同的任务，那么，相较让所有机械臂移动同步，这将节约节拍时间。

“SyncArc”半联动移动如图 3-41 所示，要在对象一侧焊接一根长条，并想焊接一个小型方形物。在对象另一侧焊接一个方形物和一个圆形物。变位器将首先定位对象，让第一侧向上，而同时机械臂将待命。然后，机械臂 1 将焊接一根长条，而同时机械臂 2 将焊接一个方形物。

当机械臂完成第一项焊接操作后，机械臂将待命，同时，定位器将翻转对象，让第二侧向上。接着，机械臂 1 将焊接一个圆形物，而同时，机械臂 2 将焊接一个方形物。

说明：如果对象和机械臂的移动未独立于 WaitSyncTask 和停止点，那么，将出现受不同任务控制的机械单元可能相撞、机械臂朝不对的方向后退、移动或重启指令可能受阻等情况。

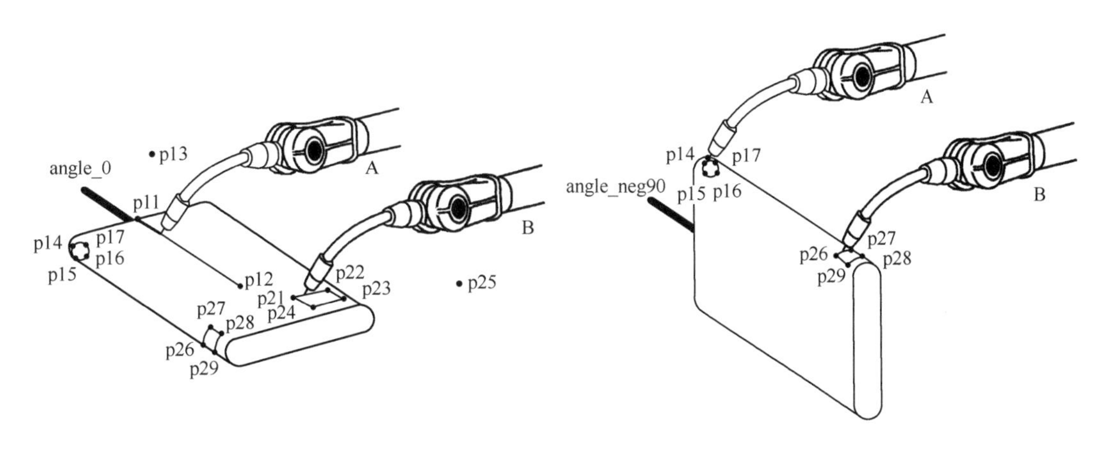

图 3-41 “SyncArc”半联动移动

A—机器臂 1；B—机器臂 2

T_ROB1 任务程序

```
MODULE module1
VAR syncident sync1;
VAR syncident sync2;
VAR syncident sync3;
```

```
VAR syncident sync4;
PERS tasks all_tasks{3}:=[["T_ROB1"],["T_ROB2"],["T_STN1"]];
PERS wobjdata wobj_stn1:=[ FALSE,FALSE,"STN_1",[ [0,0,0],[1,0,0 ,0] ],[
[0,0,250],[1,0,0,0] ] ];
TASK PERS tooldata tool1:=...

CONST robtarget p11:=...
...
CONST robtarget p17:=...
PROC main()
...
SemiSyncMove;
...
ENDPROC
PROC SemiSyncMove()
! Wait for the positioner
WaitSyncTask sync1,all_tasks;
MoveL p11,v1000,fine,tool1 \WObj:=wobj_stn1;
MoveL p12,v300,fine,tool1 \WObj:=wobj_stn1;
! Move away from the object
MoveL p13,v1000,fine,tool1;
! Sync to let positioner move
WaitSyncTask sync2,all_tasks;
! Wait for the positioner
WaitSyncTask sync3,all_tasks;
MoveL p14,v1000,fine,tool1 \WObj:=wobj_stn1;
MoveC p15,p16,v300,z10,tool1 \WObj:=wobj_stn1;
MoveC p17,p14,v300,fine,tool1 \WObj:=wobj_stn1;
WaitSyncTask sync4,all_tasks;
MoveL p13,v1000,fine,tool1;
ENDPROC
ENDMODULE
T_ROB2 任务程序
MODULE module2
VAR syncident sync1;
VAR syncident sync2;
VAR syncident sync3;
VAR syncident sync4;
PERS tasks all_tasks{3}:=[["T_ROB1"],["T_ROB2"],["T_STN1"]];
PERS wobjdata wobj_stn1:=[ FALSE,FALSE,"STN_1",[ [0,0,0],[1,0,0 ,0] ],[
```

```
[0,0,250],[1,0,0,0] ] ];
    TASK PERS tooldata tool2:=...
    CONST robtarget p21:=...
    ...
    CONST robtarget p29:=...
    PROC main()
    ...
    SemiSyncMove;
    ...
    ENDPROC
    PROC SemiSyncMove()
    ! Wait for the positioner

    WaitSyncTask sync1,all_tasks;
    MoveL p21,v1000,fine,tool2 \WObj:=wobj_stn1;
    MoveL p22,v300,z10,tool2 \WObj:=wobj_stn1;
    MoveL p23,v300,z10,tool2 \WObj:=wobj_stn1;
    MoveL p24,v300,z10,tool2 \WObj:=wobj_stn1;
    MoveL p21,v300,fine,tool2 \WObj:=wobj_stn1;
    ! Move away from the object
    MoveL p25,v1000,fine,tool2;
    ! Sync to let positioner move
    WaitSyncTask sync2,all_tasks;
    ! Wait for the positioner
    WaitSyncTask sync3,all_tasks;
    MoveL p26,v1000,fine,tool2 \WObj:=wobj_stn1;
    MoveL p27,v300,z10,tool2 \WObj:=wobj_stn1;
    MoveL p28,v300,z10,tool2 \WObj:=wobj_stn1;
    MoveL p29,v300,z10,tool2 \WObj:=wobj_stn1;
    MoveL p26,v300,fine,tool2 \WObj:=wobj_stn1;
    WaitSyncTask sync4,all_tasks;
    MoveL p25,v1000,fine,tool2;
    ENDPROC
    ENDMODULE
    T_STN1 任务程序
    MODULE module3
    VAR syncident sync1;
    VAR syncident sync2;
    VAR syncident sync3;
    VAR syncident sync4;
```

```
PERS tasks all_tasks{3}:=[["T_ROB1"],["T_ROB2"],["T_STN1"]];
CONST jointtarget angle_0:=[[ 9E9,9E9,9E9,9E9,9E9,9E9],[ 0,9E9,9E9,9E9,9E9,9E9]];
CONST jointtarget angle_neg90:=[[ 9E9,9E9,9E9,9E9,9E9,9E9],[ -90,9E9,9E9,9E9,9E9,9E9]];
PROC main()
...
SemiSyncMove;
...
ENDPROC
PROC SemiSyncMove()
! Move to the wanted frame position. A movement of the positioner is always required before the first semi coordinated movement.
MoveExtJ angle_0,vrot50,fine;
! Sync to let the robots move WaitSyncTask sync1,all_tasks;
! Wait for the robots WaitSyncTask sync2,all_tasks;
MoveExtJ angle_neg90,vrot50,fine;
WaitSyncTask sync3,all_tasks;

WaitSyncTask sync4,all_tasks;
ENDPROC
ENDMODULE
```

5）联动同步移动

数个机械臂可以对同一移动对象开展工作。夹持对象的定位器或机械臂以及对对象开展工作的机械臂必须同步移动。这意味着，分别处理一个机械单元的 RAPID 任务程序将同步执行各自的移动指令。

同步移动模式的启动方式为在每一任务程序中执行 SyncMoveOn 指令。同步移动模式的结束方式为在每一任务程序中执行 SyncMoveOff 指令。对所有任务程序而言，SyncMoveOn 和 SyncMoveOff 之间执行的移动指令数量必须相同。

联动同步移动通常将节约节拍时间，这是由于对象移动时，机械臂不必等待。联动同步移动也能让机械臂以其他情况下难以或无法合作的方式来进行合作。

说明：如果具备 RobotWare 附加功能 MultiMove Coordinated，则仅可采用联动同步移动。

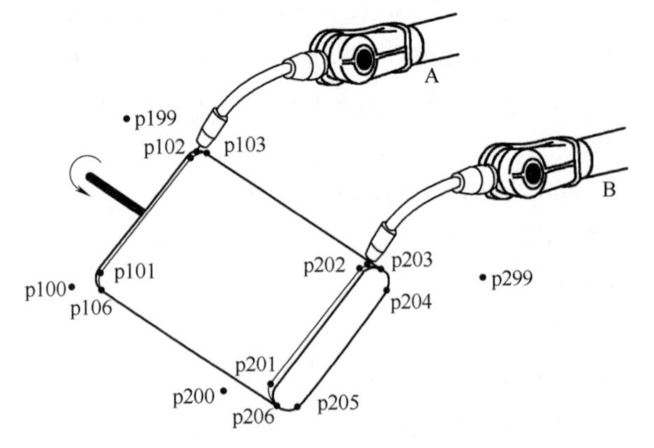

图 3-42 “SyncArc”联动同步

A—机器臂 1；B—机器臂 2

“SyncArc”联动同步如图 3-42 所

示，两个机械臂一直对对象开展焊接。机械臂 TCP 被编程为相对于对象形成环状路径。但是，因为对象在旋转，此时，机械臂几乎保持静止。

T_ROB1 任务程序

```
MODULE module1
VAR syncident sync1;
VAR syncident sync2;
VAR syncident sync3;
PERS tasks all_tasks{3}:=[["T_ROB1"],["T_ROB2"],["T_STN1"]];
PERS wobjdata wobj_stn1:=[ FALSE,FALSE,"STN_1",[ [0,0,0],[1,0,0 ,0] ],[
[0,0,250],[1,0,0,0] ] ];
TASK PERS tooldata tool1:=...
CONST robtarget p100:=...
...
CONST robtarget p199:=...
PROC main()
...
SyncMove;
...
ENDPROC
PROC SyncMove()
MoveJ p100,v1000,z50,tool1;
WaitSyncTask sync1,all_tasks;
MoveL p101,v500,fine,tool1 \WObj:=wobj_stn1;
SyncMoveOn sync2,all_tasks;
MoveL p102\ID:=10,v300,z10,tool1 \WObj:=wobj_stn1;
MoveC p103,p104\ID:=20,v300,z10,tool1 \WObj:=wobj_stn1;
MoveL p105\ID:=30,v300,z10,tool1 \WObj:=wobj_stn1;
MoveC p106,p101\ID:=40,v300,fine,tool1 \WObj:=wobj_stn1;
SyncMoveOff sync3;
MoveL p199,v1000,fine,tool1;
UNDO
SyncMoveUndo;
ENDPROC
ENDMODULE
```

T_ROB2 任务程序

```
MODULE module2
VAR syncident sync1;
VAR syncident sync2;
VAR syncident sync3;
PERS tasks all_tasks{3}:=[["T_ROB1"],["T_ROB2"],["T_STN1"]];
```

```
PERS wobjdata wobj_stn1:=[ FALSE,FALSE,"STN_1",[ [0,0,0],[1,0,0 ,0] ],[ [0,0,250],[1,0,0,0] ] ];
TASK PERS tooldata tool2:=...
CONST robtarget p200:=...
...
CONST robtarget p299:=...
PROC main()
...
SyncMove;
...
ENDPROC
PROC SyncMove()
MoveJ p200,v1000,z50,tool2;
WaitSyncTask sync1,all_tasks;
MoveL p201,v500,fine,tool2 \WObj:=wobj_stn1;
SyncMoveOn sync2,all_tasks;
MoveL p202\ID:=10,v300,z10,tool2 \WObj:=wobj_stn1;
MoveC p203,p204\ID:=20,v300,z10,tool2 \WObj:=wobj_stn1;

MoveL p205\ID:=30,v300,z10,tool2 \WObj:=wobj_stn1;
MoveC p206,p201\ID:=40,v300,fine,tool2 \WObj:=wobj_stn1;
SyncMoveOff sync3;
MoveL p299,v1000,fine,tool2;
UNDO
SyncMoveUndo;
ENDPROC
ENDMODULE
```

T_STN1 任务程序

```
MODULE module3
VAR syncident sync1;
VAR syncident sync2;
VAR syncident sync3;
PERS tasks all_tasks{3}:=[["T_ROB1"],["T_ROB2"],["T_STN1"]];
CONST jointtarget angle_neg20:=[ [ 9E9,9E9,9E9,9E9,9E9,9E9],[ -20,9E9,9E9,9E9,9E9,9E9] ];
...
CONST jointtarget angle_340:=[ [ 9E9,9E9,9E9,9E9,9E9,9E9],[ 340,9E9,9E9,9E9,9E9,9E9] ];
PROC main()
...
```

```
SyncMove;
…
ENDPROC
PROC SyncMove()
MoveExtJ angle_neg20,vrot50,fine;
WaitSyncTask sync1,all_tasks;
! Wait for the robots
SyncMoveOn sync2,all_tasks;
MoveExtJ angle_20\ID:=10,vrot100,z10;
MoveExtJ angle_160\ID:=20,vrot100,z10;
MoveExtJ angle_200\ID:=30,vrot100,z10;
MoveExtJ angle_340\ID:=40,vrot100,fine;
SyncMoveOff sync3;
UNDO
SyncMoveUndo;
ENDPROC
ENDMODULE
```

3.2.3 移动原则

（1）机械臂速度

当数个机械臂的移动达到同步时，所有机械臂将调整速度，以便同步完成移动。这意味着将由费时最长的机械臂移动来决定其他机械臂的速度。

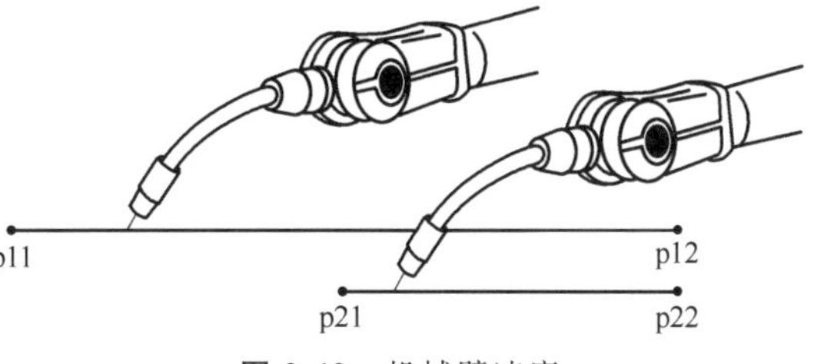

图 3-43　机械臂速度

在图 3-43 中，p11 离 p12 的距离为 1000mm，p21 离 p22 的距离为 500mm。运行下列程序时，机械臂 1 将以 100mm/s 的速度移动 1000mm。由于这将花费 10s，所以，机械臂 2 将在 10s 内移动 500mm，机械臂 2 的速度将为 50 mm/s（而非编程的 500mm/s）。

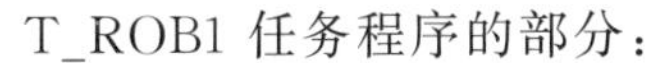

T_ROB1 任务程序的部分：

```
MoveJ p11,v1000,fine,tool1;
SyncMoveOn sync1,all_tasks;
MoveL p12\ID:=10,v100,fine,tool1;
```

T_ROB2 任务程序的部分：

```
MoveJ p21,v1000,fine,tool2;
SyncMoveOn sync1,all_tasks;
MoveL p22\ID:=10,v500,fine,tool2;
```

（2）联动-圆周运动指令

如果两项联动任务程序均在执行同步圆周运动指令，那么，将存在工具方位错误的风险。如果一个机械臂夹持的对象正在由另一个机械臂开展作业，那么圆弧插补将影响两个机械臂。两个环状路径应在同一时间达到圆点，以避免工具方位出错。

如图 3-44 所示，如果 p12 作为环状路径的起点（比起 p13，更接近 p11），p22 将作为环状路径的终点（比起 p21，更接近 p23），那么工具方位可能会出错。如果在路径上，p12 和 p22 的相对位置（占路径长度的比重）相同，那么工具方位将保持正确。

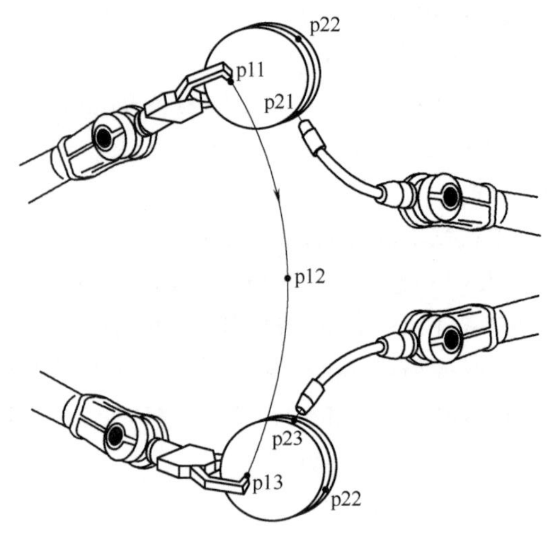

图 3-44 联动-圆周运动指令

注意：通过同时修改两个机械臂圆点的位置，将确保工具方位正确。在本例中，应对程序进行单步调试，然后，修改 p12 和 p22。

3.2.4 校准

关节校准将确保所有轴处于正确位置。通常，将在交付新机械臂前完成关节校准，只有在维修机械臂后才需对机械臂进行重新校准。在让机械臂就位时，必须对坐标系进行校准。

（1）校准坐标系

1）校准

首先，必须决定使用哪个坐标系以及如何设置原点和方向。

① 校准工具，包括校准 TCP 和加载数据。

② 校准所有机械臂，相对于世界坐标系，校准基准坐标系。如果一个机械臂的基准坐标系已经过校准，那么，对另一个机械臂基准坐标系的校准方式是，让两个机械臂的 TCP 在若干处汇合。

③ 校准变位器，相对于世界坐标系，校准基准坐标系。

④ 相对于世界坐标系，校准用户坐标系。

⑤ 相对于用户坐标系，校准对象坐标系。

2）"UnsyncArc" 示例

如图 3-45 所示，机械臂 1（A）的基准坐标系与世界坐标系相同。定义了机械臂 2（B）的基准坐标系。两个机械臂均具备原点处于工作台转角的用户坐标系。为每一机械臂的对象定义了对象坐标系。

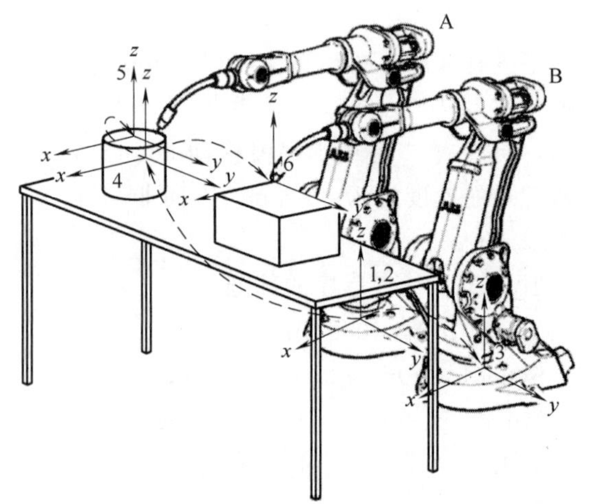

图 3-45 "UnsyncArc" 示例

A—机器臂 1；B—机器臂 2；1—世界坐标系；2—机械臂 1 的基准坐标系；3—机器臂 2 的基准坐标系；4—两个机械的用户坐标系；5—机械臂 1 的对象坐标系；6—机械臂 2 的对象坐标系

3）"SyncArc" 示例

如图 3-46 所示，机械臂 1（A）的基准坐标系与世界坐标系相同。定义了机械臂 2

(B) 的基准坐标系。使用户坐标系与变位器旋转轴联系起来。规定让对象坐标系固定在由变位器保持的对象上。

(2) 相对校准

相对校准是用一个已校准的机械臂来校准一个机械臂的基准坐标系。这种校准法仅可用于两个机械臂位置十分接近从而部分工作区域重合的 MultiMove 系统。

如果一个机械臂的基准坐标系与世界坐标系相同，那么可以将此机械臂用作另一个机械臂的参考。如果没有任何机械臂的基准坐标系与世界坐标系相同，那么必须先校准一个机械臂的基准坐标系。

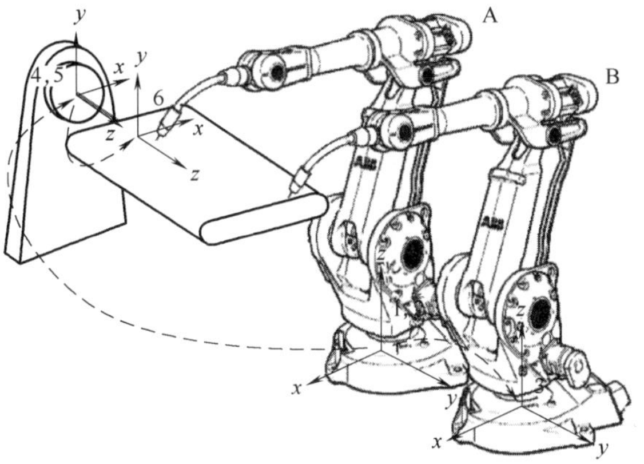

图 3-46 “SyncArc”示例

A—机器臂 1；B—机器臂 2；1—世界坐标系；2—机械臂 1 的基准坐标系；3—机器臂 2 的基准坐标系；4—定位器的基准坐标系；5—两个机械的用户坐标系；6—两个机械臂的对象坐标系

ABB 机器人支持最多一台控制器同时控制 4 个本体或最多 7 个运动任务同时执行（每个运动机械单元为一个运动单元，诸如 3 台机器人本体和 4 个变位机系统）；使用 multimove 时，各个机器人可以分别独立运行。如图 3-47 所示，通常现场由于只有一台机器人，机器人的 base 坐标系和 world 重叠，即 base 相对于 base 的偏移为 0。若多台机器人要在一个坐标系下联动，则需要设置各个机器人的 base 坐标系相对于 world 坐标系 wobj0 的关系。若有两台机器人，通常选择一台机器人作为主机器人，此机器人的 base 坐标系不作设置（即机器人的 base 坐标系和 world 重合）；另一台机器人需要参考第一台机器人设置 base。在采用相对校准前，必须对两个机械臂的工具进行正确校准，在校准期间，这些工具必须处于活动状态。校准步骤如下。

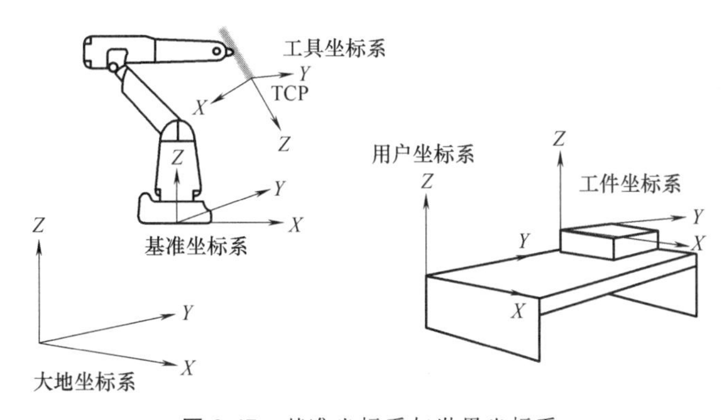

图 3-47 基准坐标系与世界坐标系

① 两台机器人必须先设置各自正确的 TCP（工具数据）。

② 在 ABB 菜单上选择校准。

③ 点击想要校准的机械臂，在手动界面，各自机器人选择正确的 TCP。

④ 进入示教器→“校准”→选择 2# 机器人→点击“基座”，选择“相对 n 点”，如图 3-48 所示。

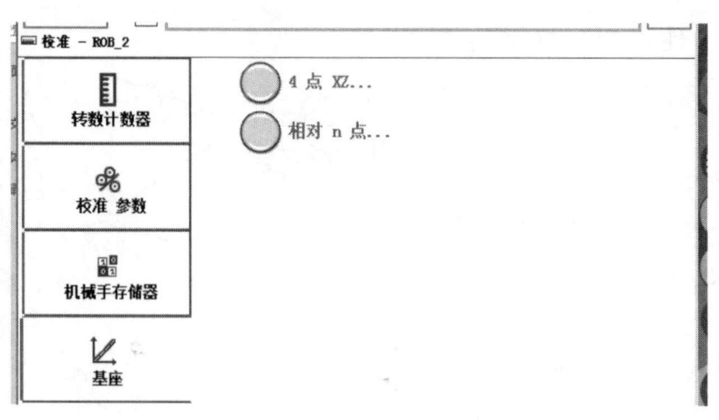

图 3-48　基准坐标系

说明：如果配备两个以上机械臂，则必须选择将哪个机械臂作为参考。如果只有两个机械臂，则请跳过此步。

⑤ 必须以 3 点至 10 点来开展校准。为能充分精确，建议至少采用 5 点，确认“测量单元”为 1# 机器人，“机械单元”为 2# 机器人，如图 3-49 所示。

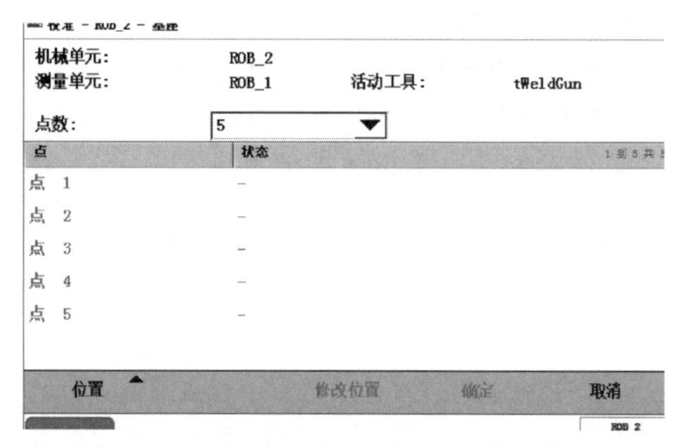

图 3-49　校准

⑥ 移动两台机器人，两台机器人的 TCP 重合，如图 3-50 所示，点击“点 1”，点击“修改位置”按钮。

⑦ 重复以上步骤，完成不同位置的 5 次测量并点击“确定”按钮。

⑧ 完成计算后，可以在控制面板→配置→主题→Motion→Robot→2# 机器人下看到自动计算出的 2# 机器人 base 相对于 world 的关系，如图 3-51 所示。

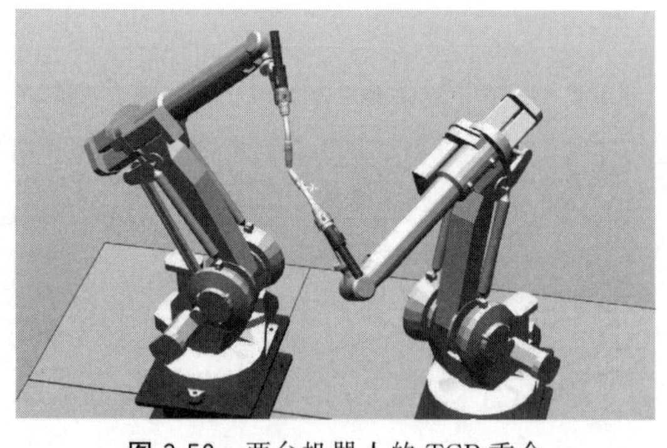

图 3-50　两台机器人的 TCP 重合

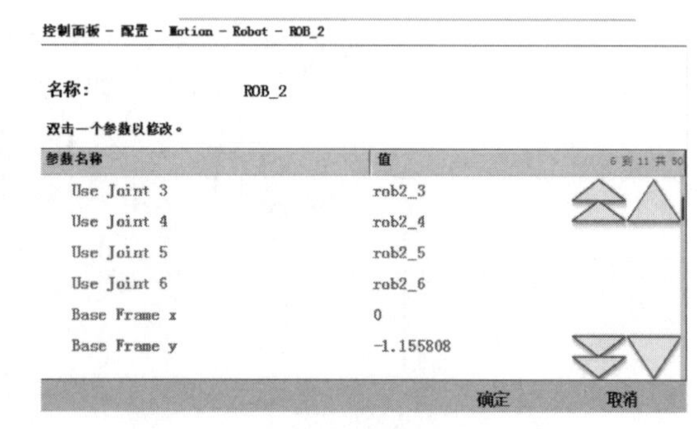

图 3-51　查看

⑨ 完成以上操作，再建立相关坐标系，可以实现两台（多台）机器人的联动。

说明：请勿让校准链很长。如果以进行过相对校准的机械臂来作为下一校准中的参考，那么将为最后一个机械臂增加校准误差，如图 3-52 所示。配备 4 个机械臂，其中，机械臂 1 夹持着机械臂 2、3 和 4 作业的工件。

如果使用机械臂 1 作为机械臂 2 的参考，以机械臂 2 作为机械臂 3 的参考，以机械臂 3 作为机械臂 4 的参考，那么机械臂 4 将不够精确。对照机械臂 1，校准机械臂 2、3 和 4，则

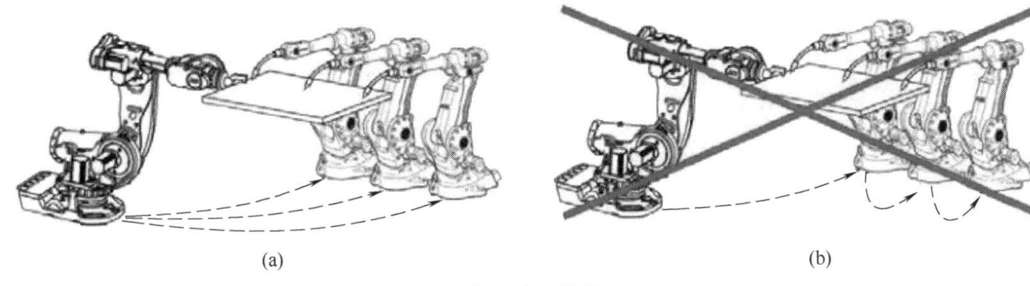

图 3-52　精度

精度高。

3.2.5　MultiMove 特定用户界面

（1）“生产（Production）”窗口

如图 3-53 所示，在不止一项运动任务的系统中，每一项运动任务将有一个标签。点击标签，可看见该任务的程序代码以及程序指针和运动指针在该任务中所处的位置。

移动程序指针是指，若点击“PP 到 Main”，那么，程序指针将移动到所有运动任务程序的主程序。

（2）机械单元菜单

如图 3-54 所示，在 QuickSet 菜单，点击机械单元菜单按钮，将显示所有机械单元。

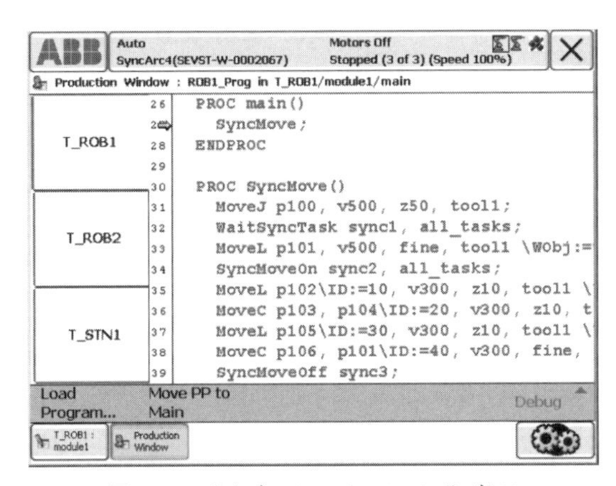

图 3-53　“生产（Production）”窗口

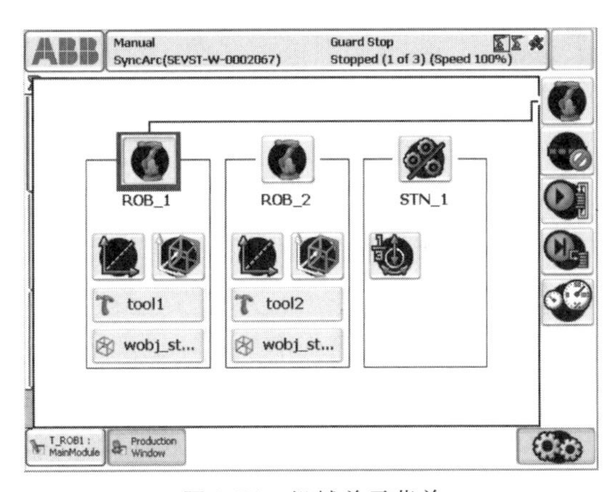

图 3-54　机械单元菜单

被选中的机械单元将突出显示并带有坐标系。与选中单元处于联动状态的任何机械单元均将显示有闪烁坐标系及“联动（Coord.）”字样。

手动控制：对一个机械单元进行手动控制，将自动移动与该机械单元处于联动状态的所有单元。如图 3-54 所示，对 STN_1 进行手动控制，也将移动 ROB_1 和 ROB_2，因为 ROB_1 和 ROB_2 与 STN_1 处于联动状态（STN_1 将让对象 wobj_stn1 移动）。为能对 STN_1 进行手动控制，并且不会移动到上述机械臂，需将这些机械臂的坐标系改为世界坐标系，也可将机械臂对象改为 wobj0。

3.2.6　双机器人与变位机

如图 3-55 所示，双机器人＋变位机系统，使用 Multimove（即一台控制器，一个示教器，3 个运动任务），机器人需要有 multimove 选项——604-1 或 604-2。604-1 能够实现多机器人在一个坐标系协同运动，如图 3-56 所示；604-2 只能半联动，即机器人同时开始，过程中各走各的；多任务生产窗口如图 3-57 所示。

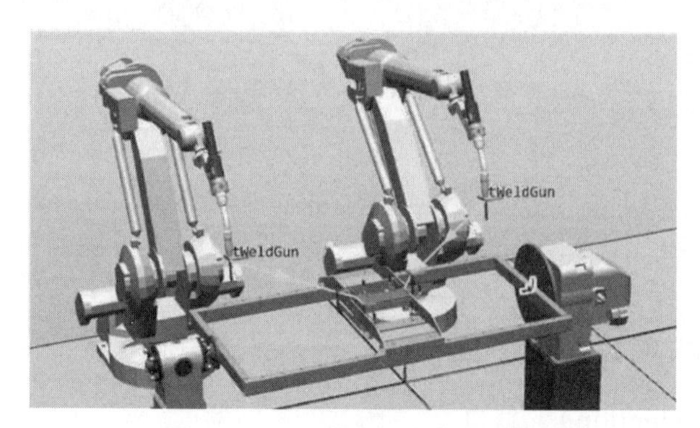

图 3-55　双机器人＋变位机系统

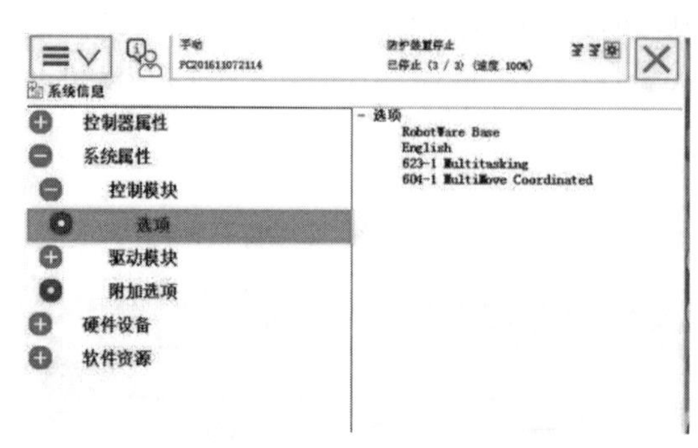

图 3-56　协同运动

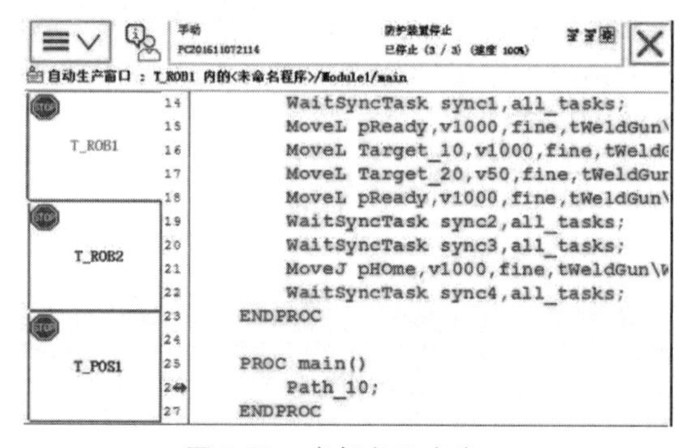

图 3-57　多任务生产窗口

（1）运动过程

① 两台机器人在 Home 位置，变位机从上料位置转到焊接位置。

② 两台机器人走到准备焊接位置。

③ 1# 机器人开始焊接第一段，完成后走到 ready_1 位置。

④ 1# 焊接完成后，2# 机器人焊接，完成后走到 ready_2 位置。

⑤ 两台机器人一起回各自 Home。

⑥ 变位机转到上料位置。

（2）数据

1）task 数据

要实现多机器人（变位机）间简单通信，需要在程序数据里各自的任务建立 task 数据。

① 1# 机器人任务（图 3-58）

1# 机器人任务，注意数据必须是 PERS，数组内容为 3 个任务的名称。

② 2# 机器人任务（图 3-59）

2）Sync 数据

多机器人间要相互等待，需要添加数据 syncident，任务中一般有 4 个 syncident 数据，分别是 sync1、sync2、sync3、sync4。

① 变位机（图 3-60）

```
T_POS1/Module1 ×
1   MODULE Module1
2       CONST jointtarget pHome:=[[0,0,0,0,0,0],[9E+09,9E+09,9E+09,9E+
3       CONST jointtarget pWork:=[[0,0,0,0,0,0],[9E+09,9E+09,9E+09,9E+
4       VAR syncident sync1;
5   VAR syncident sync2;
6   VAR syncident sync3;
7   VAR syncident sync4;
8   PERS tasks all_tasks{3} := [["T_ROB1"], ["T_ROB2"], ["T_ROB3"]]
9
```

图 3-58　1# 机器人任务

```
T_ROB2/Module1 ×
1   MODULE Module1
2       CONST robtarget pHome:=[[938.654977018,-1088.083832521,847.919435
3       CONST robtarget pReady:=[[1277.525959151,-805.567144457,812.59761
4       CONST robtarget Target_10:=[[1233.430932885,-714.578767722,759.16
5       CONST robtarget Target_20:=[[1305.430939185,-714.57875353,759.166
6       VAR syncident sync1;
7       VAR syncident sync2;
8       VAR syncident sync3;
9       VAR syncident sync4;
10      PERS tasks all_tasks{3}:=[["T_ROB1"], ["T_ROB2"], ["T_ROB3"]]
11      PROC Path 10()
```

图 3-59　2# 机器人任务

```
T_POS1/Module1 ×
1   MODULE Module1
2       CONST jointtarget pHome:=[[0,0,0,0,0,0],[9E+09,9E+09,9E+09,9E+
3       CONST jointtarget pWork:=[[0,0,0,0,0,0],[9E+09,9E+09,9E+09,9E+
4       VAR syncident sync1;
5   VAR syncident sync2;
6   VAR syncident sync3;
7   VAR syncident sync4;
8   PERS tasks all_tasks{3} := [["T_ROB1"], ["T_ROB2"], ["T_ROB3"]]
9
```

图 3-60　变位机

② 1# 机器人（图 3-61）

```
1410_dual_weld (工作站) ×
T_ROB1/Module1 ×
1   MODULE Module1
2       CONST robtarget pHOme:=[[806.318054074,0,847.919423179],[0.069
3       CONST robtarget pReady:=[[1289.982978993,-520.829920074,834.56
4       CONST robtarget Target_10:=[[1207.204988688,-520.829978488,736
5       CONST robtarget Target_20:=[[1289.98298789,-520.829945867,736.
6       VAR syncident sync1;
7       VAR syncident sync2;
8       VAR syncident sync3;
9       VAR syncident sync4;
10      PERS tasks all_tasks{3}:= [["T_ROB1"], ["T_ROB2"], ["T_ROB3"]]
11
```

图 3-61　1# 机器人

③ 2# 机器人（图 3-62）

```
T_ROB2/Module1 ×
1   MODULE Module1
2       CONST robtarget pHome:=[[938.654977018,-1088.083832521,847.919435
3       CONST robtarget pReady:=[[1277.525959151,-805.567144457,812.59761
4       CONST robtarget Target_10:=[[1233.430932885,-714.578767722,759.16
5       CONST robtarget Target_20:=[[1305.430939185,-714.57875353,759.166
6       VAR syncident sync1;
7       VAR syncident sync2;
8       VAR syncident sync3;
9       VAR syncident sync4;
10      PERS tasks all_tasks{3}:=[["T_ROB1"], ["T_ROB2"], ["T_ROB3"]]
11      PROC Path 10()
```

图 3-62　2# 机器人

（3）程序

1）变位机程序（图 3-63）

```
PROC Path_10()
    ActUnit STN1;!激活变位机
    MoveExtJ pHome,vrot50,fine;
    MoveExtJ pWork,vrot50,fine;!移动到焊接开始位置
    WaitSyncTask sync1,all_tasks;!两台机器人也等程序运行到sync1后往下执行
    WaitSyncTask sync2,all_tasks;!等1#机器人焊接完成
      WaitSyncTask sync3,all_tasks;!等2#机器人焊接完成
      WaitSyncTask sync4,all_tasks;!等2台机器人回到Home位置
      MoveExtJ pHome,vrot50,fine;
ENDPROC
```

图 3-63 变位机程序

2）1# 机器人程序（图 3-64）

```
PROC Path_10()
    MoveJ pHOme,v1000,fine,tWeldGun\WObj:=wobj0;
    WaitSyncTask sync1,all_tasks;!等变位机到位
    MoveL pReady,v1000,fine,tWeldGun\WObj:=wobj0;!1#机器人移动到准备位置
    MoveL Target_10,v1000,fine,tWeldGun\WObj:=wobj0;
    MoveL Target_20,v50,fine,tWeldGun\WObj:=wobj0;
    MoveL pReady,v1000,fine,tWeldGun\WObj:=wobj0;!1#机器人完成焊接
    WaitSyncTask sync2,all_tasks;!1#机器人移动到准备位置并告诉2#机器人
    WaitSyncTask sync3,all_tasks;!等待2#机器人焊接完成
    MoveJ pHOme,v1000,fine,tWeldGun\WObj:=wobj0;
    WaitSyncTask sync4,all_tasks;! 回到Home位后变位机可以旋转
ENDPROC
```

图 3-64 1# 机器人程序

3）2# 机器人程序（图 3-65）

```
PROC Path_10()
    MoveJ pHome,v1000,z100,tWeldGun\WObj:=wobj0;!2#机器人移动到home位置
       WaitSyncTask sync1,all_tasks;!等待变位机旋转到位
    MoveL pReady,v1000,z100,tWeldGun\WObj:=wobj0;
       WaitSyncTask sync2,all_tasks;!等待1#机器人移动焊接完成
    MoveL Target_10,v1000,z100,tWeldGun\WObj:=wobj0;
    MoveL Target_20,v50,z100,tWeldGun\WObj:=wobj0;
     MoveL pReady,v1000,fine,tWeldGun\WObj:=wobj0;
    WaitSyncTask sync3,all_tasks;!2#机器人完成焊接，和1#机器人一起回home
    MoveJ pHome,v1000,z100,tWeldGun\WObj:=wobj0;
    WaitSyncTask sync4,all_tasks;!1#，2#机器人移动到home位置
ENDPROC
```

图 3-65 2# 机器人程序

3.2.7 上位机直接移动 ABB 机器人

（1）安装 pcsdk 及加载 dll

下载最新 pcsdk（网站：http：//developercenter. robotstudio. com）。下载完毕后，双击 exe 进行安装（安装完的默认目录为 C:\Program Files（x86）\ABBIndustrial IT\Robotics IT\SDK\PCSDK 6. 0）。打开 visualstudio，新建一个项目（此处举例 C#），在解决方案资源管理器中，使用鼠标右键单击“引用”，添加引用，如图 3-66 所示。

打开浏览，找到 pcsdk 的安装位置，添加 ABB. Robotics. Controllers. PC. dll，添加后如图 3-67 所示。即可方便地在 C# 里做针对机器人的二次开发，程序内添加下列引用。

using ABB. Robotics. Controllers;

using ABB. Robotics. Controllers. Discovery;

using ABB. Robotics. Controllers. Rapid Domain;

using ABB. Robotics. Controllers. IOSystem Domain;

using ABB. Robotics. Controllers. Motion Domain;

(2) 上位机控制机器人运动

上位机实时获取当前机器人位置（笛卡儿坐标系或关节坐标），如图 3-68 所示。

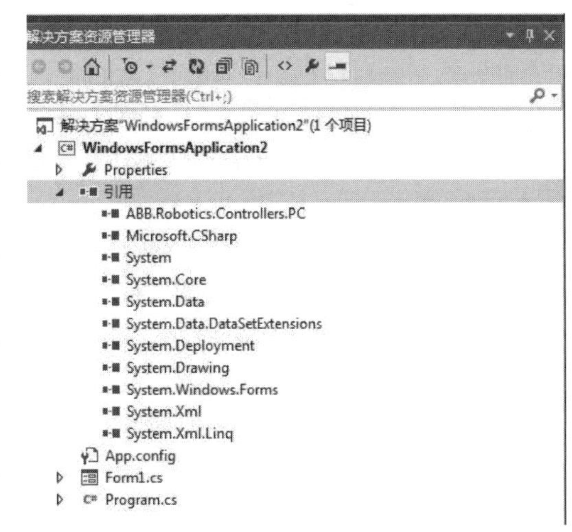

图 3-66　添加引用

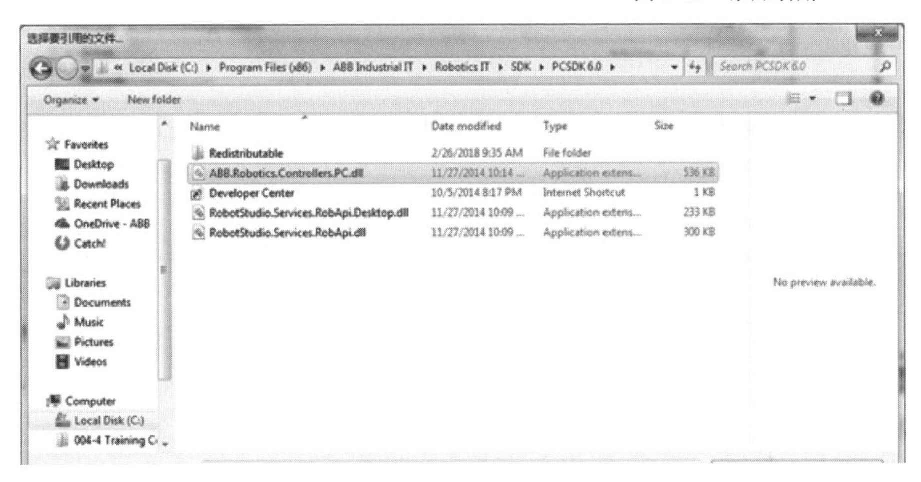

图 3-67　添加 ABB. Robotics. Controllers. PC. dll

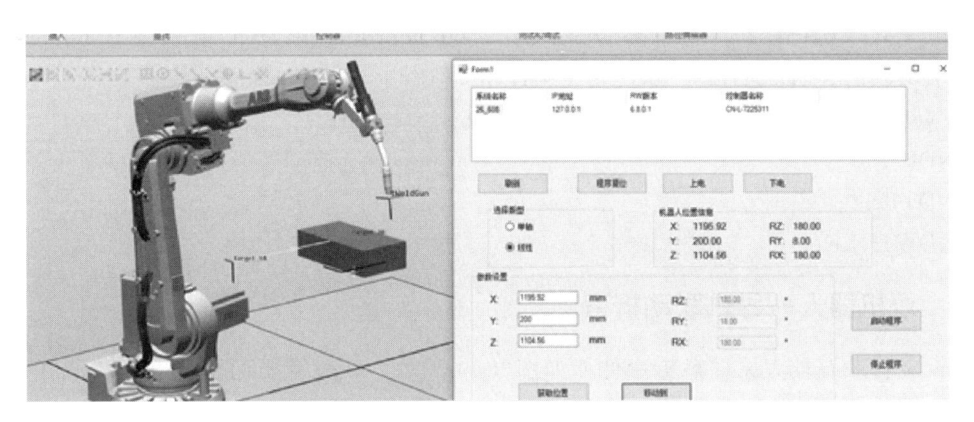

图 3-68　上位机实时获取当前机器人位置

1）获取 world 坐标系下的当前位置

double rx;double ry;double rz;RobTarget aRobTarget=controller. Motion System. ActiveMechanicalUnit. GetPosition(CoordinateSystemType. World);txt1. Text =aRobTarget.

Trans. X. ToString(format:"#0.00"); txt2. Text = aRobTarget. Trans. Y. ToString(format:"#0.00");txt3. Text =aRobTarget. Trans. Z. ToString(format:"#0.00");

aRobTarget. Rot. ToEulerAngles(out rx,out ry,out rz);txt4. Text=rz. ToString(format:"#0.00");txt5. Text =ry. ToString(format:"#0.00");txt6. Text=rx. ToString(format:"#0.00");

2）赋值

对位置数据的赋值，可以使用如下代码。

```
using ( Mastership. Request ( controller. Rapid ))    {    RapidData rd =
controller. Rapid. GetRapidData("T_ROB1","Module1","ppos100");    //获取当前位置
RobTarget rbtar =(RobTarget)rd. Value;
rbtar. Trans. X =Convert. ToSingle(txt1. Text);
rbtar. Trans. Y =Convert. ToSingle(txt2. Text);
rbtar. Trans. Z=Convert. ToSingle(txt3. Text);  //对 xyz 赋值,对姿态数据赋值类似
rd. Value=rbtar;}
```

3）移动

机器人侧在自动模式并不直接提供JOG接口，可以在RAPID使用如下代码进行模块指针的移动并控制机器人运动。

```
state:=0;
bAxis:=FALSE;
bCart:=FALSE;
ppos100:=pstart;
WHILE TRUE DO
TEST state
CASE 1:                // move in axis coordinate
if bAxis=TRUE then   bAxis:=FALSE;
MoveAbsJ jpos100\NoEOffs,v100,fine,tWeldGun\WObj:=wobj0;
endif       CASE 2:    // move in Cartesian coordinate
if bCart=TRUE THEN   bCart:=FALSE;
MoveL ppos100,v100,fine,tWeldGun\WObj:=wobj0;
ENDIF;
ENDTEST;
ENDWHILE;
```

3.2.8 双机器人+导轨联动折弯

在钣金行业有较大原材料折弯件，如图3-69所示，一般需要两台机器人一起抓取并联动折弯。

（1）工作过程

① 创建机器人系统（带multimove选项）→在初始位置，各自创建Home位置→1# 机器人移动到抓取位置，并示教→2# 机器人移动到抓取位置→2# 机器人创建一个工件坐标系Workobject_1，此坐标系被1# 机器人驱动，如图3-70所示。

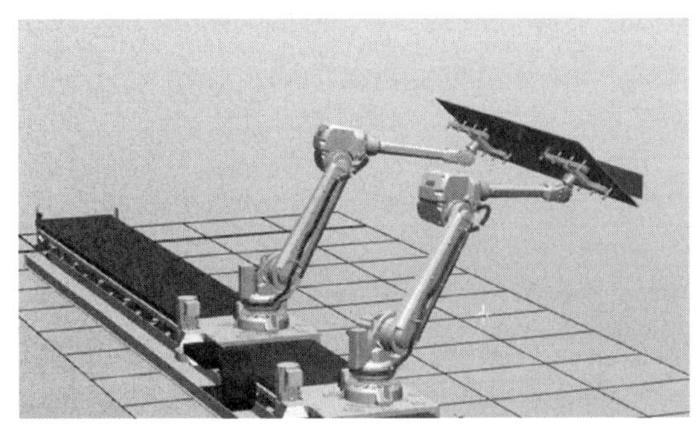

图 3-69　双机器人＋导轨联动折弯

图 3-70　创建一个工件坐标系 Workobject_1

② 调整 2# 机器人，此时记录的位置应在 Workobject_1 坐标系下，取名 target_20→移动 1# 机器人到准备折弯位置，在待折弯工件处创建新的工具 ToolBend，如图 3-71 所示。

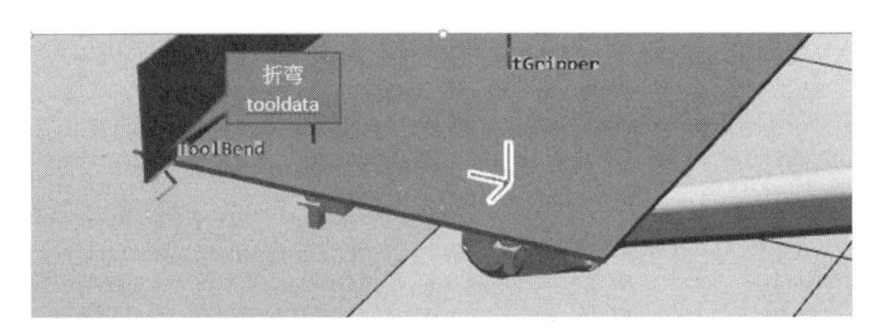

图 3-71　创建新工具 ToolBend

③ 记录 1# 机器人折弯开始位置，使用 ToolBend 工具（因为折弯过程都是以新的工具做直线和旋转运动)→复制 2# 机器人之前创建的 target_20 点位，修改外轴数据（因为 2# 机器人折弯时在 Workobject_1 下位置保持不变，只是外轴数据不一样)→记录 1# 机器人折弯完成位置，使用 ToolBend 工具（因为折弯过程都是以新的工具做直线和旋转运动)。可以

```
PROC path_1()
    reset do_0;
    MoveL pHome,v1000,z1,tGripper\WObj:=wobj0;
    MoveL offs(Target_10,0,0,100),v1000,z1,tGripper\WObj:=wobj0;
    MoveL Target_10,v1000,fine,tGripper\WObj:=wobj0;
     set do_0;
    waittime 0.5;
    SyncMoveOn sync1, all_tasks;
    MoveL offs(Target_10,0,0,100)\ID:=10,v1000,z1,tGripper\WObj:=wobj0;
    MoveL Target_20\ID:=20,v1000,z1,tGripper\WObj:=wobj0;
    MoveL Target_30\ID:=30,v1000,z1,tGripper\WObj:=wobj0;
    MoveL offs(PreBend,0,-100,0)\ID:=40,v1000,z1,ToolBend\WObj:=wobj0;
    MoveL PreBend\ID:=50,v500,fine,ToolBend\WObj:=wobj0;
    waittime 0.5;
    MoveL bend_finish\ID:=60,v500,fine,ToolBend\WObj:=wobj0;
    waittime 0.5;
    MoveL offs(bend_finish,0,0,30)\ID:=70,v1000,z1,ToolBend\WObj:=wobj0;
    MoveL offs(bend_finish,0,-100,30)\ID:=80,v1000,z1,ToolBend\WObj:=wobj0;
    MoveL postBend\ID:=90,v1000,z1,ToolBend\WObj:=wobj0;

    MoveL Target_30\ID:=100,v1000,z1,tGripper\WObj:=wobj0;
    MoveL Target_20\ID:=110,v1000,z1,tGripper\WObj:=wobj0;
    MoveL offs(Target_10,0,0,100)\ID:=120,v1000,z1,tGripper\WObj:=wobj0;
    MoveL Target_10\ID:=130,v1000,fine,tGripper\WObj:=wobj0;
     reset do_0;
    waittime 0.5;
    MoveL offs(Target_10,0,0,100)\ID:=140,v1000,z1,tGripper\WObj:=wobj0;
  SyncMoveOff sync2;

    MoveL pHome,v1000,z1,tGripper\WObj:=wobj0;
```

图 3-72　1# 机器人程序

先让机器人绕 ToolBend 旋转 45°，然后沿折弯坐标系下降折弯量。

（2）程序

1）1# 机器人程序（图 3-72）

2）2# 机器人程序（图 3-73）

```
PROC main()
    MoveL pHome,v1000,z1,tGripper\WObj:=wobj0;

    MoveL Target_10,v1000,fine,tGripper\WObj:=wobj0;
    waittime 0.5;
    SyncMoveOn sync1,all_tasks;
    MoveL Target_20\ID:=10,v1000,z1,tGripper\WObj:=Workobject_1;
    MoveL Target_20\ID:=20,v1000,z1,tGripper\WObj:=Workobject_1;
    MoveL Target_20\ID:=30,v1000,z1,tGripper\WObj:=Workobject_1;
    MoveL pre_bend\ID:=40,v1000,z1,tGripper\WObj:=Workobject_1;
    MoveL pre_bend\ID:=50,v1000,fine,tGripper\WObj:=Workobject_1;
    waittime 0.5;
    MoveL pre_bend\ID:=60,v500,fine,tGripper\WObj:=Workobject_1;
    waittime 0.5;
    MoveL pre_bend\ID:=70,v1000,z1,tGripper\WObj:=Workobject_1;
    MoveL pre_bend\ID:=80,v1000,z1,tGripper\WObj:=Workobject_1;
    MoveL pre_bend\ID:=90,v1000,z1,tGripper\WObj:=Workobject_1;

    MoveL Target_20\ID:=100,v1000,z1,tGripper\WObj:=Workobject_1;
    MoveL Target_20\ID:=110,v1000,z1,tGripper\WObj:=Workobject_1;
    MoveL Target_20\ID:=120,v1000,z1,tGripper\WObj:=Workobject_1;
    MoveL Target_20\ID:=130,v1000,fine,tGripper\WObj:=Workobject_1
    waittime 0.5;
    MoveL Target_20\ID:=140,v1000,z1,tGripper\WObj:=Workobject_1;
    SyncMoveOff sync2;
    MoveL pHome,v1000,z1,tGripper\WObj:=wobj0 ;
ENDPROC
```

图 3-73　2# 机器人程序

第4章 工业机器人生产线的设计与应用

4.1 认识工业机器人生产线

机器人生产线是由两个或两个以上的机器人工作站、物流系统和必要的非机器人工作站组成，完成一系列以机器人作业为主的连续生产自动化系统，图 4-1 所示为焊接生产线在汽车制造中的应用。

图 4-1　焊接生产线在汽车制造中的应用

4.1.1 机器人生产线的一般设计原则

对机器人生产线设计来说，除需要满足机器人工作站的设计原则外，还应遵循以下 10 项原则。

① 各工作站必须具有相同或相近的生产周期。

② 工作站间应有缓冲存储区。

③ 物流系统必须顺畅，避免交叉或回流。

④ 生产线要具有混流生产的能力。

⑤ 生产线要留有再改造的余地。

⑥ 夹具体要有一致的精度要求。

⑦ 各工作站的控制系统必须兼容。

⑧ 生产线布局合理、占地面积力求最小。

⑨ 安全监控系统合理可靠。

⑩ 最关键的工作站或生产设备应有必要的替代储备。

其中前 5 项更具特殊性，下面分别讨论。

（1）各工作站的生产周期

机器人生产线是一个完整的产品生产体系。在总体设计中，要根据工厂的年产量及预期的投资目标，计算出一条生产线的生产节拍，然后参照各工作站的初步设计、工作内容和运动关系，分别确定出各自的生产周期。

$$T_1 \approx T_2 \approx T_3 \approx \cdots \approx T_n \leqslant T$$

式中　T_1，T_2，T_3，T_n——各工作站的生产周期，s/件；

T——生产线的生产节拍，s/件。

只有满足公式的要求，生产线才是有效的。对那些生产周期与生产节拍非常接近的工作站要给予足够的重视，它往往是生产环节中的咽喉，也是故障多发地段。

（2）工作站间缓冲存储区（库）

在人工转运的物流状态下，虽然尽量使各工作站的周期接近或相等，但是总会存在站与站的周期相差较大的情形，这就必然造成各站的工作负荷不平衡和工件的堆积现象。因此，要在周期差距较大的工作站（或作业内容复杂的关键工作站）间设立缓冲存储区，用于把生产速度较快的工作站所完成的工件暂存起来，通过定期停止该站生产或增加较慢工作站生产班时的方式，处理堆积现象。

（3）物流系统

物流系统是机器人生产线的大动脉，它的传输性、合理性和可靠性是维持生产线畅通无阻的基本条件。对机械传动的刚性物流线，各工作站的工件必须同步移动，而且要求站距相等，这种物流系统在调试结束后，一般不易造成交叉和回流。但是，对人工装卸工件或人工干预较多的非刚性物流线来说，人的搬运在物流系统中占了较大的比重，它不要求工件必须同步移动和工作站距离必须相等，但在各工作站排布时，要把物流线作为一个重要内容加以研究。工作站的排布要以物流系统顺畅为原则，否则将会给操作和生产带来永久的麻烦。

（4）生产线

机器人生产线是一项投资大、使用周期长、效益长久的实际工程。决策时要根据自身的发展计划和产品的前景预测做认真的研究，要使投入的生产线最大限度地满足品种和产品改型的要求。这就必然提出一个问题，即生产线具有混流生产的能力。所谓混流生产，就是在同一条生产线上，能够完成同类工件多型号多品种的生产作业，或只需要做简单的设备备件变换和调整，就能迅速适应新型工件的生产。这是机器人生产线设计的一项重要原则，也是难度较大和技术水平较高的一部分内容。它是衡量机器人生产线水平的一项重要指标，混流能力越强，则生产线的价值、使用效率及寿命就越高。

混流生产的基本要求是工件夹具共用或可交换、末端执行器通用或可更换、工件品种识别准确无误、机器人控制程序分门别类和物流系统满足最大工件传送等内容。

（5）生产线的再改造

工厂生产的产品应当随着市场需求的变化而变化，高新技术的进步和市场竞争也会促使企业引入新技术、改造旧工艺。而生产线又是投资相对较大的工程，因此要用发展的眼光对待生产线的总体设计和具体部件设计，为生产线留出再改造的余地。主要从以下几个方面加以考虑：预留工作站，整体更换某个部件；预测增设新装置和设备的空间；预留控制线点数和气路通道数；控制软件留出子程序接口等。

在工程实际中，要根据具体情况灵活掌握和综合使用上面讲述的机器人生产线和工作站的一般设计原则。随着科学技术的发展，这些设计理论会不断充实，以提高生产线和工作站的设计水平。

4.1.2 工业机器人生产线构成

不同的工业机器人生产线是有异的，现以吊扇电机自动装配生产线为例进行介绍。吊扇电机装配的机器人自动装配系统可装配1400mm、1200mm和1050mm三种规格的吊扇电机。图4-2所示为吊扇电机的结构，它由下盖、转子、定子和上盖等组成。定子由上下各一个深沟球轴承支承，而整个电机则用3套螺钉垫圈连接，电机质量约3.5kg，外径尺寸为180～200mm，生产节拍6～8s。使用装配系统后，产品质量显著提高，返修率降低至5%～8%。

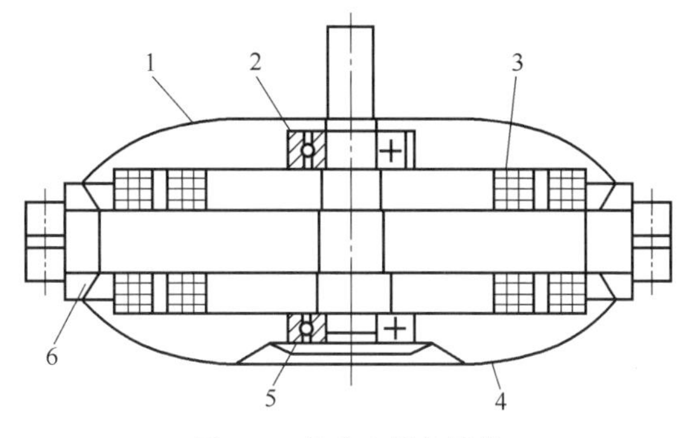

图4-2　吊扇电机的结构

1—上盖；2—上轴承；3—定子；4—下盖；5—下轴承；6—转子

图4-3所示为机器人自动装配线的平面布置图。装配线的线体呈框形布局，全线有14个工位，34套随行夹具分布于线体上，并按规定节拍同步传送。系统中使用5台装配机器人，各配以一台自动送料机，还有3台压力机，各种功能的专用设备6台套。

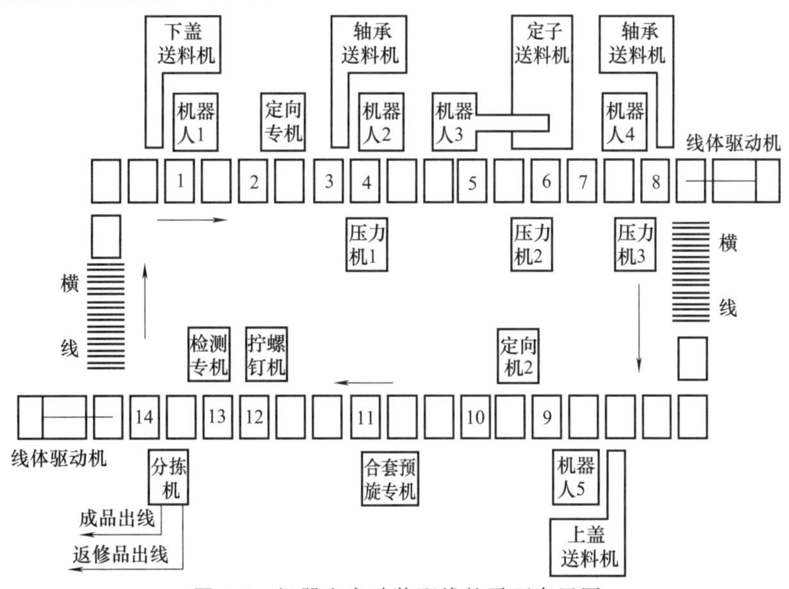

图4-3　机器人自动装配线的平面布置图

在各工位上进行的装配作业如下。

工位1：机器人从送料机夹持下盖，用光电检测装置检测螺孔定向，放入夹具内定位夹紧。

工位2：螺孔精确定位。先松开夹具，利用定向专机的3个定向销，校正螺孔位置，重新夹紧。

工位3：机器人从送料机夹持轴承，放入夹具内的下盖轴承室。

工位4：压力机压下轴承到位。

工位5：机器人从送料机夹持定子，放入下轴承孔中。

工位6：压力机压定子到位。

工位7：机器人从送料机夹持上轴承，套入定子轴颈。

工位8：压力机压上轴承到位。

工位9：机器人从送料机夹持上盖，用光电检测螺孔定向，放在上轴承上面。

工位10：定向压力机先用3个定向销把上盖螺孔精确定向，随后压头压上盖到位。

工位11：用3台螺钉垫圈合套预旋专机把弹性垫圈和平垫圈分别套在螺钉上，送到抓取位置，3个机械手分别夹持螺钉，送到工件并插入螺孔，由螺钉预旋专机把螺钉拧入螺孔3圈。

工位12：用拧螺钉机以一定扭矩同时拧紧3个螺钉。

工位13：专机以一定扭矩转动定子，按转速确定电机装配质量，分成合格品或返修品，然后松开夹具。

工位14：机械手从夹具中夹持已装好的或未装好的电机，分别送到合格品或返修品运输出线。

电机装配实质上包括轴孔嵌套和螺纹装配两种基本操作，其中，轴孔嵌套属于过渡配合下的轴孔嵌套，这对装配系统的设计有决定性影响。

（1）装配作业机器人系统

装配系统使用机器人进行装配作业，机器人应完成如下操作：

① 利用机器人的堆垛功能，实现对零件的顺序抓取，并运送到装配位置；

② 配合使用柔顺定心装置，实现零件在装配位置上的自动定心和轴孔插入；

③ 利用机器人及控制器，配合光电检测装置和识别微处理器，实现螺孔的识别、定向和螺纹装配；

④ 利用机器人的示教功能，简化设备安装调整工作；

⑤ 使装配系统容易适应产品规格的变化，具有更大的柔性。

根据上述操作，要求机器人有垂直上下运动，以抓取和放置零件；有水平两个坐标的运动，把零件从送料机运送到夹具上，还有一个绕垂直轴的运动，实现螺孔检测。因此，选择具有4个自由度的SCARA（Selective Compliance Assembly Robot Arm）型机器人。定子组件采用装料板顺序运送的送料方式，每一装料板上安放6个零件。机器人必须有较大的工作区域，因此选择了直角坐标型。

（2）轴承送料机

轴承零件外形规则、尺寸较小，因此采用料仓式储料装置。轴承送料机如图4-4所示，主要由一级料仓6（料筒）、二级料仓2、料道3、给油器10、机架8、隔离板4、行程程序控制系统和气压传动系统（包括输出气缸1，隔离气缸5，栋输送气缸7和数字气缸9）等组成。物料储备576件，备料间隔时间约1h。

为达到较大储量，轴承送料机采用多仓分装、多级供料的结构形式。设有6个一级料仓，每个料仓二维堆存，共6栋，16层；一个二级料仓，一维堆存，1栋，16层。料筒固定，料筒中的轴承按工作节拍逐个沿料道由一个输出气缸送到指定的机器人夹持装置；当料筒耗空后，对准料筒的一级料仓的轴承在栋输送气缸的作用下，再向料筒送进1栋轴承；如此6次之后，该一级料仓轴承耗空，由数字气缸组驱动切换料仓，一级料仓按控制系统设定的规律依次与料筒对接供料，至耗空 5 个料仓后，控制系统发出备料报警信号。

（3）上/下盖送料机

上、下盖零件尺寸较大，如果追求增加储量，会使送料装置过于庞大，因此，着重从方便加料考虑，把重点放在加料后能自动整列和传送，所以采用圆盘式送料装置。上、下盖送料机如图 4-5 所示，它主要由电磁调速电机及传动机构 5、转盘 4、拨料板 3、送料气缸 7、定位气缸 8、导轨 2、定位板 1、机架 6 等组成。上、下盖物料不宜堆叠，采用单层料盘，储料 21 个。备料间隔时间约 2min。

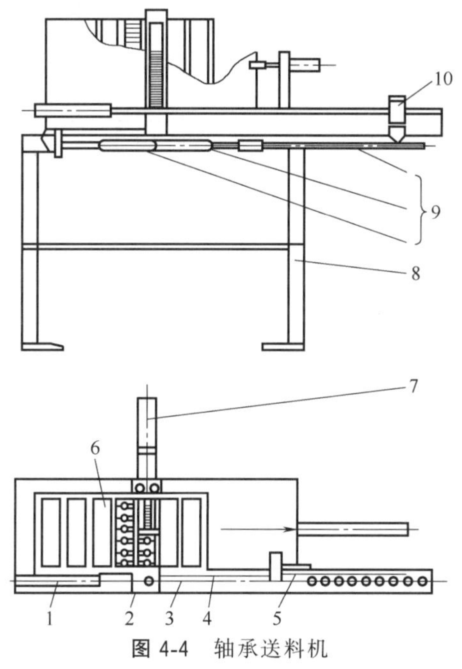

图 4-4　轴承送料机

1—输出气缸；2—二级料仓；3—料道；4—隔离板；5—隔离气缸；6—一级料仓；7—栋输送气缸；8—机架；9—数字气缸；10—给油器

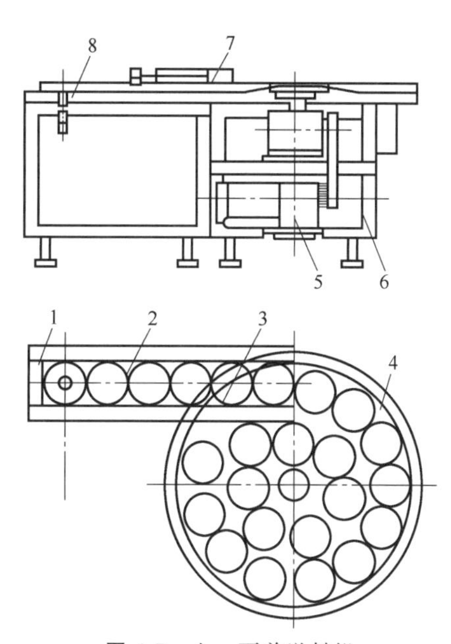

图 4-5　上、下盖送料机

1—定位板；2—导轨；3—拨料板；4—转盘；5—电磁调速电机及传动机构；6—机架；7—送料气缸；8—定位气缸

上、下盖送料机料盘为圆形转盘，盘面为 3°锥面。电机驱动转盘旋转，转盘带动物料做绕转盘中心的圆周运动，把物料甩至周边，利用物料的圆形特征和拨料板的分道作用，使物料在转盘周边自动排序，物料沿转盘边进入切线方向的直线料道。由于物料的推挤力，直线料道可得到连续的供料。在直线料道出口处，由送料气缸按节拍要求做间歇供料。物料抓取后，由定位气缸通过上、下盖轴承座位孔定位。

（4）定子送料机

定子组件 1 由于已经绕上线圈，存放和运送时不允许发生碰撞，因此采取定位存放的装料板形式。定子送料机如图 4-6 所示。它由 11 个托盘 2、输送导轨、托盘换位驱动气缸、机架等组成。送料机储料 60 件，正常备料间隔时间约 3min。定子送料机采用框架式布置，矩形框四周设 12 个托盘位，其中一个为空位 4，用作托盘先后移动的交替位。矩形框的四边各设一个气缸，在托盘要切换时循环推动各边的托盘移动一个位。在工作位 3（输出位）底部设定位销给工作托盘精确定位，保证机器人与被抓定子的位置关系。

（5）监控系统

由于装配线上有 5 台机器人和 20 多台套专用设备，它们各自完成一定的动作，既要保证这些动作按既定的程序执行，又要保证安全运转。因此，对其作业状态必须严格进行检测与监控，根据检测信号防止错误操作，必要时还要进行人工干预，所以监控系统是整条自动线的核心部分。

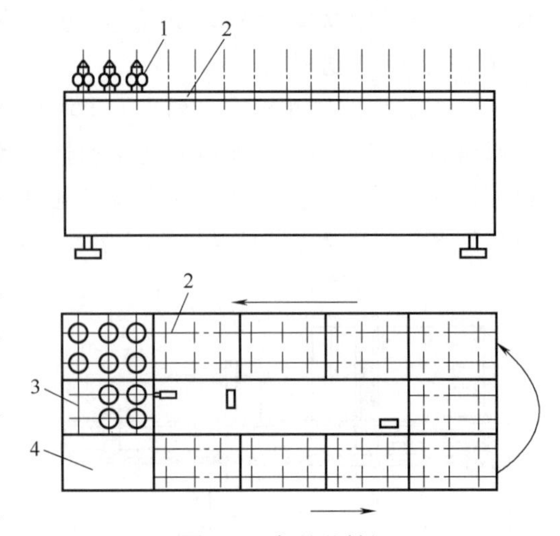

图 4-6　定子送料机

1—定子组件；2—托盘；3—工作位；4—空位

监控系统采用三级分布式控制方式，既实现了对整个装配过程的集中监视和控制，又使控制系统层次分明，职能分散。监控级计算机可对全线的工作状态进行监控。采用多种联网方式保证整个系统运行的可靠性。在监控级计算机和协调级中的中型 PLC/C200H 之间使用 RS-232 串行通信方式，在协调级和各机器人控制器之间使用 I/O 连接方式，在协调级和各执行级控制器之间使用光缆通信方式，以保证各级之间不会出现数据的传输出错。数百个检测点，检测初始状态信息、运行状态信息及安全监控信息。在关键或易出故障的部位检测危险动作的发生，防止被装零件或机构相互干涉，当有异常时，发出报警信号并紧急停机。

（6）自动线上的传送机械手

该系统由气动机械手、传输线和货料供给机组成，如图 4-7 所示。

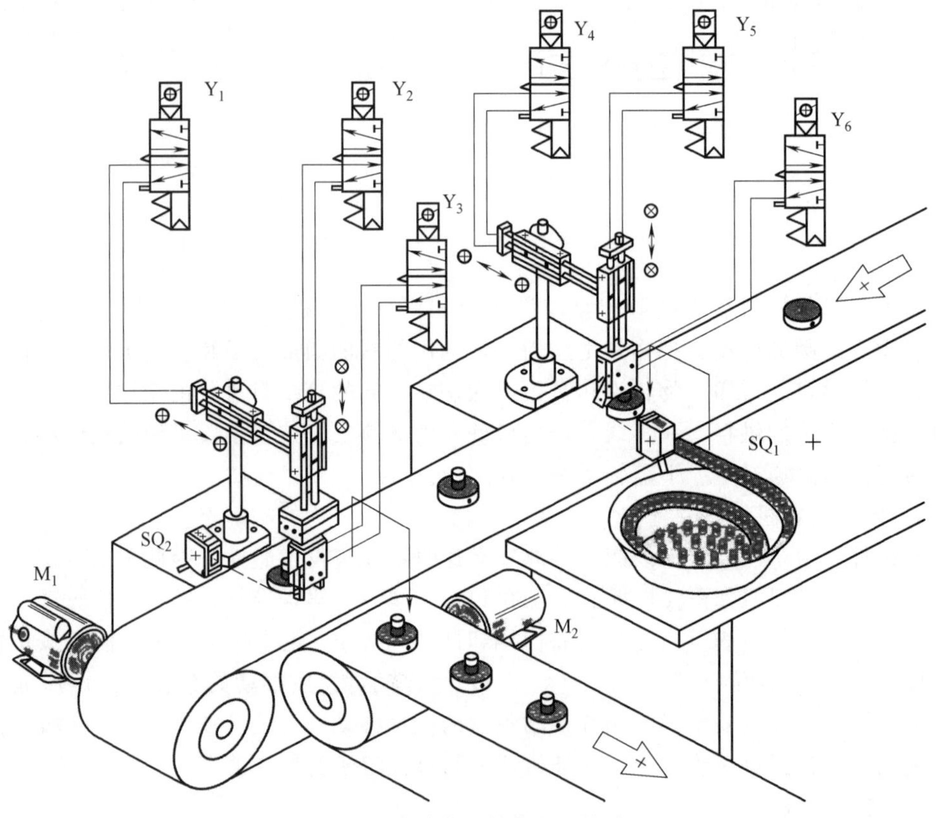

图 4-7　自动线上的传送机械手

按下启动按钮，开始下列操作。

① 电机 M_1 正转，传送带开始工作，当到位传感器 SQ_1 为 ON 时，装配机械手开始工作。

② 第一步：机械手水平方向前伸（气缸 Y_4 动作），然后垂直方向向下运动（气缸 Y_5 动作），将料柱抓取起来（气缸 Y_6 吸合）。

③ 第二步：机械手垂直方向向上抬起（Y_5 为 OFF），在水平方向向后缩（Y_4 为 OFF），然后沿垂直方向向下（Y_5 为 ON）运动，将料柱放入货箱中（Y_6 为 OFF），系统完成机械手装配工作。

④ 系统完成装配后，当到料传感器 SQ_2 检测到信号后（SQ_2 灯亮），搬运机械手开始工作。首先机械手垂直方向下降到一定位置（Y_2 为 ON），然后抓手吸合（Y_3 为 ON），接着机械手抬起（Y_2 为 OFF），机械手向前运动（Y_1 为 ON），然后下降（Y_2 为 ON），机械手张开（Y_3 为 OFF），电机 M_2 开始工作，将货物送出。

4.1.3 有轨传动

（1）轨道

有轨传动在工业机器人生产线中应用得较多，如图 4-8 所示。其轨道也因应用情况的不同而异，常用的轨道如图 4-9 所示。

图 4-8 有轨传动

（2）双电机主从运动配置

当物料较大时，需要放置在 2 个导轨上，由 2 个电机驱动（或一个导轨由 2 个电机驱动），如图 4-10 所示，要求从动轴严格跟随主动轴运动。

① 创建完机器人系统后，导入 2 个 track 配置。

可以通过 robotstudio-controller 下的加载，选择…AppData\Local\ABB IndustrialIT\Robotics IT\RobotWare\RobotWare_6.08.0134\utility\AdditionalAxis\Track\DM1 下的 M7L1B1T（七轴驱动，反馈接在第一块 smb 上）和 M8L2B1T（8 轴驱动，反馈接在第二块 smb 上）重启。

② 重启后提示关联导轨，可以手动关联。

③ 打开示教器，点击“控制面板”→“配置”→“主题”→Motion，找到对应内容 Joint、Process、LinkedM Process，根据需要设置主从运动。

④ 配置完重启。

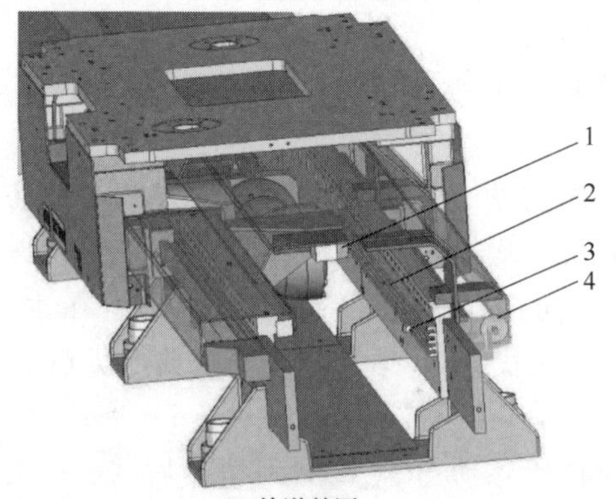

(a) 轨道外围

1—限位开关；2—镶条；3—凸轮；4—硬限位块(缓冲器)

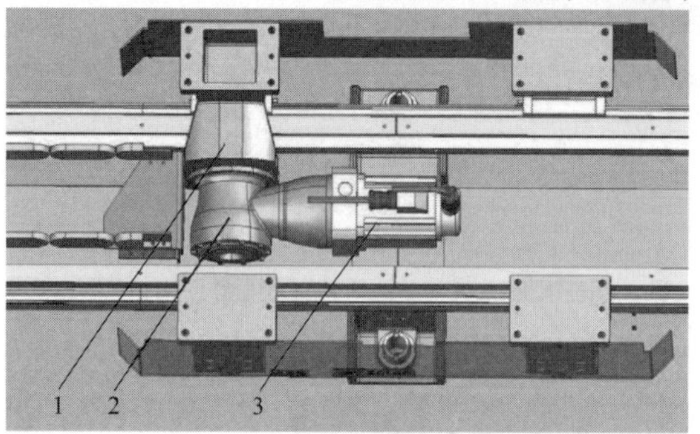

(b) 轨道结构

1—支架；2—齿轮箱；3—电机

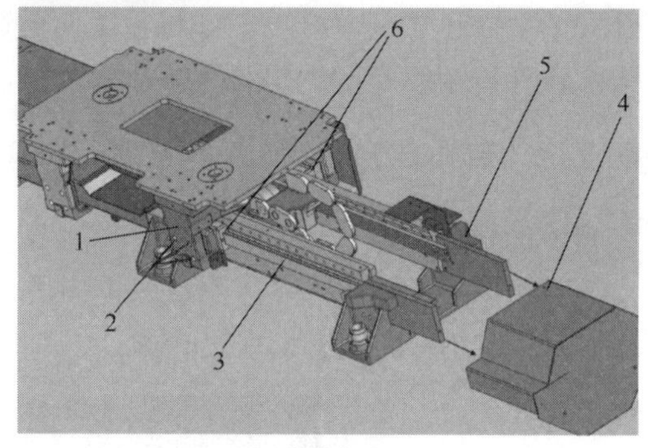

(c) 轨道支承

1—滑车支架；2—六角头螺栓和接触锁紧窄垫圈；

3—直线导轨；4—端盖；

5—机械限位块(支架+橡胶硬限位块)；

6—滚珠轴承滑块

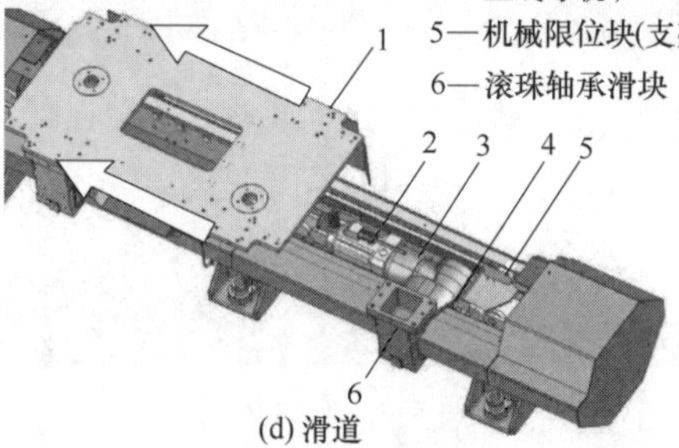

(d) 滑道

1—滑车； 2—电机；3—齿轮箱；4—小齿轮；5—电缆拖链；6—电机支架

图 4-9 轨道

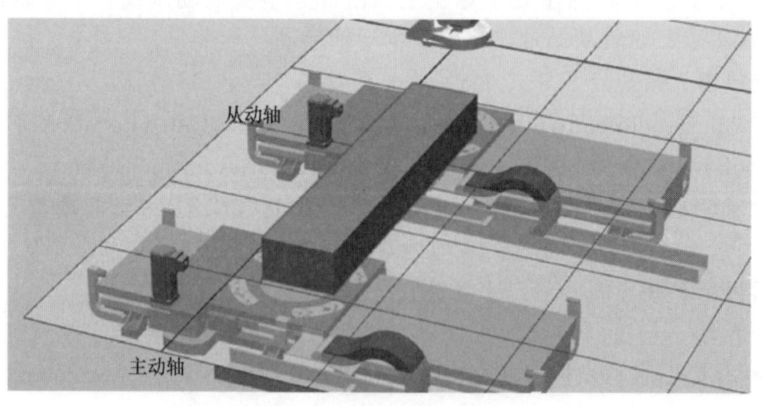

图 4-10 双电机主从运动

（3）输送链跟踪编码器定长触发

① 机器人进行输送链跟踪，通常当物体经过同步开关（如图4-11所示的A处）时，系统开始记录待跟踪物体。

② 若来料有偏差，通常也是来料经过同步开关时，触发相机拍照得到偏差数据。

③ 对来料非常密集，或某个物体经过同步开关时会被其他物体遮挡导致的不能及时触发相机拍照，通常采用输送链定长距离拍照。

由于输送链侧会安装编码器，经过一定编码器脉冲数后触发，达到输送链定长距离触发拍照。

④ 输送链跟踪系统中，有信号c1ScaleEncPuls，编码器经过一定脉冲后，触发该信号，如图4-12所示。

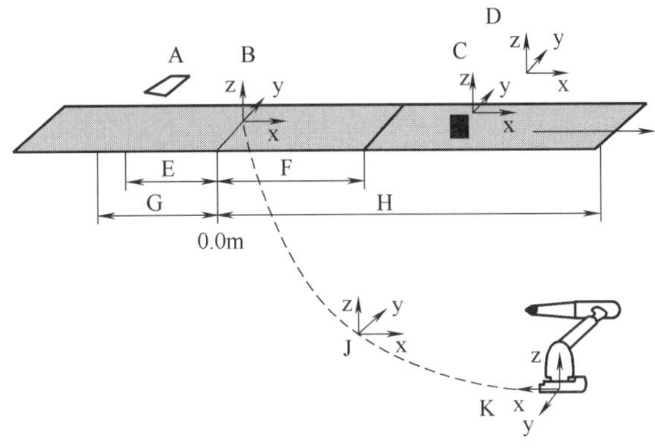

图4-11　同步开关

A—同步开关；B，C，D—工件坐标；E，F，G，H—距离；J—工件坐标；K—大地坐标

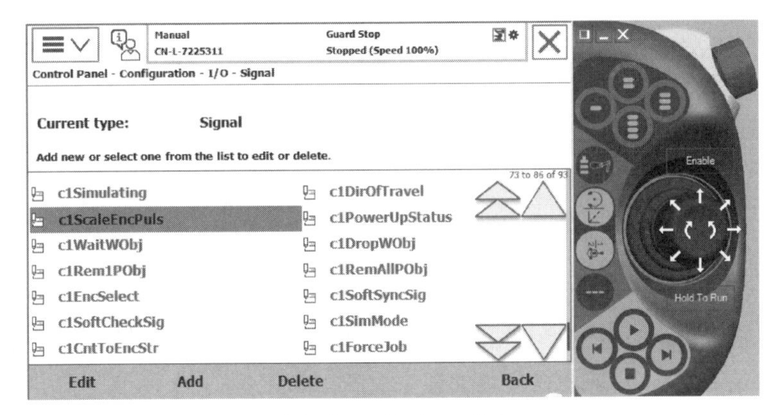

图4-12　c1ScaleEncPuls

⑤ 输送链定长距离由CountsPerMeter1（脉冲数/米）及ScalingFactor1（脉冲系数）共同决定，如图4-13所示。对应距离Distance=ScalingFactor＊2/CountersPerMeter。

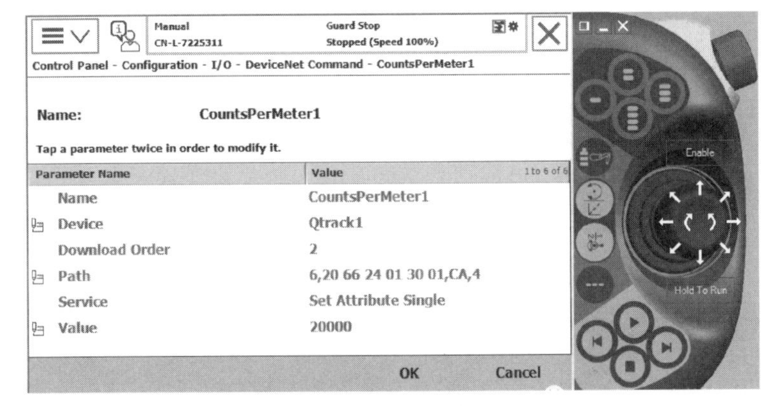

(a) CountsPerMeter1

图4-13

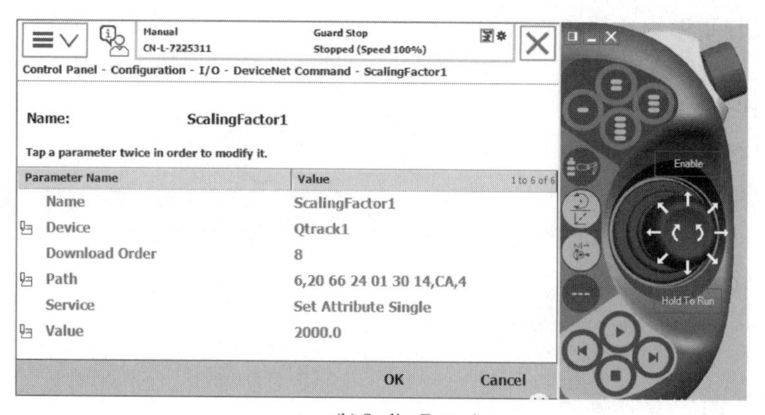

(b) ScalingFactor1

图 4-13　输送链定长距离

4.1.4　智慧仓储

仓储管理在制造加工和物流管理中占据重要地位，随着制造环境的智能程度提升，产品制造周期缩短，生产模式呈现多样化，对原材料、半成品和成品的存储要求越来越高。

在智能制造系统中，智能仓储是运用传感检测技术、网络通信技术及自动控制技术等，将仓库的物料出入由人工取送转变至根据生产流程自动进行存储。

（1）立式仓库的组成

图 4-14 所示为智慧仓储的立式仓库结构，图 4-15 所示的智能仓储模块是由 6 个仓位组成，用于存放样件。每个仓位均安装有光电传感器，传感器与以太网 I/O 模块连接，当仓位检测到有物料/时，传感器会将有料信号反馈至物料检测寄存器中。

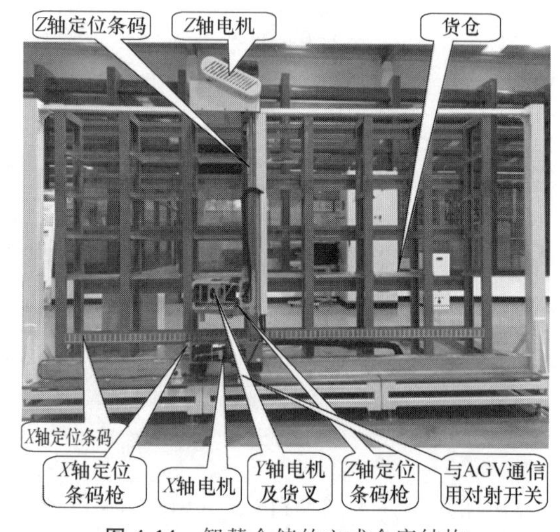

图 4-14　智慧仓储的立式仓库结构

（2）智慧仓储的通信

图 4-16 所示为智慧仓储的通信设置，通信连接见图 4-17，设置定义见表 4-1，数据块定义见表 4-2。

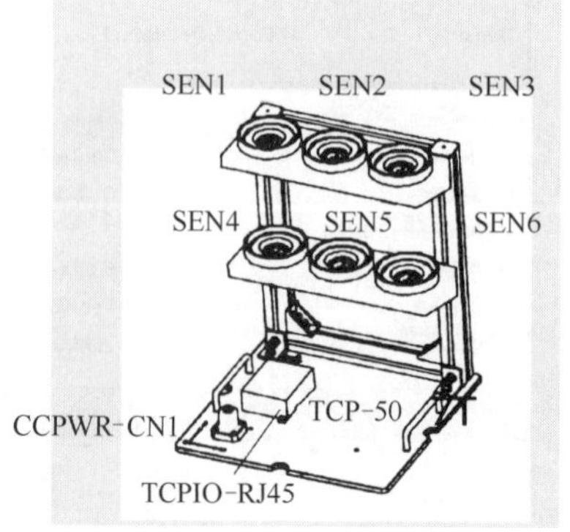

图 4-15　智能仓储模块

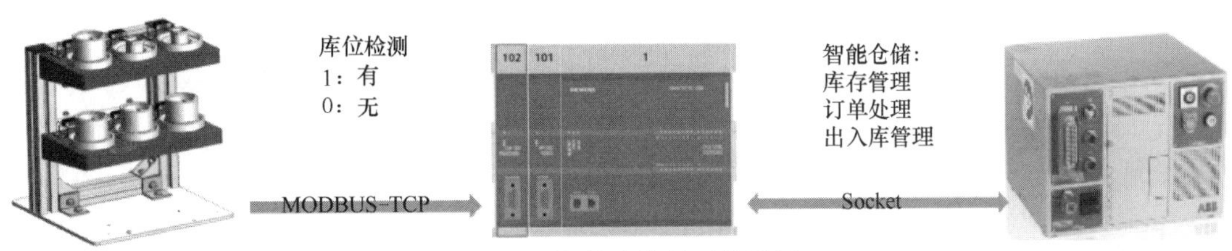

图 4-16　智慧仓储的通信设置

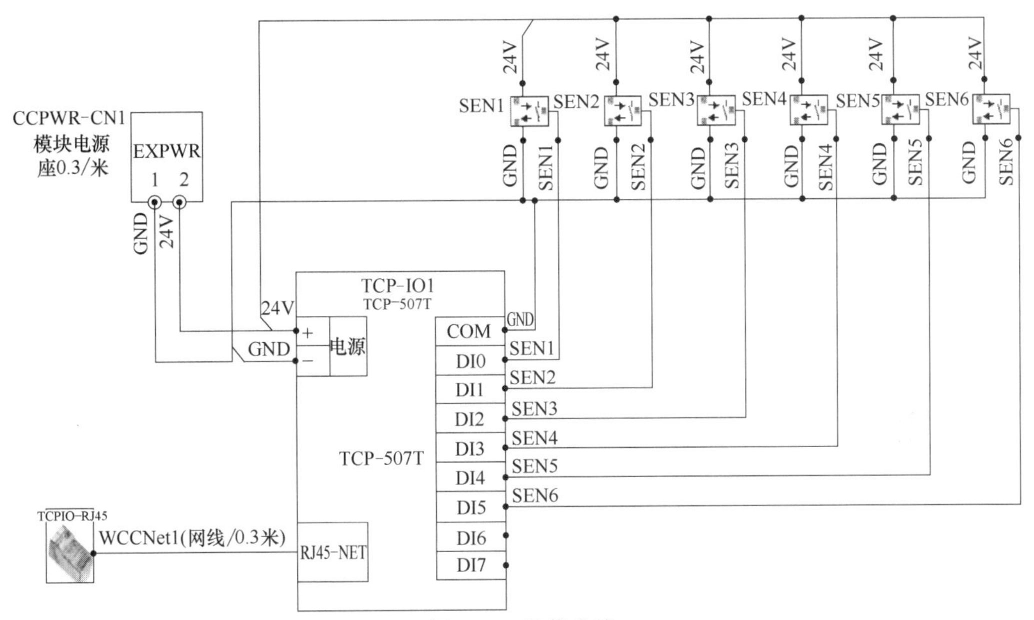

图 4-17　通信连接

表 4-1　设置定义

仓储模块→PLC			PLC→PLC		
名称	仓储模块	PLC	名称	PLC	PLC
MODBUS-TCP	主站	从站	Socket	主站	从站
IP 地址	192.168.101.75	192.168.101.13	IP 地址	192.168.101.13	192.168.101.100
端口号	502	主动连接	端口号	2001	主动连接

表 4-2　数据块定义

数据块	DB_TCP_DIO	
名称	数据类型	说明
"DB_TCP_DIO. MODBUS_TCP-CONNECT"	TCON_IP_v4	PLC 与仓储模块的通信连接参数
"DB_TCP_DIO. DI"	Array[0..7] of Bool	仓储模块的库位检测信息
Modbus	TCON_IP_v4	PLC 与仓储模块的通信连接参数
数据块	DB_PLC_STATUS	
名称	数据类型	说明
DB_PLC_STATUS. PLC_STATUS	Struct	PLC 状态
DB_PLC_STATUS. 库位物料	Array[0..5] of USInt	当前的库位占用情况
DB_PLC_STATUS. 库位信息	Array[0..5] of USInt	当前物料情况
数据块	DB_RB_CMD	
名称	数据类型	说明
DB_RB_CMD. RB_CMD. RB_CMD	Struct	机器人命令
DB_RB_CMD. RB_CMD. 库位物料	Array[0..5] of USInt	库位使用申请
DB_RB_CMD. RB_CMD. 库位信息	Array[0..5] of USInt	物料信息录入

（3）立体库模块服务器配置和调试

① 恢复出厂设置　仓库模块有恢复出厂设置按钮，按下按钮，直到模块上蓝色的灯闪烁后松开，仓库模块自动恢复到 192.168.1.75 的网址，如图 4-18 所示。

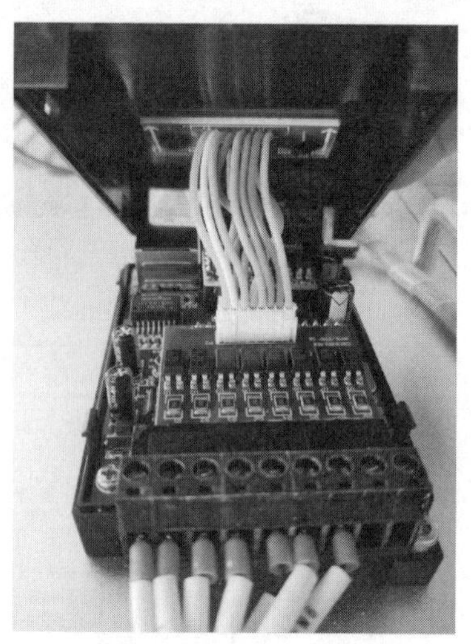

图 4-18　恢复出厂设置

② 服务器配置　在使用配置仓储模块的地址前需要更改当前计算机网段，即修改在 192.168.1.×××网段，如图 4-19 所示，图 4-20 中“TCP/IP 通道”处的“模块目前 IP 地址”需设置为“192.168.1.75”，IP 地址设置完成后“选择通讯接口”为 TCP/IP，点击“系统配置读”按钮，如图 4-21 所示。仓储以太网配置中将 IP 地址改为 192.168.101.75，如图 4-22 所示。IP 地址设置完成后点击“系统配置写”按钮，如图 4-23 所示。信息框（图 4-24）中显示“写配置信息成功”，表示模块 IP 地址配置完成。

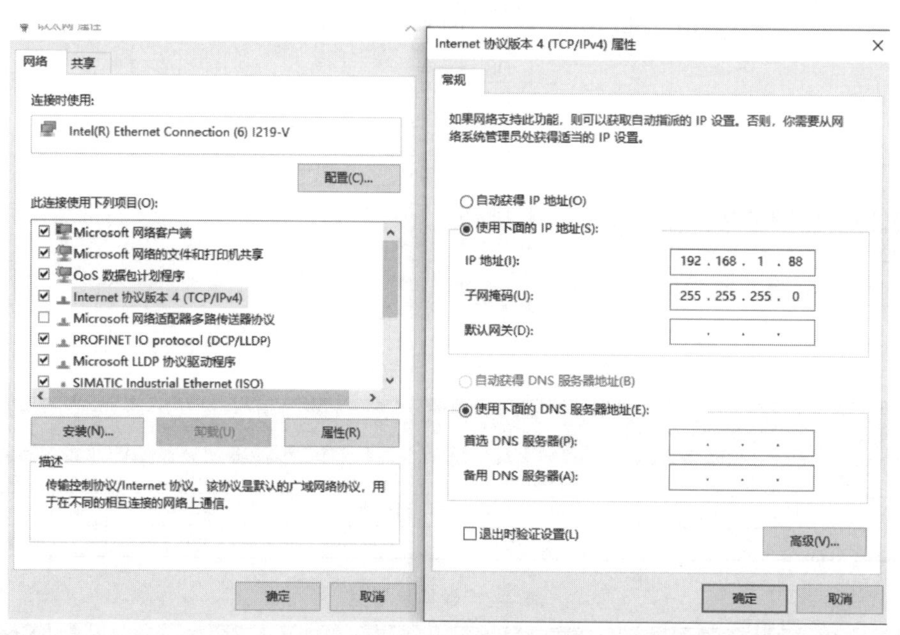

图 4-19　更改当前电脑网段

电脑通讯设置

RS232/RS485通道

串口 COM4　校验 NONE

波特率 9600　数据位 8

模块地址 1　停止位 1

TCP/IP通道

模块目前IP地址: 192 . 168 . 1 . 75

模块目前端口号: 502

图 4-20　设置 IP 地址

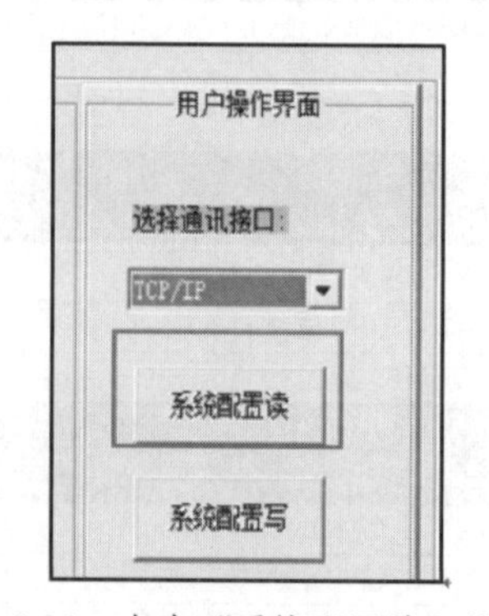

图 4-21　点击“系统配置读”按钮

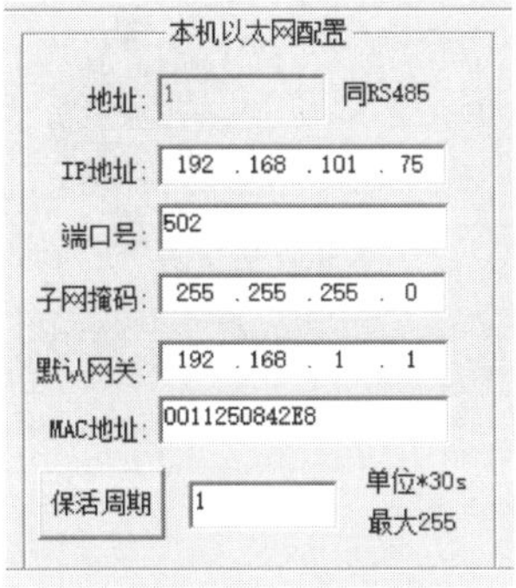

图 4-22 仓储以太网配置

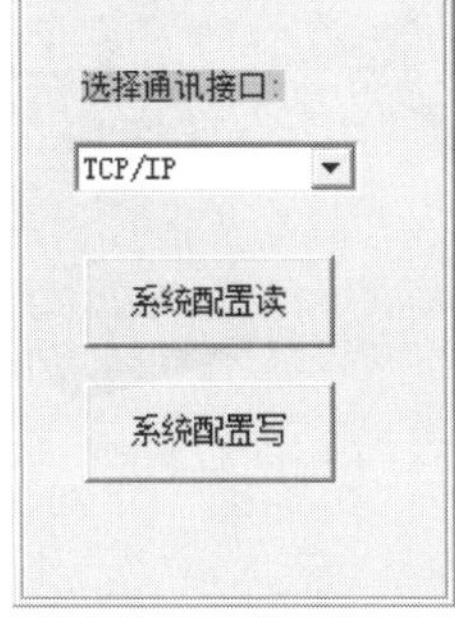

图 4-23 单击“系统配置写”按钮

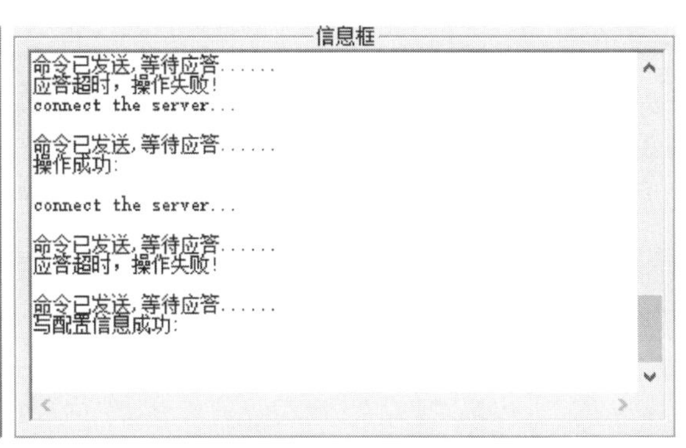

图 4-24 信息框

4.2 工业机器人自动加工生产线的设计与应用

工业机器人自动加工生产线如图 4-25 所示，自动加工生产线是由工件传送系统和控制系统将一组自动机床和辅助设备按照工艺顺序连接起来，自动完成产品全部或部分制造过程的生产系统，简称自动线。

图 4-25 工业机器人自动加工生产线

自动加工生产线在无人干预的情况下按规定的程序或指令自动进行操作或控制的过程，其目标是“稳、准、快”。采用自动加工生产线不仅可以把人从繁重的体力劳动、部分脑力劳动及恶劣、危险的工作环境中解放出来，而且能扩展人的器官功能，极大地提高劳动生产率，增强人类认识世界和改造世界的能力。

在机床切削加工中过程自动化不仅与机床本身有关，而且也与连接机床的前后生产装置有关。工业机器人能够适合所有的操作工序，能完成诸如传送、质量检验、剔除有缺陷的工件、机床上下料、更换刀具、加工操作、工件装配和堆垛等任务。

工业机器人自动加工生产线的任务是数控机床进行工件加工，工件的上下料由工业机器人完成，机器人将加工完成的工件搬运到输送线上，由输送线输送到装配工位；在输送过程中机器视觉在线检测工件的加工尺寸，合格工件在装配工位由工业机器人进行零件的装配，并搬运至成品仓库，而不合格工件则不进行装配，由机器人直接放入废品箱中。

4.2.1 产品

自动加工生产线上加工的产品如图 4-26 所示，其加工过程如图 4-27 所示。

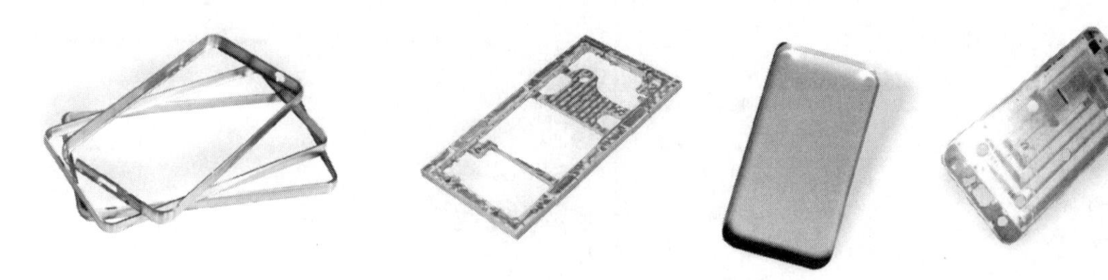

图 4-26　自动加工生产线上加工的产品

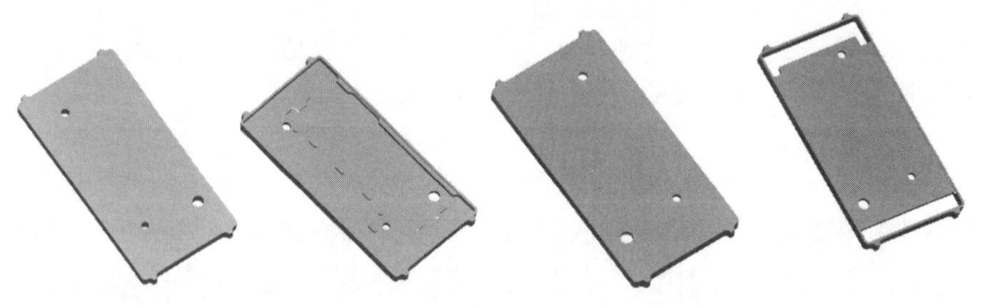

(a) 一夹加工前坯料图　(b) 一夹加工后产成品图　(c) 二夹加工前背面图　(d) 二夹加工后背面图

图 4-27　加工过程

4.2.2　总体架构

如图 4-28 所示，数控加工智能生产线是数字化车间的基础，也是实现制造智能化的核心模块。数字化车间的顶层是企业管理和产品设计，顶层系统完成任务排程下发和工艺设计，数控智能生产线根据加工工艺和生产计划实现智能加工。

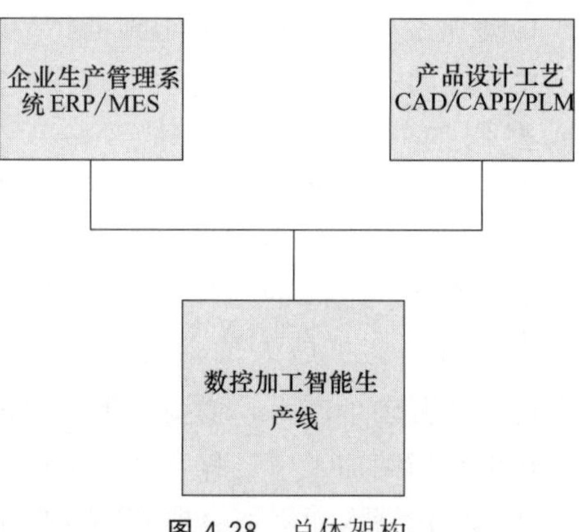

图 4-28　总体架构

如图 4-29 所示，根据数控加工智能生产线的功能结构，将智能生产线从下到上分为四个层级。

① 智能化设备：数控机床、机器人、自动料仓。

② 单元管控系统：实现工艺的生产线控制。

③ 云服务和云计算平台：多生产线单元的统一管理，数控机床的远程监控，效率分析，程序管理，监控诊断，智能优化。

④ 制造大数据仓库和接口：为 ERP/MES CAPP/PLM 提供大数据仓库，实现企业信息化连通。

4.2.3　自动化生产线硬件

（1）布局

根据待加工零件的加工特点及现场情况，我们拟定两套自动化生产线的方案，其中一条采用品字形布局，另一条采用一字形布局。

1）品字形布局

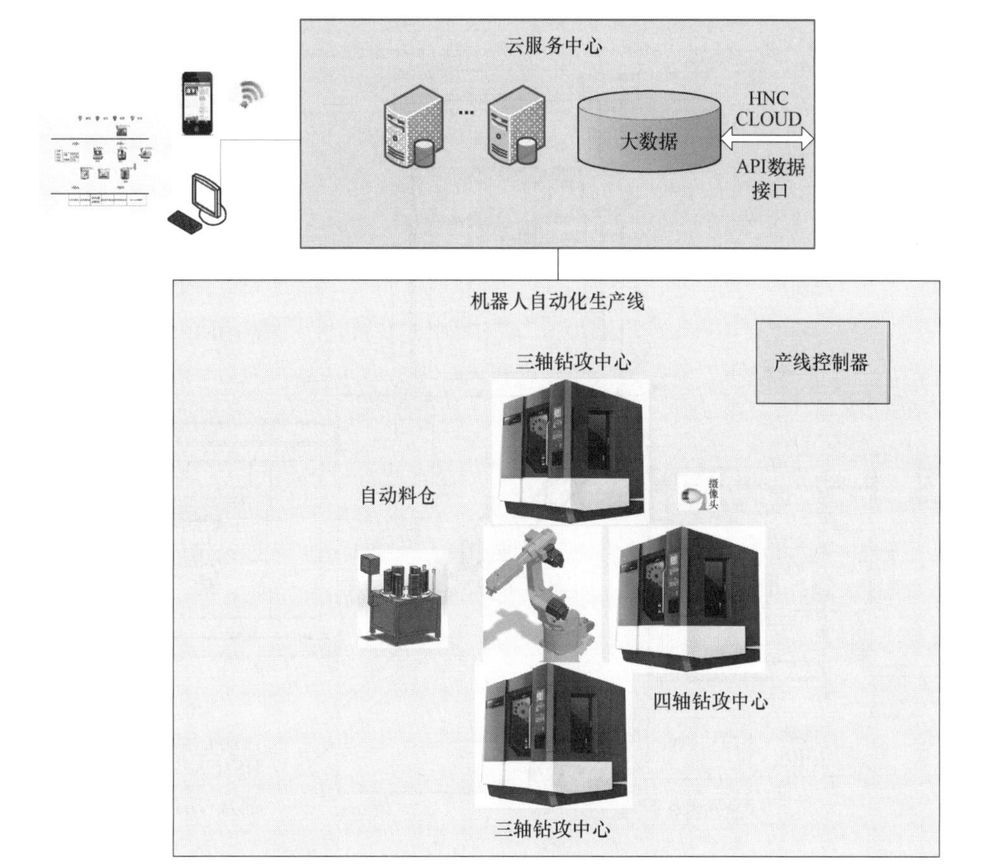

图 4-29 数控加工智能生产线总体构架

自动化生产线采用品字形布局，六关节机器人采用落地式安装，以机器人为中心，钻攻中心和自动料仓围绕机器人做环状布置。品字形布局加工单元集高效生产、稳定运行、节约空间等优势于一体，适合于狭窄空间场合的作业。平面布置图 4-30 所示。

① 工艺流程　钻攻中心缺料→感应缺料→PLC 中央控制台→机器人启动取料→上料到 1# 钻攻中心→上料到 2# 钻攻中心→取 1# 钻攻中心到 3# 钻攻中心（取 2# 钻攻中心到 3# 钻攻中心）→从 3# 钻攻中心下料。

② 生产环境要求（表 4-3）

表 4-3　生产环境要求

序号	名　称	系统工作要求	备　注
1	工作环境	温度－5～45℃，相对湿度 10%～100%	
2	压缩空气	0.4～0.7MPa	
3	供电条件	380V/220V±15%、50Hz 三相五线制	
4	地基	地基光滑平整，符合工业施工标准	

2）一字形布局

自动化生产线采用一字形布局，3 台钻攻中心一字形排开，用一台机器人上下料，其中机器人添加一个第七轴——机器人导轨，使机器人沿着直线轨道前后运动，完成对钻攻中心的上下料，其运动过程由上位机系统控制。一字形布局加工单元不仅适用于 3 台钻攻中心，也适用于 N 台钻攻中心一字排开，具有一定的经济性，但相对品字形布局生产效率低、占地面积大。一字形布局平面布置图如图 4-31 所示。

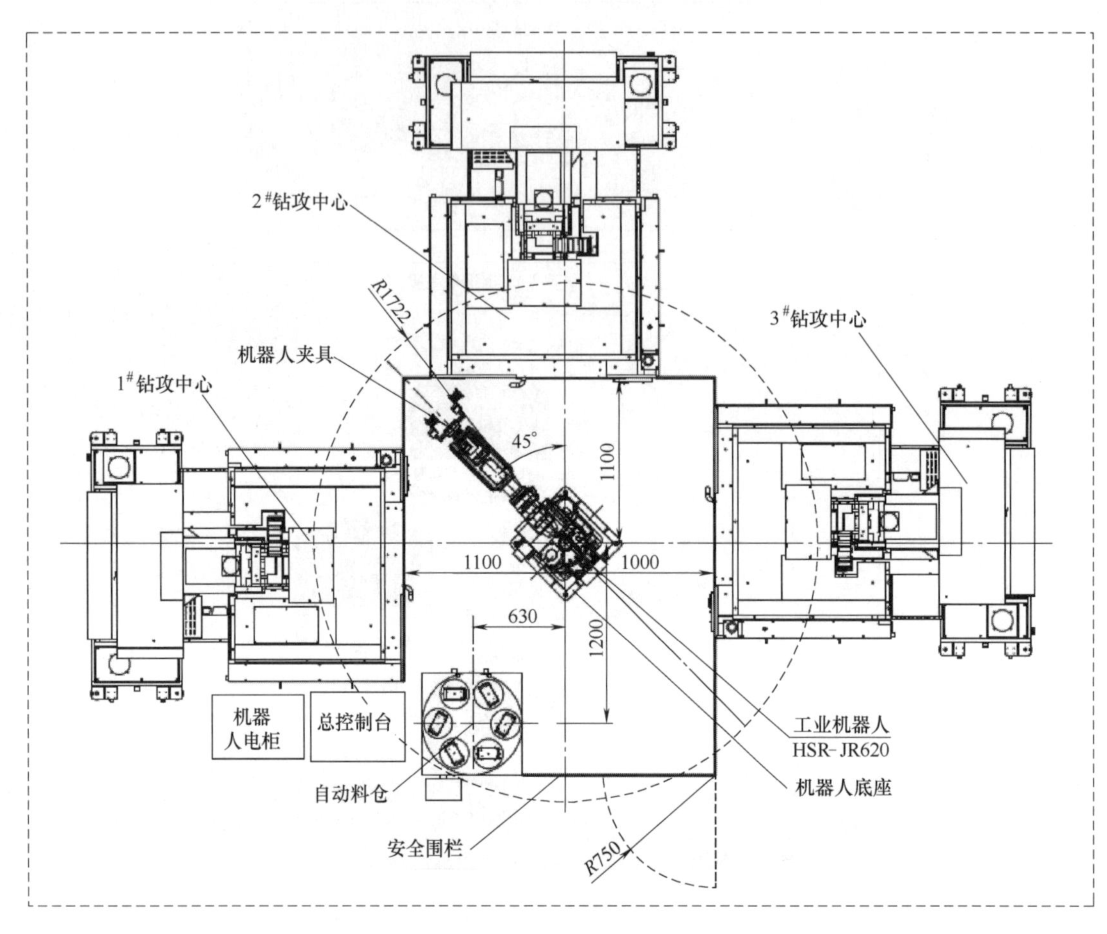

图 4-30 平面布置图

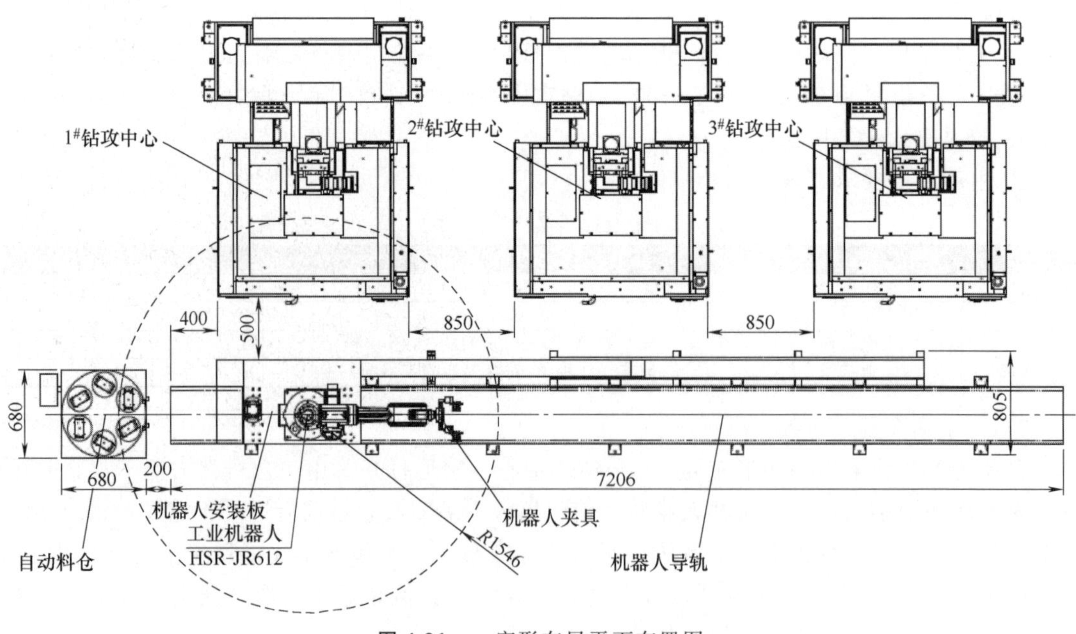

图 4-31 一字形布局平面布置图

(2) 设备选择

1) 主要设备清单(表 4-4)

表 4-4　主要设备清单

序号	名　称	数 量	型　号	备注
1	工业机器人	1 台	HSR-JR620	含机器人电柜及机器人控制系统
2	机器人底座	1 套		
3	机器人夹具	1 套		根据零件进行定制
4	钻攻中心	2 台	TOM-ZH540	三轴,配自动门,数控系统为 HNC-818A
5	钻攻中心	1 台		四轴,带弹簧夹头的转台,配自动门,数控系统为 HNC-818A
6	机床工作装置	3 套		专用工装
7	自动料仓	1 套		6 工位
8	上位机控制系统	1 套		
9	气动系统附件	1 套		电磁阀、气源三联件
10	安全防护系统	1 套		

2) 数控加工中心单元

① 钻攻中心　选用 TOM-ZH540 型钻攻中心,如图 4-32 所示。

图 4-32　TOM-ZH540 型钻攻中心

② 机床工装　如图 4-33 所示,机床工作装置由工作台、定位销和 4 个回转夹紧气缸组成,机器人夹具通过定位销将待加工零件准确地放置在工作台面后,4 个回转夹紧气缸动作,将待加工零件定位压紧,其装置清单见表 4-5,其结构如图 4-34 所示。

3) 机器人单元

① 本体　机器人本体采用华中数控生产的 6 关节型机器人,型号为 HSR-JR620,如图 4-35 所示。

② 机器人夹具　根据钻攻中心加工手机壳的工艺,并考虑机器人的动作要求,设计机器人的夹具来满足被加工件的上下料及翻面功能;该夹具采用真空吸盘通过吸附零件来夹持零件,分为上下对称两部分,各有一个旋转气缸,中间为伸缩的夹抓气缸;通过上下夹具的旋转配合让工件旋转到中间,吸盘相对,再由中间气缸伸缩吸附到工件背面,来实现翻转,再由机器人移动到机床边让夹具夹持加工,具体结构如图 4-36 所示。

③ 机器人底座　机器人底座由碳钢板组对焊接而成,其高度由机器人所需的作业空间确定,确保工件的各个取放点均在机器人的活动范围内,具体结构如图 4-37 所示。

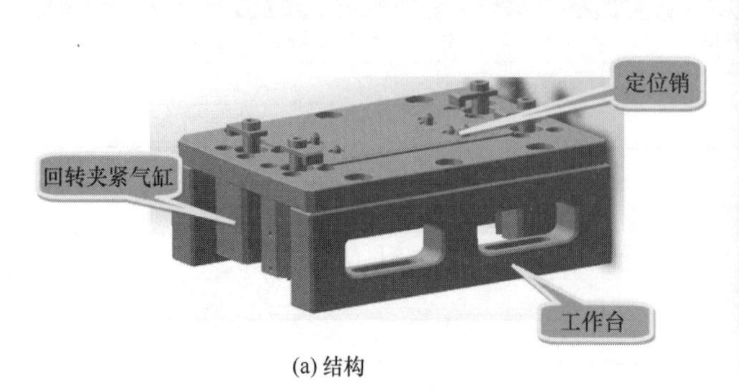

(a) 结构

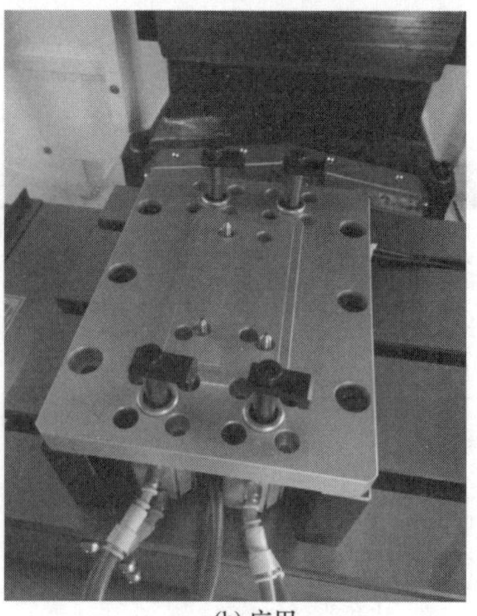
(b) 应用

图 4-33　机床工作装置

表 4-5　钻攻中心工作装置清单（按 3 套统计）

序号	图号名称	方式	数量	备注
1	大 1 号销钉	机加工	4	
2	小 1 号销钉	机加工	8	
3	大 2 号销钉	机加工	4	
4	小 2 号销钉	机加工	8	
5	垫高块	机加工	6	
6	压板	机加工	12	
7	治具板	机加工	3	
8	右转角缸 MKB25-20RZ	外购件	6	配磁感应线＋8cm 接头
9	左转角缸 MKB25-20LZ		6	配磁感应线＋8cm 接头
10	单向电磁阀		12	
11	8cm 气管		50m	
12	内六螺螺钉 M10×30		18	
13	内六螺螺钉 M8×12		12	
14	内六螺螺钉 M6×30		24	
15	内六螺螺钉 M5×18		10	

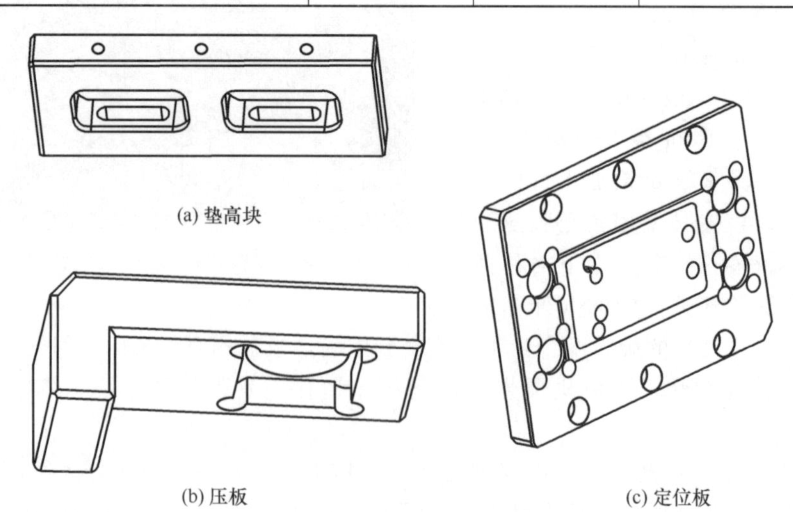
(a) 垫高块

(b) 压板

(c) 定位板

图 4-34　机床工装结构

图 4-35　工业机器人

图 4-36　机器人夹具

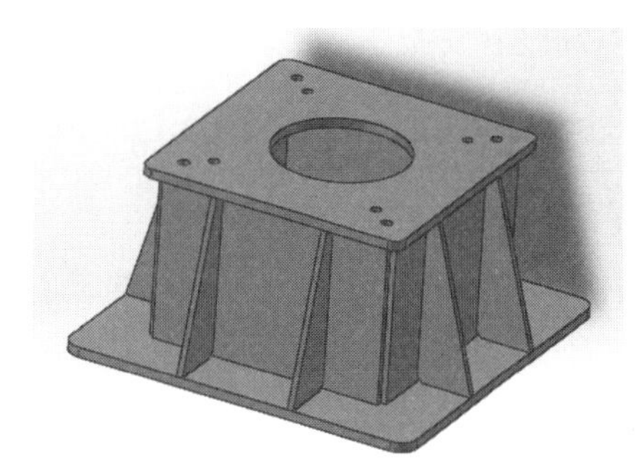

图 4-37　机器人底座

（3）自动料仓

如图 4-38 所示，料仓采用六工位转盘式自动料仓。料仓有 6 个工位，每个工位可放多个工件，其中两个工位具有自动抬升能力，分别为毛坯件上料工位和成品件下料工位。开工前，由操作人员将除成品件下料工位以外的其他 5 个工位放上毛坯件，机器人在上料工位抓料，每抓走一个工件，工位自动抬升，使机器人每次抓取都在同一位置；加工完成后机器人将工件放入下料工位，每放置一个成品，工位自动下沉，使机器人每次放料也在同一位置。当一个工位的工件全部抓取完毕后，料仓自动旋转一个工位，空仓变为下料工位，下一个工位成为上料工位，加工继续循环下去，当料仓旋转 5 次后，操作人员将外侧工位上已经加工

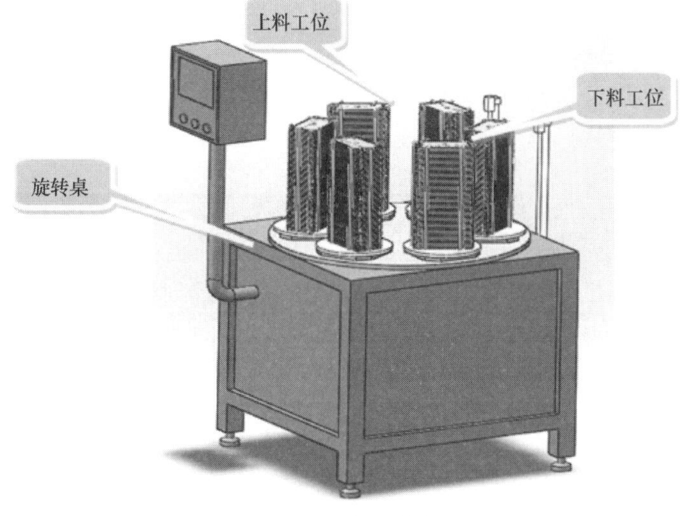

图 4-38　自动料仓

完成的工件取出并换上未加工的毛坯件，使自动化单元可以不停机连续运转下去。

（4）安全防护系统

系统配备完善的安全装置，即时控制显示安全区域状况，即时发出声光报警信号或停机。生产线的所有设备设施均设定防护围栏、安全门和安全锁等装置，并进行必要的连锁保护。在防护栏的适当位置装设安全门，所有的门均安装有安全开关及按钮盒，按钮盒上设有重定按钮和急停按钮，安全门通过安全锁（开关）与系统关联，当安全门被非正常打开时，系统停止营运并报警，每个入口小门上都有申请控制盒、光电连锁装置、安全检测器，小门没完全关闭时，安全检测器不会动作，因此设备将不可能重新启动。在关闭小门后，必须按该门上的（循环开始）按钮，生产线才能启动。生产线的安全措施通过硬件和软件两个方面保障人员和设备安全。

4.2.4 软件控制

（1）总控 PLC

总控 PLC 负责 3 台钻攻中心、自动料仓、机器人之间交互信号的处理，状态监控以及安全保护等。

（2）上位机

上位机包括总控 PLC、人机交互的显示器及上位机控制软件等，可监测 3 台钻攻中心状态、控制系统各设备信号交互等。

（3）上位机控制软件

上位机控制软件主界面如图 4-39 所示，上位机控制软件主要有机床监控功能（图 4-40）、自动料仓监控功能（图 4-41）、机器人监控功能（图 4-42）、总控 PLC 监控功能、生产管理功能，包括机床参数界面（图 4-43）、寄存器监控界面（图 4-44）等。

图 4-39　上位机控制软件主界面

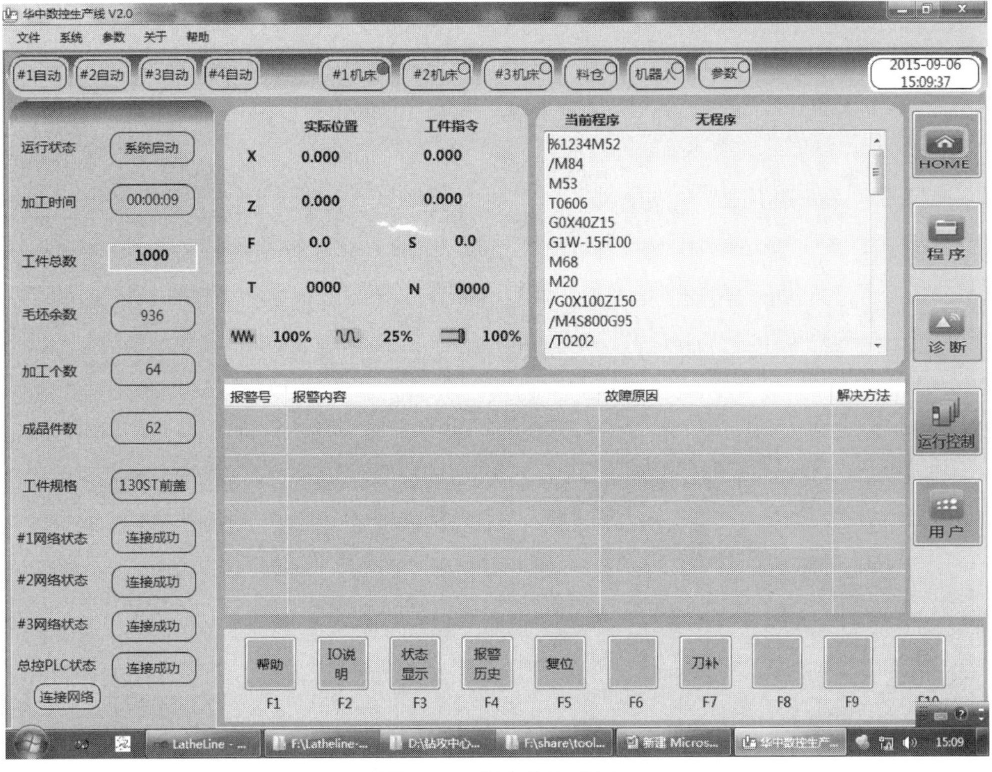

图 4-40 机床监控界面

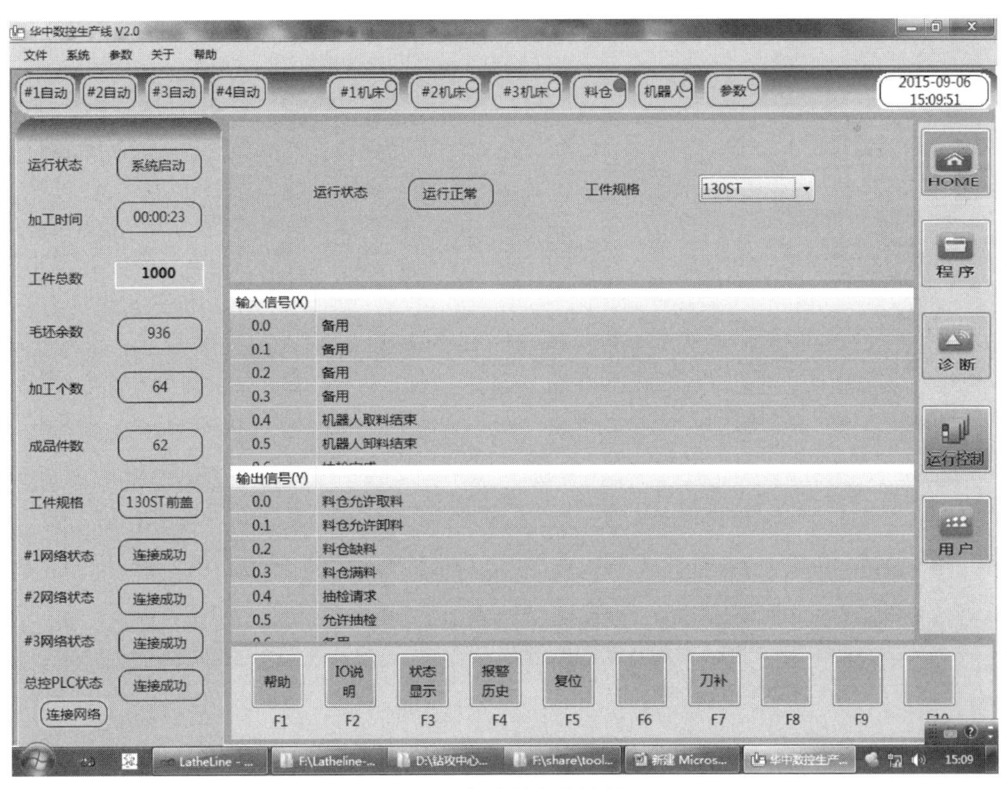

图 4-41 自动料仓监控界面

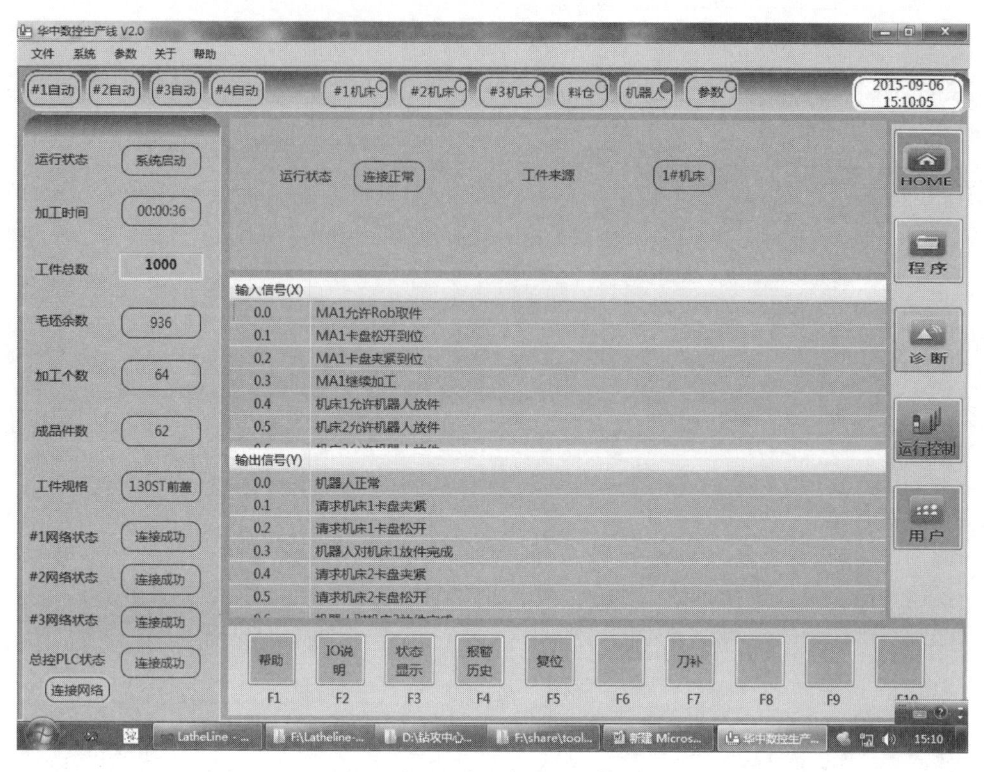

图 4-42　机器人监控界面

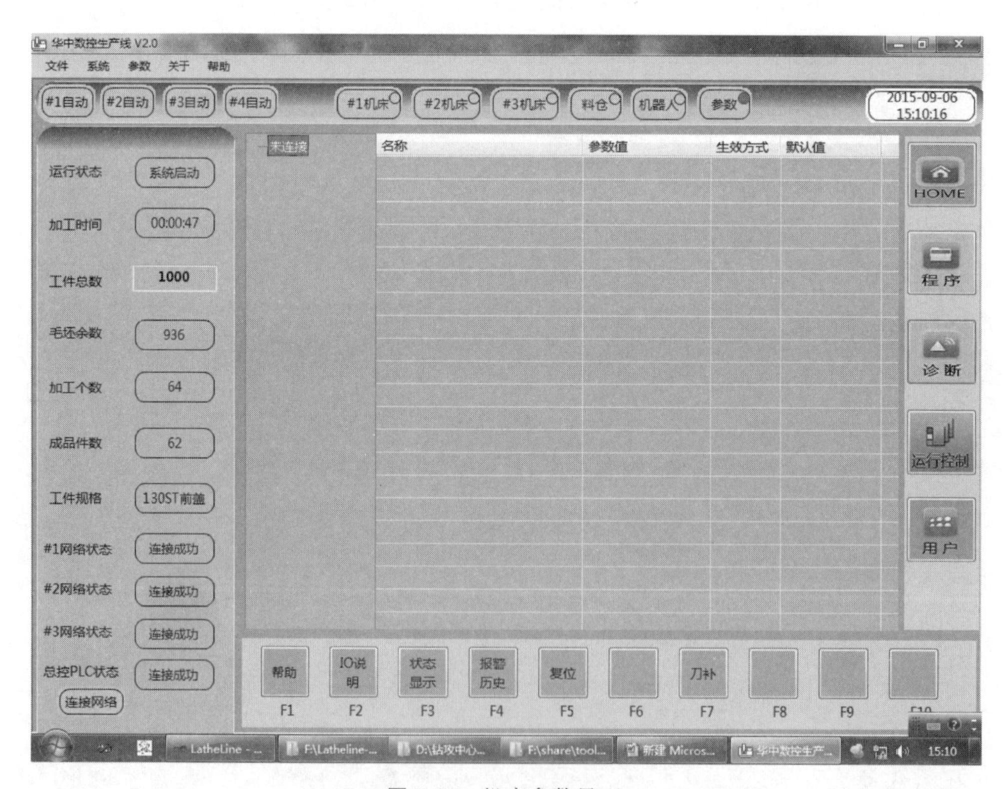

图 4-43　机床参数界面

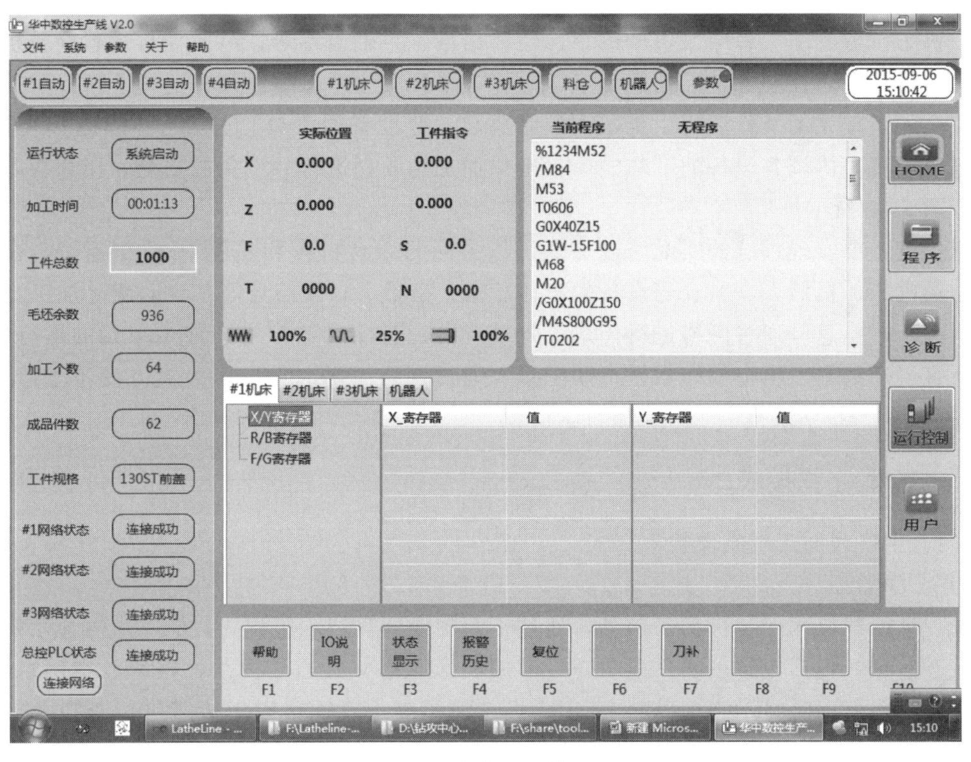

图 4-44 寄存器监控界面

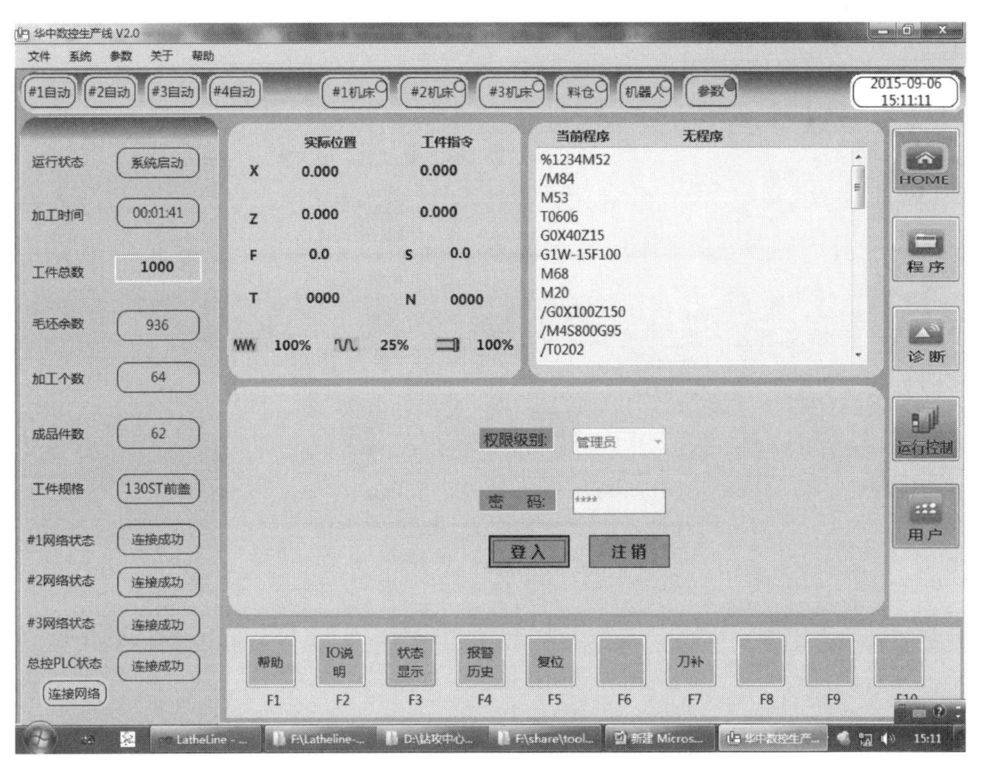

图 4-45 用户权限管理界面

总控系统提供对3台钻攻中心的状态监控及控制功能，包括报警、报警历史、寄存器、刀补、机床位置、加工程序、进给倍率、快移倍率、主轴倍率等；可监控自动料仓及机器人的实时运行状态，控制各单元之间交互，确保各单元安全、可靠地加工运行。

整个加工单元的工作流程由机器人程序决定，各设备的I/O信号通过总控PLC进行通信和逻辑运算，协调各设备的动作顺序，确保加工的顺利进行和设备的安全，用户权限管理界面如图4-45所示。

上位机主要实现系统的实时监视。通过以太网与3台机床和总控PLC相连接，在线监测并记录机床、机器人、料仓等设备的工作状态、参数、I/O信号等，自动统计加工工件数量。所有生产信息可通过网络进行传送，管理者可远程实时监控自动加工单元的运行情况，并且所有生产数据、历史生产数据自动记录，通过网络可随时调阅，大大方便了生产管理，为企业建立MES系统提供了基础条件。

4.2.5 智能化管控技术

（1）生产线加工状态监控

1）车间管理

管理生产线机床的运行状态信息，通过平面图或列表展示等方式，能够实时显示机床的当前状态信息。包括模拟车间平面图查看车间机床状态（运行、离线、报警、空闲），并通过不同的颜色灯闪烁显示当前状态，如图4-46所示。本页面可以对机床进行查找，包括所属车间、机床型号、数控系统型号、关键字等进行机床快速定位搜索。

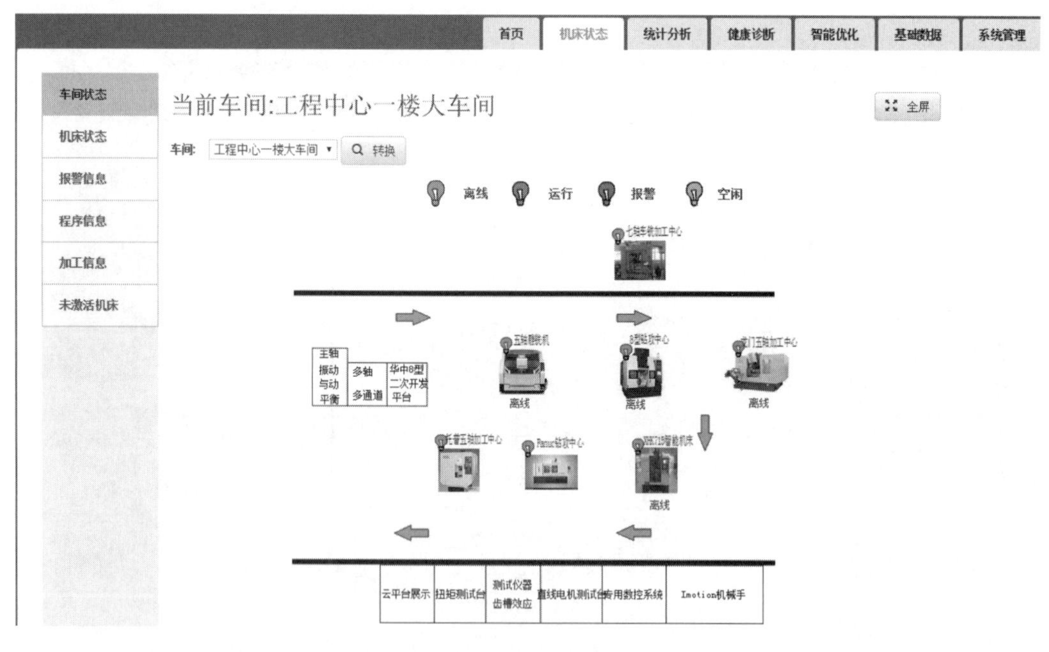

图4-46 车间状态

2）机床状态概览

我们可以通过列表形式快速查看机床状态概览，如图4-47所示。包括机床名称、机床型号、数控系统型号、当前状态、发生时间及所属车间。

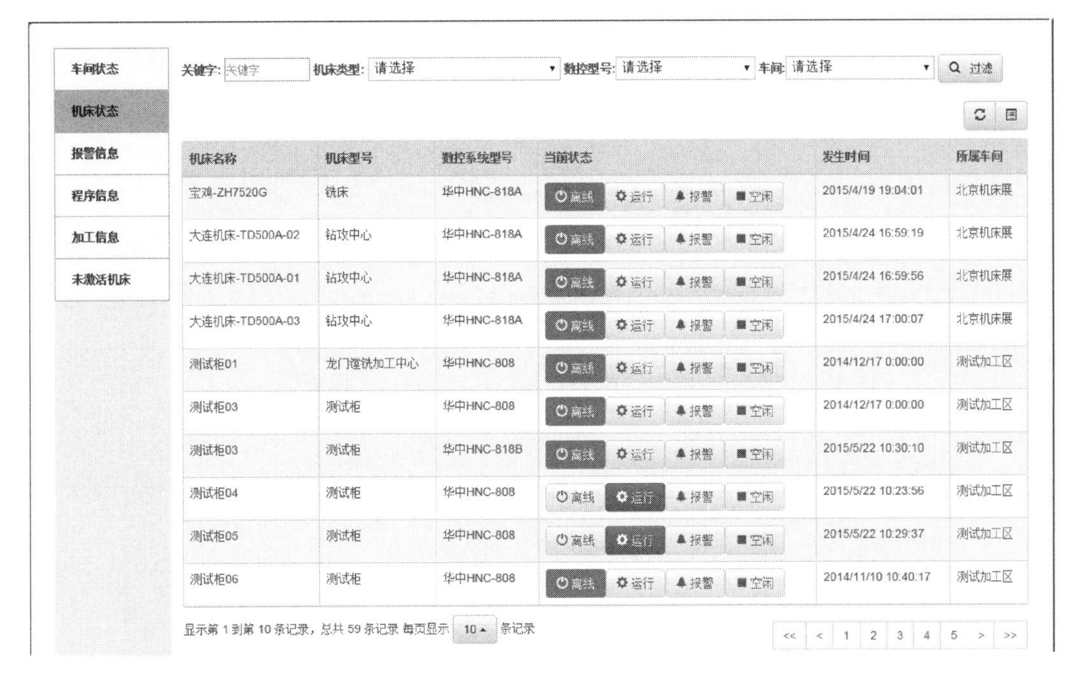

图 4-47　机床状态

（2）数控系统状态监控

1）实时监控

查看该机床实时监控详细信息，包括机床状态、坐标信息、刀具信息、（G 代码）程序信息、PLC 梯图、PLC 程序、（数控系统）寄存器（状态）、机床属性、参数信息。

在机床状态下可对机床运行时当前关键性的数据进行实时监测。数据内容包括机床坐标、工件坐标、剩余进给、负载电流、刀具信息、工件加工件数统计信息、当前运行的 G 代码信息、面板状态信息，如图 4-48 所示。

2）坐标信息

监测机床各部件关键性参数信息，包括机床实际、机床指令、工件实际、工件指令、相对实际、相对指令、剩余进给、编程位置、负载电流、工件零点、电机位置、电机转速、驱动单元电流、额定电流、同步误差、轴补偿值、波形频率、跟踪误差等数据信息，如图 4-49 所示。

3）刀具信息

统计当前机床配备的所有刀具的参数信息，主要内容有刀号、位置、类型、图片、长度、半径、长度磨损、半径磨损等，如图 4-50 所示。

4）程序信息

监测当前机床运行的 G 代码信息，包括 G 代码的名称、整个程序的行数统计、G 程序的详细内容、G 代码当前运行的行数、指令内容、当前的模态信息、运行的时间、所剩时间等信息，如图 4-51 所示。

5）PLC

PLC 梯图，显示了机床当前的 PLC 梯形图，同时标注了 PLC 的状态，红色是非联通状态、绿色是联通状态，如图 4-52 所示。将梯形图解析成 PLC 指令代码，如图 4-53 所示。

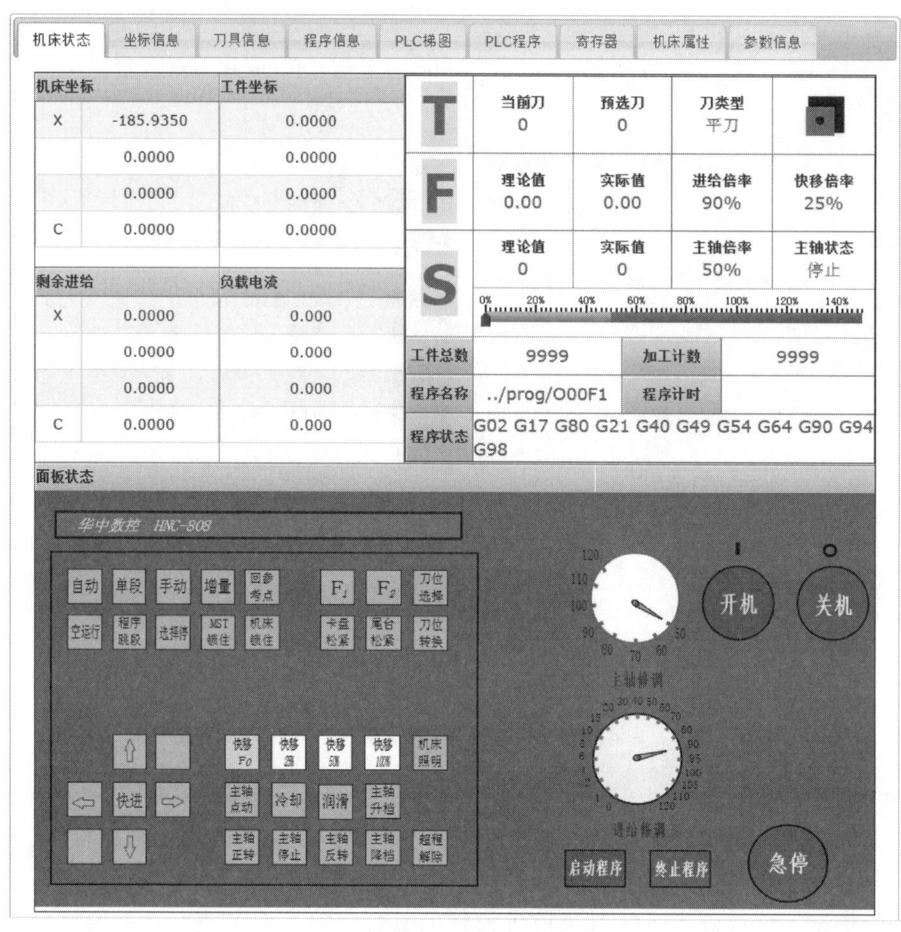

图 4-48 机床实时状态

机床实际		机床指令	工件实际	工件指令	相对实际	相对指令
X	-185.9350	-185.9350	0.0000	0.0000	-185.9350	-185.9350
	0.0000	0.0000	0.0000	0.0000	0.0000	0.0000
	0.0000	0.0000	0.0000	0.0000	0.0000	0.0000
C	0.0000	0.0000	0.0000	0.0000	0.0000	0.0000
剩余进给		编程位置	负载电流	工件零点	电机位置	电机转速
X	0.0000	0.0000	0.003	-185.0000	2698563	0
	0.0000	0.0000	0.000	0.0000	0	0
	0.0000	0.0000	0.000	0.0000	0	0
C	0.0000	0.0000	0.000	0.0000	0	0
驱动单元电流		额定电流	同步误差	轴补偿值	波形频率	跟踪误差
X	20.3000	6.8000	0.0000	0.0000	0.0000	0.0000
	0.0000	0.0000	0.0000	0.0000	0.0000	0.0000
	0.0000	0.0000	0.0000	0.0000	0.0000	0.0000
C	35.7000	18.8000	0.0000	0.0000	0.0000	0.0000

图 4-49 坐标信息

机床状态 | 坐标信息 | 刀具信息 | 程序信息 | PLC梯图 | PLC程序 | 寄存器 | 机床属性 | 参数信息

刀号	位置	类型	图片	长度	半径	长度磨损	半径磨损
*16	0000	平刀		0.0000	0.0000	0.000	0.0000
1	0000	平刀		0.0000	0.3000	0.000	0.0000

图 4-50　刀具信息

图 4-51　程序信息

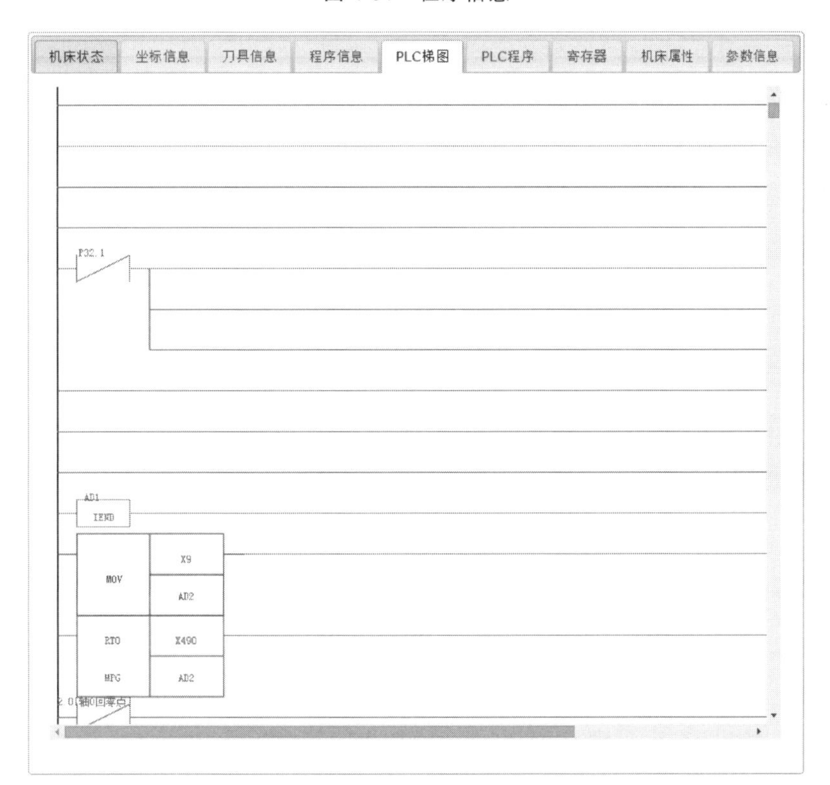

图 4-52　PLC 梯图

机床状态 坐标信息 刀具信息 程序信息 PLC梯图 PLC程序 寄存器 机床属性 参数信息

```
0  LDT
1  SET R230.5  [排屑停止灯]
2  LDT
3  SET R225.1  [主轴停止灯]
4  LDT
5  SET R66.0   [常真]
6  LDT
7  OUT R64.0   [轴选X]
8  LDT
9  SET R232.1  [x10灯]
10 LDT
11 SET R227.1  [润滑灯]
12 LDI P32.1
13 SET R104.7  [松紧刀条件]
14 SET R105.4  [响应紧刀]
15 SET R105.5  [响应松刀]
16 LDT
17 SET G2620.0 [自动模式]
18 LDT
19 SET G2620.7 [面板使能]
20 LDT
21 SET G2960.6
22 IEND
23 LDT
24 MOV X9  Y9
25 LDT
26 RTOMPG  X490    *0
27 LDI R2.0     [轴0回零点]
28 OUT G0.5     [X参考点]
29 LDI R2.1     [轴1回零点]
30 OUT G80.5    [Y参考点]
31 LDI R2.2     [轴2回零点]
32 OUT G160.5   [Z参考点]
33 LDI R3.0     [外部运行允许]
34 OUT R29.4    [按键急停]
35 LD  R29.1    [机床复位完成]
36 OR  R10.0    [轴5抱闸]
37 ANI R61.7    [轴准备好]
38 ANI R29.4    [按键急停]
39 SET R100.0   [伺服报警]
40 LD  R29.4    [按键急停]
41 OUT G2560.11     [通道急停]
42 CALL     S1
43 LDI R29.4    [按键急停]
44
```

图 4-53　PLC 程序

6）寄存器

分类显示数控系统当前的实时寄存器的状态信息，如图 4-54 所示。

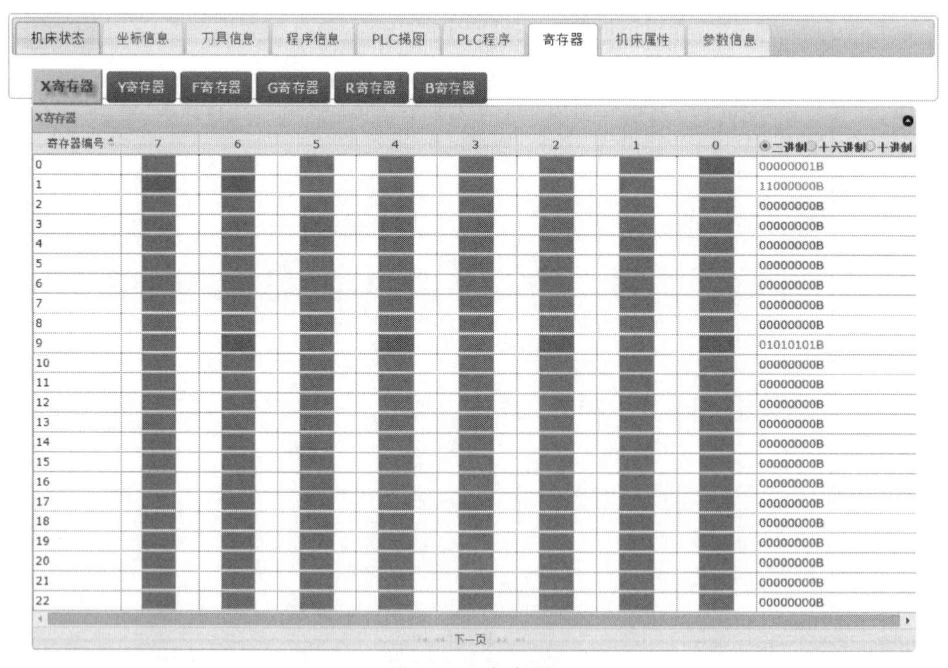

图 4-54　寄存器

（3）数控系统参数管理

参数信息管理内容包括机床状态、NC 参数、用户参数、通道参数、坐标轴参数、误差补偿参数、设备接口、数据表参数、版本比较。其中，版本比较可以将数控系统的出厂参数、已编辑修改过的参数进行比较，方便用户查看哪些参数已变更及变更内容。保存各个重要阶段的参数版本；不同历史版本参数比较，帮助分析问题原因，如图 4-55 所示。

机床状态　NC参数　用户参数　通道参数　坐标轴参数　误差补偿参数　设备接口　数据表参数　版本比较

待比较日期A：出厂参数版本 (2014-12-16)　待比较日期B：zbtest20150312 (2015-03-12)　比 较

历史参数版本比较

类型	参数号	名称	比较值A	比较值B
NC参数	000001	插补周期(us)	1000->1	5000
NC参数	000013	G00插补使能	1	0
NC参数	000022	图形自动擦除使能	1	9985
NC参数	000025	尺寸公制/英制显示选择	1	262145
NC参数	000039	网盘服务器IP地址4	61	233
NC参数	000084	英特网服务器IP地址4	61	123
机床用户参数	010000	通道最大数	1->1	1
机床用户参数	010033	通道0负载电流显示轴定制	0,1,2,5	0,1,2
机床用户参数	010169	G64拐角准停校验检查使能	0	327680
通道参数	040000	通道名	CH0->0	CH0
通道参数	040034	倒角使能	1	39937
通道参数	040035	角度编程使能	1	39937
通道参数	040110	G28搜索Z脉冲使能	0	1507328
通道参数	041111	G28/G30定位中移选择	1	9985

1　共4页　15　1-15　共48条

当前参数版本　出厂参数版本　请选择日期：请选择　查看

图 4-55　数控系统参数管理

（4）加工设备信息

显示数控系统型号、NCU 版本号、PLC 版本号、伺服信息、功率信息和面板信息等。

（5）加工效率统计分析

统计分析显示机床在某段时间范围内机床状态、机床开机率、机床运行率、机床利用率、机床加工件数、机床故障次数等统计报表，完善生产管理。

1）机床状态统计

机床状态统计列表包括在某一时间段内机床名称、机床型号、数控型号、所属车间、机床开机时间、机床关机时间、机床运行时间、机床报警时间及各个状态所占比率，方便用户了解机床工作状态，如图 4-56 所示。

首页　机床状态　统计分析　健康诊断　智能优化　基础数据　系统管理

机床状态统计　机床利用率　机床开机率　机床运行率　机床加工件数　机床故障次数

时间段：请选择　开始：开始时间　结束：结束时间　关键字：关键字　类型：请选择　数控型号：请选择　车间：请选择　过滤

状态统计

机床名称	机床型号	数控型号	所属车间	运行时间(时)	空闲时间(时)	报警时间(时)	关机时间(时)	运行比率	空闲比率	报警比率	关机比率
宝鸡-ZH7520G	铣床	华中HNC-818A	北京机床展	2.63	0.88	0.01	18.30	12.05%	4.05%	0.03%	83.88%
大连机床-TD500A-02	钻攻中心	华中HNC-818A	北京机床展	48.66	49.87	0.01	49.61	32.84%	33.66%	0.01%	33.49%
大连机床-TD500A-01	钻攻中心	华中HNC-818A	北京机床展	49.41	29.42	3.67	65.66	33.35%	19.85%	2.48%	44.32%
大连机床-TD500A-03	钻攻中心	华中HNC-818A	北京机床展	47.64	34.48	0.44	65.60	32.15%	23.27%	0.30%	44.28%
测试柜01	龙门镗铣加工中心	华中HNC-808	测试加工区	1.60	1118.02	0.04	4522.47	0.03%	19.82%	0.00%	80.16%
测试柜03	测试柜	华中HNC-808	测试加工区	228.36	596.85	10.48	4528.35	4.26%	11.13%	0.20%	84.42%
测试柜03	测试柜	华中HNC-818B	测试加工区	5.40	114.75	0.00	531.97	0.83%	17.60%	0.00%	81.57%
测试柜04	测试柜	华中HNC-808	测试加工区	167.63	246.38	0.01	238.07	25.71%	37.78%	0.00%	36.51%
测试柜05	测试柜	华中HNC-808	测试加工区	766.42	844.75	0.02	3934.79	13.82%	15.23%	0.00%	70.95%
测试柜06	测试柜	华中HNC-808	测试加工区	25.48	1007.63	0.00	5314.04	0.40%	15.88%	0.00%	83.72%
测试柜07	测试柜	华中HNC-818C	测试加工区	1475.06	993.57	0.00	4233.96	22.01%	14.82%	0.00%	63.17%
测试柜09	测试柜	华中HNC-808	测试加工区	620.90	734.24	120.22	5127.14	9.40%	11.12%	1.82%	77.65%
测试柜10	测试柜	华中HNC-818C	测试加工区	1814.77	653.33	185.54	4056.75	27.04%	9.74%	2.76%	60.45%
测试柜11	测试柜	华中HNC-818C	测试加工区	1785.55	965.30	0.16	3656.52	27.87%	15.07%	0.00%	57.07%
测试柜12	测试柜	华中HNC-818C	测试加工区	1468.05	945.78	2.15	4251.61	22.02%	14.18%	0.03%	63.77%
测试柜13	测试柜	华中HNC-818C	测试加工区	1082.07	879.87	2.36	4440.72	16.89%	13.74%	0.04%	69.33%
测试柜14#	测试柜	华中HNC-808	测试加工区	603.68	750.71	3.69	4446.44	10.40%	12.93%	0.06%	76.60%
测试柜15	测试柜	华中HNC-818C	测试加工区	14.65	127.75	0.00	1369.13	0.97%	8.45%	0.00%	90.58%
测试柜17	测试柜	华中HNC-808	测试加工区	540.48	539.93	13.20	5142.66	8.67%	8.66%	0.21%	82.46%
测试柜18	测试柜	华中HNC-808	测试加工区	229.67	742.19	0.69	5474.42	3.56%	11.51%	0.01%	84.91%

1　共3页　20　1-20　共59条

图 4-56　机床状态统计

单击某一台机床编码号，即可查看该机床状态分布详细信息，通过时间基数选择，以该时间为基点查看当日、周、月、年的机床运行状态变化趋势及状态持续时间，如图 4-57 所示。

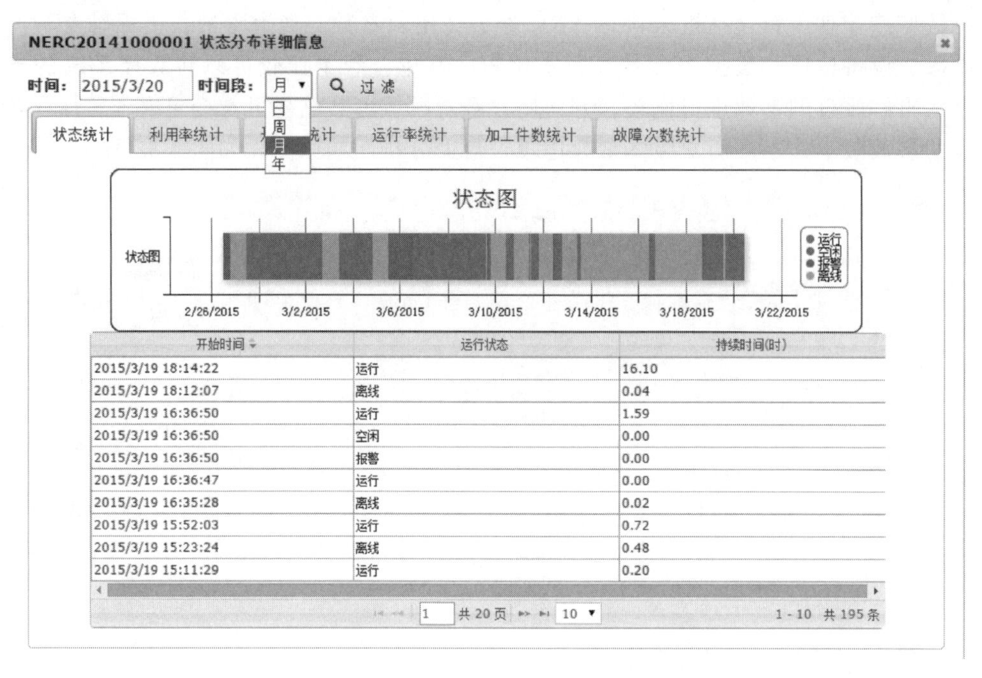

图 4-57 机床状态统计详细信息

同时，也可切换页面查看该机床利用率统计、开机率统计、运行率统计等折现图，并配备相应的列表，明确统计状态时间和各效能效率计算方法，如图 4-58 所示。

图 4-58 机床状态统计利用率详细信息

机床加工件数和故障次数以柱状图来显示，包括在该时间段内统计某一零件的加工件数，如图 4-59 所示。

机床故障次数统计以柱状图来显示，包括在该时间段内统计某一报警编号的报警次数，如图 4-60 所示。

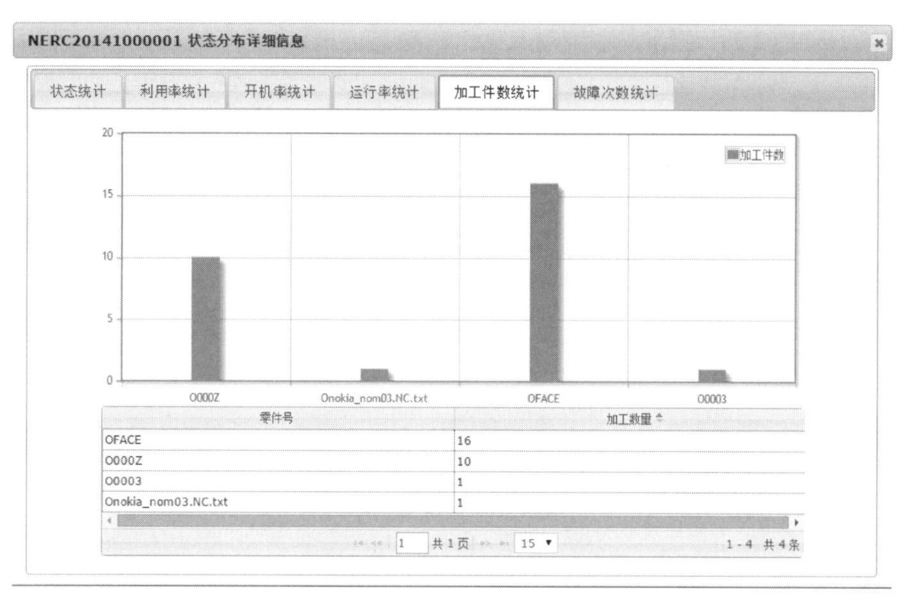

零件号	加工数量
OFACE	16
O000Z	10
O0003	1
Onokia_nom03.NC.txt	1

图 4-59　机床加工件数统计详细信息

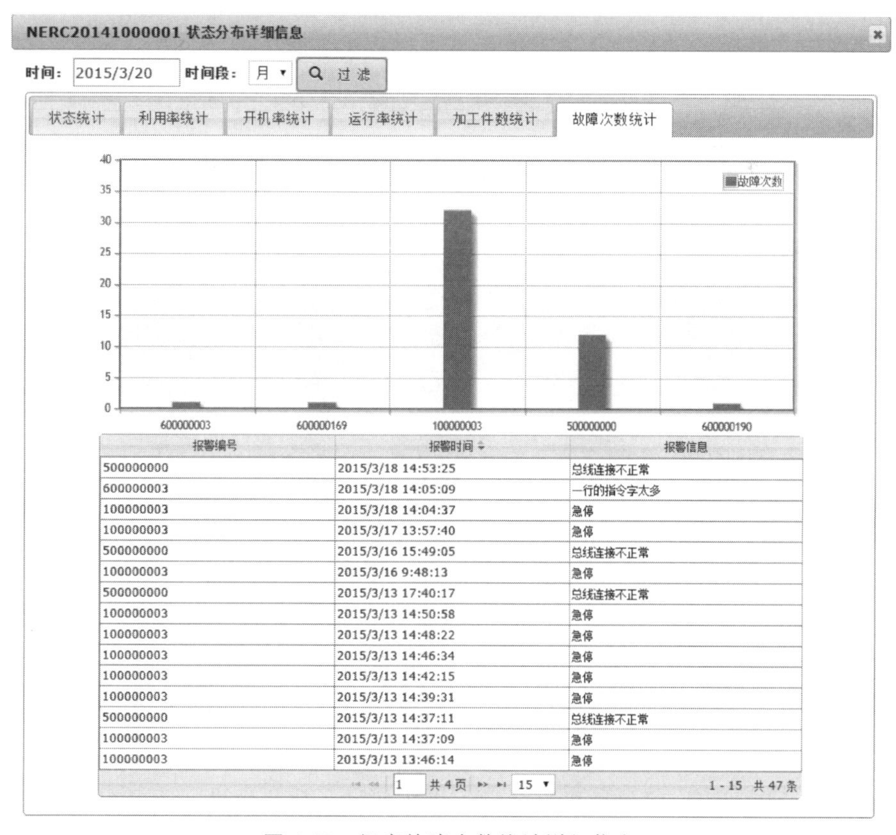

报警编号	报警时间	报警信息
500000000	2015/3/18 14:53:25	总线连接不正常
600000003	2015/3/18 14:05:09	一行的指令字太多
100000003	2015/3/18 14:04:37	急停
100000003	2015/3/17 13:57:40	急停
500000000	2015/3/16 15:49:05	总线连接不正常
100000003	2015/3/16 9:48:13	急停
500000000	2015/3/13 17:40:17	总线连接不正常
100000003	2015/3/13 14:50:58	急停
100000003	2015/3/13 14:48:22	急停
100000003	2015/3/13 14:46:34	急停
100000003	2015/3/13 14:42:15	急停
100000003	2015/3/13 14:39:31	急停
500000000	2015/3/13 14:37:11	总线连接不正常
100000003	2015/3/13 14:37:09	急停
100000003	2015/3/13 13:46:14	急停

图 4-60　机床故障次数统计详细信息

2）机床利用率

机床利用率以列表形式呈现机床运行时间、工厂日历时间、机床总利用率等信息。勾选某几台机床还可以算出平均利用率。在搜索框中输入条件，可以按条件进行筛选，如图 4-61 所示。

机床名称	机床型号	数控型号	所属车间	运行时间（小时）	工厂日历时间（小时）	机床总利用率
永力达-VM600-03	钻攻中心	华中HNC-808	永力达	6.45	6335.84	0.10%
永力达-VM600-02	钻攻中心	华中HNC-808	永力达	3.21	6335.84	0.05%
永力达-VM600-01	钻攻中心	华中HNC-808	永力达	7.94	6335.84	0.13%
江山华科-XK715-04	五轴立式铣车复合加工中心	华中HNC-818B	襄阳工研院实验基地	0.01	6335.84	0.00%
威达-VMC850B	铣床	华中HNC-818A	北京机床展	27.45	6335.84	0.43%
中捷立加-TC500	钻攻中心	华中HNC-818A	工程中心一楼大车间	0.37	6335.84	0.01%
襄阳-CK6140-04	车床	华中HNC-808	襄阳工研院实验基地	0.12	6335.84	0.00%
襄阳-CK6140-02	车床	华中HNC-808	襄阳工研院实验基地	0.00	6335.84	0.00%
D421-测试柜	测试柜	华中HNC-808TEA	工程中心一楼大车间	1932.77	6335.84	30.51%
江山华科XHK715	钻攻中心	华中HNC-818A	工程中心一楼大车间	0.06	6335.84	0.00%
HGMP五轴雕铣机加工中心	测试柜	华中HNC-818C	工程中心一楼大车间	27.96	6335.84	0.44%
汉诺威-TDC540-47	钻攻中心	华中HNC-808A	金切车间	209.91	6335.84	3.31%
汉诺威-TDC540-46	钻攻中心	华中HNC-808A	金切车间	171.03	6335.84	2.70%
汉诺威-TDC540-45	钻攻中心	华中HNC-808A	金切车间	225.76	6335.84	3.56%
汉诺威-TDC540-44	钻攻中心	华中HNC-808A	金切车间	174.69	6335.84	2.76%
汉诺威-TDC540-43	钻攻中心	华中HNC-808A	金切车间	209.71	6335.84	3.31%
汉诺威-TDC540-40	钻攻中心	华中HNC-808A	金切车间	21.38	6335.84	0.34%
汉诺威-TDC540-39	钻攻中心	华中HNC-808A	金切车间	8.73	6335.84	0.14%
汉诺威-TDC540-38	钻攻中心	华中HNC-808A	金切车间	16.40	6335.84	0.26%
汉诺威-TDC540-37	钻攻中心	华中HNC-808A	金切车间	221.53	6335.84	3.50%

1 共3页 20 1-20 共56条

平均利用率

图 4-61　机床利用率

3）机床开机率

机床开机率以列表形式呈现机床开机时间、工厂日历时间、机床总开机率等信息。勾选某几台机床还可以算出平均开机率。在搜索框中输入条件，可以按条件进行筛选，如图 4-62 所示。

机床名称	机床型号	数控型号	所属车间	开机时间(小时)	工厂日历时间（小时）	机床总开机率
宝鸡-ZH7520G	铣床	华中HNC-818A	北京机床展	6317.58	6335.88	99.71%
大连机床-TD500A-02	钻攻中心	华中HNC-818A	北京机床展	6286.27	6335.88	99.22%
大连机床-TD500A-01	钻攻中心	华中HNC-818A	北京机床展	6270.22	6335.88	98.96%
大连机床-TD500A-03	钻攻中心	华中HNC-818A	北京机床展	6270.28	6335.88	98.96%
测试柜01	龙门镗铣加工中心	华中HNC-808	测试加工区	1813.33	6335.88	28.62%
测试柜03	测试柜	华中HNC-808	测试加工区	1807.45	6335.88	28.53%
测试柜03	测试柜	华中HNC-818B	测试加工区	5803.84	6335.88	91.60%
测试柜04	测试柜	华中HNC-808	测试加工区	6097.81	6335.88	96.24%
测试柜05	测试柜	华中HNC-808	测试加工区	2401.10	6335.88	37.90%
测试柜06	测试柜	华中HNC-808	测试加工区	1021.77	6335.88	16.13%
测试柜07	测试柜	华中HNC-818C	测试加工区	2101.84	6335.88	33.17%
测试柜09	测试柜	华中HNC-808	测试加工区	1208.67	6335.88	19.08%
测试柜10	测试柜	华中HNC-818C	测试加工区	2279.05	6335.88	35.97%
测试柜11	测试柜	华中HNC-818C	测试加工区	2679.29	6335.88	42.29%
测试柜12	测试柜	华中HNC-818C	测试加工区	2084.20	6335.88	32.90%
测试柜13	测试柜	华中HNC-818C	测试加工区	1895.08	6335.88	29.91%
测试柜14#	测试柜	华中HNC-808	测试加工区	1889.36	6335.88	29.82%
测试柜15	测试柜	华中HNC-818C	测试加工区	4966.67	6335.88	78.39%
测试柜17	测试柜	华中HNC-808	测试加工区	1193.14	6335.88	18.83%
测试柜18	测试柜	华中HNC-808	测试加工区	861.38	6335.88	13.60%

1 共3页 20 1-20 共59条

平均开机率

图 4-62　机床开机率

4）机床运行率

机床运行率以列表形式呈现机床运行时间、开机时间、开机运行率等信息。勾选某几台机床还可以算出平均运行率。在搜索框中输入条件，可以按条件进行筛选，如图 4-63 所示。

5）机床加工件数

机床加工件数以列表形式呈现机床名称、机床型号、数控型号、所属车间、加工件数等信息。在搜索框中输入条件，可以按条件进行筛选，如图 4-64 所示。

机床名称	机床型号	数控型号	所属车间	运行时间（小时）	开机时间（小时）	开机运行率
宝鸡-ZH7520G	铣床	华中HNC-818A	北京机床展	2.63	6317.61	0.04%
大连机床-TD500A-02	钻攻中心	华中HNC-818A	北京机床展	48.66	6286.30	0.77%
大连机床-TD500A-01	钻攻中心	华中HNC-818A	北京机床展	49.41	6270.24	0.79%
大连机床-TD500A-03	钻攻中心	华中HNC-818A	北京机床展	47.64	6270.31	0.76%
测试柜01	龙门镗铣加工中心	华中HNC-808	测试加工区	1.60	1813.33	0.09%
测试柜03	测试柜	华中HNC-808	测试加工区	228.36	1807.45	12.63%
测试柜03	测试柜	华中HNC-818B	测试加工区	5.40	5803.84	0.09%
测试柜04	测试柜	华中HNC-808	测试加工区	167.72	6097.83	2.75%
测试柜05	测试柜	华中HNC-808	测试加工区	766.52	2401.12	31.92%
测试柜06	测试柜	华中HNC-808	测试加工区	25.48	1021.77	2.49%
测试柜07	测试柜	华中HNC-818C	测试加工区	1475.06	2101.84	70.18%
测试柜09	测试柜	华中HNC-808	测试加工区	620.90	1208.67	51.37%
测试柜10	测试柜	华中HNC-818C	测试加工区	1814.77	2279.05	79.63%
测试柜11	测试柜	华中HNC-818C	测试加工区	1785.55	2679.29	66.64%
测试柜12	测试柜	华中HNC-818C	测试加工区	1468.05	2084.20	70.44%
测试柜13	测试柜	华中HNC-818C	测试加工区	1082.07	1895.08	57.10%
测试柜14#	测试柜	华中HNC-808	测试加工区	603.68	1889.36	31.95%
测试柜15	测试柜	华中HNC-818C	测试加工区	14.65	4966.67	0.30%
测试柜17	测试柜	华中HNC-808	测试加工区	540.48	1193.14	45.30%
测试柜18	测试柜	华中HNC-808	测试加工区	229.67	861.38	26.66%

图 4-63　机床运行率

机床名称	机床型号	数控型号	所属车间	加工件数（件）
宝鸡-ZH7520G	铣床	华中HNC-818A	北京机床展	1
大连机床-TD500A-02	钻攻中心	华中HNC-818A	北京机床展	17
大连机床-TD500A-01	钻攻中心	华中HNC-818A	北京机床展	19
大连机床-TD500A-03	钻攻中心	华中HNC-818A	北京机床展	17
汉诺威-TDC540-22	钻攻中心	华中HNC-808A	金切车间	1698
汉诺威-TDC540-23	钻攻中心	华中HNC-808A	金切车间	944
汉诺威-TDC540-24	钻攻中心	华中HNC-808A	金切车间	72
汉诺威-TDC540-25	钻攻中心	华中HNC-808A	金切车间	454
汉诺威-TDC540-26	钻攻中心	华中HNC-808A	金切车间	1073
汉诺威-TDC540-27	钻攻中心	华中HNC-808A	金切车间	2160
汉诺威-TDC540-28	钻攻中心	华中HNC-808A	金切车间	4921
汉诺威-TDC540-29	钻攻中心	华中HNC-808A	金切车间	945
汉诺威-TDC540-30	钻攻中心	华中HNC-808A	金切车间	3356
汉诺威-TDC540-31	钻攻中心	华中HNC-808A	金切车间	3730
汉诺威-TDC540-32	钻攻中心	华中HNC-808A	金切车间	3411
汉诺威-TDC540-33	钻攻中心	华中HNC-808A	金切车间	11369
汉诺威-TDC540-34	钻攻中心	华中HNC-808A	金切车间	4450
汉诺威-TDC540-35	钻攻中心	华中HNC-808A	金切车间	5772
汉诺威-TDC540-36	钻攻中心	华中HNC-808A	金切车间	1603
汉诺威-TDC540-37	钻攻中心	华中HNC-808A	金切车间	1629

图 4-64　机床加工件数

6）机床故障次数

机床故障次数以列表形式呈现机床 ID、机床型号、数控型号、所属车间、报警次数等信息。在搜索框中输入条件，可以按条件进行筛选，如图 4-65 所示。

机床ID	机床型号	数控型号	所属车间	报警次数
宝鸡-ZH7520G	铣床	华中HNC-818A	北京机床展	7
大连机床-TD500A-02	钻攻中心	华中HNC-818A	北京机床展	22
大连机床-TD500A-01	钻攻中心	华中HNC-818A	北京机床展	17
大连机床-TD500A-03	钻攻中心	华中HNC-818A	北京机床展	27
测试柜01	龙门镗铣加工中心	华中HNC-808	测试加工区	5
测试柜03	测试柜	华中HNC-808	测试加工区	13
测试柜03	测试柜	华中HNC-818B	测试加工区	2
测试柜04	测试柜	华中HNC-808	测试加工区	2
测试柜05	测试柜	华中HNC-808	测试加工区	3
测试柜07	测试柜	华中HNC-818C	测试加工区	3
测试柜09	测试柜	华中HNC-808	测试加工区	103
测试柜10	测试柜	华中HNC-818C	测试加工区	9
测试柜11	测试柜	华中HNC-818C	测试加工区	4
测试柜12	测试柜	华中HNC-818C	测试加工区	4
测试柜13	测试柜	华中HNC-818C	测试加工区	8
测试柜14#	测试柜	华中HNC-808	测试加工区	15
测试柜17	测试柜	华中HNC-808	测试加工区	16
测试柜18	测试柜	华中HNC-808	测试加工区	7
测试柜20	测试柜	华中HNC-808	测试加工区	16
汉诺威-TDC540-22	钻攻中心	华中HNC-808A	金切车间	66

图 4-65　机床故障次数

（6）加工程序管理

数控系统程序远程管理，下发，查看程序，如图 4-66 所示。

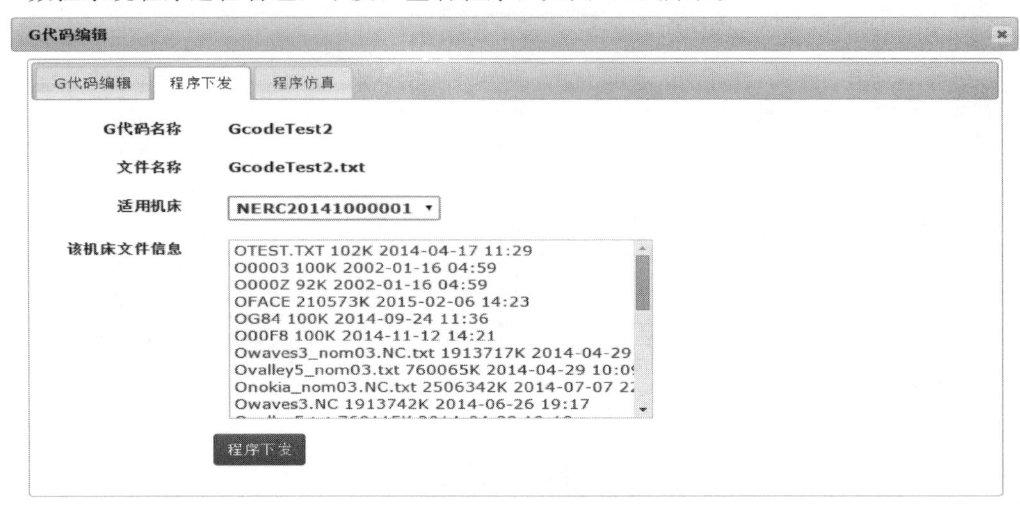

图 4-66　加工程序管理

（7）智能优化

通过对程序仿真数据、工件加工时电流波形数据及声音振动数据进行分析，判断工件 G 代码的优劣，并定位可优化的 G 代码的行号，给出优化的建议，如图 4-67 所示。

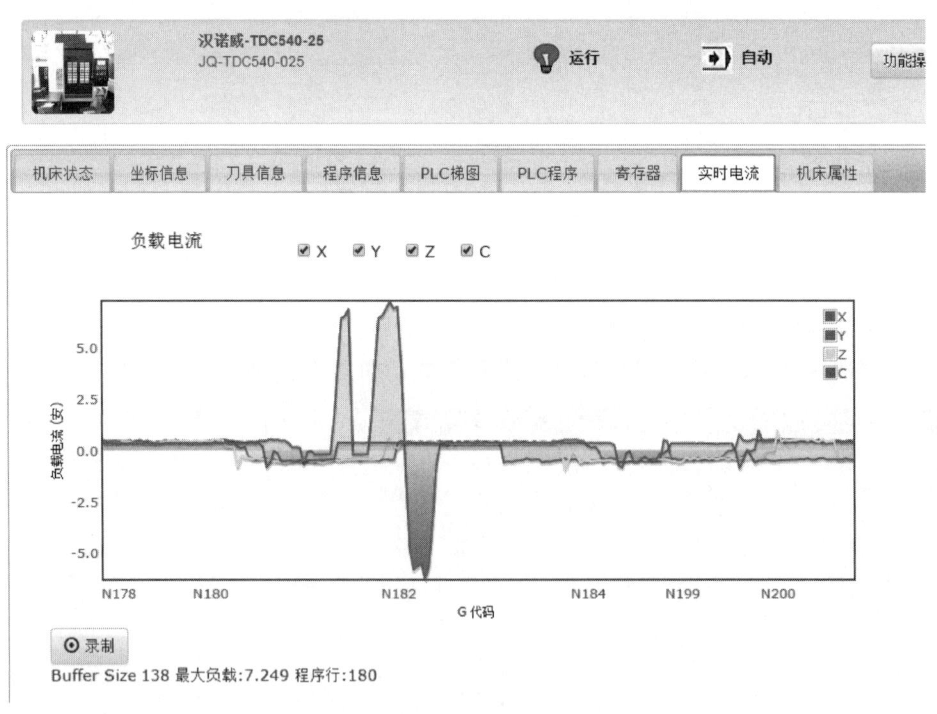

图 4-67　智能优化

（8）视频监控

通过云平台的视频系统查看生产线的运行状态。云平台同时提供录制和回放的功能，如图 4-68 所示。

图 4-68　视频监控

4.2.6　云端应用

云端应用模块实现在本地数控装置获取云端的第三方智能化服务，并支持客户个性化定制，具备以下功能。

① 实现工艺设计制造一体化，建设无纸化车间。

② 将整个产品工艺设计平台放在云服务器上，工艺设计人员直接在云服务器上进行工艺设计，在本地数控装置上可以观看远程工艺设计整个过程，并浏览工艺文件，如图 4-69 所示。

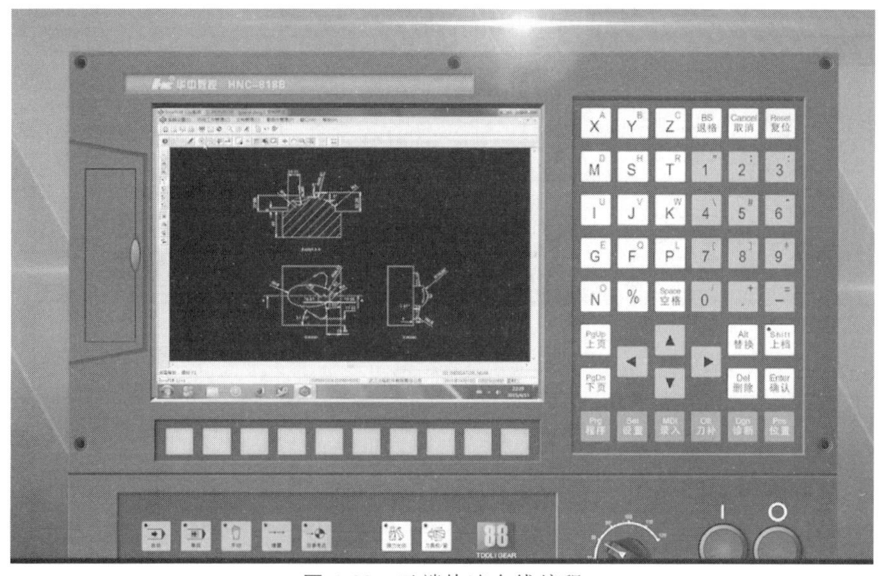

图 4-69　云端快速在线编程

③ 在本地数控装置上使用 UG、Cimatron NC 等 CAM 软件，快速在线编程，并将生成的数控 G 代码推送到数控系统上进行加工，如图 4-70 所示。

图 4-70　G 代码质量分析与优化

④ 在本地数控装置上使用 CNC Fitting 软件，分析 G 代码的质量，并对数控 G 代码进行样条拟合与光顺。实现小线段轨迹的样条拟合，提高刀具轨迹的光顺性和加工速度，如图 4-71 所示。

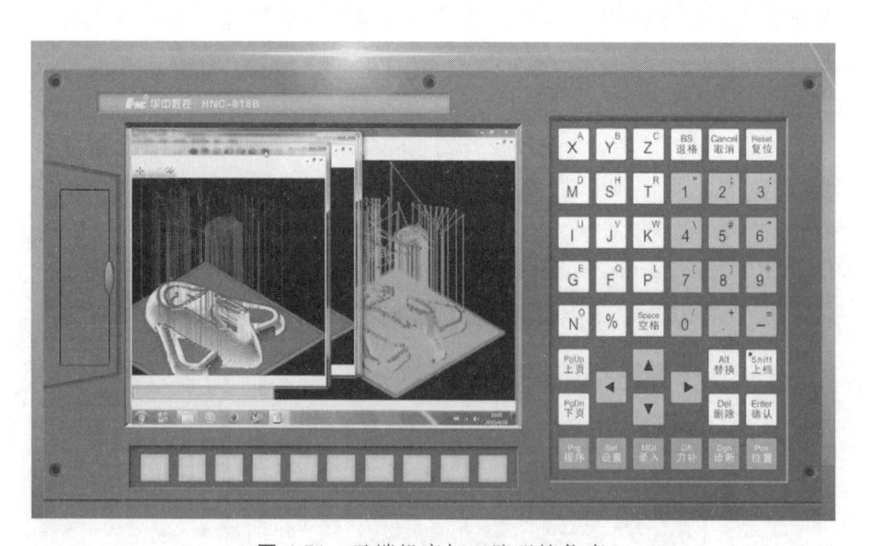

图 4-71　云端机床加工防碰撞仿真

⑤ 在本地数控装置上使用 Vericut 软件，实现数控系统加工过程防碰撞仿真，如图 4-72 所示。

⑥ 建立基于指令域的加工过程动态误差曲线图，实现数控加工动态轨迹误差的补偿，如图 4-73 所示。

⑦ 在本地数控装置上浏览 Word、PDF 等文档，如图 4-74 与图 4-75 所示。

图 4-72　数控加工三维指令域示波器

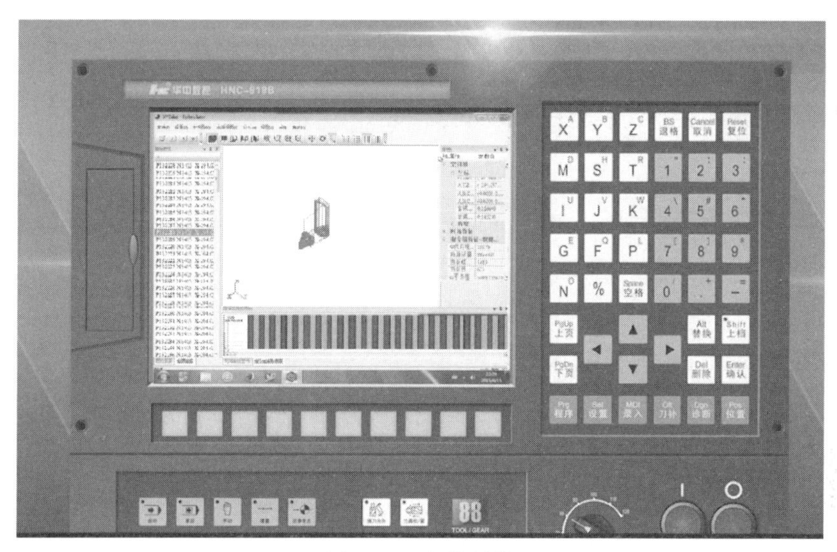

图 4-73　文档浏览

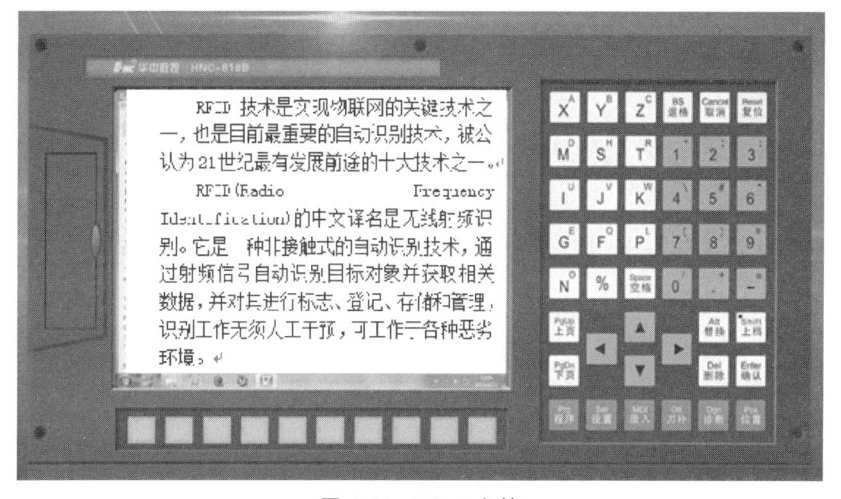

图 4-74　Word 文档

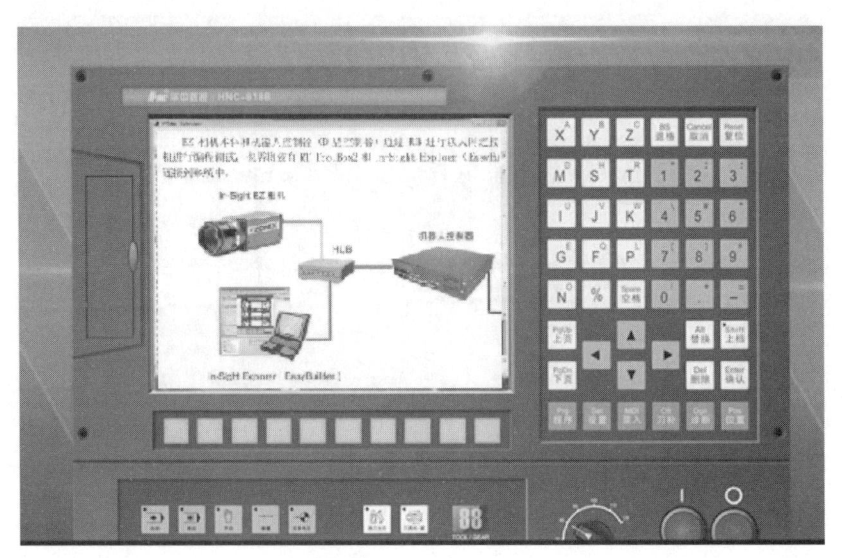

图 4-75　PDF 文档

4.2.7　工业机器人自动加工生产线的安装

（1）机器人抓具

机器人抓具通常是双抓具，一个负责取毛坯，一个负责取成品，提高机器人工作效率，如图 4-76 所示。

(a) 工业机器人自动生产线

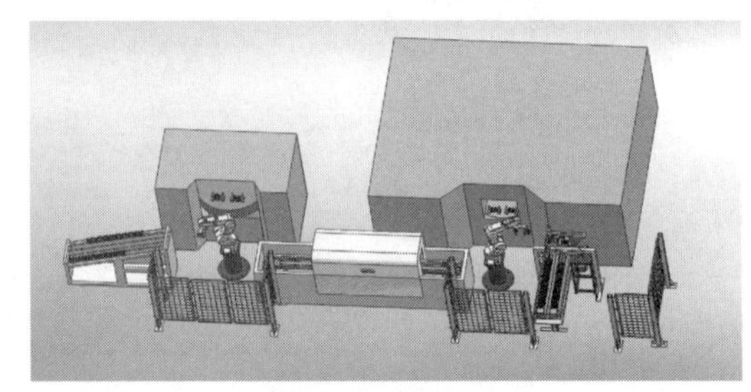

(b) 机器人抓具装卸零件

(c) 放下零件

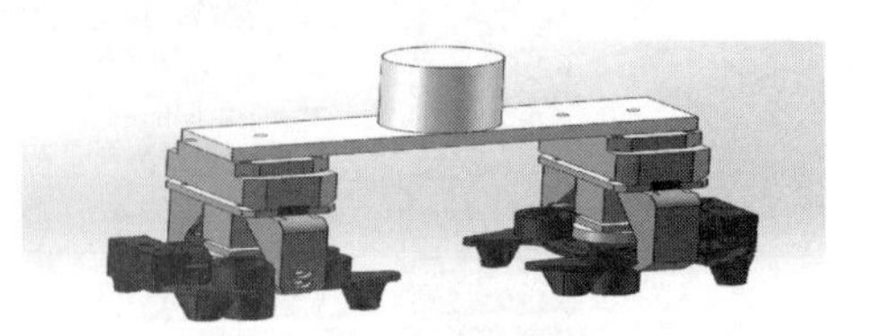

(d) 抓取零件

图 4-76　机器人抓具

（2）机器人底座或第七轴（图 4-77）

（3）上下料装置（图 4-78）

（4）安全防护装置（图 4-79）

（5）气动门改造（图 4-80）

机器人安装样式

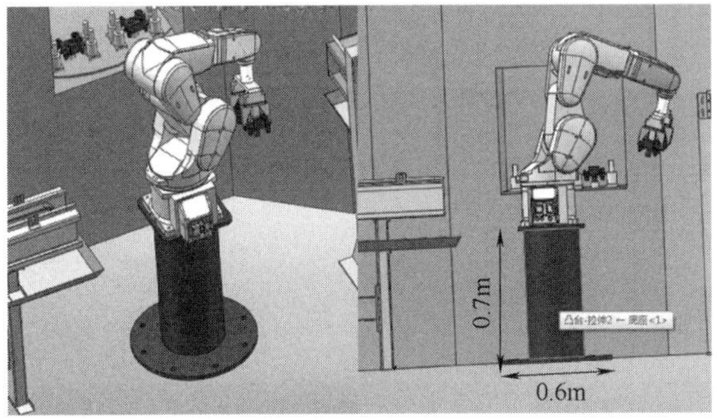

(a) 安装图样

(b) 安装完成图

图 4-77　机器人底座或第七轴

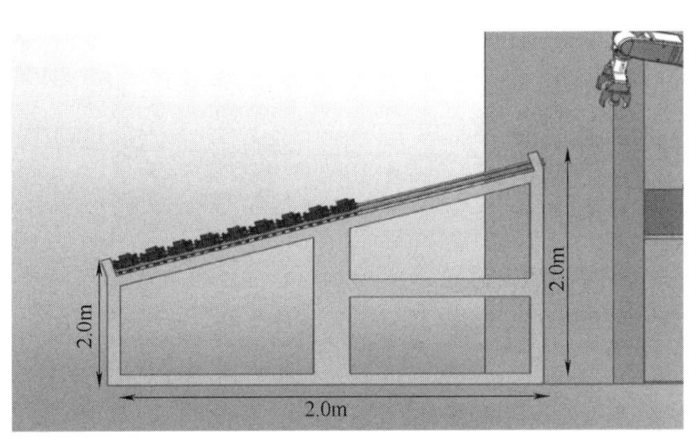

图 4-78　上下料装置

(a) 安全围栏

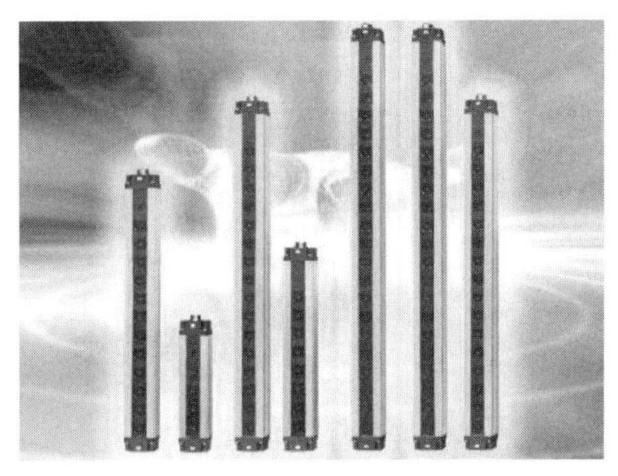

(b) 安全光栅

图 4-79　安全防护装置

（6）供料系统的安装

1）旋转供料系统的安装

旋转供料系统如图 4-81 所示，其接口见表 4-6，其安装工艺如图 4-82 所示，其设置如图 4-83 所示，定义见表 4-7。

图 4-80　气动门改造

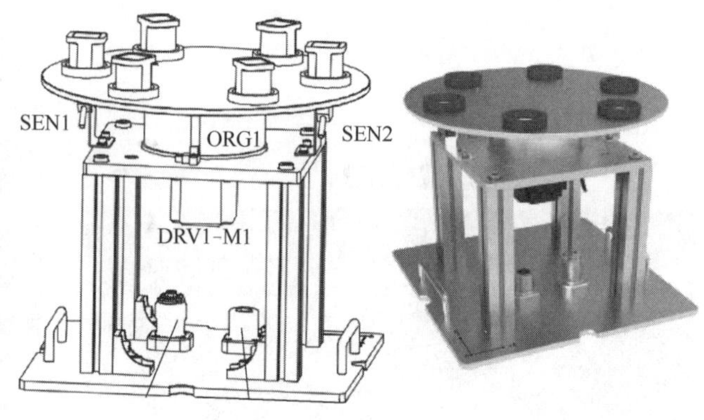

图 4-81　旋转供料系统

表 4-6　接口

接口	类型	功能描述
系统状态	PLC→Robot	模块（工艺对象）的状态
系统命令	Robot→PLC	使能、暂停、急停等操作
运动状态	PLC→Robot	运动命令的执行状态
运动命令	Robot→PLC	点动、相对运动、绝对运动等

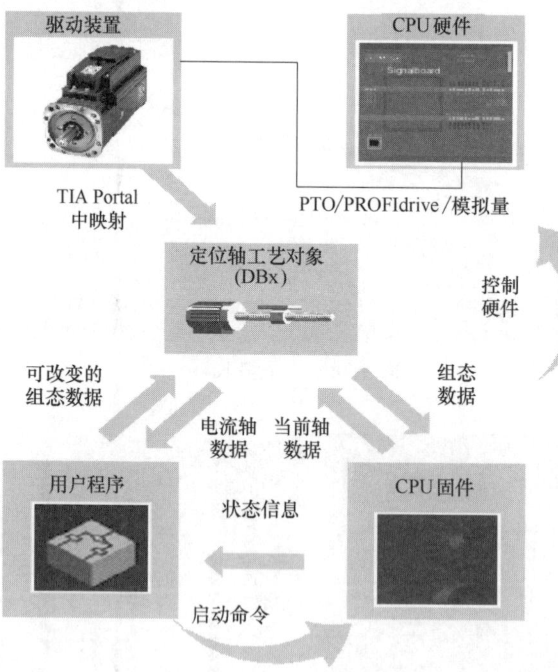

图 4-82　安装工艺

2）旋转供料模块的调试

新增工艺对象如图 4-84 所示，其参数见表 4-8，旋转供料工艺轴更改名称如图 4-85 所示，驱动器设置如图 4-86 所示，机械参数设置如图 4-87 所示，运动参数设置如图 4-88 所

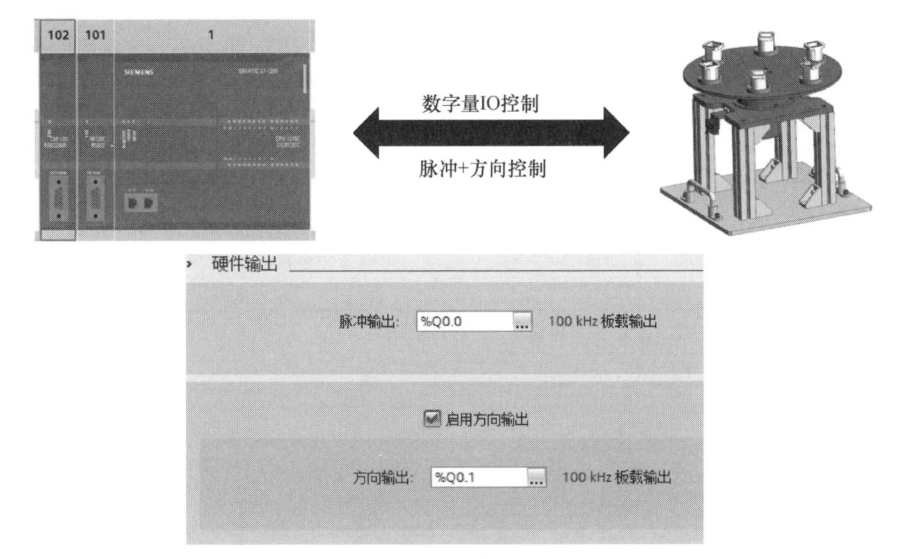

图 4-83 设置

表 4-7 定义

名称	数据类型	地址
旋转料盘原点	Bool	%I1.0
旋转供料步进_脉冲	Bool	%Q0.0
旋转供料步进_方向	Bool	%Q0.1

示，急停设置如图 4-89 所示，回零设置如图 4-90 所示，回零过程是旋转供料转盘正向旋转→触发原点信号→转盘减速至反向旋转→触发原点信号→转盘正向加速至正向旋转→触发原点信号→转盘减速至反向旋转→触发原点信号→转盘停止寻原完成，其速度如图 4-91 所示。

图 4-84 新增工艺对象

表 4-8 参数

名称	参数	名称	参数
负载	5kg	逼近速度	15.0°/s
速度	20.0°/s	回原点速度	10.0°/s
加速时间	0.5s	减速比	80：1
减速时间	0.5s	控制方式	脉冲+方向(P+D) Pulse1(Q0.0+Q0.1)
急停时间	0.1s	单圈脉冲当量	6400
寻原方式	正向寻原(I1.0)		

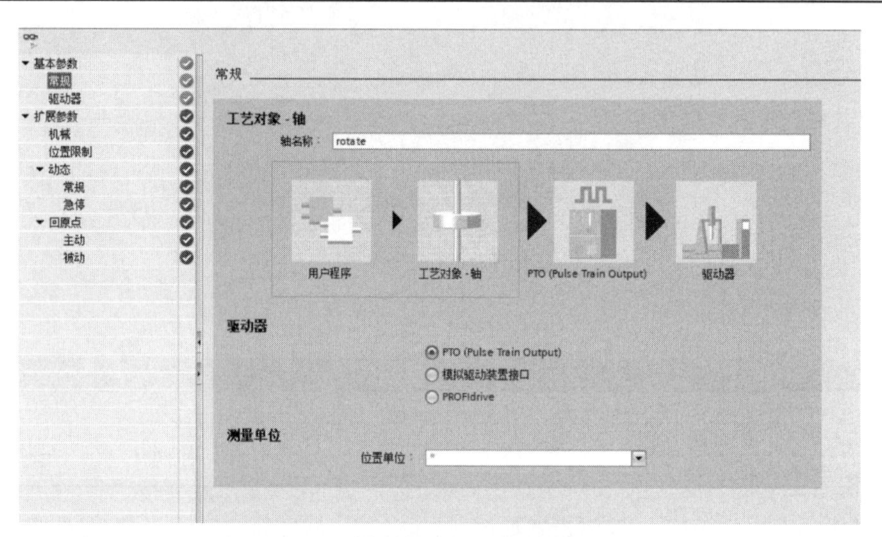

图 4-85 旋转供料工艺轴更改名称

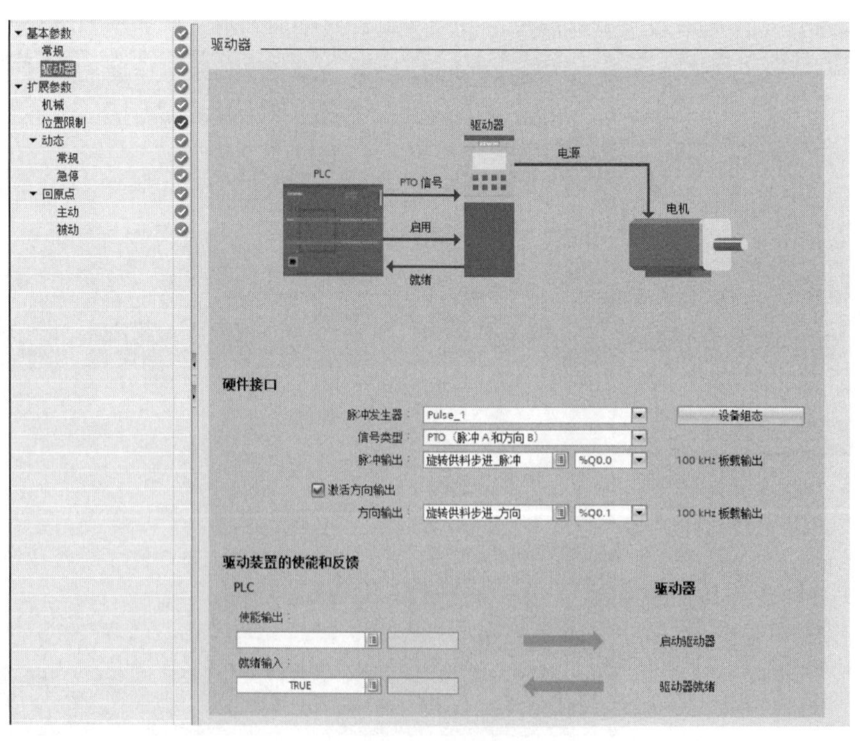

图 4-86 驱动器设置

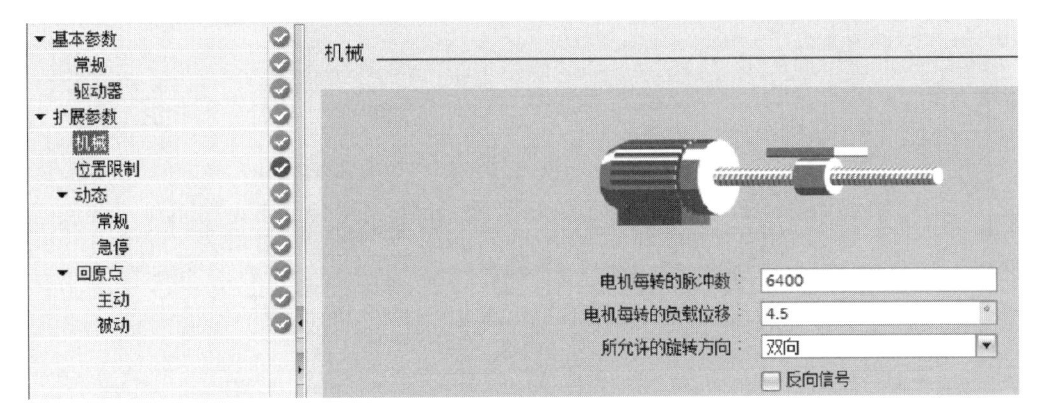

图 4-87　机械参数设置

说明：电机每转的负载位移=电机轴单圈运行角度÷减速比（360°÷80 =4.5°）。

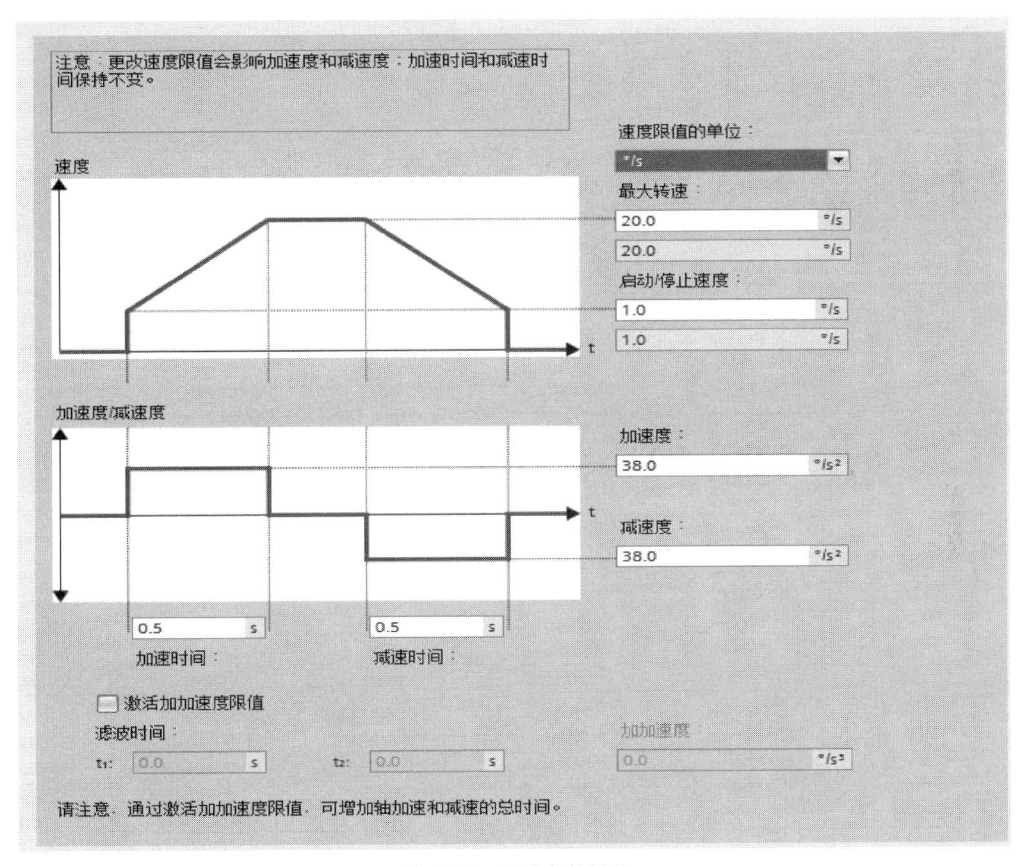

图 4-88　运动参数设置

3）模块安装

模块安装如图 4-92 所示，数据块见表 4-9。

4）旋转供料模块程序设计

① 控制字定义（表 4-10）

② 工艺对象运动控制指令

常用的工艺对象运动控制指令见表 4-11。

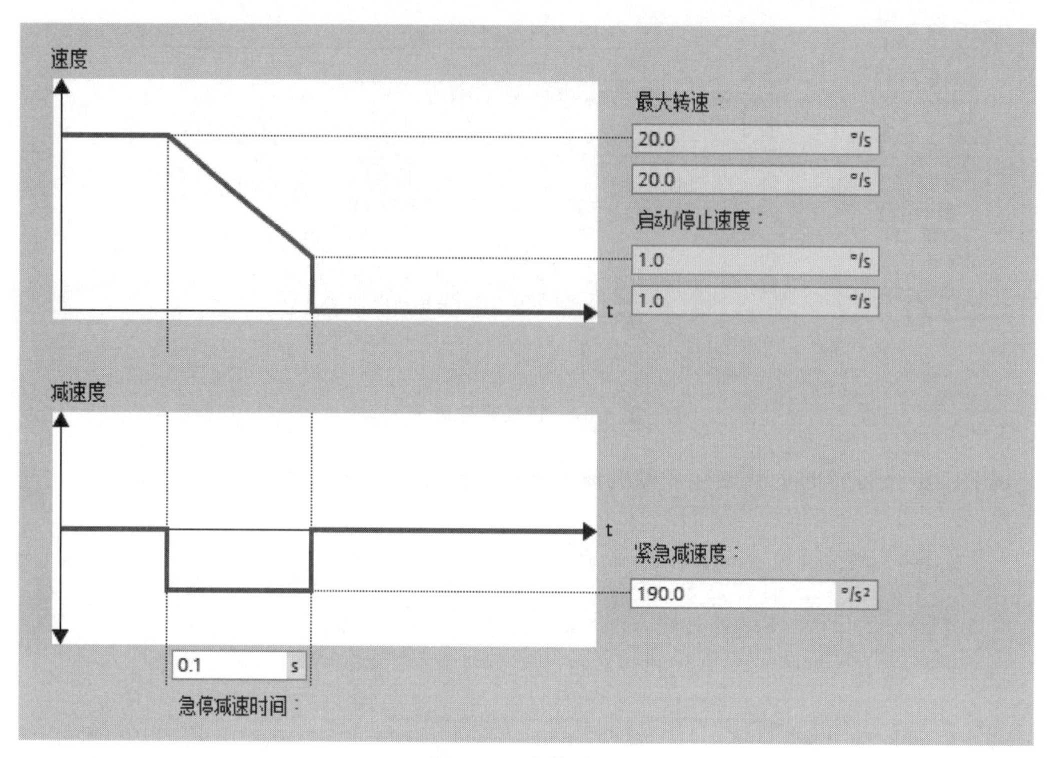

图 4-89 急停设置

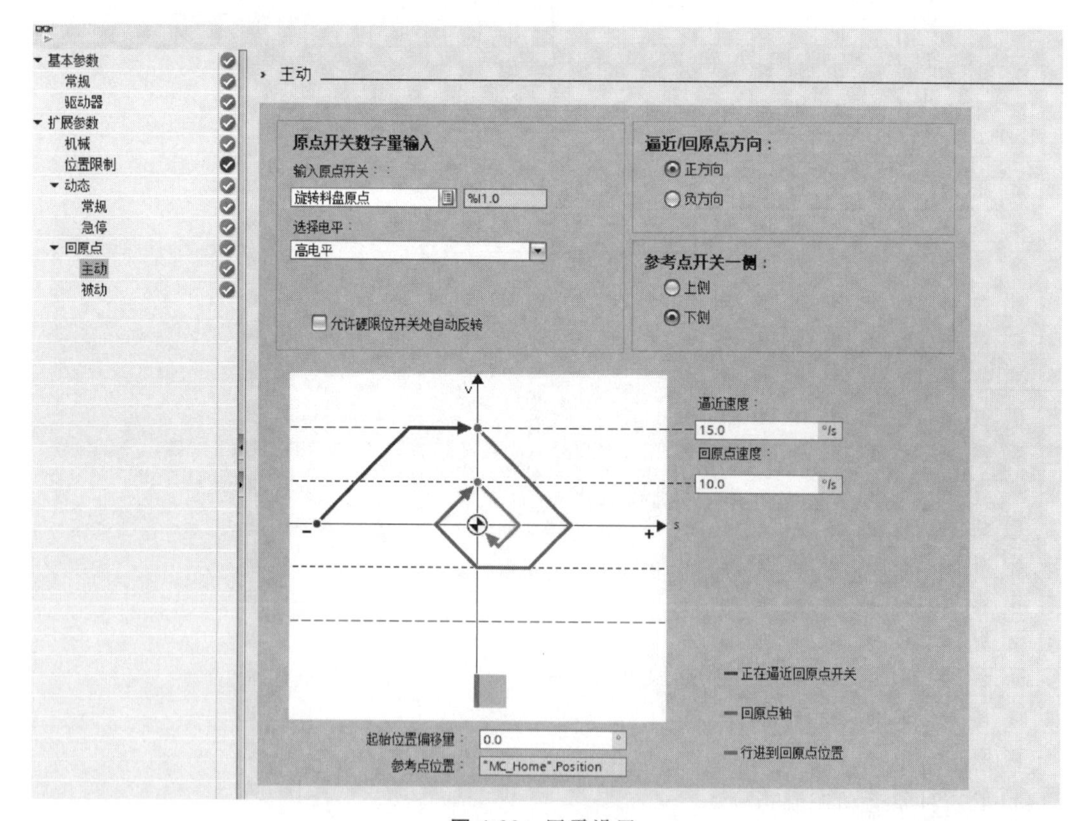

图 4-90 回零设置

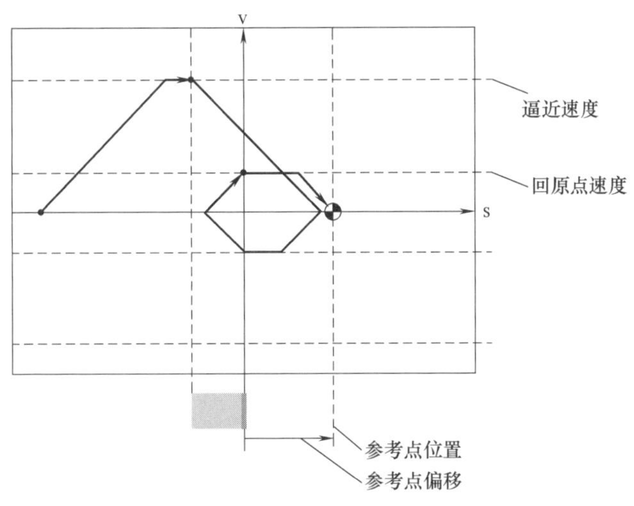

图 4-91 回零速度

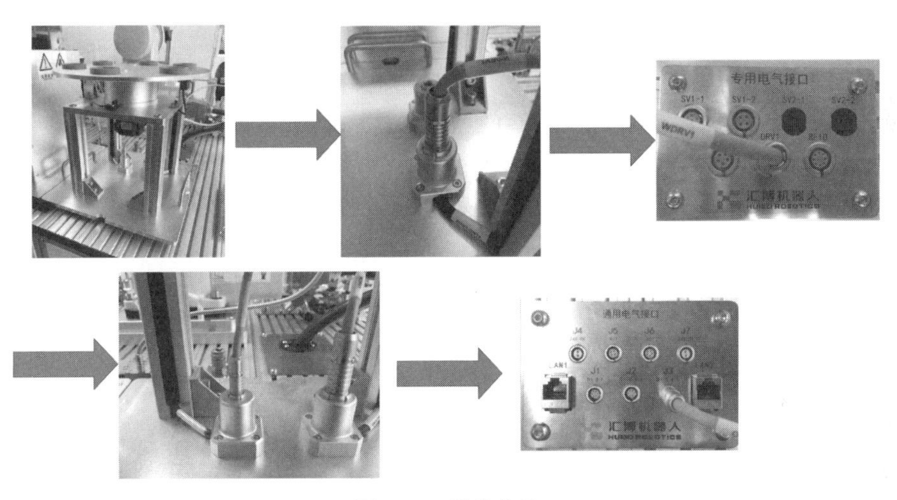

图 4-92 模块安装

表 4-9 数据块

数据块	DB_PLC_STATUS	
名称	数据类型	说明
DB_PLC_STATUS. PLC_STATUS	Struct	PLC 状态
DB_PLC_STATUS. 旋转供料系统状态	Int	旋转供料系统状态
DB_PLC_STATUS. 旋转供料指令执行反馈	Int	旋转供料指令执行反馈
数据块	DB_RB_CMD	
名称	数据类型	说明
DB_RB_CMD. RB_CMD. RB_CMD	Struct	机器人命令
DB_RB_CMD. RB_CMD. 旋转供料命令	Int	旋转供料命令
DB_RB_CMD. RB_CMD. 旋转供料运行指令	Int	旋转供料运行指令

a. MC_Power（图 4-93、表 4-12）

b. MC_Reset（图 4-94、表 4-13）

表 4-10　控制字定义

状态	功　能	指令流	指令
旋转供料命令	[系统命令,运行指令] 系统命令: 旋转供料轴使能:使能=1;报警复位=2;下使能=0; 旋转供料运动指令:寻原点=1;相对位移=2;正转=30;反转=40;	RB→PLC	DB_RB_CMD. RB_CMD. 旋转供料命令
		RB→PLC	DB_RB_CMD. RB_CMD. 旋转供料运行指令
旋转供料状态	[系统状态,指令执行情况] 系统命令: 旋转供料轴状态:使能=1;报警=2; 指令执行情况: 旋转供料运动状态:回零命令确认=1,回零完成=11;相对位移命令确认=2,相对位移完成=12(单次运行 60°);	PLC→RB	DB_PLC_STATUS. PLC_Status. 旋转供料系统状态
		PLC→RB	DB_PLC_STATUS. PLC_Status. 旋转供料指令执行反馈

表 4-11　运动控制指令

指令	功能	指令	功能
MC_Power	上电	MC_MoveVelocity	以设定速度运动
MC_Reset	复位	MC_MoveJog	点动
MC_Home	回原点	MC_CommandTable	指令表运动
MC_Halt	暂停	MC_ChangeDynamic	更改参数
MC_MoveAbsolute	绝对位置运动	MC_WriteParam	写入参数
MC_MoveRelative	相对位置运动	MC_ReadParam	读取参数

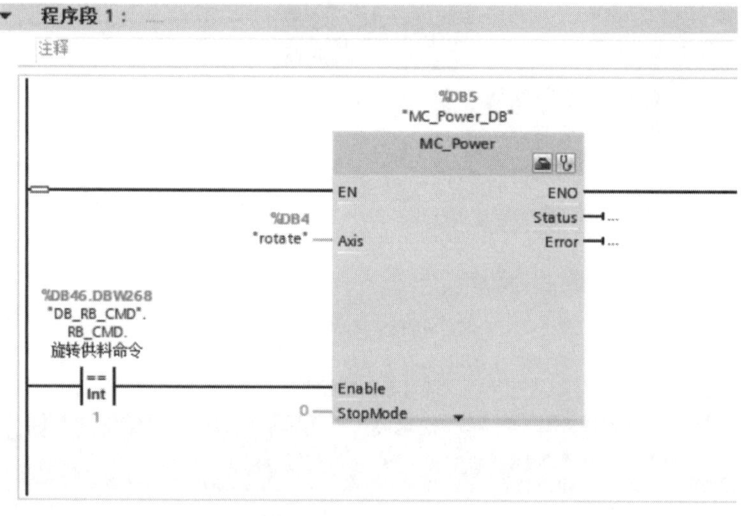

图 4-93　MC_Power

表 4-12　MC_Power 说明

MC_Power	上电	
参数	说明	数据类型
Axis	工艺轴	TO_Axis
Enable	启用命令	Bool
StopMode	停止模式,使用默认值 0	INT
Status	执行命令完成状态	Bool
Error	执行命令期间出错	Bool
控制方式	使用说明	
机器人	将机器人 rotate 变量中的 rotatecon. syscon 赋值为 1,旋转供料上使能	

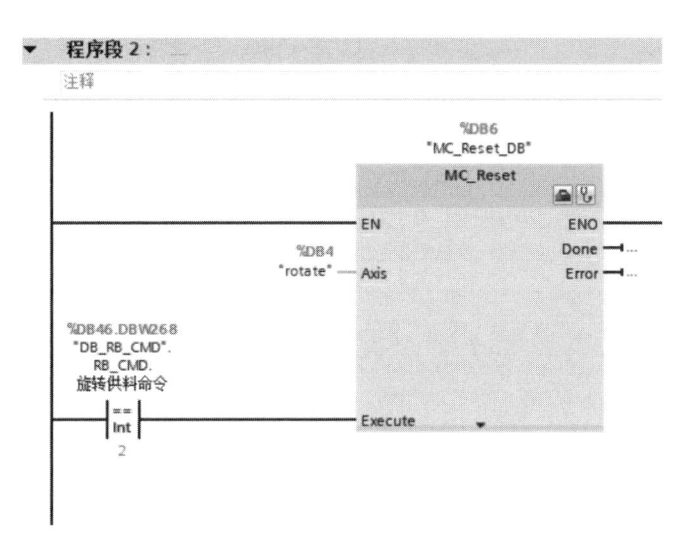

图 4-94 MC_Reset

表 4-13 MC_Reset 说明

MC_Reset	复位	
参数	说明	数据类型
Axis	工艺轴	TO_Axis
Execute	启用命令	Bool
Done	执行命令完成状态	Bool
Error	执行命令期间出错	Bool
控制方式	使用说明	
机器人	将机器人 rotate 变量中的 rotatecon. syscon 赋值为 2，旋转供料复位	

c. MC_Home（图 4-95、表 4-14）

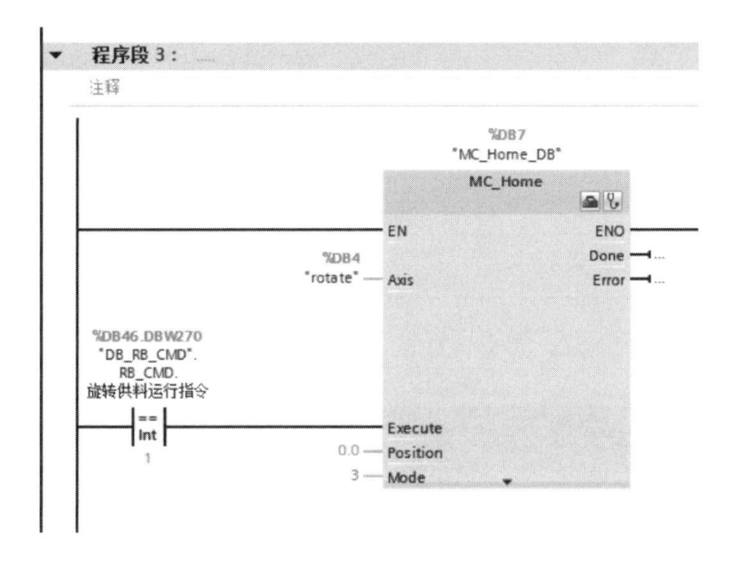

图 4-95 MC_Home

表 4-14 MC_Home 说明

MC_Home	回原点	
参数	说明	数据类型
Axis	工艺轴	TO_Axis
Execute	回原点（启动）	Bool
Position	轴参考点位置	Real
Mode	回零模式，一般使用 3	INT
Done	执行命令完成状态	Bool
Error	执行命令期间出错	Bool
控制方式	使用说明	
机器人	将机器人全局 rotate 变量中的 rotatecon. concom 赋值为 1，旋转供料开始回原点	

d. MC_MoveRelative（图 4-96、表 4-15）

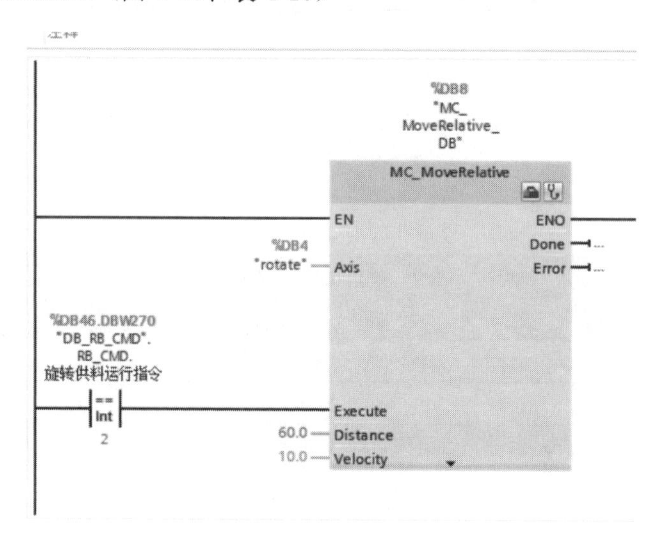

图 4-96 MC_MoveRelative

表 4-15 MC_MoveRelative 说明

MC_MoveRelative	相对位移	
参数	说明	数据类型
Axis	工艺轴	TO_Axis
Execute	相对运动(启动)	Bool
Distance	相对当前位置偏移	Real
Velocity	运行速度,使用默认值 10.0	Real
Done	执行命令完成状态	Bool
Error	执行命令期间出错	Bool
控制方式	使用说明	
机器人	将机器人全局 rotate 变量中的 rotatecon. concom 赋值为 2 时,旋转供料开始相对位移	

e. MC_MoveJog（图 4-97、表 4-16）

表 4-16 MC_MoveJog

MC_MoveJog	点动	
参数	说明	数据类型
Axis	工艺轴	TO_Axis
JogForward	轴正转	Bool
JogBackward	轴反转	Bool
Velocity	运行速度,使用默认值 10.0	Real

续表

MC_MoveJog	点动	
参数	说明	数据类型
InVelocity	已到达轴目标速度	Bool
Error	执行命令期间出错	Bool
控制方式	使用说明	
机器人	将机器人全局 rotate 变量中的 rotatecon. concom 赋值为 30 时旋转供料正转，赋值为 40 时旋转供料反转	

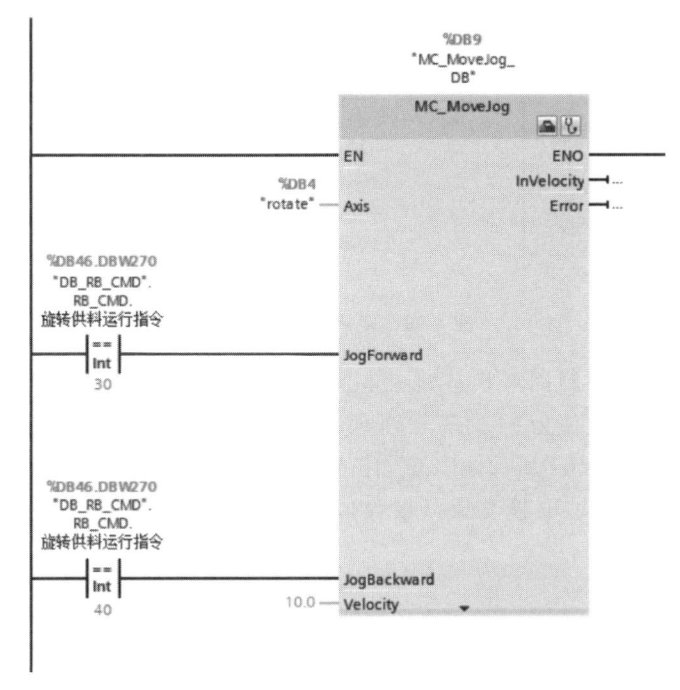

图 4-97　MC_MoveJog

5）旋转供料模块程序设计

① 系统状态　上电初始时行状态如图 4-98 所示，系统状态反馈若为旋转供料未控制时，PLC 侧机器人全局 rotate 变量中的 rotatestate. syscom，接收值定为 10 进行上电初始化。旋转供料轴状态如图 4-99 所示，PLC 侧机器人全局 rotate 变量中的 rotatestate. syscom，接收值为 1 时表示轴启用，接收值为 2 时表示轴命令错误。

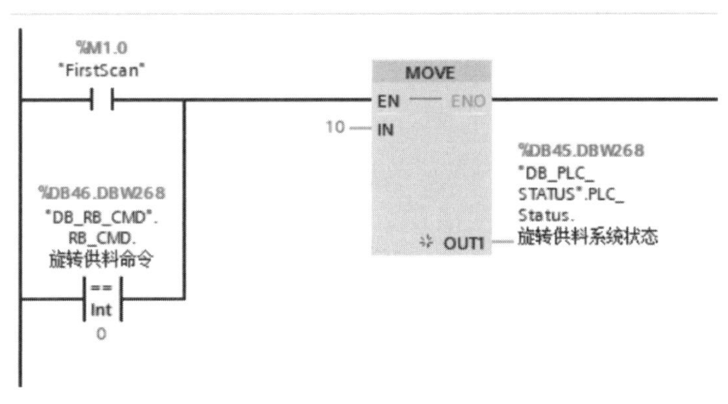

图 4-98　上电初始时行状态

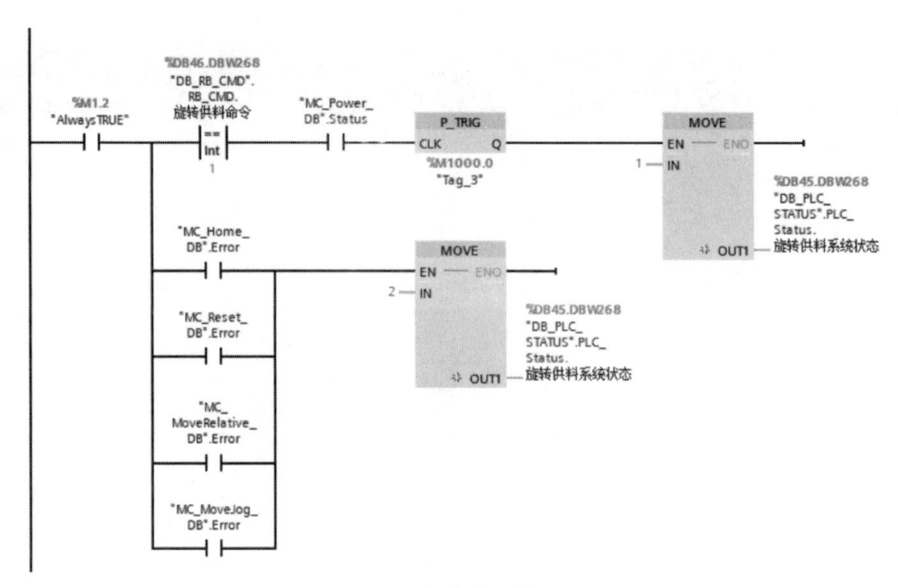

图 4-99　旋转供料轴状态

② 运行状态　旋转供料回零状态如图 4-100 所示，PLC 侧机器人全局 rotate 变量中的 rotatestate. concom，接收值为 11 时表示轴回零完成，接收值为 1 时表示轴回零命令确认。旋转供料运动状态如图 4-101 所示，PLC 侧机器人全局 rotate 变量中的 rotatestate. concom，接收值为 12 时表示轴相对位移完成，接收值为 2 时表示轴相对位移命令确认（单次运行 60°）。

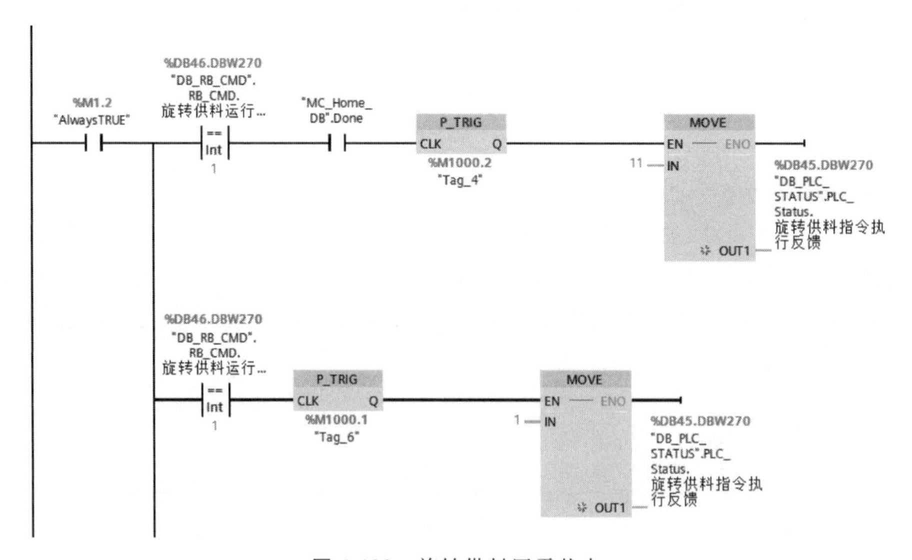

图 4-100　旋转供料回零状态

4.2.8　工业机器人自动加工生产线的注意事项

（1）缠屑问题

如果缠屑不处理，将会导致装夹位置不准确、上下料困难等问题。面对此类问题，我们首先要提出让客户改良工艺或车削刀具，要有效断屑；除此之外，还需增加吹气装置，每个

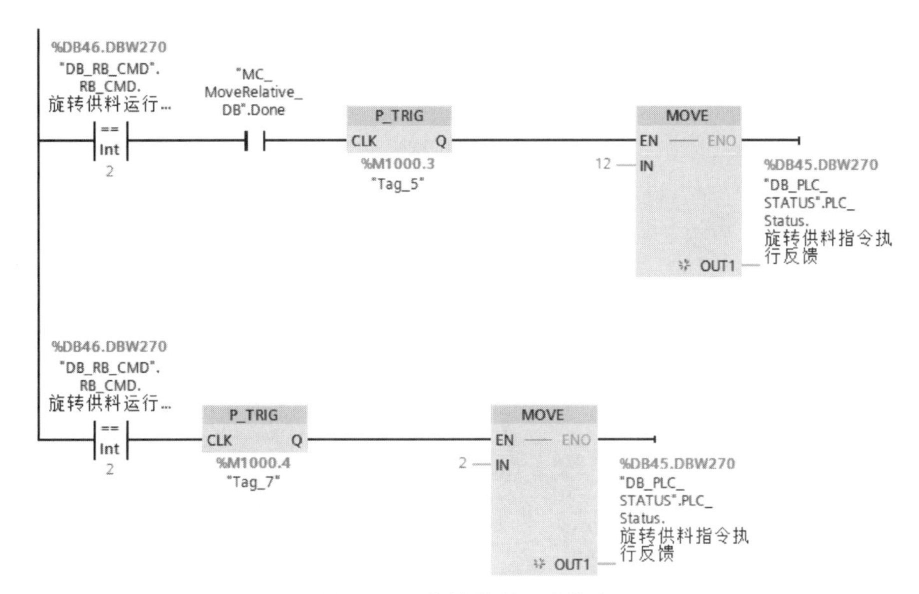

图 4-101　旋转供料运动状态

工作节拍内吹气一次，减少铁屑堆积，如图 4-102 所示。

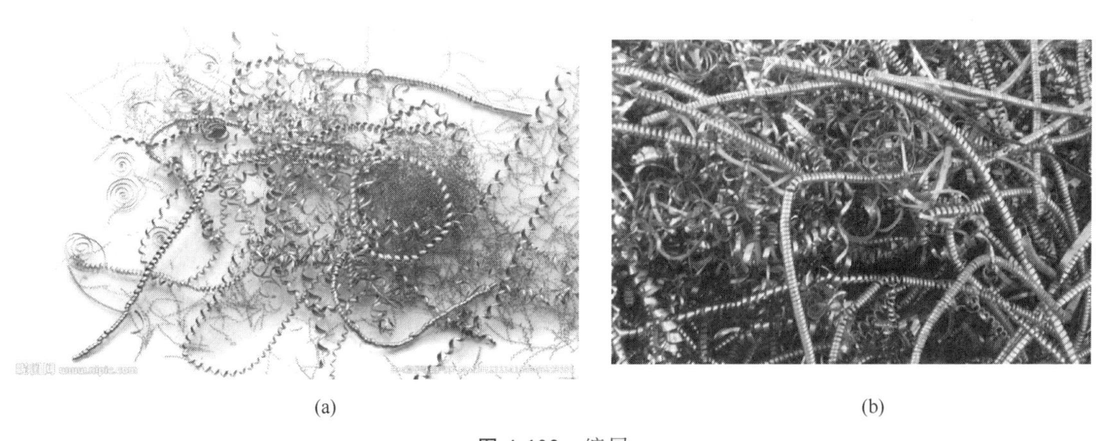

(a)　　　　　　　　(b)

图 4-102　缠屑

（2）装夹定位问题

机床的定位主要靠定位销，一般情况下，定位销会比定位孔小一些，不会发生工件难以装入现象；但遇到间隙配合特别小的时候，首先我们要亲自操作一下，看工件与定位销之间的配合，再结合机器人的精度，做一个预判，以防后期机器人工作站调试时无法装夹到位，如图 4-103 所示。

图 4-103　装夹定位

有部分工件，在卡盘内部有一个硬限位，工件在装夹时，必须紧靠硬限位，加工出的零件才算合格。遇此类情况，建议选用特制气缸，含推紧压板，可以有效达到目的。

（3）主轴准停问题

有的工件在装夹时认方向，主轴需有主轴定向功能，才可以实现机器人上下料，如图 4-104 所示。

（4）铁屑堆积问题

有部分数控车床不含废料回收系统，此时在技术协议或方案中需注明，要客户根据实际情况，定期清理铁屑，如图 4-105 所示。

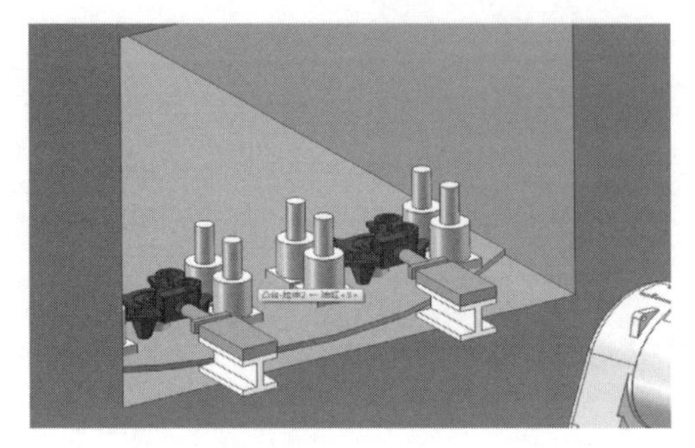

图 4-104　主轴准停

图 4-105　铁屑堆积

（5）断刀问题

断刀问题是车床上下料中最令人头痛的问题，如机床自带断刀检测装置，那么一切没问题；如没有断刀检测装置，那么只有通过定时抽检来判断此现象；如断刀现象频繁，那么建议研究一下该项目的可行性。

（6）节拍的控制

机床和机器人的节拍基本需要保持同步，以保障高效性，如图 4-106 所示。

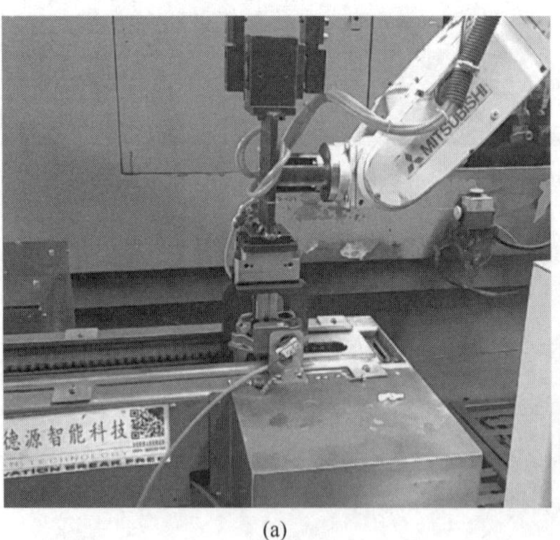

(a)

(b)

图 4-106　节拍的控制

第5章 离线编程的应用

5.1 激光切割

5.1.1 环境搭建

环境搭建如表 5-1 所示。

表 5-1 环境搭建

操作	步骤		说明
选择机器人	说明		首先选择现实中需要设计轨迹的机器人。本次选择 STAUBLI-RX160L
	1	单击	单击“选择机器人”
	2	选择机器人	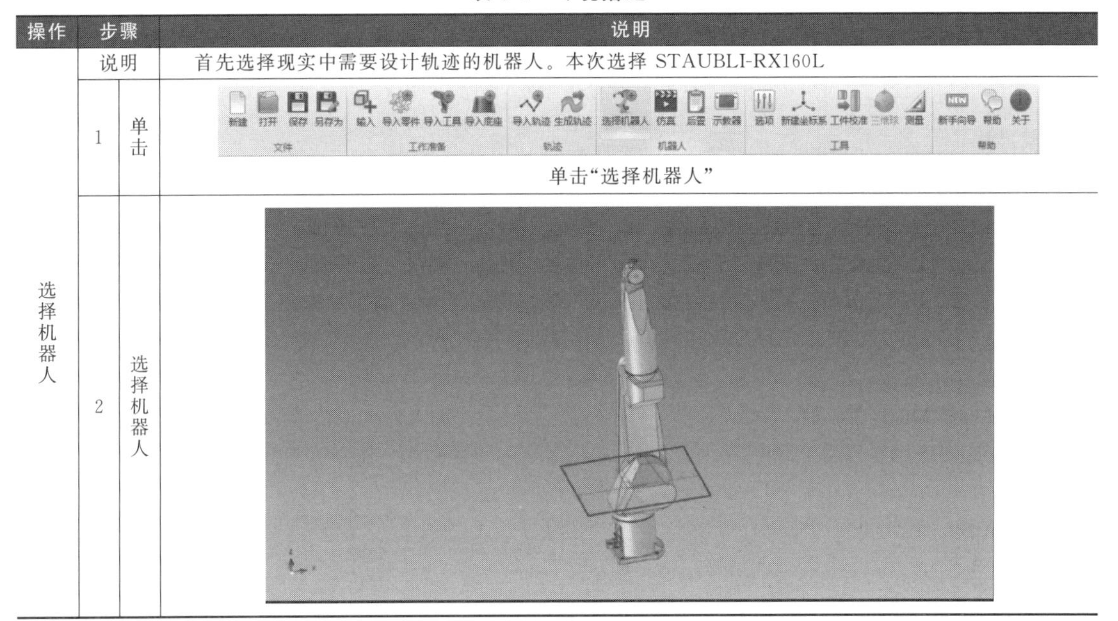

续表

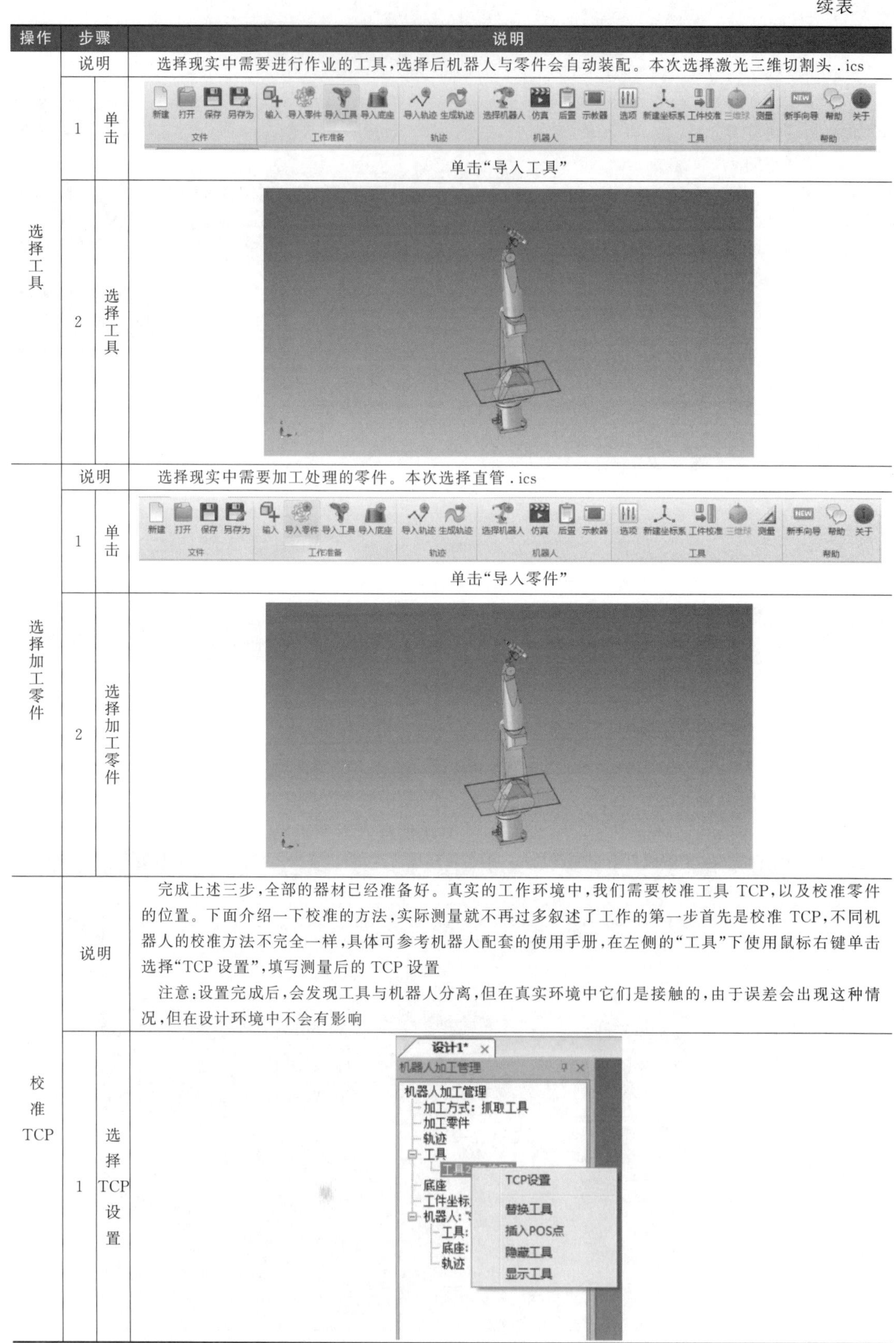

操作	步骤		说明
选择工具	说明		选择现实中需要进行作业的工具，选择后机器人与零件会自动装配。本次选择激光三维切割头.ics
	1	单击	单击“导入工具”
	2	选择工具	
选择加工零件	说明		选择现实中需要加工处理的零件。本次选择直管.ics
	1	单击	单击“导入零件”
	2	选择加工零件	
校准TCP	说明		完成上述三步，全部的器材已经准备好。真实的工作环境中，我们需要校准工具TCP，以及校准零件的位置。下面介绍一下校准的方法，实际测量就不再过多叙述了工作的第一步首先是校准TCP，不同机器人的校准方法不完全一样，具体可参考机器人配套的使用手册，在左侧的“工具”下使用鼠标右键单击选择“TCP设置”，填写测量后的TCP设置 注意：设置完成后，会发现工具与机器人分离，但在真实环境中它们是接触的，由于误差会出现这种情况，但在设计环境中不会有影响
	1	选择TCP设置	

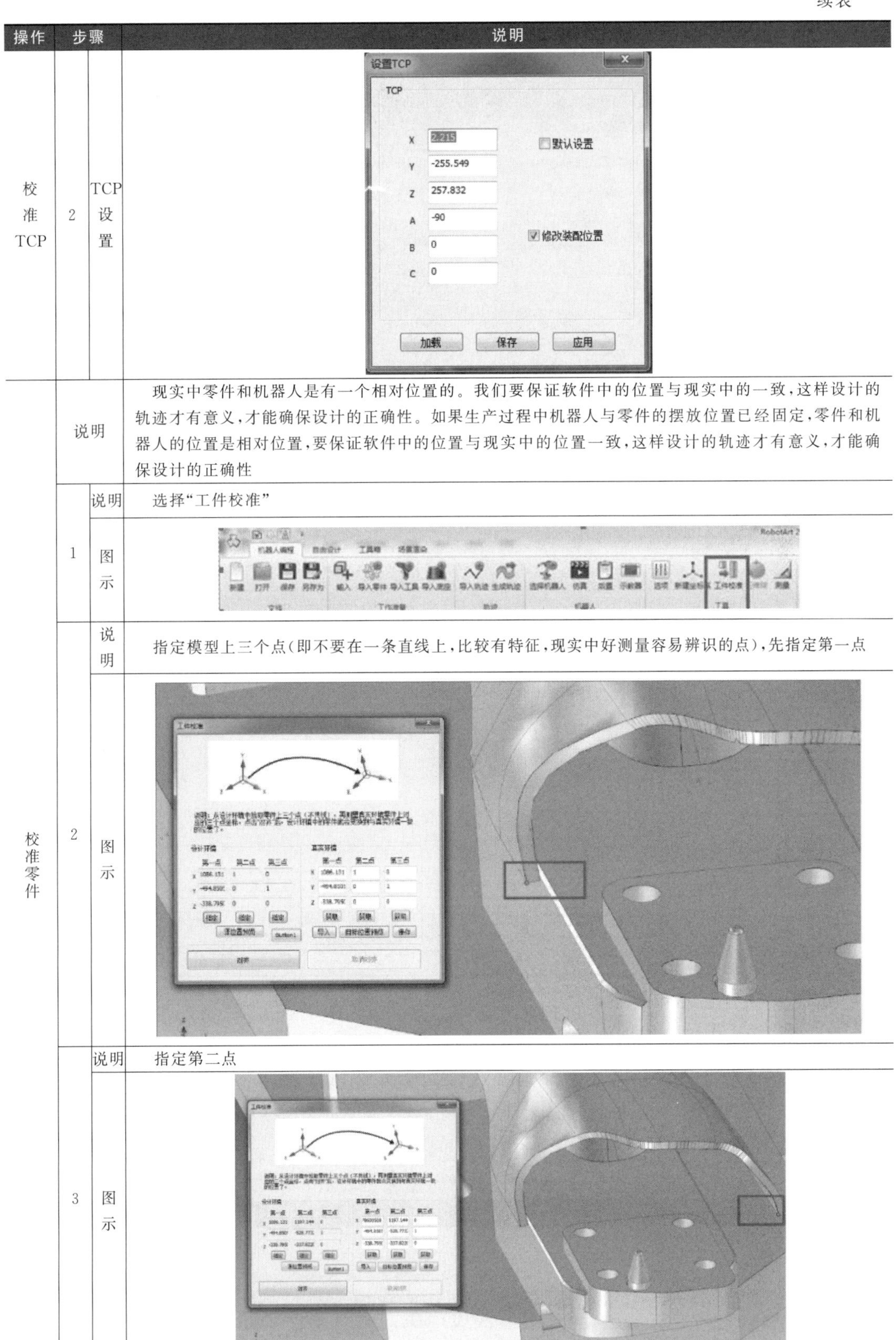

操作	步骤		说明
校准TCP	2	TCP设置	
校准零件	说明		现实中零件和机器人是有一个相对位置的。我们要保证软件中的位置与现实中的一致，这样设计的轨迹才有意义，才能确保设计的正确性。如果生产过程中机器人与零件的摆放位置已经固定，零件和机器人的位置是相对位置，要保证软件中的位置与现实中的位置一致，这样设计的轨迹才有意义，才能确保设计的正确性
	1	说明	选择“工件校准”
		图示	
	2	说明	指定模型上三个点(即不要在一条直线上，比较有特征，现实中好测量容易辨识的点)，先指定第一点
		图示	
	3	说明	指定第二点
		图示	

续表

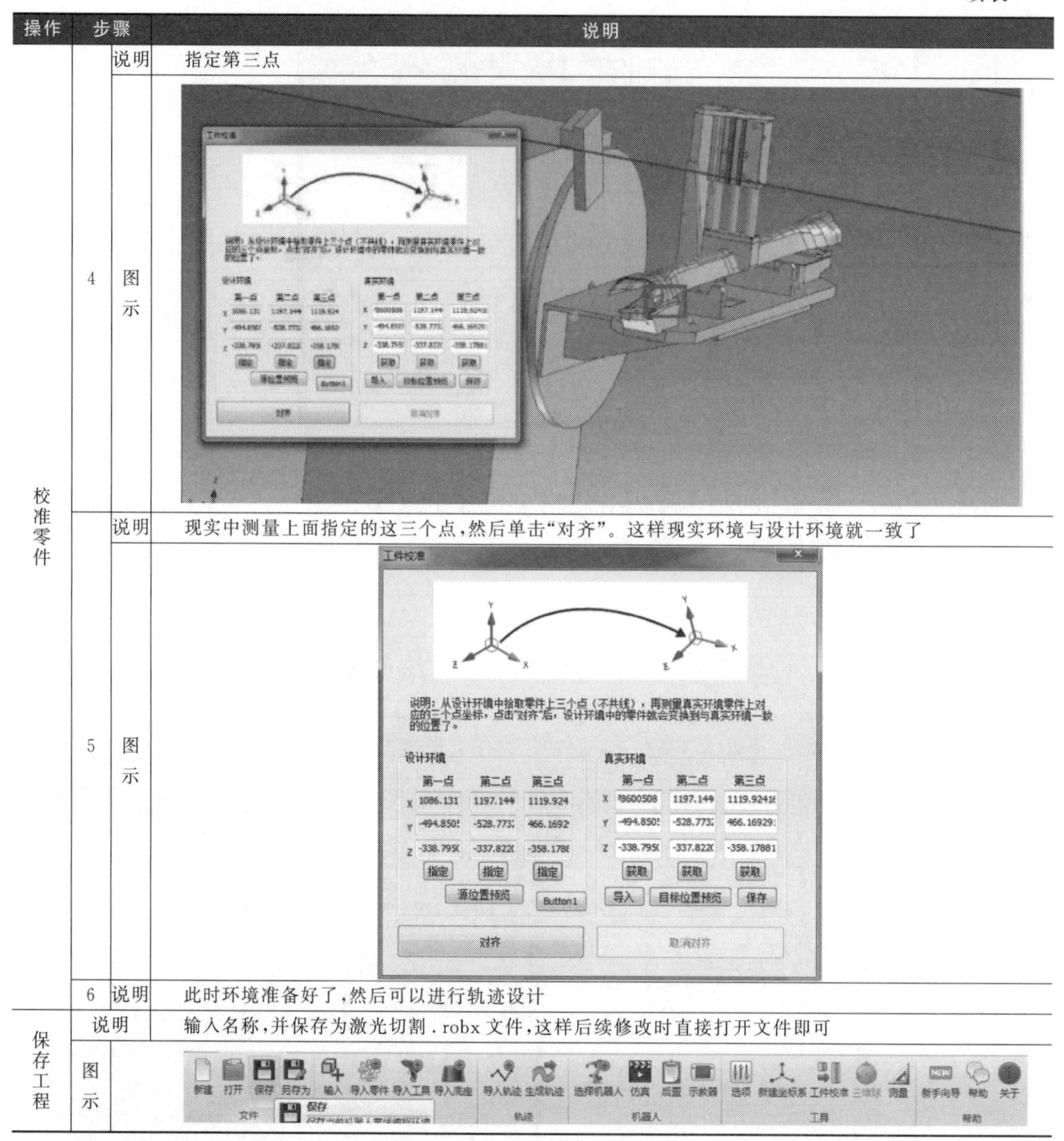

操作	步骤		说明
校准零件	4	说明	指定第三点
		图示	
	5	说明	现实中测量上面指定的这三个点，然后单击“对齐”。这样现实环境与设计环境就一致了
		图示	
	6	说明	此时环境准备好了，然后可以进行轨迹设计
保存工程	说明		输入名称，并保存为激光切割 .robx 文件，这样后续修改时直接打开文件即可
	图示		

5. 1. 2 轨迹设计

设计一条完美的轨迹，需要时间最优（没用的路径越少越好，提高效率）、空间最优（没有干扰，没有碰撞），复杂的路径需要多次生成。如果符合 3D 模型的话，是可以一次生成的，如表 5-2 所示。

表 5-2 轨迹设计

操作	步骤		说明
轨迹生成	1	说明	单击“生成轨迹”
		图示	新建 打开 保存 另存为 输入 导入零件 导入工具 导入底座 导入轨迹 生成轨迹 选择机器人 仿真 后置 示教器 选项 新建坐标系 工件校准 三维球 测量 新手向导 帮助 关于 文件 工作准备 轨迹 工具 帮助

操作	步骤		说明
轨迹生成	2	说明	选择生成方式，本次选择沿着一个面的一条边。然后在零件上选择一条边。有时生成的方向不是我们想要的方向，再点击一次，自动调转 180°
	3	说明	左边会发现有三个框，分别是线、面、点。红色代表当前是工作状态
分别选择线、面、点	1	说明	先单击左边的线，线变红后选择要切割面的一条线（箭头方向不正确的话再单击一次）
		图示	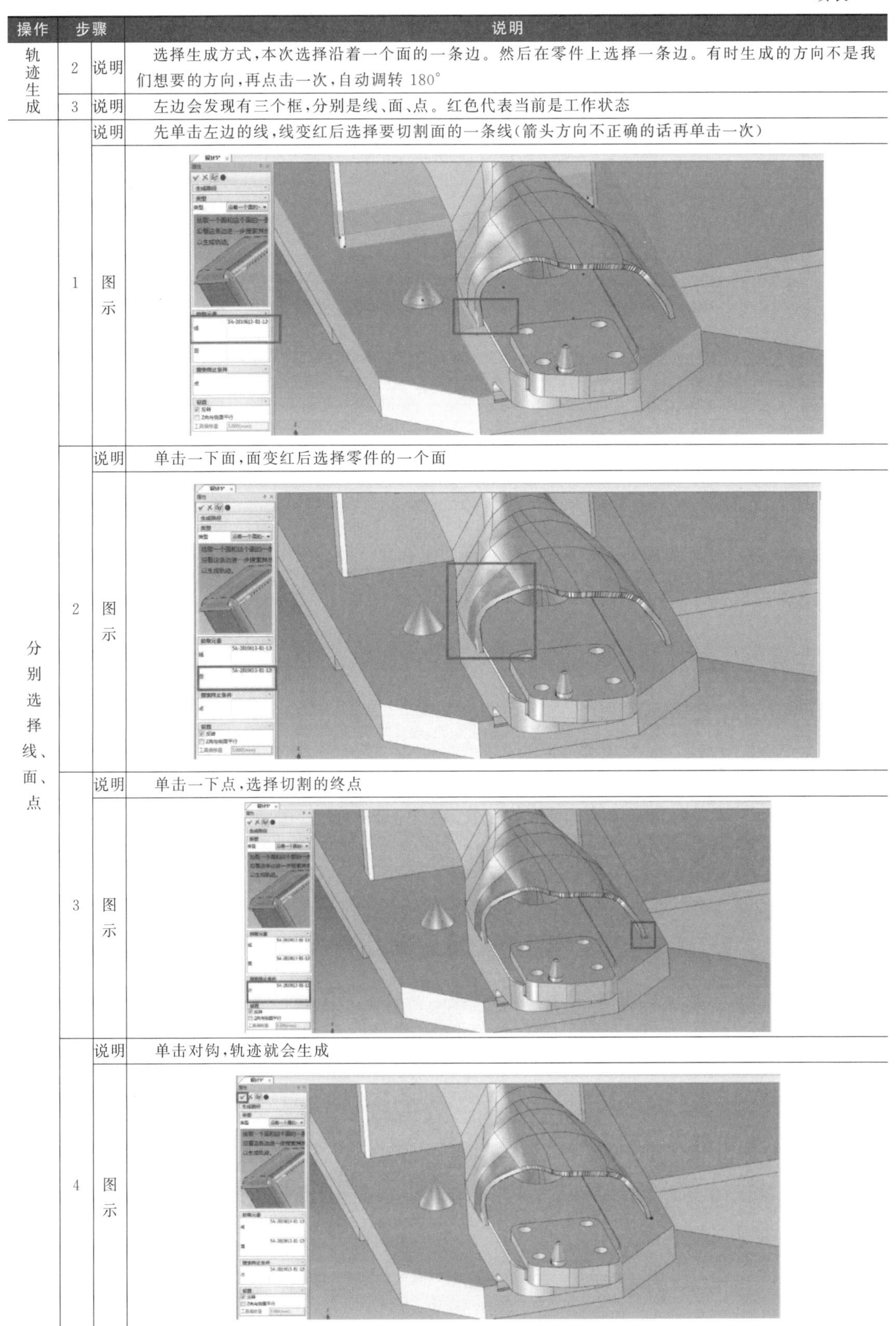
	2	说明	单击一下面，面变红后选择零件的一个面
		图示	
	3	说明	单击一下点，选择切割的终点
		图示	
	4	说明	单击对钩，轨迹就会生成
		图示	

续表

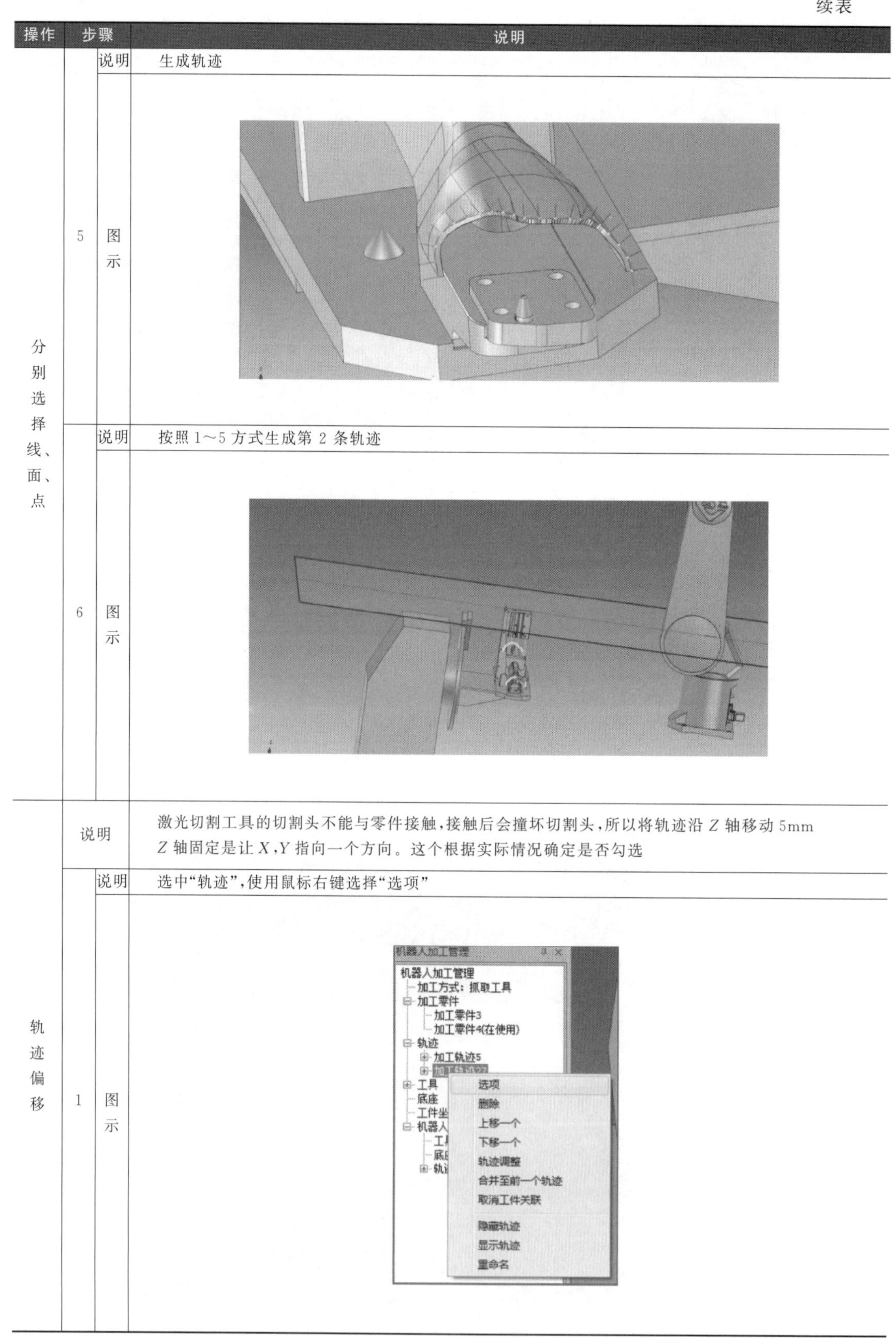

操作	步骤		说明
分别选择线、面、点	5	说明	生成轨迹
		图示	
	6	说明	按照 1～5 方式生成第 2 条轨迹
		图示	
轨迹偏移	说明		激光切割工具的切割头不能与零件接触，接触后会撞坏切割头，所以将轨迹沿 Z 轴移动 5mm Z 轴固定是让 X，Y 指向一个方向。这个根据实际情况确定是否勾选
	1	说明	选中“轨迹”，使用鼠标右键选择“选项”
		图示	

续表

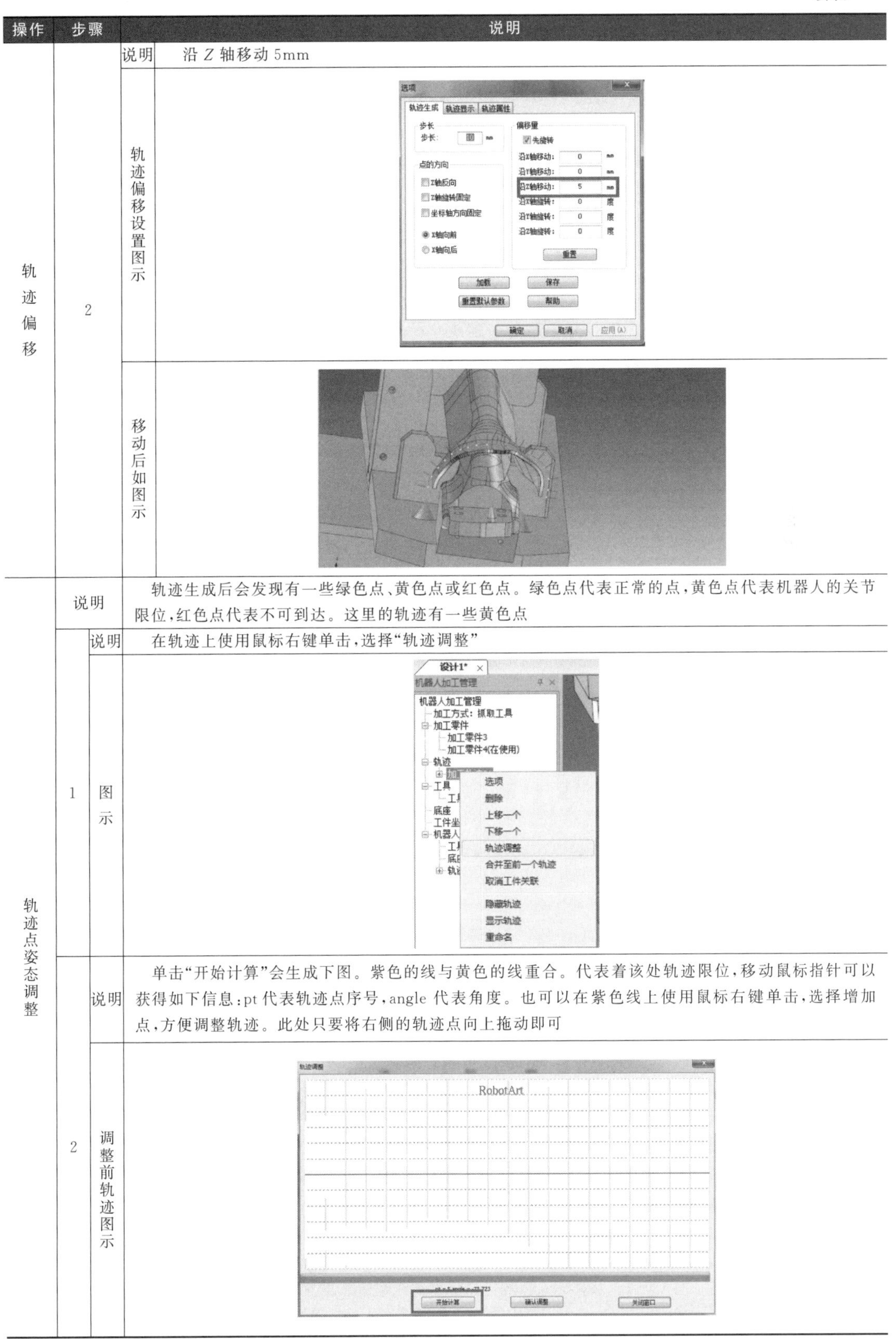

操作	步骤	说明	
轨迹偏移	2	说明	沿 Z 轴移动 5mm
		轨迹偏移设置图示	
		移动后如图示	
轨迹点姿态调整	说明		轨迹生成后会发现有一些绿色点、黄色点或红色点。绿色点代表正常的点，黄色点代表机器人的关节限位，红色点代表不可到达。这里的轨迹有一些黄色点
	1	说明	在轨迹上使用鼠标右键单击，选择“轨迹调整”
		图示	
	2	说明	单击“开始计算”会生成下图。紫色的线与黄色的线重合。代表着该处轨迹限位，移动鼠标指针可以获得如下信息：pt 代表轨迹点序号，angle 代表角度。也可以在紫色线上使用鼠标右键单击，选择增加点，方便调整轨迹。此处只要将右侧的轨迹点向上拖动即可
		调整前轨迹图示	

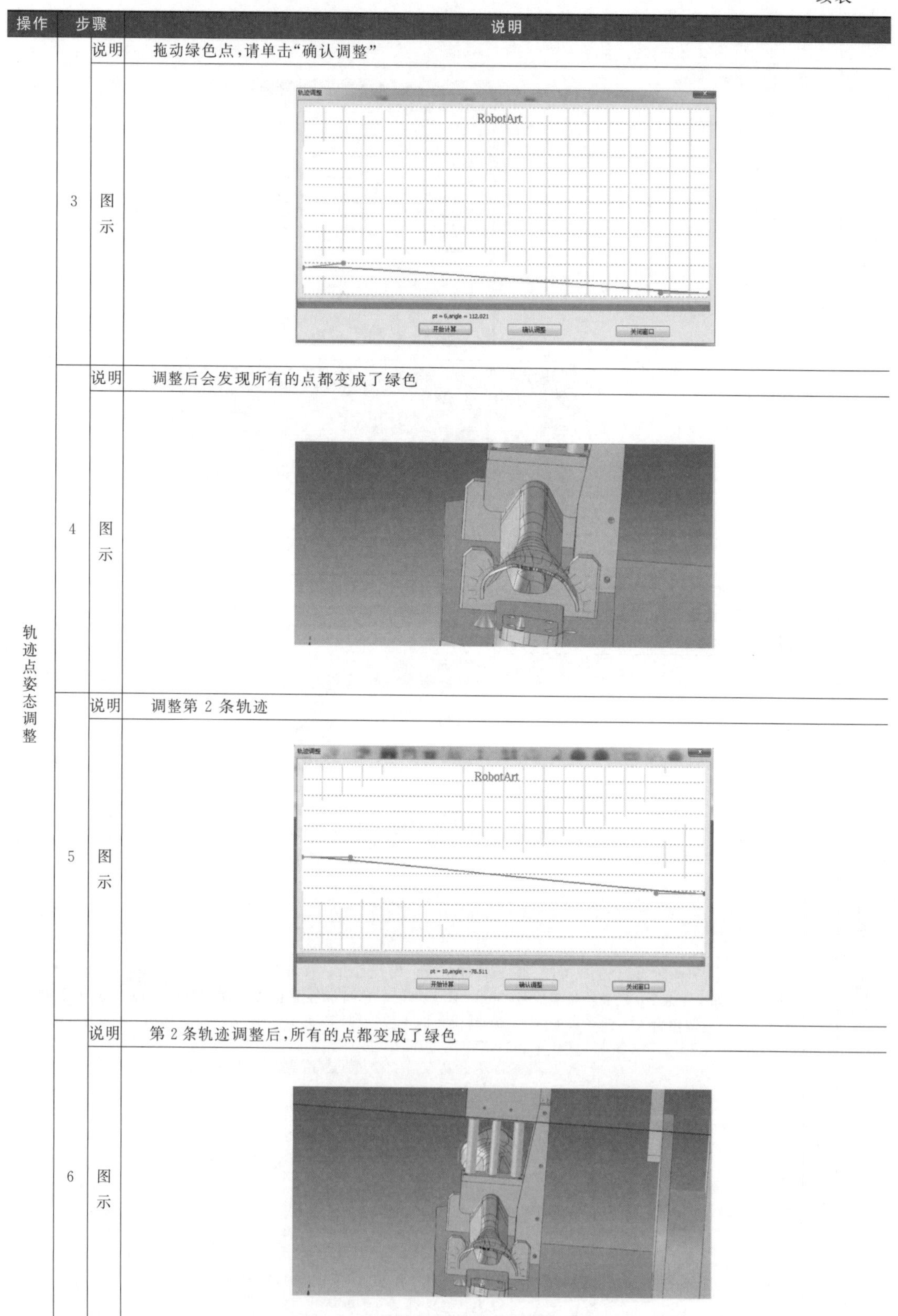

操作	步骤	说明	
轨迹点姿态调整	3	说明	拖动绿色点，请单击“确认调整”
		图示	
	4	说明	调整后会发现所有的点都变成了绿色
		图示	
	5	说明	调整第 2 条轨迹
		图示	
	6	说明	第 2 条轨迹调整后，所有的点都变成了绿色
		图示	

续表

<table>
<tr><th>操作</th><th colspan="2">步骤</th><th>说明</th></tr>
<tr><td rowspan="3">插入过渡点</td><td colspan="2">说明</td><td>
生成两条轨迹后，会发现这两条轨迹没有联系。每一条轨迹都是单独的工作路径。这就需要加入一些过渡点

POS 点一般距离轨迹端点不远，可以先让机器人运动到端点，然后再调节，就会感到轻松很多。方法：在“轨迹”上使用鼠标右键单击，然后选择“运动到点”

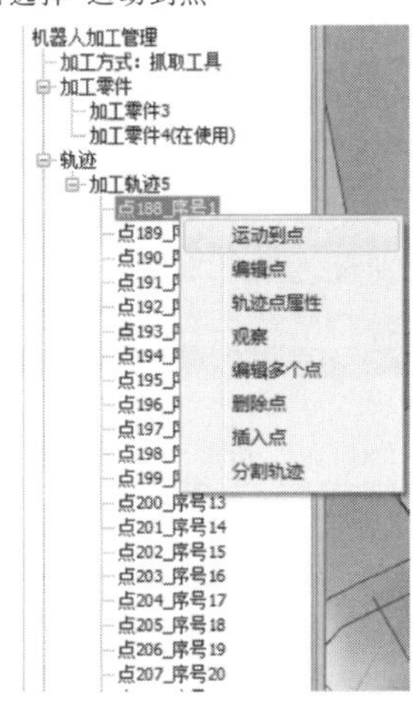

插入过渡点图示，这样工具就在端点的位置了

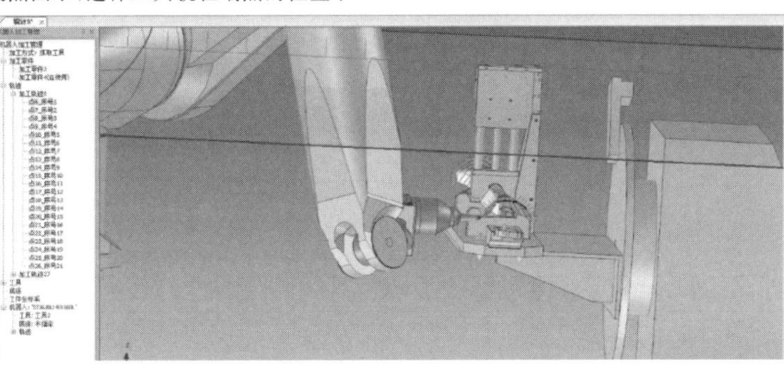
</td></tr>
<tr><td rowspan="2">1</td><td>说明</td><td>单击工具，按 F10 键，出现三维球</td></tr>
<tr><td>图示</td><td>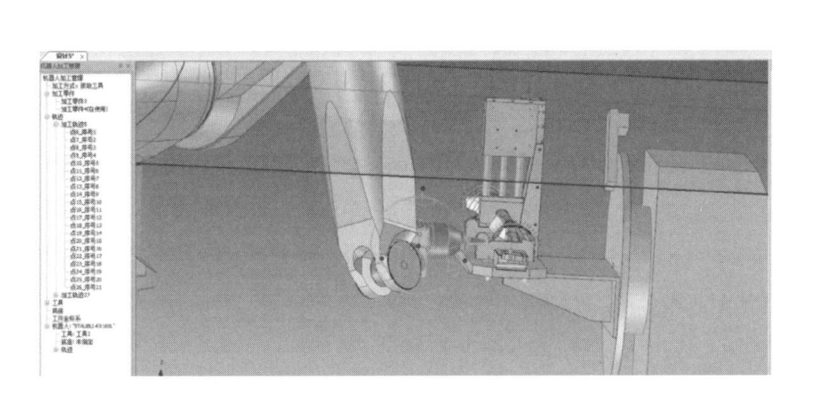</td></tr>
</table>

续表

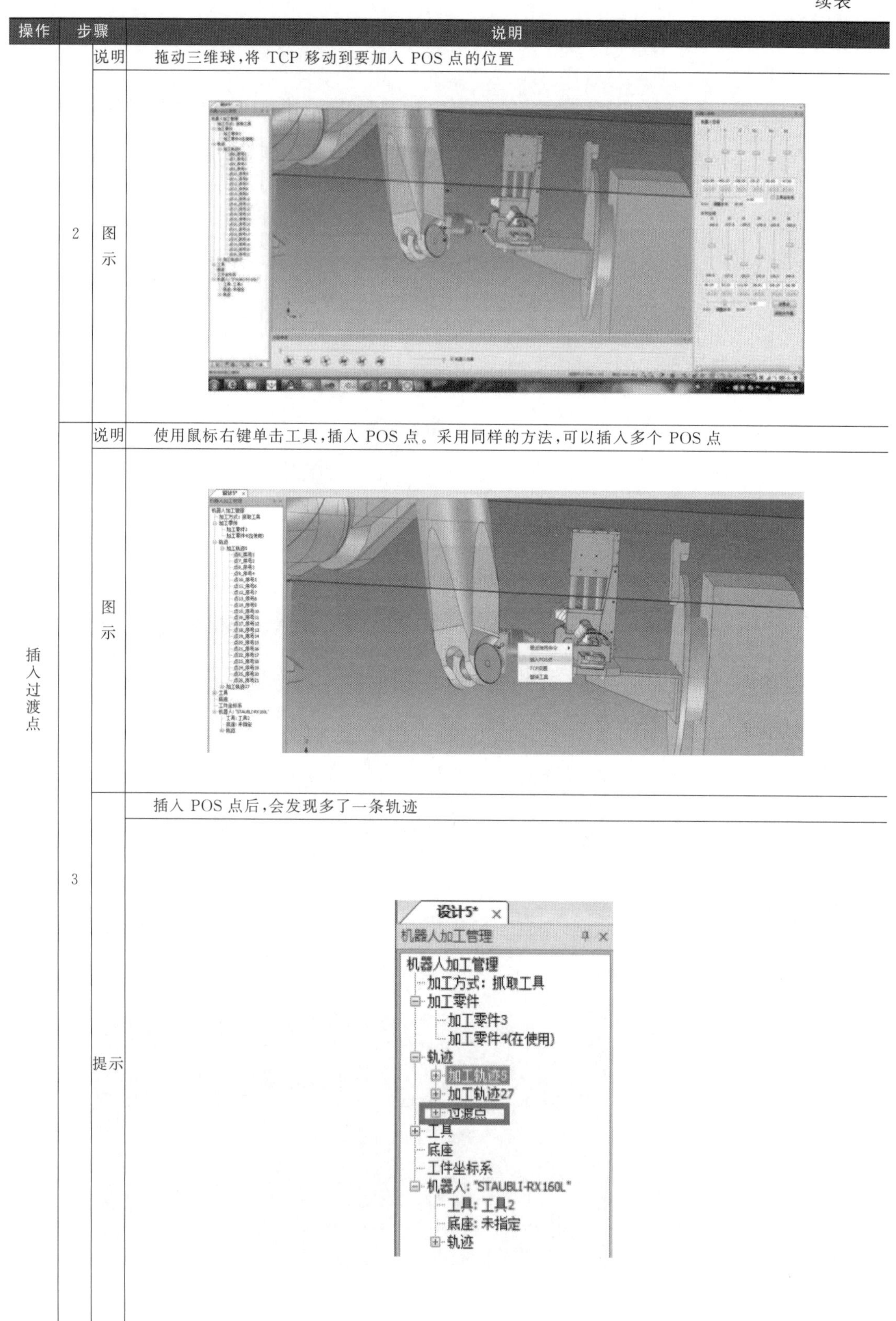

操作	步骤	说明	
插入过渡点	2	说明	拖动三维球，将 TCP 移动到要加入 POS 点的位置
		图示	
	3	说明	使用鼠标右键单击工具，插入 POS 点。采用同样的方法，可以插入多个 POS 点
		图示	
		提示	插入 POS 点后，会发现多了一条轨迹

续表

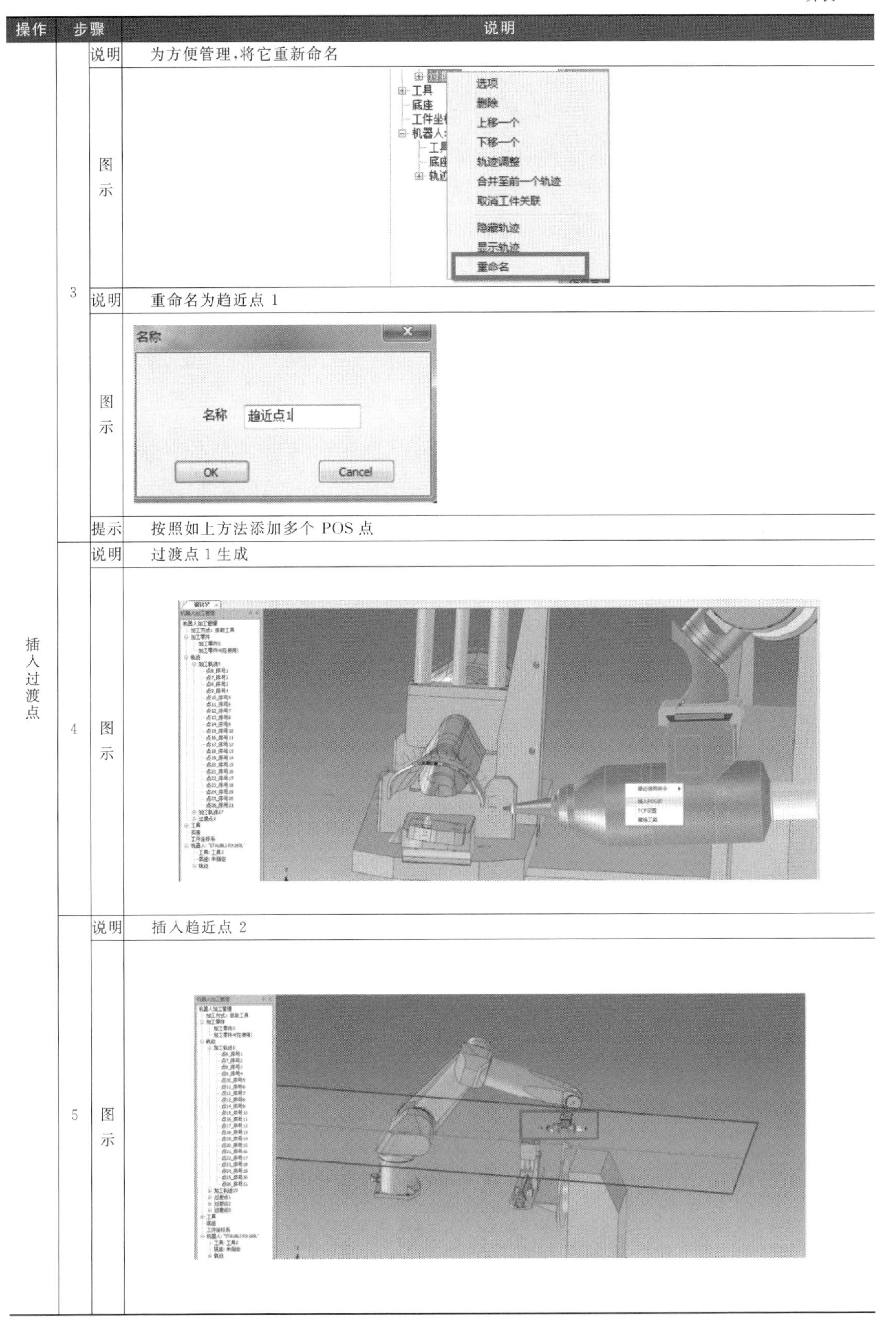

操作	步骤	说明	
插入过渡点	3	说明	为方便管理，将它重新命名
		图示	
		说明	重命名为趋近点 1
		图示	
		提示	按照如上方法添加多个 POS 点
	4	说明	过渡点 1 生成
		图示	
	5	说明	插入趋近点 2
		图示	

续表

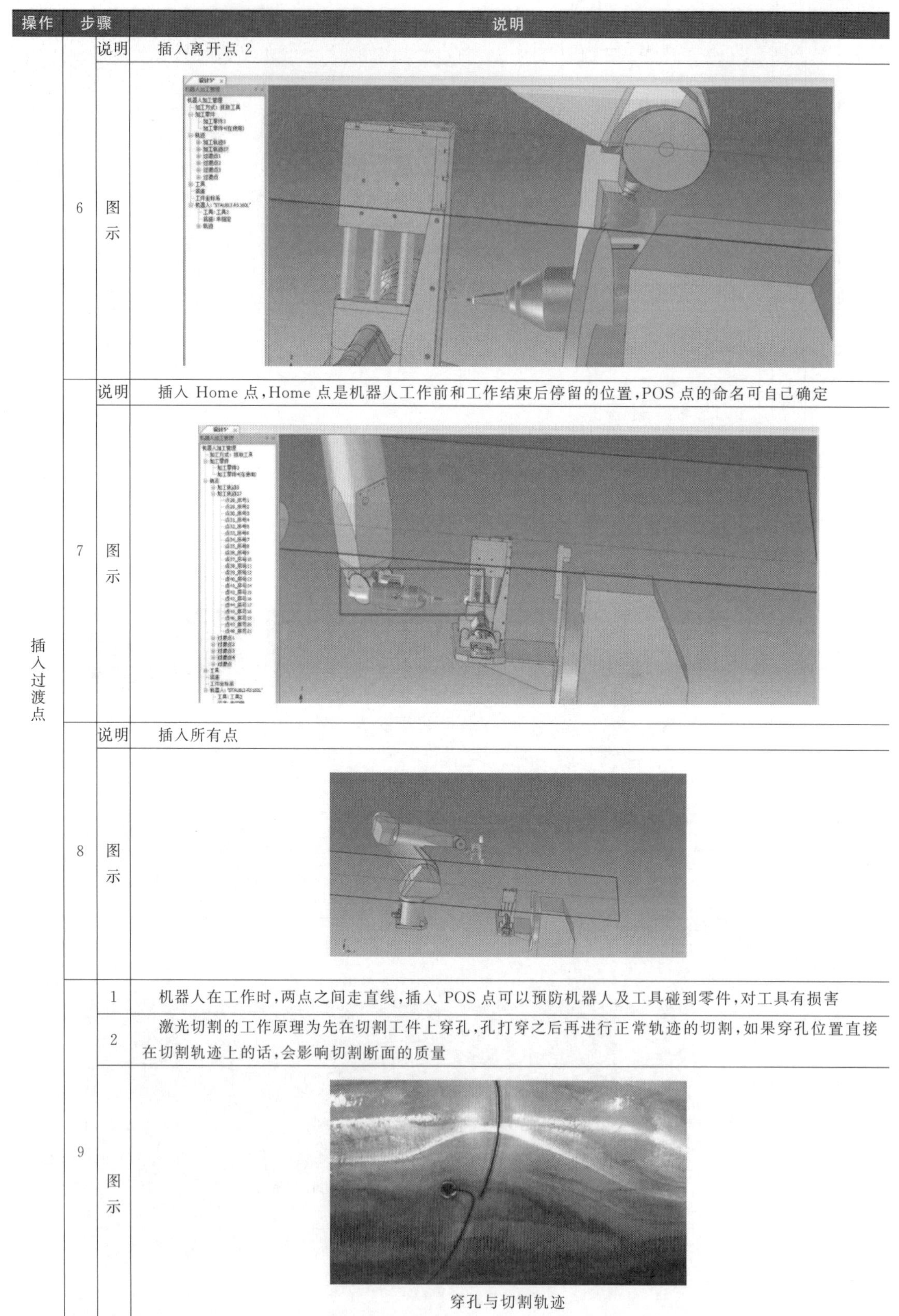

操作	步骤		说明
插入过渡点	6	说明	插入离开点 2
		图示	
	7	说明	插入 Home 点，Home 点是机器人工作前和工作结束后停留的位置，POS 点的命名可自己确定
		图示	
	8	说明	插入所有点
		图示	
	9	1	机器人在工作时，两点之间走直线，插入 POS 点可以预防机器人及工具碰到零件，对工具有损害
		2	激光切割的工作原理为先在切割工件上穿孔，孔打穿之后再进行正常轨迹的切割，如果穿孔位置直接在切割轨迹上的话，会影响切割断面的质量
		图示	穿孔与切割轨迹

续表

操作	步骤		说明
插入过渡点	9	3	POS 点插入后，会在最后面生成一条轨迹。注意机器人运行的顺序是从第一条轨迹开始至最后一条轨迹结束。即按照加工轨迹 5→加工轨迹 27→趋近点 1→离开点 1→过渡点 1→趋近点 2→离开点 2→home 的顺序运行
		图示	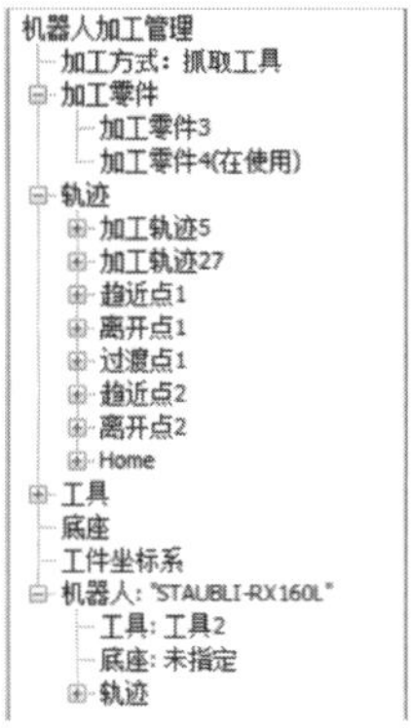 机器人加工管理 加工方式：抓取工具 加工零件 加工零件3 加工零件4(在使用) 轨迹 加工轨迹5 加工轨迹27 趋近点1 离开点1 过渡点1 趋近点2 离开点2 Home 工具 底座 工件坐标系 机器人："STAUBLI-RX160L" 工具：工具2 底座：未指定 轨迹
		4	在“轨迹”上使用鼠标右键单击后有一个上下移动的命令，可以进行自行设计。轨迹运行顺序如下图所示
		图示	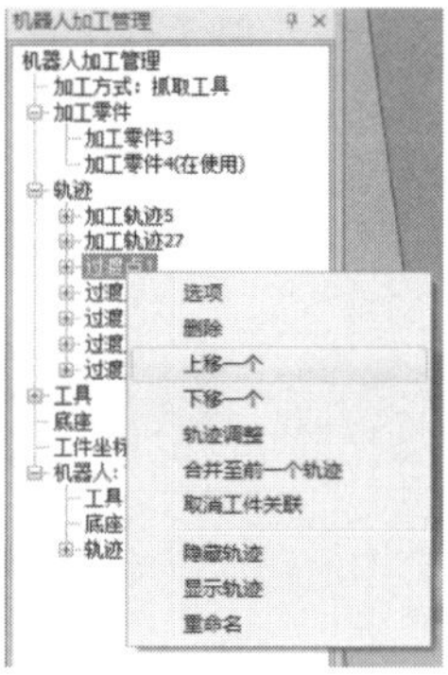 机器人加工管理 机器人加工管理 加工方式：抓取工具 加工零件 加工零件3 加工零件4(在使用) 轨迹 加工轨迹5 加工轨迹27 过渡 过渡 过渡 过渡 工具 底座 工件坐标 机器人： 工具 底座 轨迹 选项 删除 上移一个 下移一个 轨迹调整 合并至前一个轨迹 取消工件关联 隐藏轨迹 显示轨迹 重命名
		5	调整顺序如下图所示，这样完整的轨迹就生成了
		图示	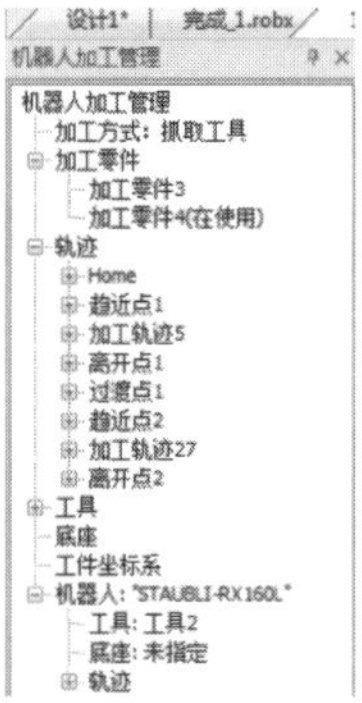 设计1* | 完成_1.robx 机器人加工管理 机器人加工管理 加工方式：抓取工具 加工零件 加工零件3 加工零件4(在使用) 轨迹 Home 趋近点1 加工轨迹5 离开点1 过渡点1 趋近点2 加工轨迹27 离开点2 工具 底座 工件坐标系 机器人："STAUBLI-RX160L" 工具：工具2 底座：未指定 轨迹 轨迹顺序

5.1.3 仿真

通过图 5-1 所示的按钮可仿真观察机器人的运动状况。如果运动异常，则继续进行轨迹调整。

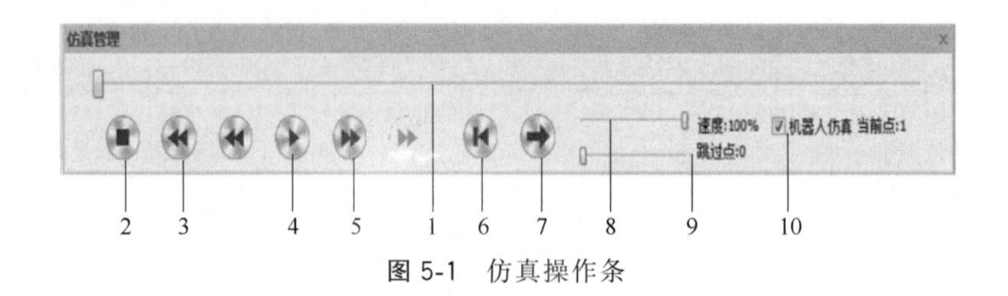

图 5-1　仿真操作条

5.1.4　后置

仿真确认没有问题的话就要生成机器人代码，如图 5-2 所示。后置的时候需要指定“路径信息”，如图 5-3 所示。在每一行轨迹上使用鼠标右键单击选择“轨迹类型”，如图 5-4 所示。单击“机器人文件”单选项，其余默认就可以了。单击“生成文件”按钮后选择目录就可以了，如图 5-5 所示。

图 5-2　后置处理

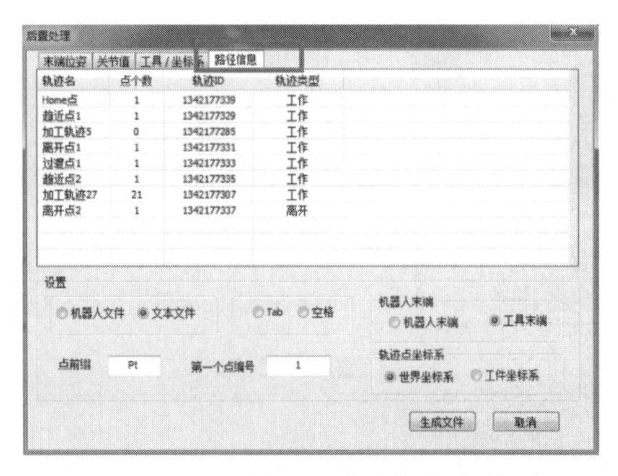

图 5-3　指定“路径信息”

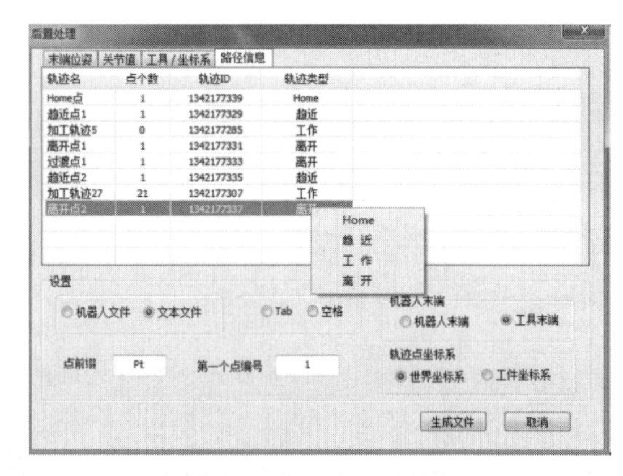

图 5-4　轨迹类型的选择

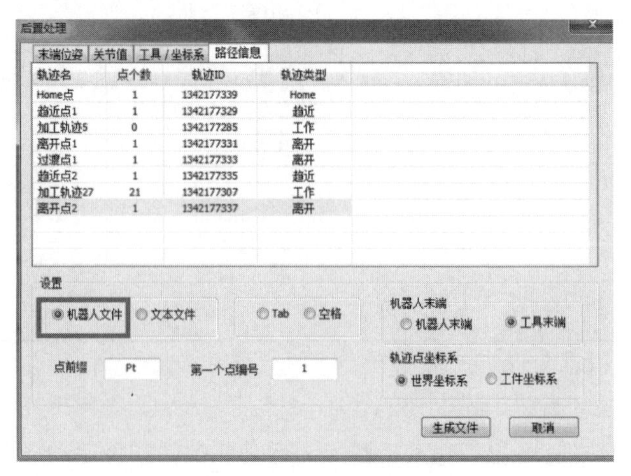

图 5-5　生成机器人可执行文件

用后置代码让机器人进行实际作业。后置完成时记住保存工程文件。有时因为真实误差，轨迹有问题还需要微调。

5.2 去毛刺

5.2.1 环境搭建

环境搭建如表 5-3 所示。

表 5-3 去毛刺环境搭建

操作	步骤	说明	
选择机器人	1	说明	单击“选择机器人”，首先选择现实中需要设计轨迹的机器人。本次选择 ABB-IRB1410
		图示	
	2	说明	选择完成
		图示	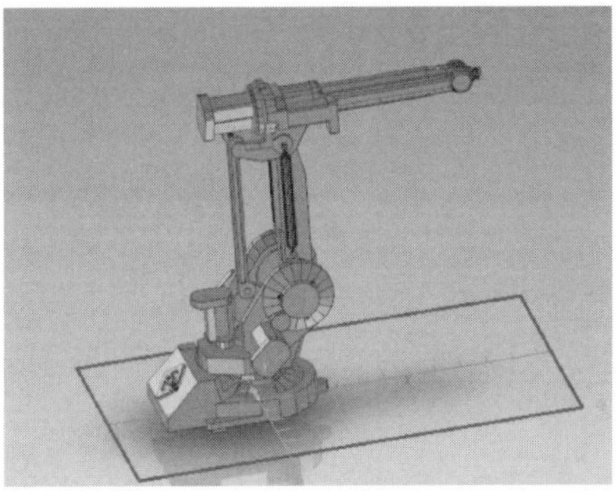
选择工具	1	说明	选择现实中需要进行作业的工具，选择后机器人与零件会自动装配。去毛刺使用工具为“ATI 径向浮动打磨头 . ics”
		图示	
	2	说明	选择完成
		图示	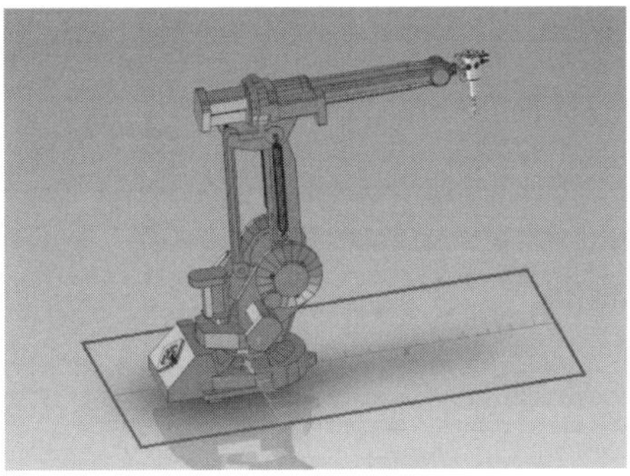

续表

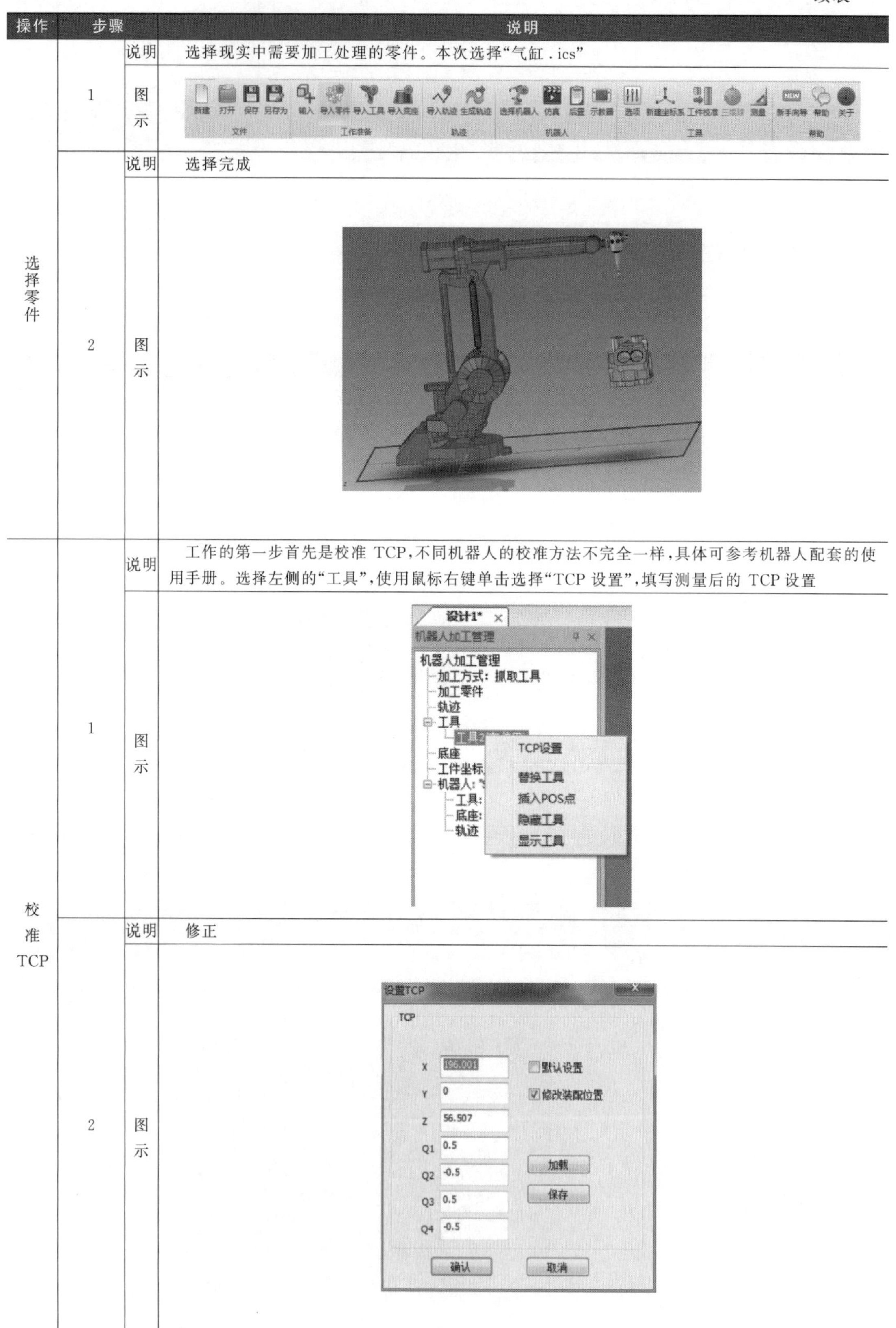

操作	步骤		说明
选择零件	1	说明	选择现实中需要加工处理的零件。本次选择“气缸 .ics”
		图示	
	2	说明	选择完成
		图示	
校准TCP	1	说明	工作的第一步首先是校准 TCP，不同机器人的校准方法不完全一样，具体可参考机器人配套的使用手册。选择左侧的“工具”，使用鼠标右键单击选择“TCP 设置”，填写测量后的 TCP 设置
		图示	
	2	说明	修正
		图示	

续表

操作	步骤			说明
校准零件	说明			现实中零件和机器人是有一个相对位置的。我们要保证软件中的位置与现实中的位置一致，这样设计的轨迹才有意义，才能确保设计的正确性。如果现实中机器人与零件的摆放位置已经固定，需要进行零件校准 本次工件与机器人位置已经是现实中的相对位置，所以本步骤可以忽略
	1 选择		说明	选择“工件校准”
			图示	
	2 制定模型上三个点	1	说明	先指定第一点
			图示	
		2	说明	然后指定第二点
			图示	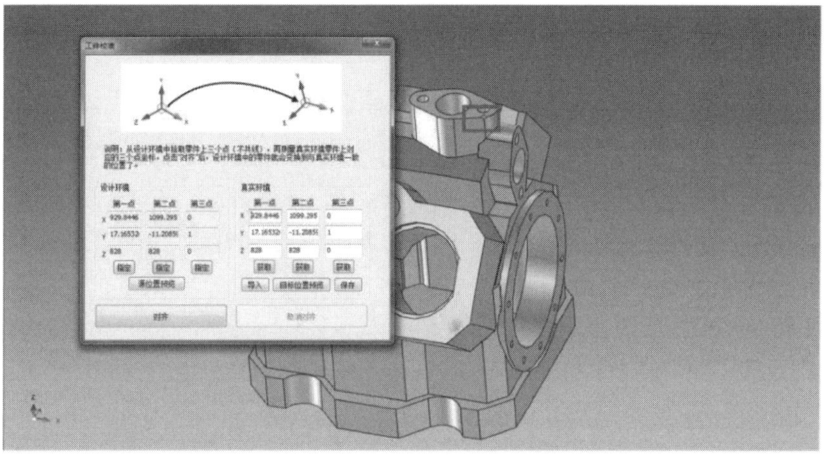

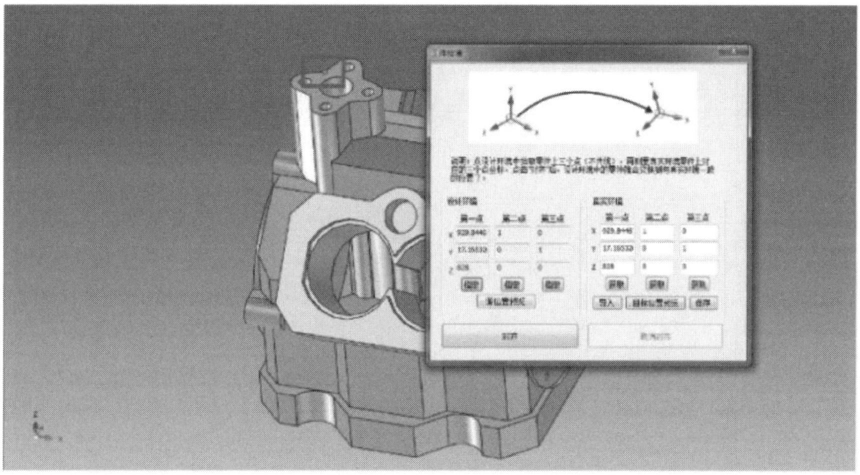

续表

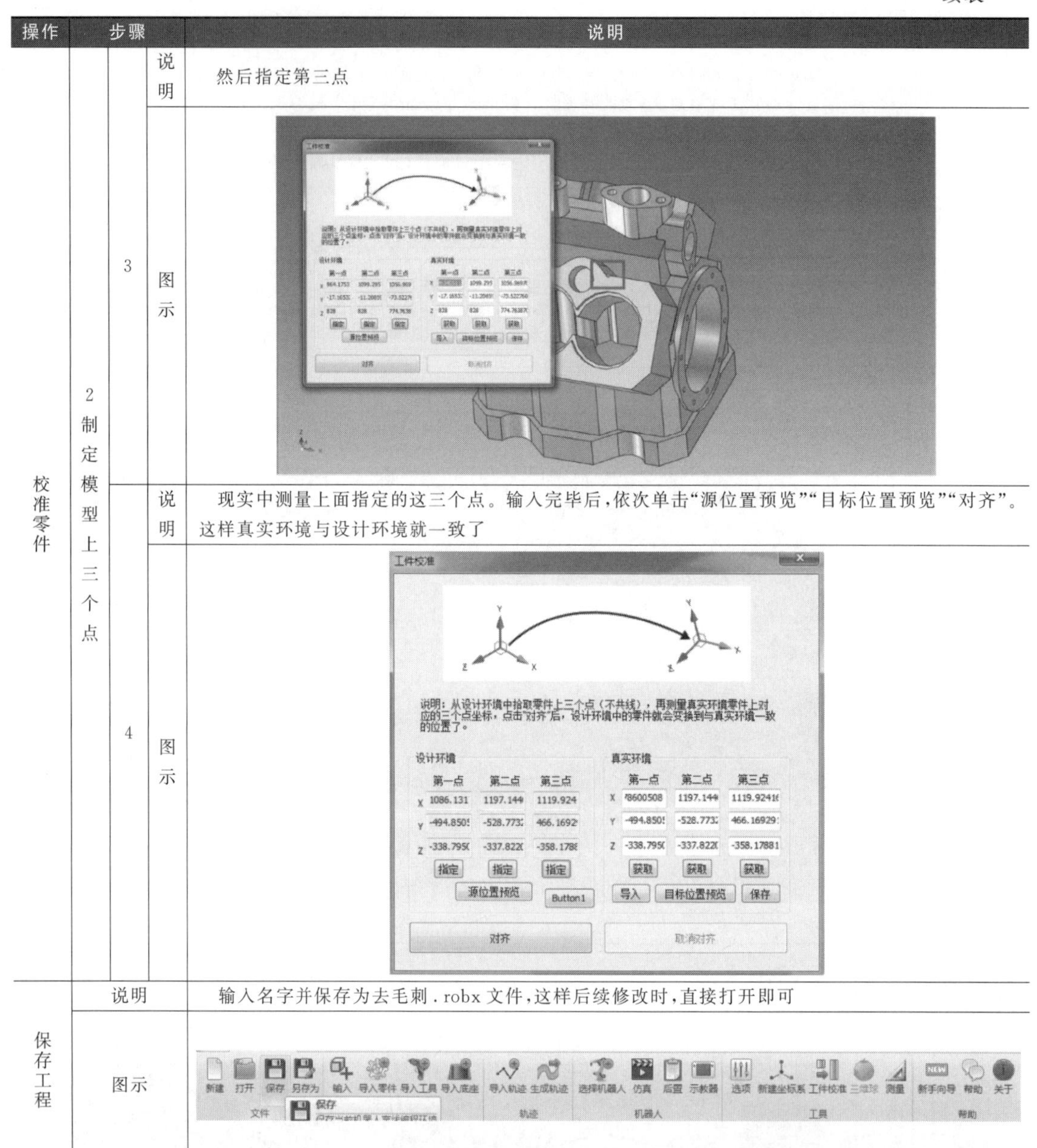

操作	步骤			说明
校准零件	2 制定模型上三个点	3	说明	然后指定第三点
			图示	
		4	说明	现实中测量上面指定的这三个点。输入完毕后，依次单击"源位置预览""目标位置预览""对齐"。这样真实环境与设计环境就一致了
			图示	
保存工程	说明			输入名字并保存为去毛刺.robx文件，这样后续修改时，直接打开即可
	图示			

5.2.2 轨迹设计

气缸零件模型分为上、左、右、下、前、后6个面，需要分成两部分加工，生成两个robx文件，第一部分包括上、左、右、前、后，第二部分包括下，如图5-6所示。气缸零件轨迹设计如表5-4所示。

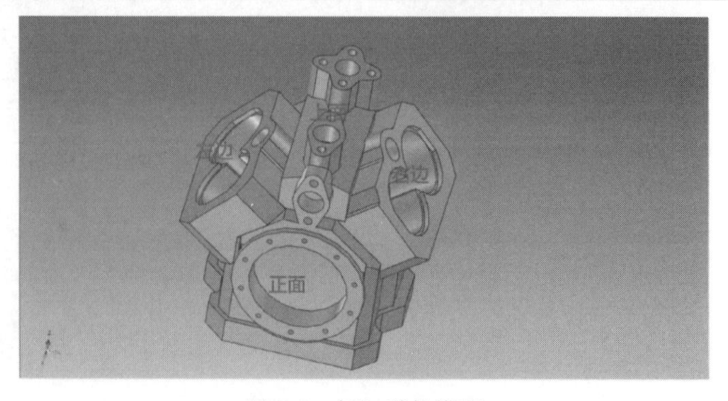

图 5-6　气缸零件模型

表 5-4　气缸零件轨迹设计

操作	步骤			说明
轨迹生成	说明			气缸的轨迹主要分为内环轨迹、外环轨迹、单边轨迹、打孔轨迹。以下详细介绍内环、外环、单边、打孔的轨迹生成步骤
	内环轨迹	1	说明	单击“生成轨迹”,选择生成类型,本次选择“一个面的一个环”。然后在零件上选择一条边。有时生成的方向不是我们想要的方向,再单击一次,自动调转 180°,左边会发现有两个框,分别是线、面。红色代表当前是工作状态。然后分别选择线、面
			图示	新建 打开 保存 另存为 输入 导入零件 导入工具 导入底座 导入轨迹 生成轨迹 选择机器人 仿真 后置 示教器 选项 新建坐标系 工件校准 三维球 测量 新手向导 帮助 关于 文件 工作准备 轨迹 工具 帮助 生成轨迹
		2	说明	先单击左边的线,线变红后选择要去毛刺面的一条线(箭头方向不正确的话再单击一次)
			图示	属性 生成路径 类型 类型 一个面的一个环 拾取一个面和这个面上的一个边 拾取元素 线 NONE\边<33> 面 设置 反转 Z向与侧面平行 工具偏移量 5.000(mm)
		3	说明	单击一下面,面变红后选择零件的一个面
			图示	属性 生成路径 类型 类型 一个面的一个环 拾取一个面和这个面上的一个边 拾取元素 线 NONE\边<33> 面 NONE\面<288> 设置 反转 Z向与侧面平行 工具偏移量 5.000(mm) 生成往复路径
		4	说明	单击对钩,轨迹就会生成,重新命名为上面_四星内环(命名规则:方向_样子+内环/外环)
			图示	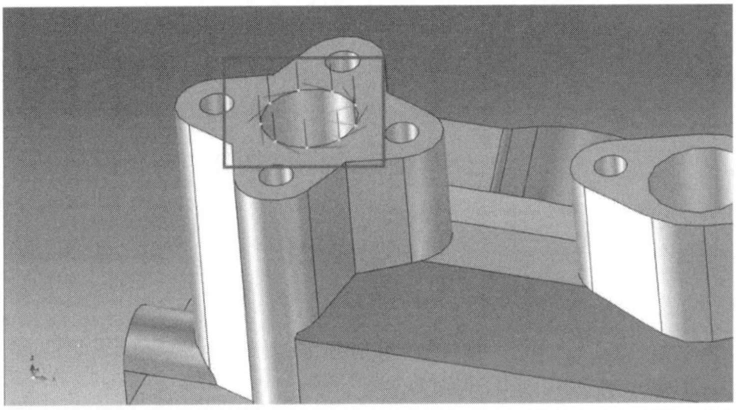

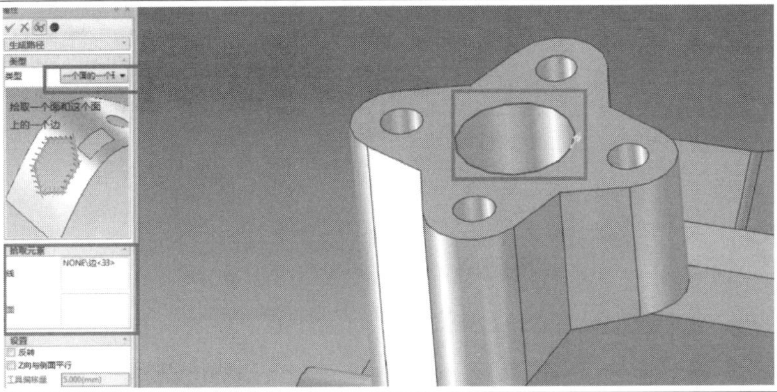

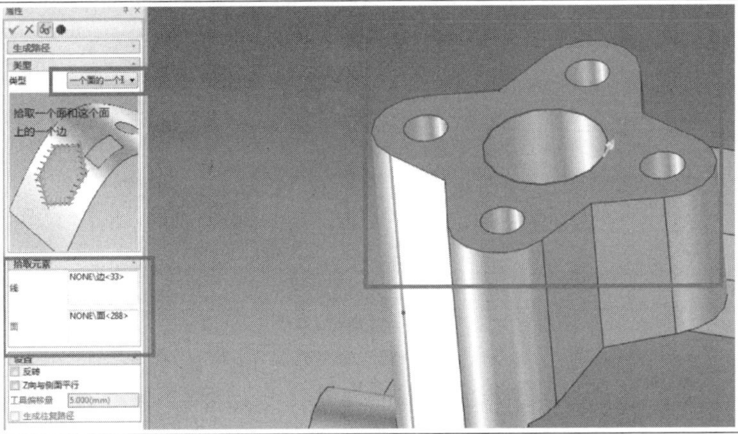

续表

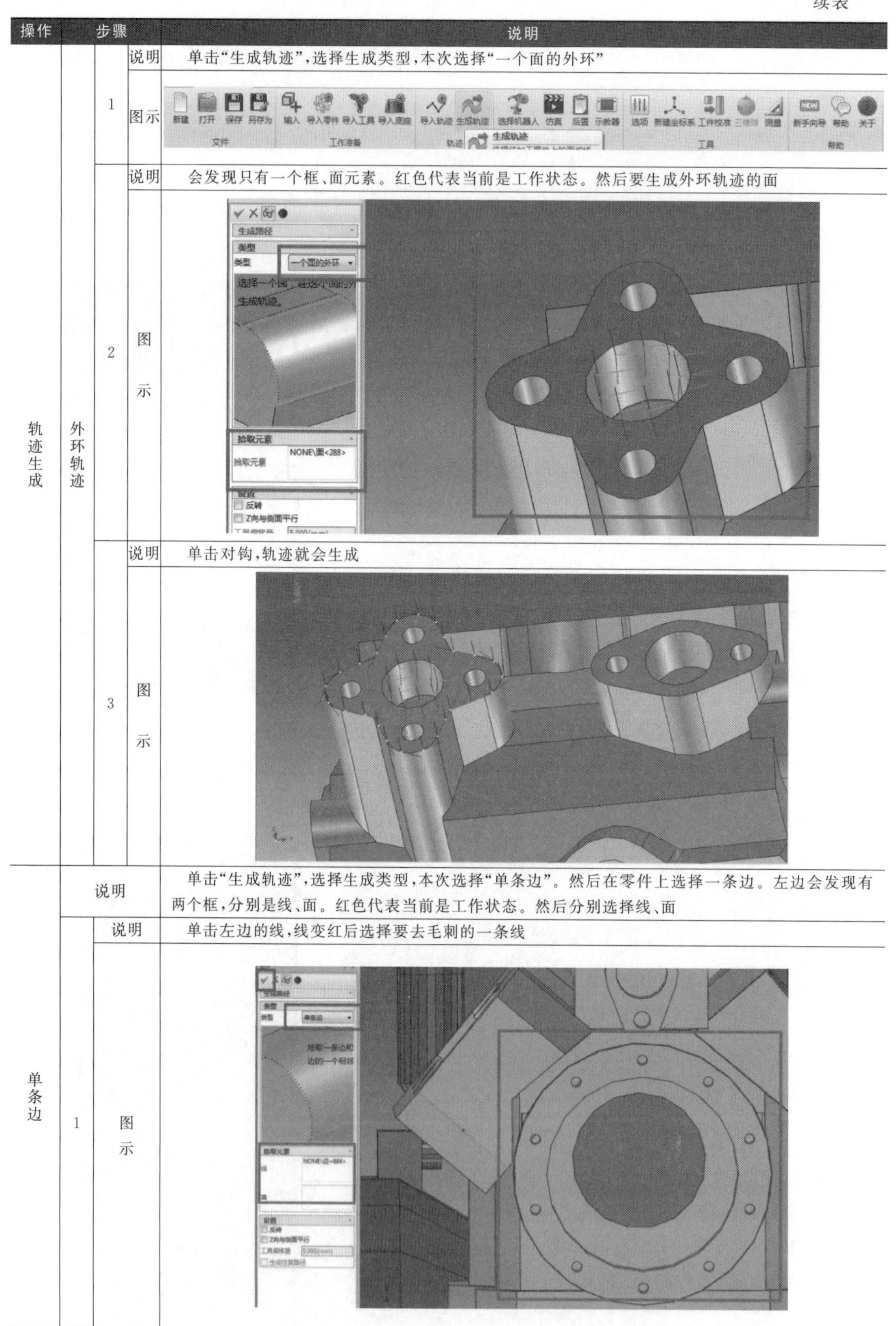

操作	步骤			说明
轨迹生成	外环轨迹	1	说明	单击“生成轨迹”，选择生成类型，本次选择“一个面的外环”
			图示	
		2	说明	会发现只有一个框、面元素。红色代表当前是工作状态。然后要生成外环轨迹的面
			图示	
		3	说明	单击对钩，轨迹就会生成
			图示	
单条边	说明			单击“生成轨迹”，选择生成类型，本次选择“单条边”。然后在零件上选择一条边。左边会发现有两个框，分别是线、面。红色代表当前是工作状态。然后分别选择线、面
	1	说明		单击左边的线，线变红后选择要去毛刺的一条线
		图示		

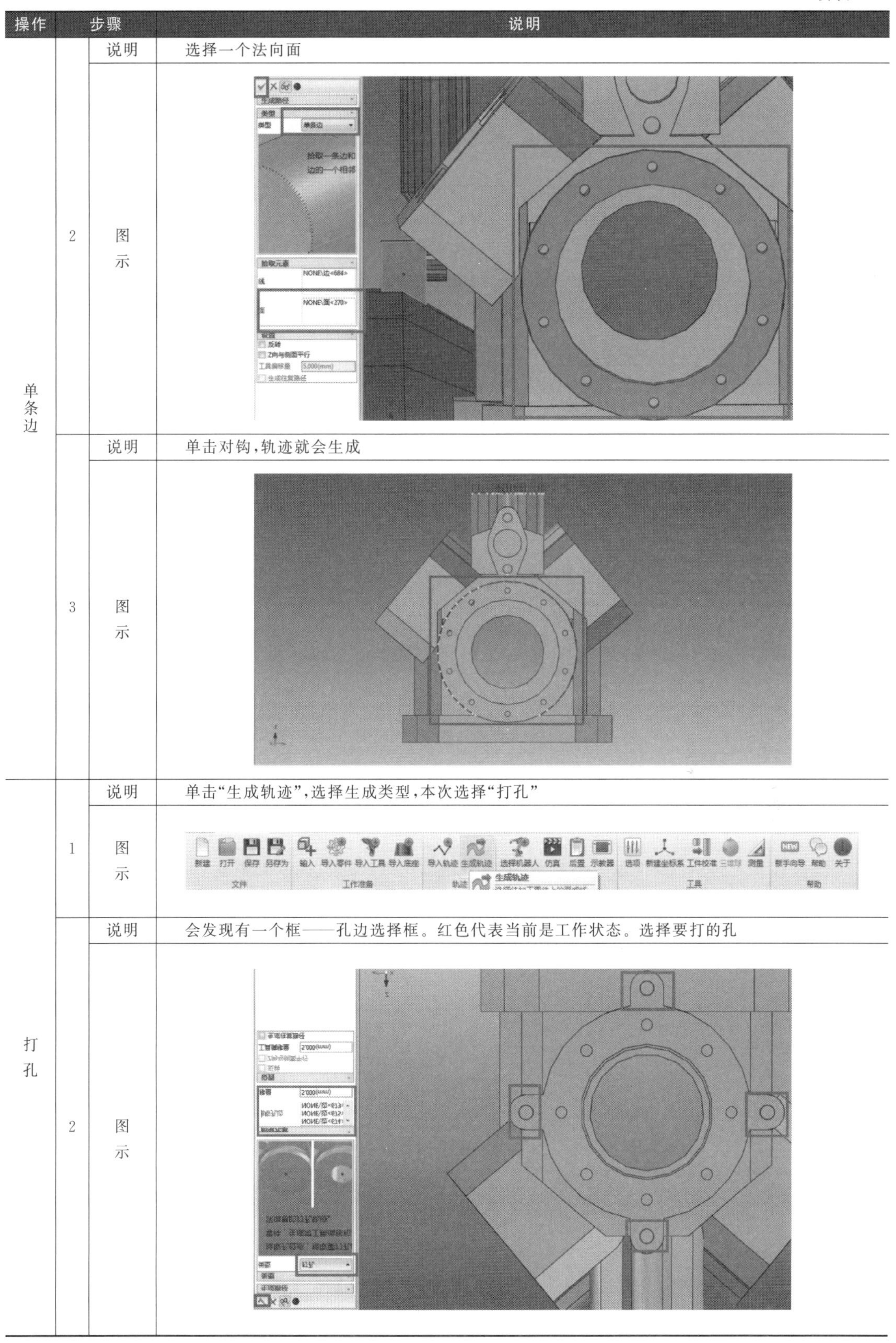

操作	步骤		说明
单条边	2	说明	选择一个法向面
		图示	
	3	说明	单击对钩，轨迹就会生成
		图示	
打孔	1	说明	单击“生成轨迹”，选择生成类型，本次选择“打孔”
		图示	
	2	说明	会发现有一个框——孔边选择框。红色代表当前是工作状态。选择要打的孔
		图示	

续表

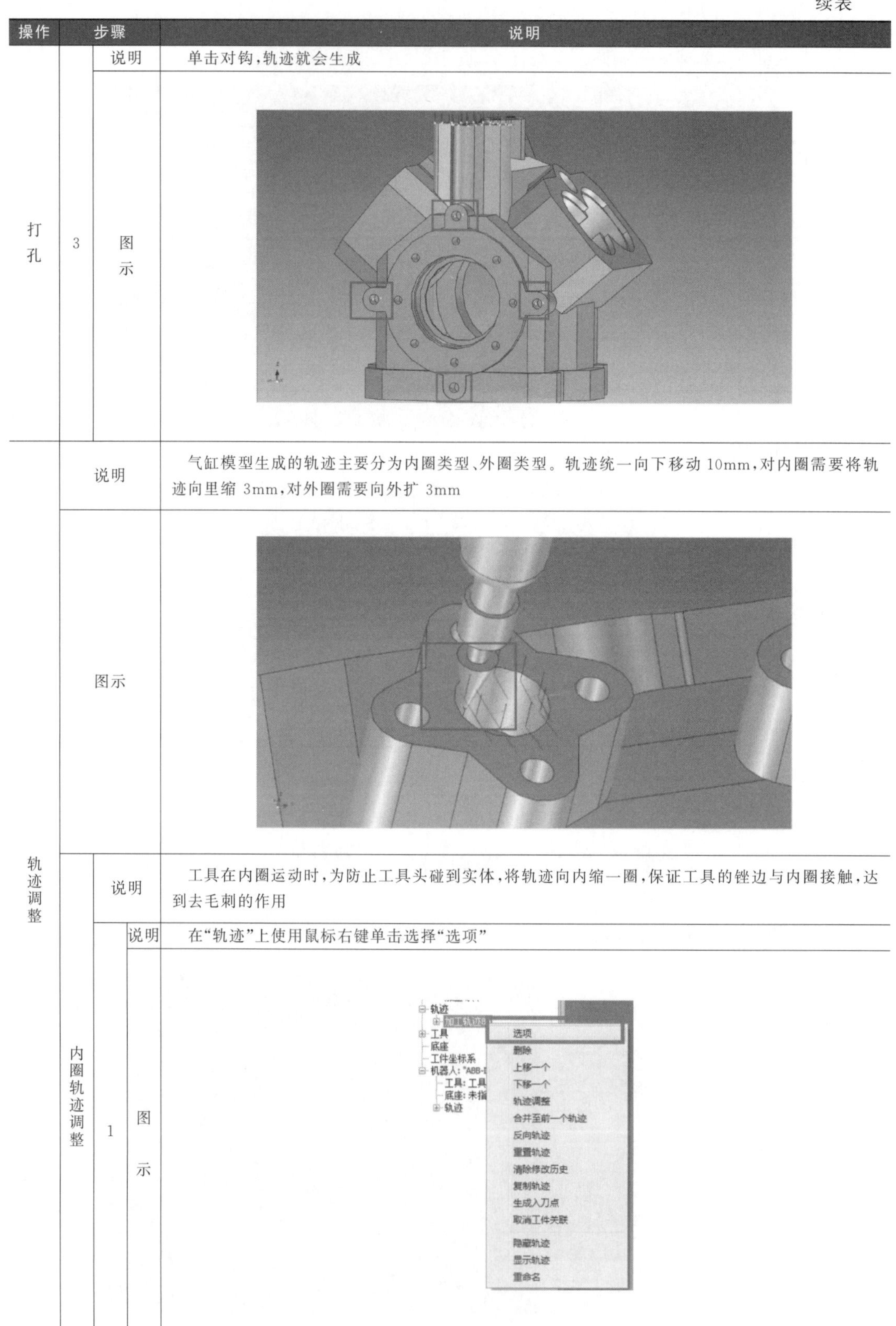

操作	步骤			说明
打孔	3		说明	单击对钩,轨迹就会生成
			图示	
轨迹调整	说明			气缸模型生成的轨迹主要分为内圈类型、外圈类型。轨迹统一向下移动 10mm,对内圈需要将轨迹向里缩 3mm,对外圈需要向外扩 3mm
	图示			
	内圈轨迹调整	说明		工具在内圈运动时,为防止工具头碰到实体,将轨迹向内缩一圈,保证工具的锉边与内圈接触,达到去毛刺的作用
		1	说明	在“轨迹”上使用鼠标右键单击选择“选项”
			图示	

续表

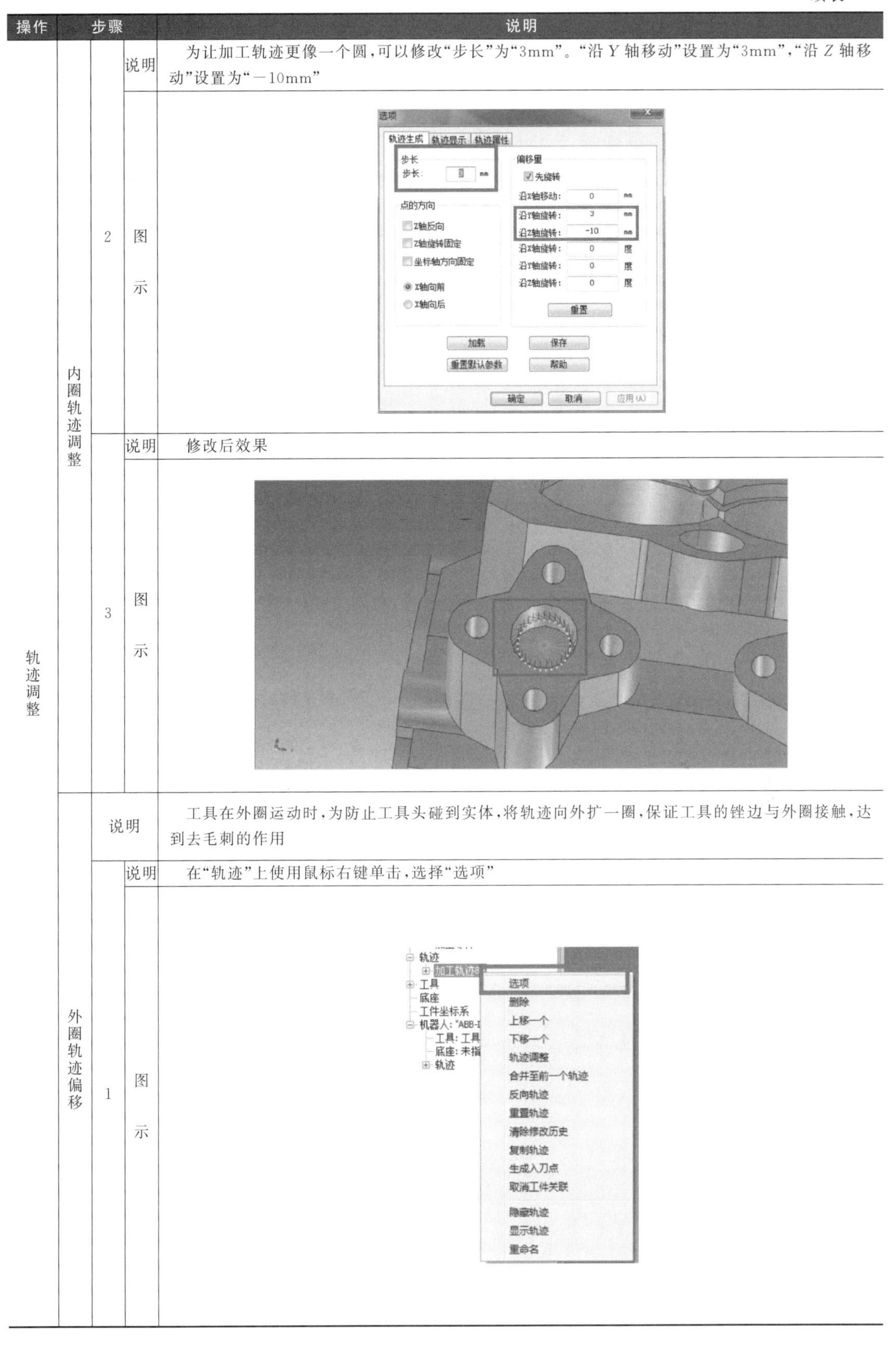

操作	步骤			说明
轨迹调整	内圈轨迹调整	2	说明	为让加工轨迹更像一个圆，可以修改"步长"为"3mm"。"沿 Y 轴移动"设置为"3mm"，"沿 Z 轴移动"设置为"－10mm"
			图示	
		3	说明	修改后效果
			图示	
	外圈轨迹偏移		说明	工具在外圈运动时，为防止工具头碰到实体，将轨迹向外扩一圈，保证工具的锉边与外圈接触，达到去毛刺的作用
		1	说明	在"轨迹"上使用鼠标右键单击，选择"选项"
			图示	

续表

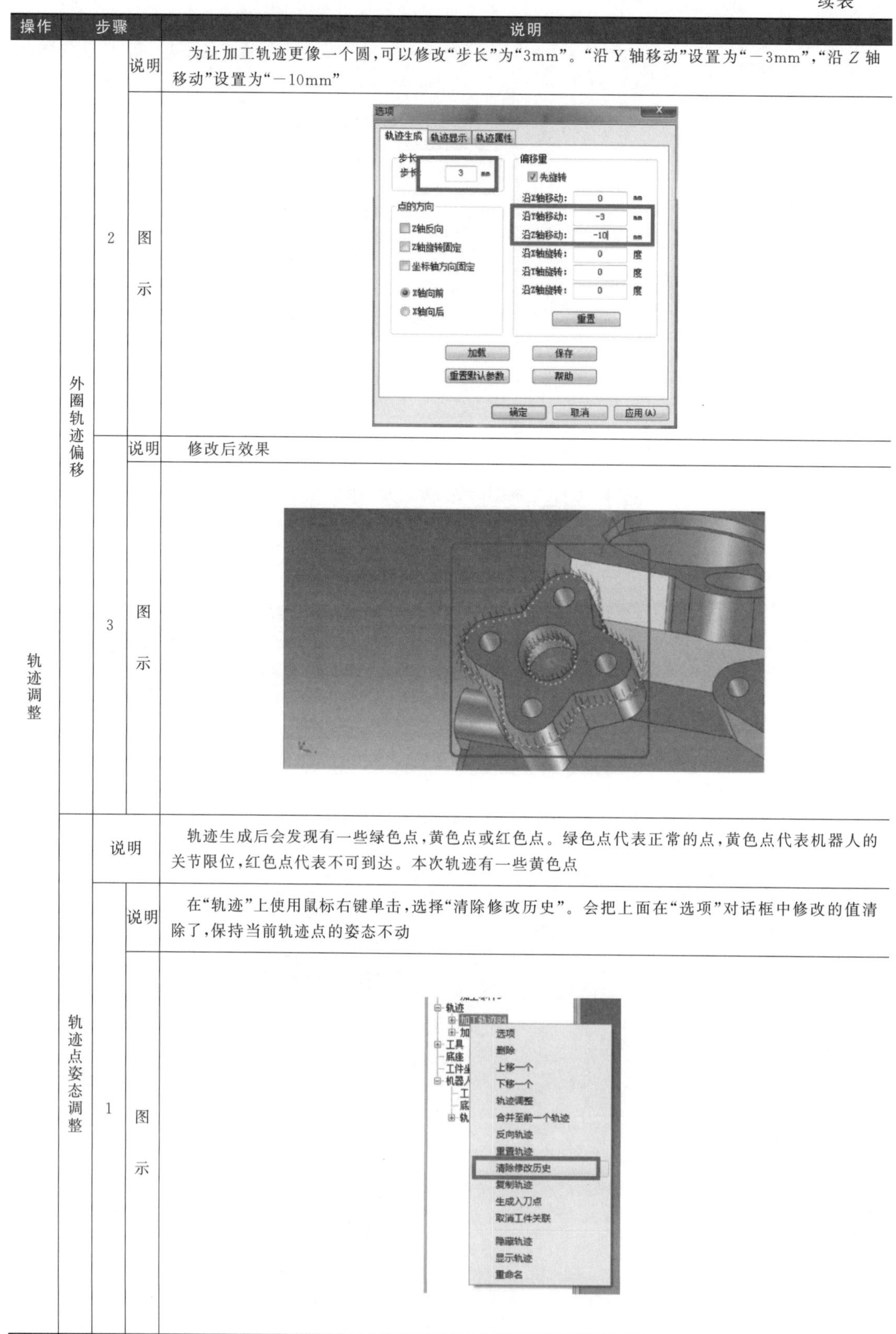

操作	步骤			说明
轨迹调整	外圈轨迹偏移	2	说明	为让加工轨迹更像一个圆,可以修改“步长”为“3mm”。“沿Y轴移动”设置为“−3mm”,“沿Z轴移动”设置为“−10mm”
			图示	
		3	说明	修改后效果
			图示	
	轨迹点姿态调整	说明		轨迹生成后会发现有一些绿色点,黄色点或红色点。绿色点代表正常的点,黄色点代表机器人的关节限位,红色点代表不可到达。本次轨迹有一些黄色点
		1	说明	在“轨迹”上使用鼠标右键单击,选择“清除修改历史”。会把上面在“选项”对话框中修改的值清除了,保持当前轨迹点的姿态不动
			图示	

续表

操作	步骤			说明
轨迹调整	轨迹点姿态调整	2	说明	然后再次选择“选项”，进入“选项”对话框选择轨迹调整。接着移动鼠标指针可以获得如下信息：pt 代表轨迹点序号，angle 代表角度。也可以在紫色线上使用鼠标右键单击，选择增加点，方便调整轨迹。 对气缸去毛刺来说，最好保证轨迹的坐标指向相同，这样生成的结果，机器人位姿最流畅
			图示	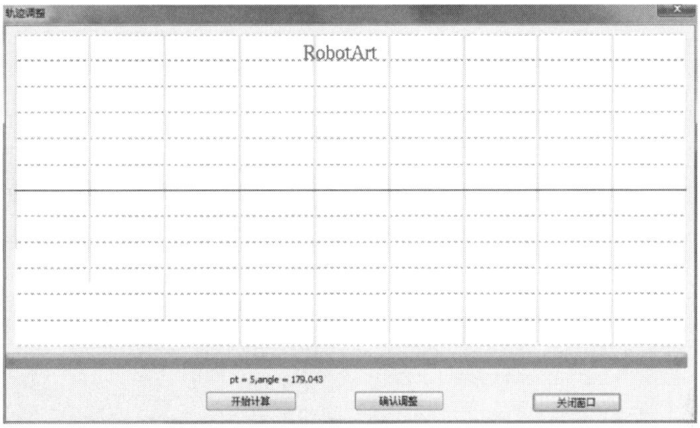
		3	说明	正圆形的轨迹：拖动两侧绿色圆点，再单击“确认调整”，直到紫色线与黄色区域没有交点
			图示	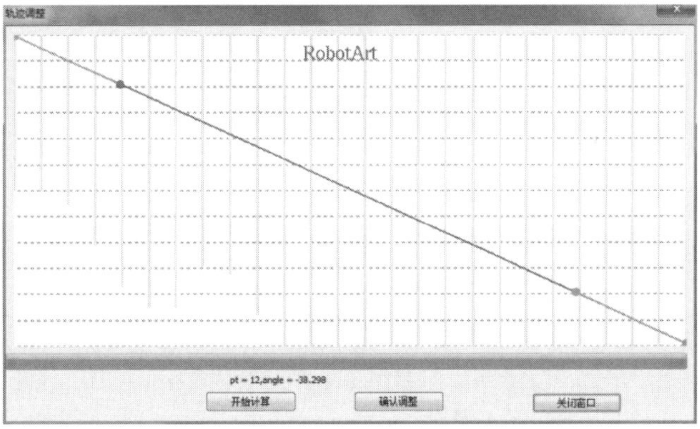
			说明	正圆形的轨迹调整后会发现所有的点都变成了绿色
			图示	

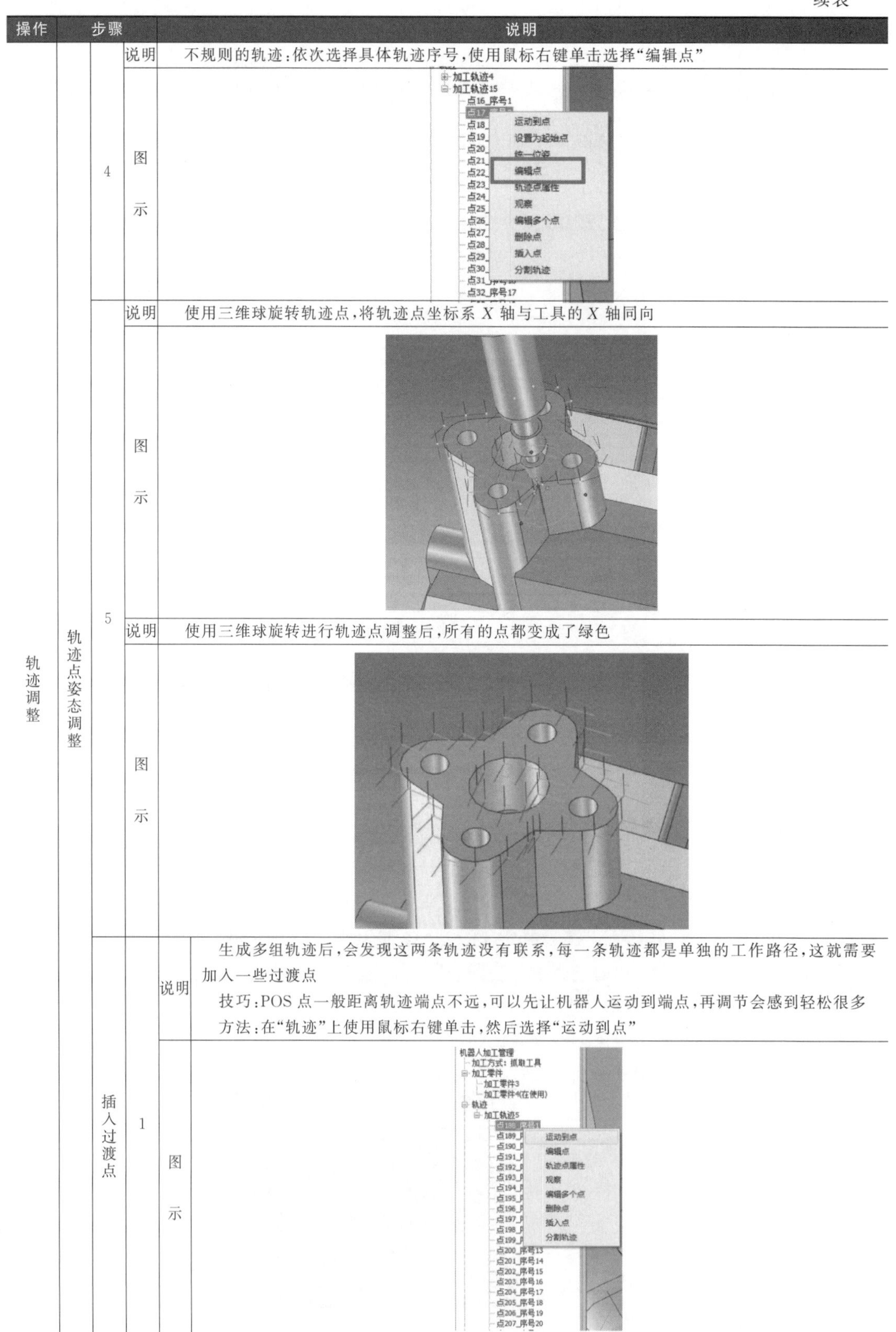

操作	步骤			说明
轨迹调整	轨迹点姿态调整	4	说明	不规则的轨迹：依次选择具体轨迹序号，使用鼠标右键单击选择“编辑点”
			图示	
		5	说明	使用三维球旋转轨迹点，将轨迹点坐标系 X 轴与工具的 X 轴同向
			图示	
			说明	使用三维球旋转进行轨迹点调整后，所有的点都变成了绿色
			图示	
	插入过渡点	1	说明	生成多组轨迹后，会发现这两条轨迹没有联系，每一条轨迹都是单独的工作路径，这就需要加入一些过渡点 技巧：POS 点一般距离轨迹端点不远，可以先让机器人运动到端点，再调节会感到轻松很多 方法：在“轨迹”上使用鼠标右键单击，然后选择“运动到点”
			图示	

续表

操作	步骤		说明	
轨迹调整	插入过渡点	1	说明	工具在端点的位置
			图示	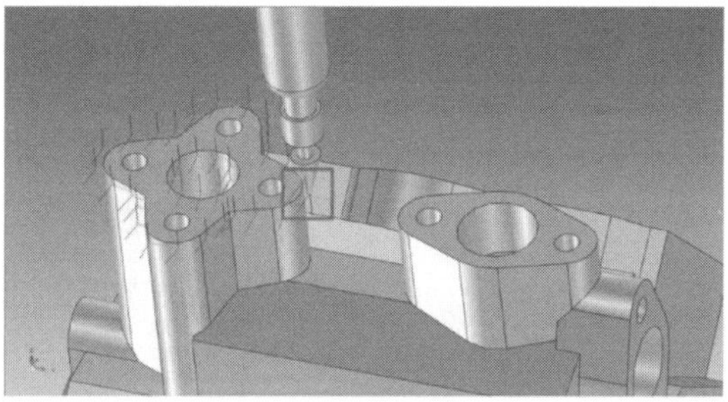
		2	说明	单击工具，按 F10 键
			图示	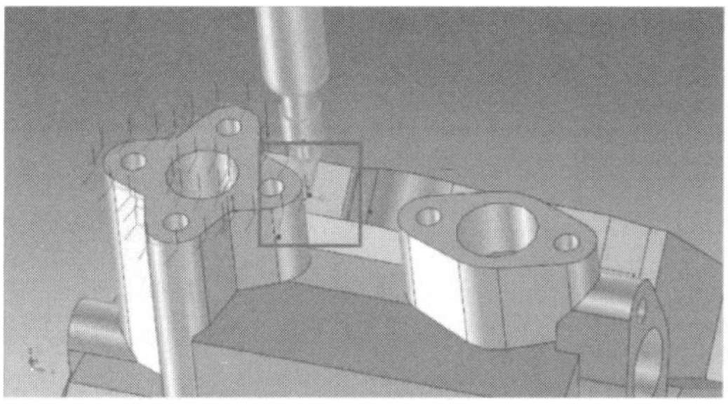
		3	说明	拖动三维球，将 TCP 移动到要插入 POS 点的位置
			图示	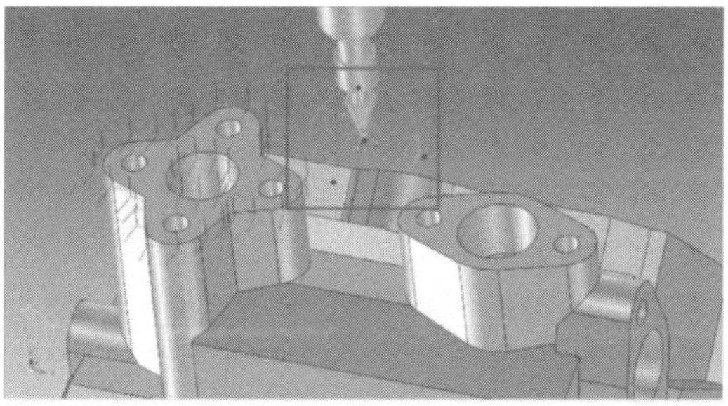
		4	说明	使用鼠标右键单击工具，插入 POS 点。采用同样的方法，就可以插入多个 POS 点
			图示	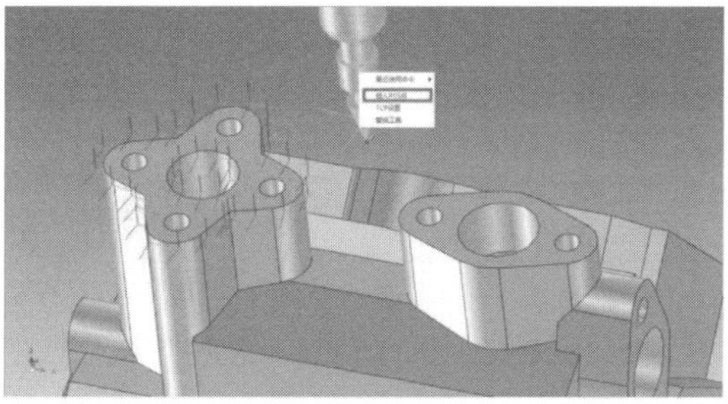

续表

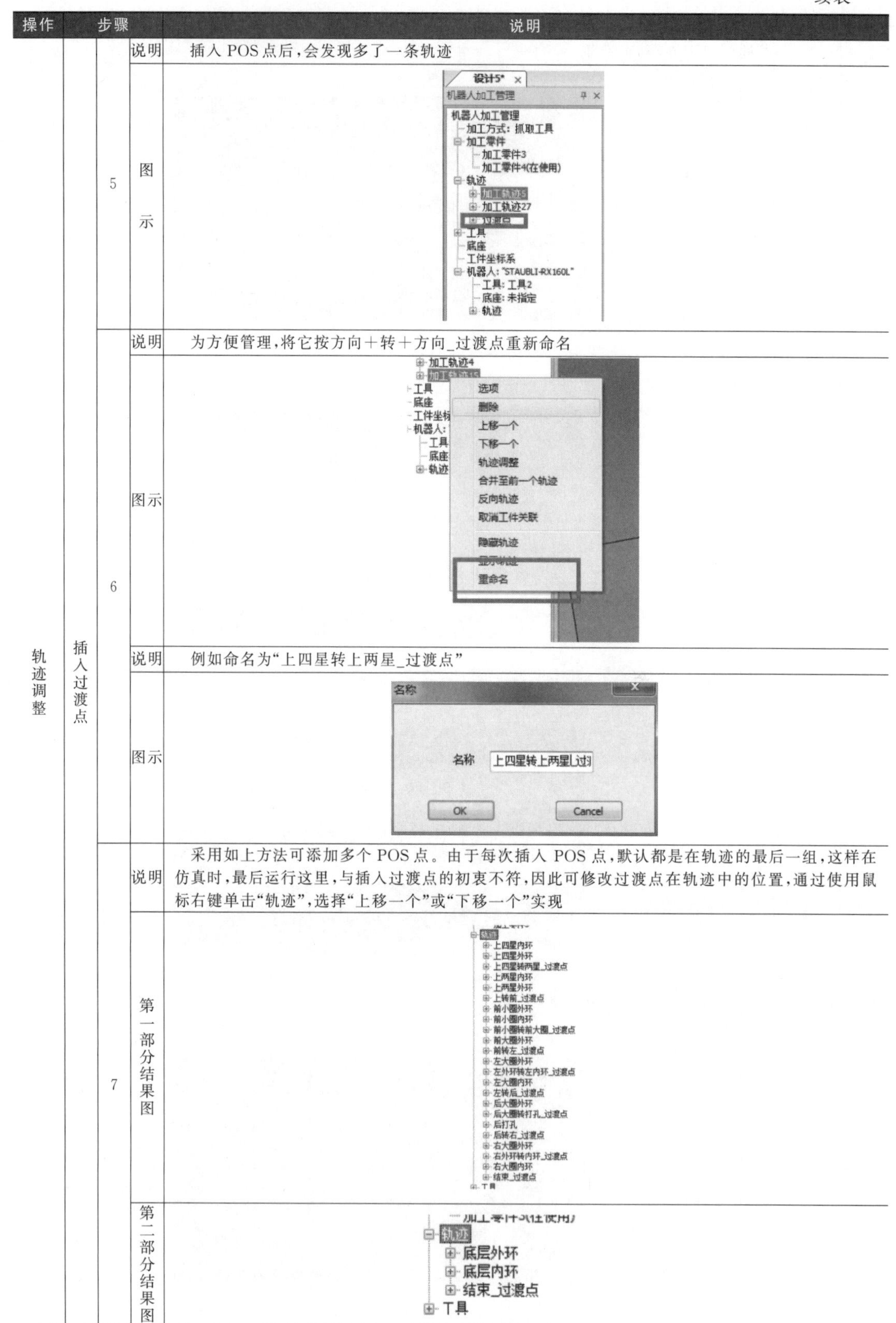

操作	步骤			说明
轨迹调整	插入过渡点	5	说明	插入 POS 点后，会发现多了一条轨迹
			图示	
		6	说明	为方便管理，将它按方向＋转＋方向_过渡点重新命名
			图示	
			说明	例如命名为“上四星转上两星_过渡点”
			图示	
		7	说明	采用如上方法可添加多个 POS 点。由于每次插入 POS 点，默认都是在轨迹的最后一组，这样在仿真时，最后运行这里，与插入过渡点的初衷不符，因此可修改过渡点在轨迹中的位置，通过使用鼠标右键单击“轨迹”，选择“上移一个”或“下移一个”实现
			第一部分结果图	
			第二部分结果图	

5.2.3 仿真

通过图 5-7 所示的按钮进行仿真观察机器人运动状况。如果运动异常，则继续进行轨迹调整。

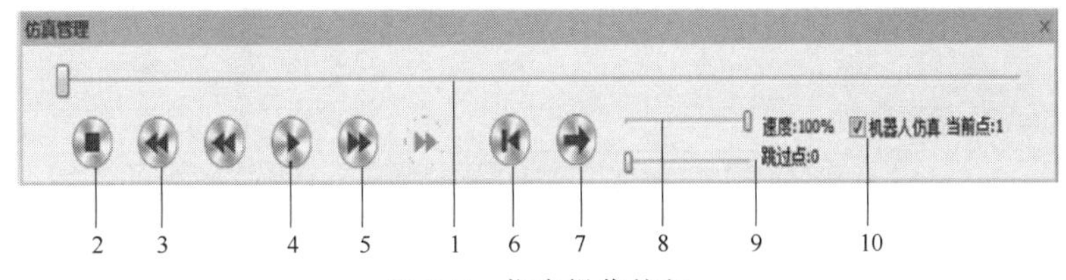

图 5-7 仿真操作按钮

5.2.4 后置

如果仿真确认没有问题的话，就要生成机器人代码，如图 5-8 所示。

图 5-8 后置代码按钮

单击“机器人文件”单选项，其余默认就可以了。单击“生成文件”按钮后选择目录就可以了，如图 5-9 所示。

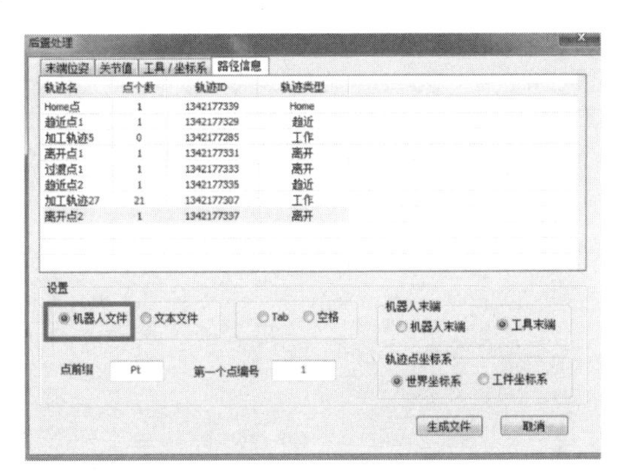

图 5-9 生成文件

用后置代码让机器人进行实际作业。后置完成时要保存工程文件。有时因为现实误差，轨迹有问题还需要微调。

5.3 孔加工

5.3.1 环境搭建

环境搭建如表 5-5 所示。

表 5-5　孔加工环境搭建

操作	步骤	说明	
选择机器人	1	说明	选择现实中需要设计轨迹的机器人。本次选择 KUKA-KR150-R2700-extra
		图示	 新建 打开 保存 另存为 输入 导入零件 导入工具 导入底座 导入轨迹 生成轨迹 选择机器人 仿真 后置 示教器 选项 新建坐标系 工件校准 三维球 测量 新手向导 帮助 关于 文件 工作准备 轨迹 机器人 工具 帮助
	2	说明	选择完毕
		图示	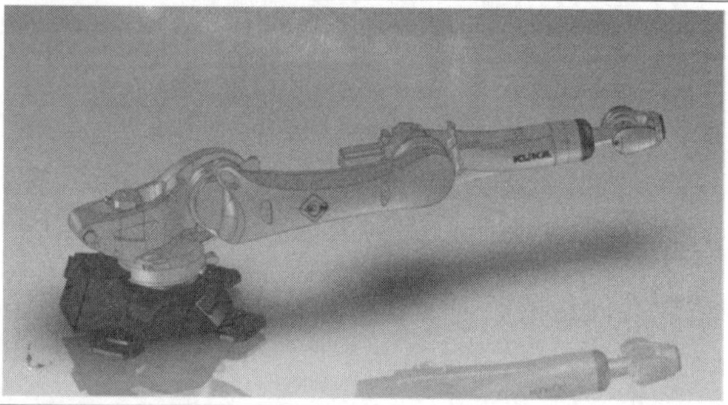 KUKA
选择工具	1	说明	选择现实中需要进行作业的工具，选择后机器人与零件会自动装配。本次选择 ToolPunch. ics 注意：如果用户机器上没有的话，把与此文档同位置放着的 ToolPunch. ics 放于 RobotArt 的工具存放目录，选择完毕工具自动装配到机器人上
		图示	 RobotArt 2015 - [设计2*] 机器人编程 曲面设计 工具箱 场景渲染 新建 打开 保存 另存为 输入 导入零件 导入工具 导入底座 导入轨迹 生成轨迹 选择机器人 仿真 后置 示教器 选项 新建坐标系 工件校准 三维球 测量 新手向导 帮助 关于 文件 工作准备 轨迹 机器人 工具 帮助
	2	说明	选择完毕
		图示	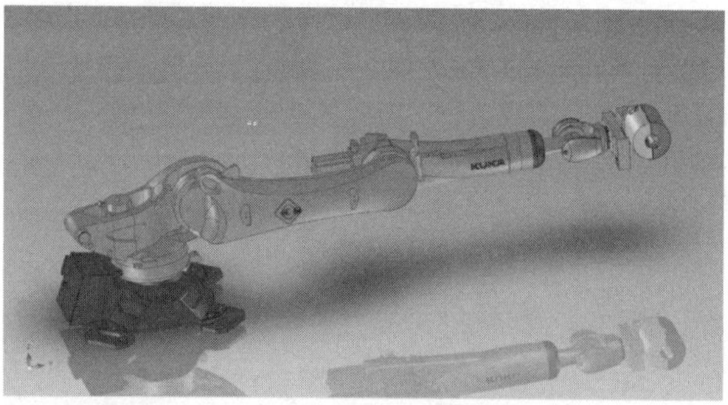 KUKA
选择加工零件	说明		选择现实中需要加工处理的零件。本次选择 part_punch. ics 注意：如果用户机器上没有的话，把与此文档同位置放着的 ToolPunch. ics 放于 RobotArt 的工具存放目录中
	1	说明	选择完毕
		图示	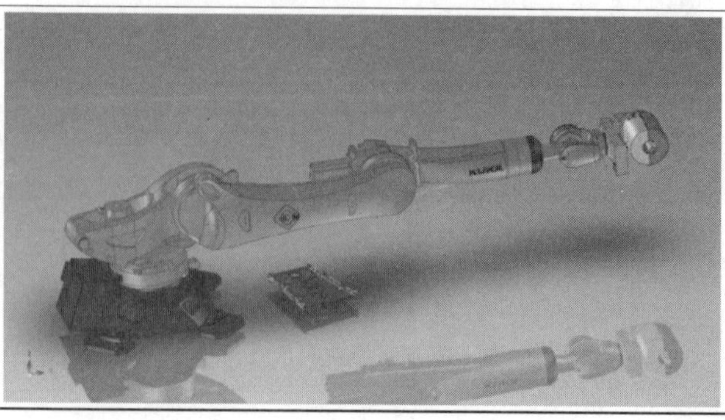 KUKA

操作	步骤		说明
选择加工零件	2	说明	选好后，发现零件和机器人距离过近，移动一下零件，先选中，按 F10 键
		图示	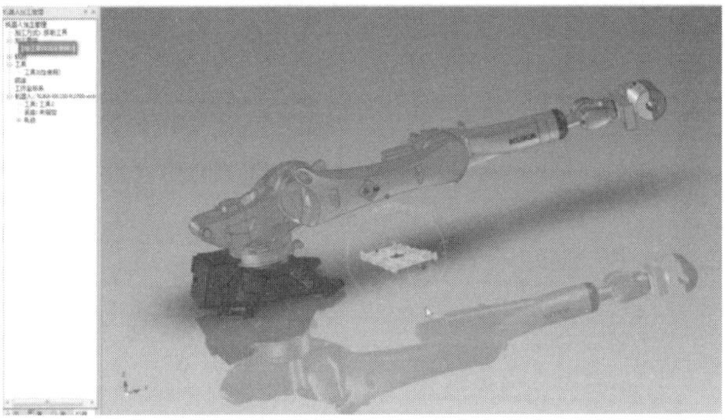
	3	说明	将鼠标指针移动到如下图所示三维球的某一个端点的位置
		图示	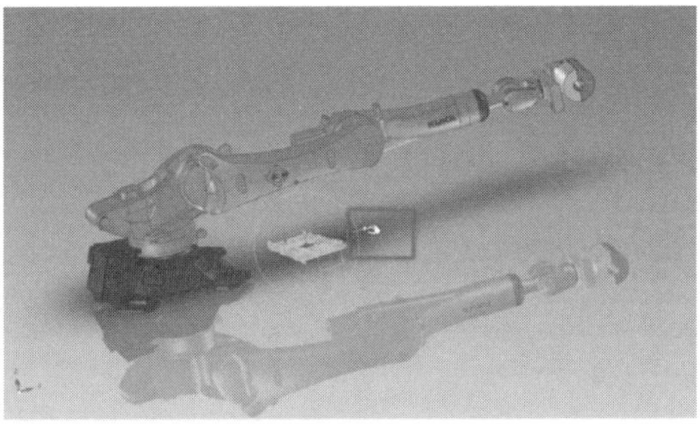
	4	说明	向远处拉一定距离
		图示	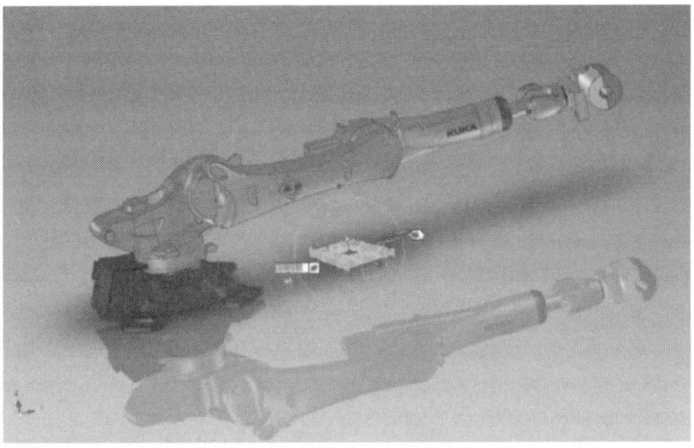
	5	说明	放开鼠标左键，按 Esc 键，零件即移动到新位置，并且三维球消失
		图示	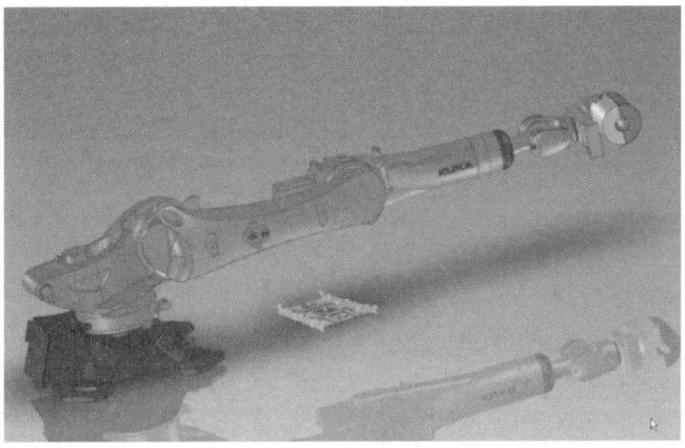

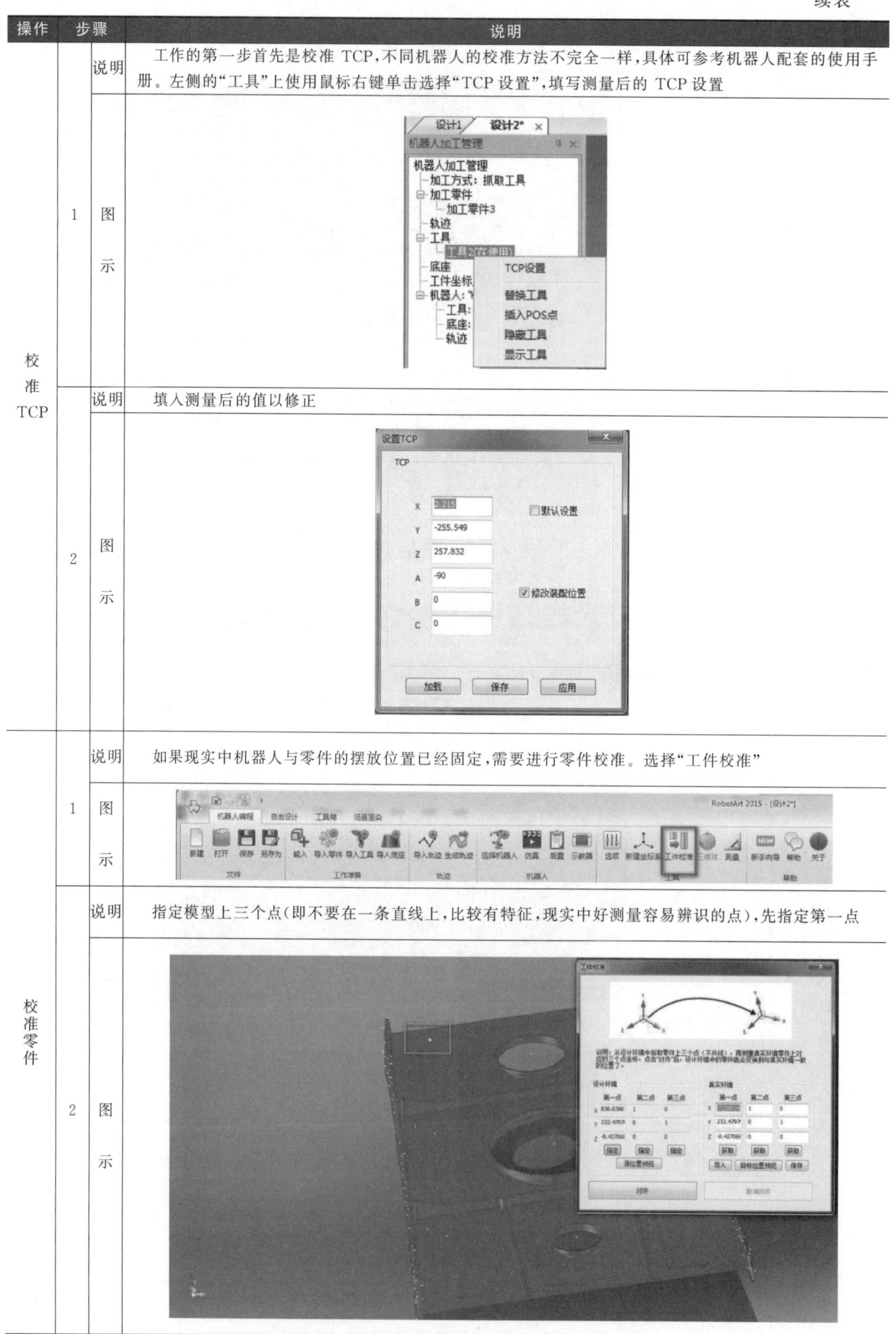

操作	步骤		说明
校准TCP	1	说明	工作的第一步首先是校准 TCP,不同机器人的校准方法不完全一样,具体可参考机器人配套的使用手册。左侧的“工具”上使用鼠标右键单击选择“TCP 设置”,填写测量后的 TCP 设置
		图示	
	2	说明	填入测量后的值以修正
		图示	
校准零件	1	说明	如果现实中机器人与零件的摆放位置已经固定,需要进行零件校准。选择“工件校准”
		图示	
	2	说明	指定模型上三个点(即不要在一条直线上,比较有特征,现实中好测量容易辨识的点),先指定第一点
		图示	

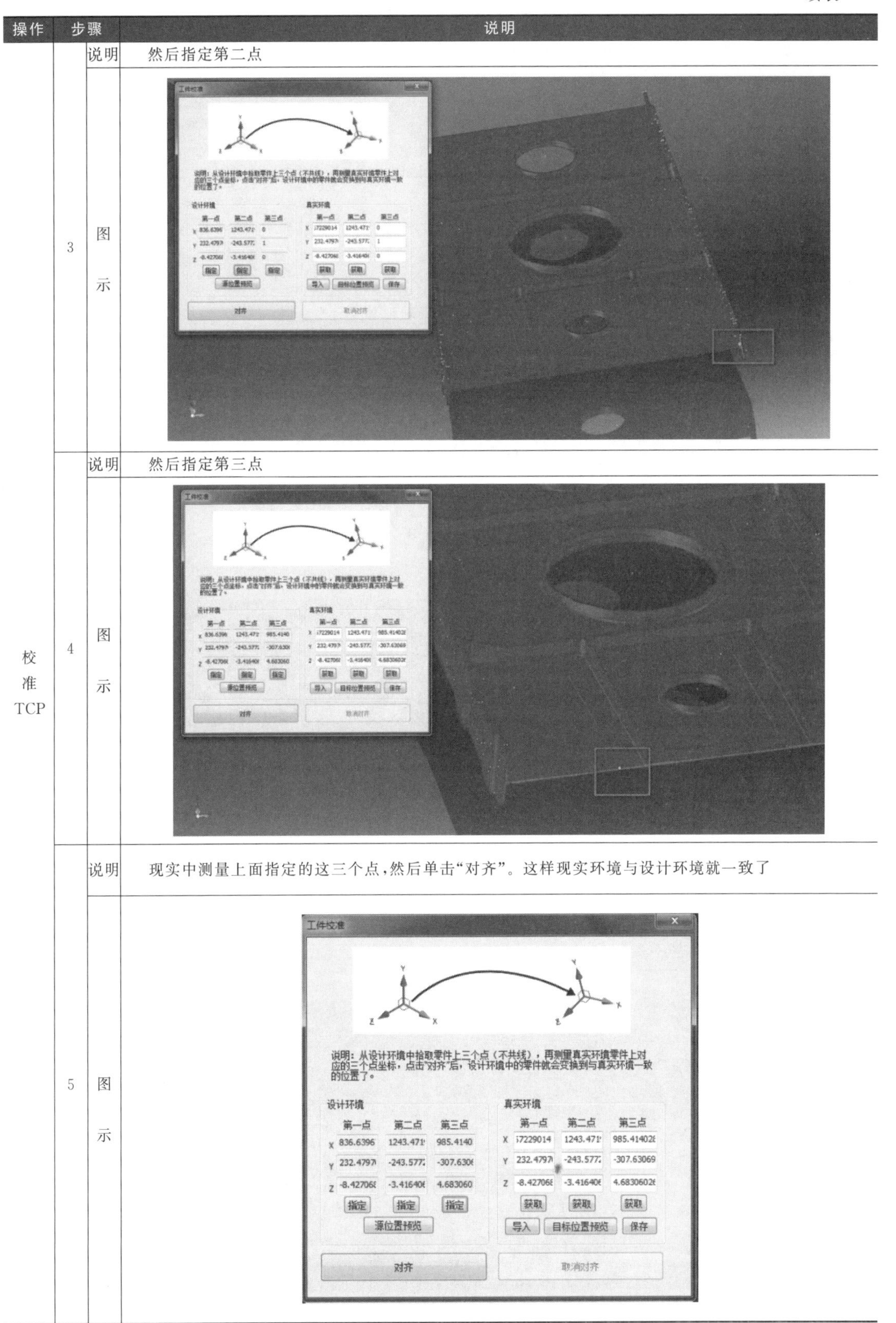

操作	步骤		说明
校准TCP	3	说明	然后指定第二点
		图示	
	4	说明	然后指定第三点
		图示	
	5	说明	现实中测量上面指定的这三个点，然后单击“对齐”。这样现实环境与设计环境就一致了
		图示	

操作	步骤	说明
保存工程	说明	输入名字并保存为打孔 . robx 文件,这样后续修改时直接打开即可
	图示	

5. 3. 2 轨迹设计

轨迹设计如表 5-6 所示。

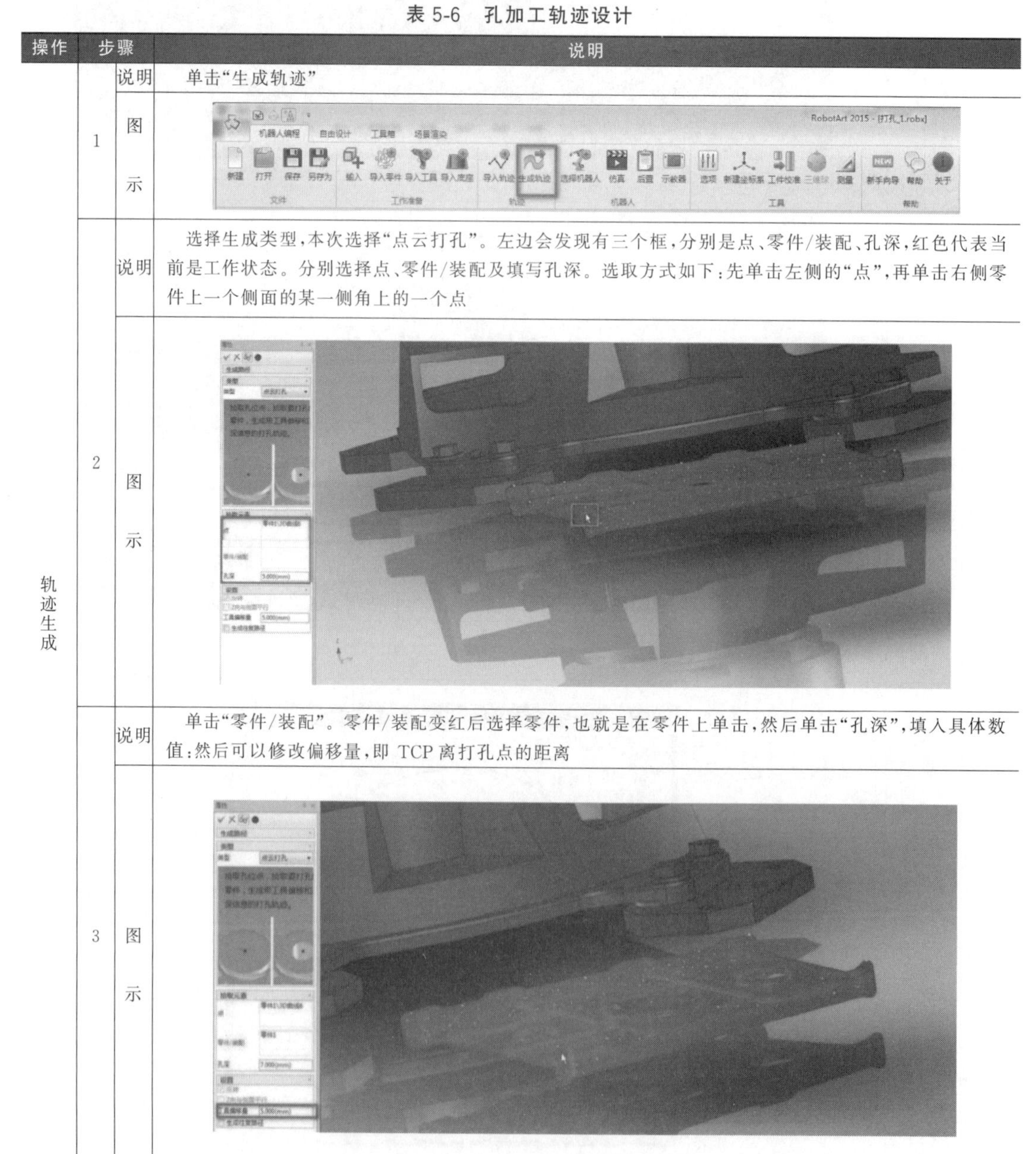

表 5-6 孔加工轨迹设计

操作	步骤		说明
轨迹生成	1	说明	单击“生成轨迹”
		图示	
	2	说明	选择生成类型,本次选择“点云打孔”。左边会发现有三个框,分别是点、零件/装配、孔深,红色代表当前是工作状态。分别选择点、零件/装配及填写孔深。选取方式如下:先单击左侧的“点”,再单击右侧零件上一个侧面的某一侧角上的一个点
		图示	
	3	说明	单击“零件/装配”。零件/装配变红后选择零件,也就是在零件上单击,然后单击“孔深”,填入具体数值;然后可以修改偏移量,即 TCP 离打孔点的距离
		图示	

续表

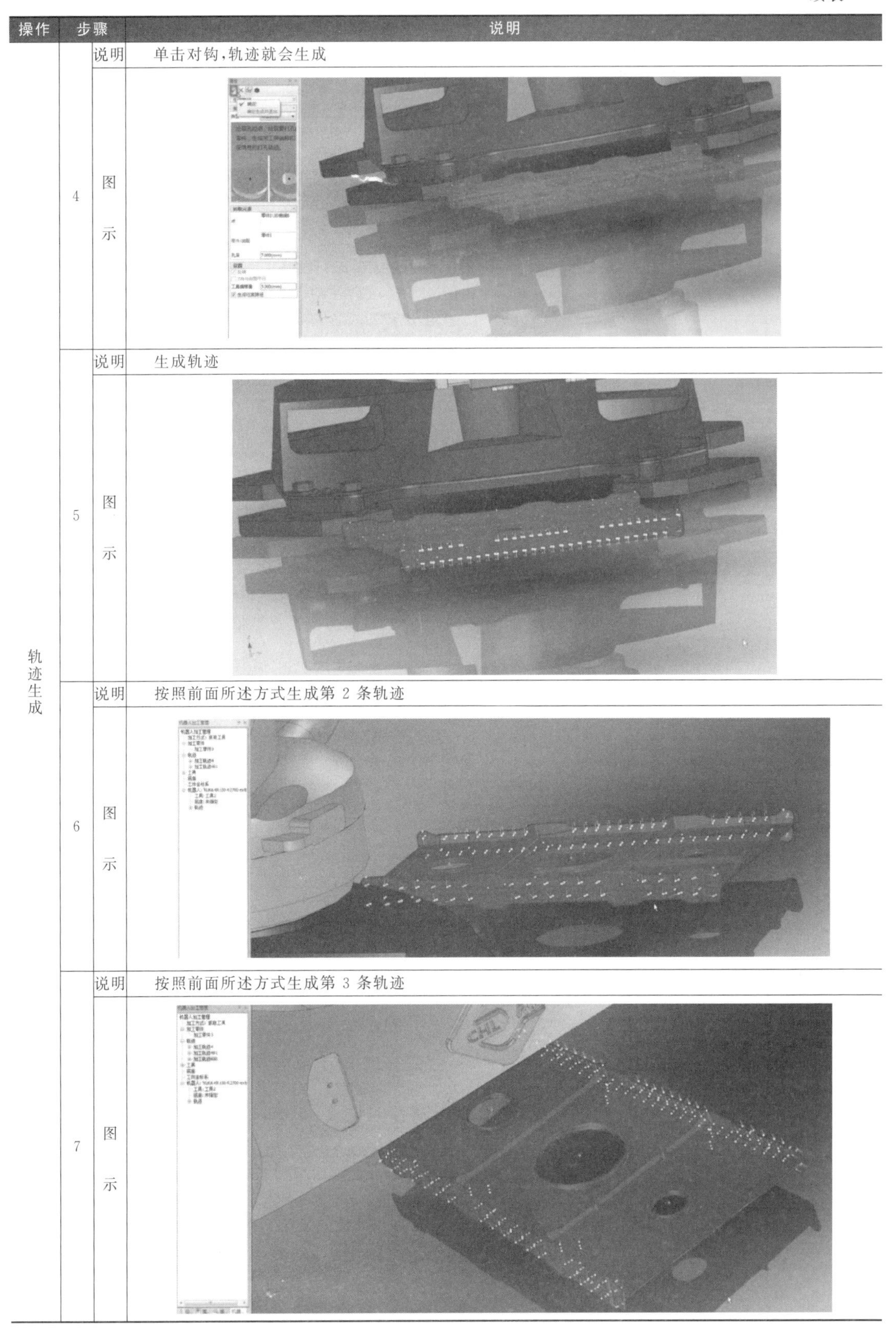

操作	步骤	说明	
轨迹生成	4	说明	单击对钩，轨迹就会生成
		图示	
	5	说明	生成轨迹
		图示	
	6	说明	按照前面所述方式生成第 2 条轨迹
		图示	
	7	说明	按照前面所述方式生成第 3 条轨迹
		图示	

续表

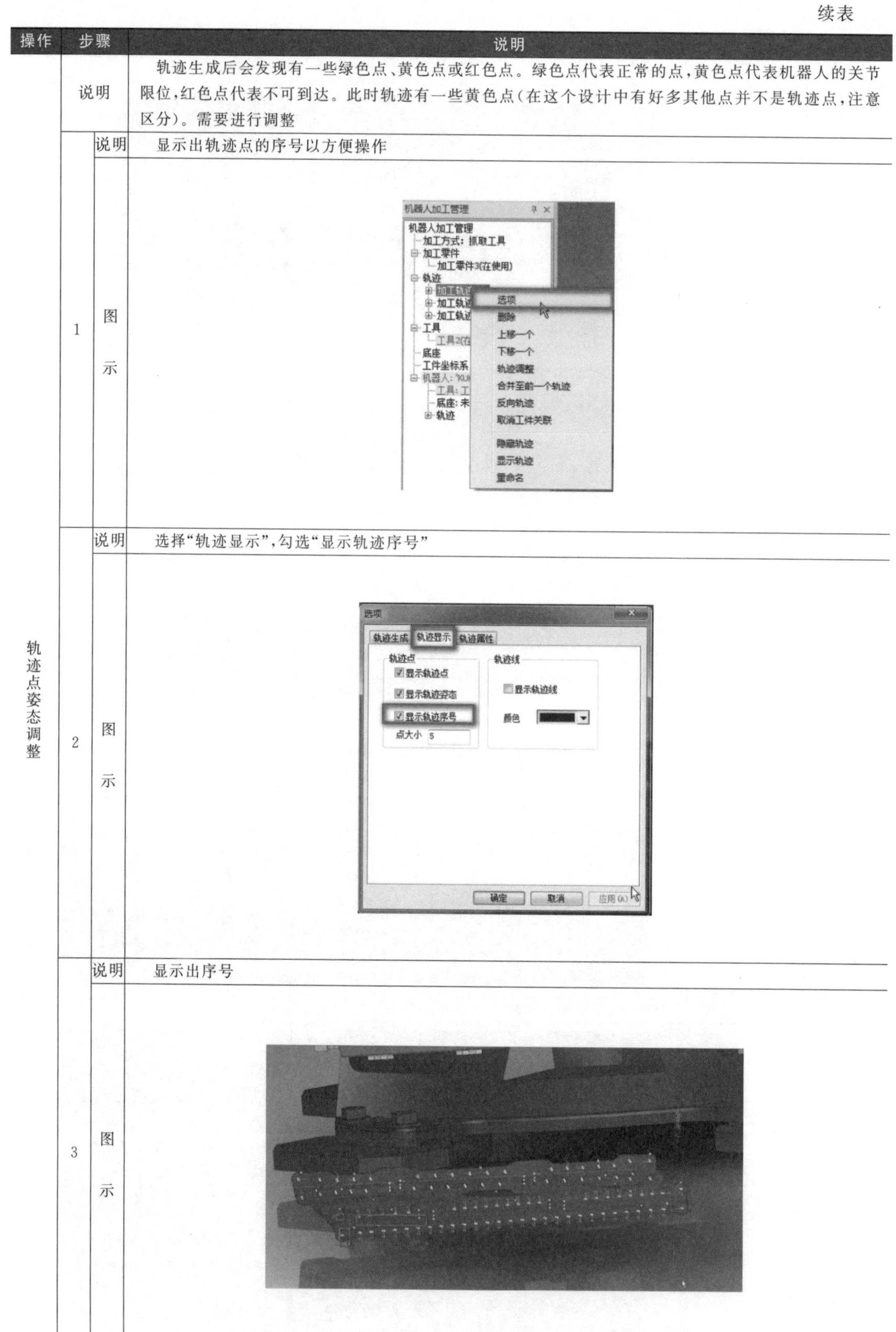

操作	步骤		说明
轨迹点姿态调整	说明		轨迹生成后会发现有一些绿色点、黄色点或红色点。绿色点代表正常的点，黄色点代表机器人的关节限位，红色点代表不可到达。此时轨迹有一些黄色点（在这个设计中有好多其他点并不是轨迹点，注意区分）。需要进行调整
	1	说明	显示出轨迹点的序号以方便操作
		图示	
	2	说明	选择“轨迹显示”，勾选“显示轨迹序号”
		图示	
	3	说明	显示出序号
		图示	

操作	步骤	说明	
轨迹点姿态调整	4	说明	由于零件颜色太深，和序号颜色有些冲突，为使序号显示得更清楚，可渲染一下零件颜色，在零件上使用鼠标右键单击
		图示	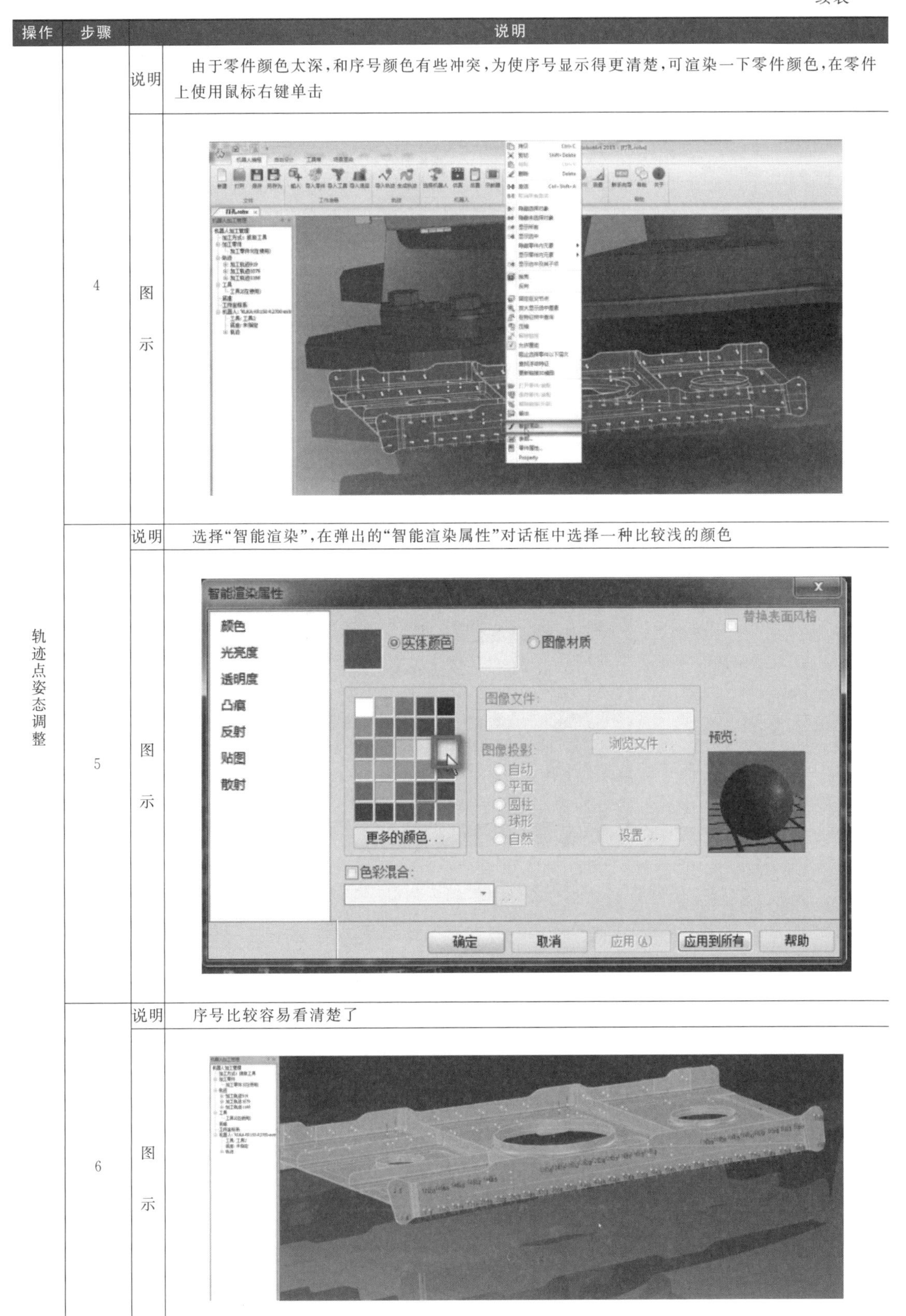
	5	说明	选择“智能渲染”，在弹出的“智能渲染属性”对话框中选择一种比较浅的颜色
		图示	
	6	说明	序号比较容易看清楚了
		图示	

续表

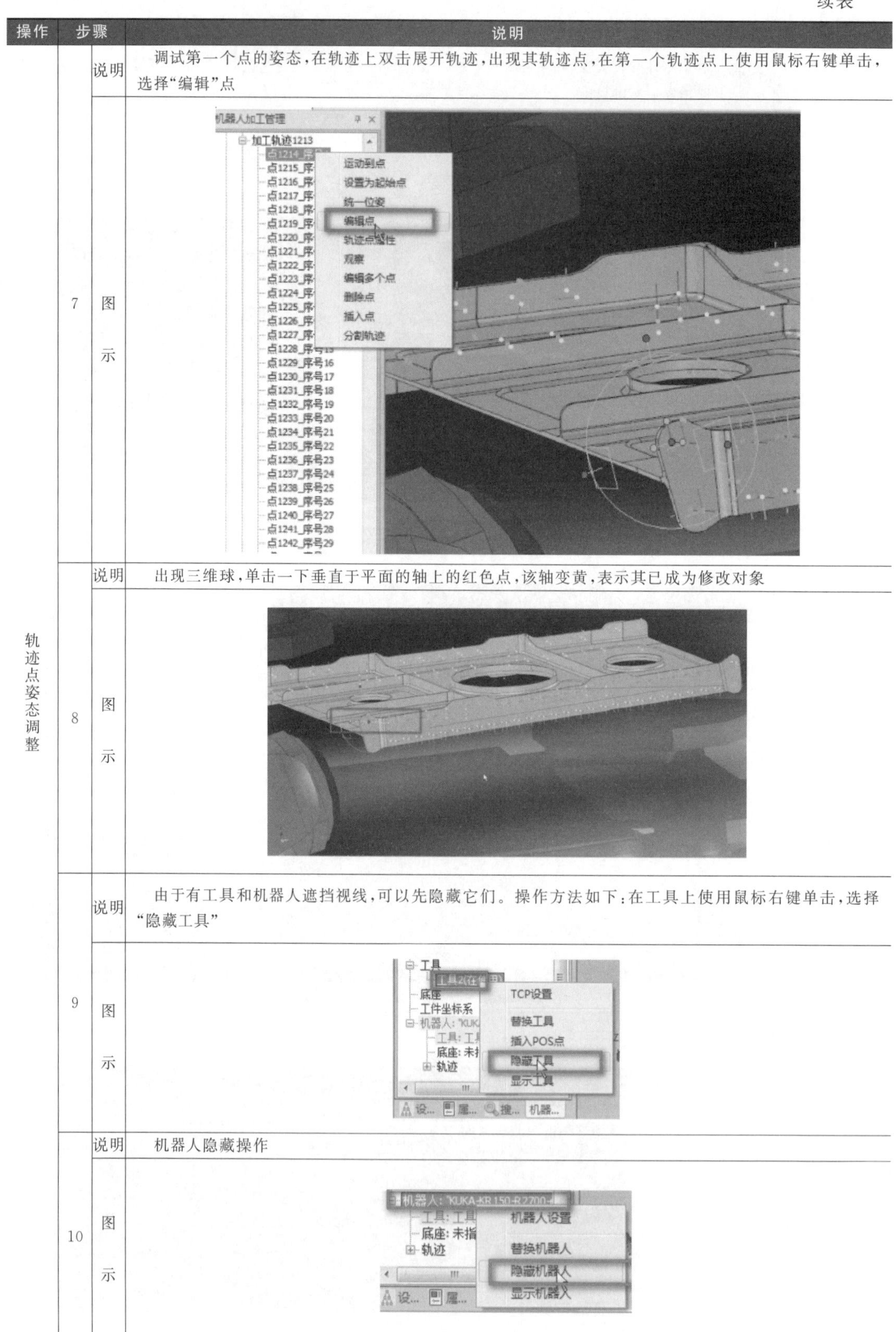

操作	步骤		说明
轨迹点姿态调整	7	说明	调试第一个点的姿态，在轨迹上双击展开轨迹，出现其轨迹点，在第一个轨迹点上使用鼠标右键单击，选择“编辑”点
		图示	
	8	说明	出现三维球，单击一下垂直于平面的轴上的红色点，该轴变黄，表示其已成为修改对象
		图示	
	9	说明	由于有工具和机器人遮挡视线，可以先隐藏它们。操作方法如下：在工具上使用鼠标右键单击，选择“隐藏工具”
		图示	
	10	说明	机器人隐藏操作
		图示	

操作	步骤		说明
轨迹点姿态调整	11	说明	此时，视野很清晰，方便调整轨迹点姿态，在需要调整的轨迹上，使用鼠标右键单击选择“选项”
		图示	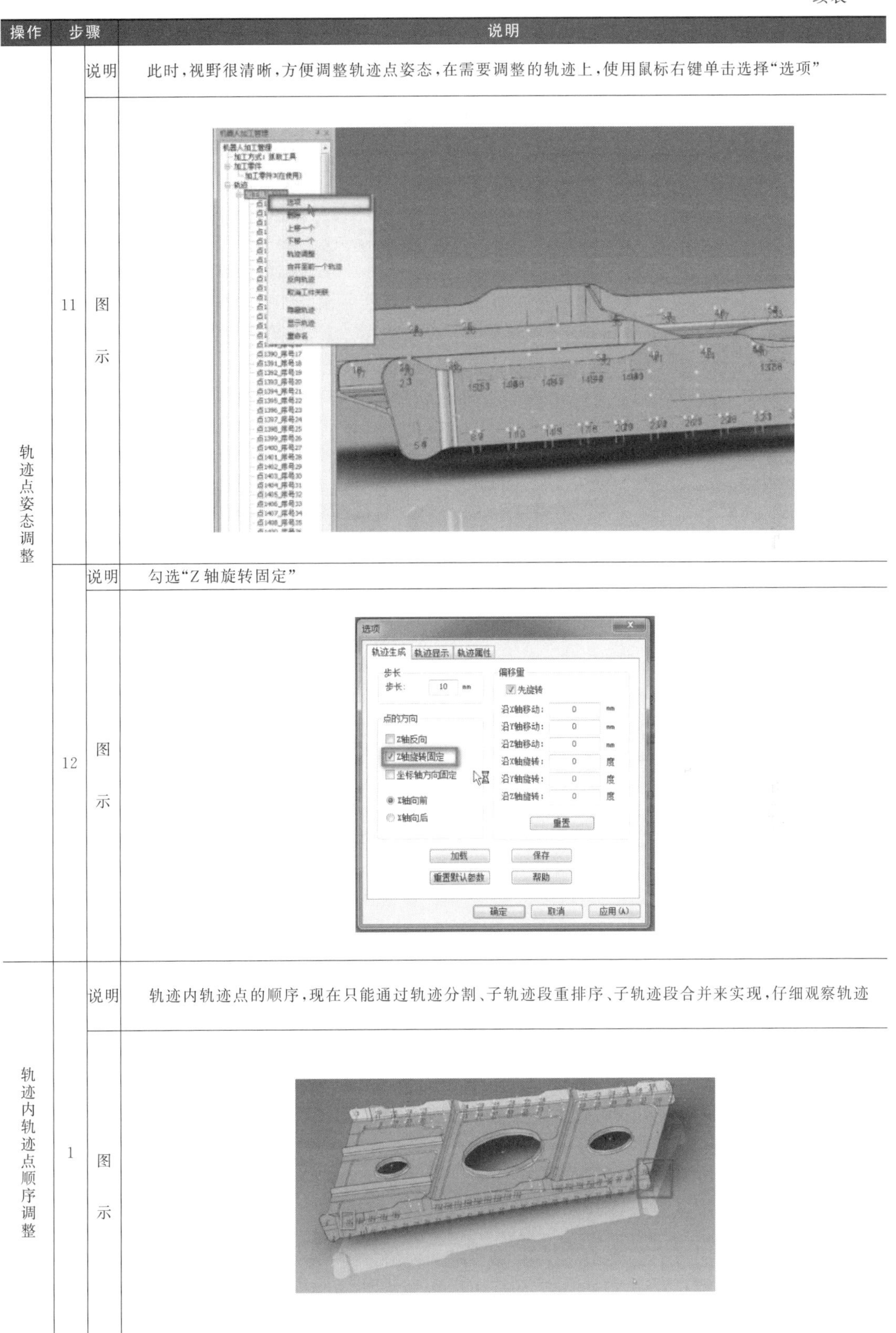
	12	说明	勾选“Z 轴旋转固定”
		图示	
轨迹内轨迹点顺序调整	1	说明	轨迹内轨迹点的顺序，现在只能通过轨迹分割、子轨迹段重排序、子轨迹段合并来实现，仔细观察轨迹
		图示	

续表

操作	步骤		说明
轨迹内轨迹点顺序调整	2	说明	此时发现最右侧的 2 * 3 个点的轨迹顺序却在最后，需要调整一下，使其形成如下顺序
		图示	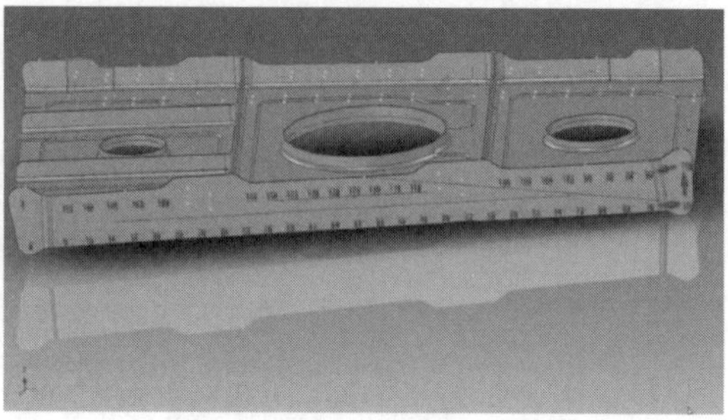
	3	说明	为更利于机器人的运动，轨迹更合理，需要拆分原轨迹，在原轨迹 156、153、87 之后，分别单击“分割轨迹”，156 上如下图所示，其他类似
		图示	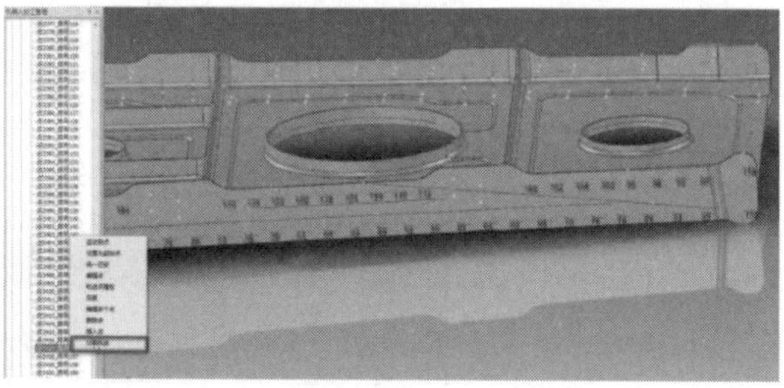
	4	说明	分割出三段新轨迹，把这三段新轨迹上的第一个点删除
		图示	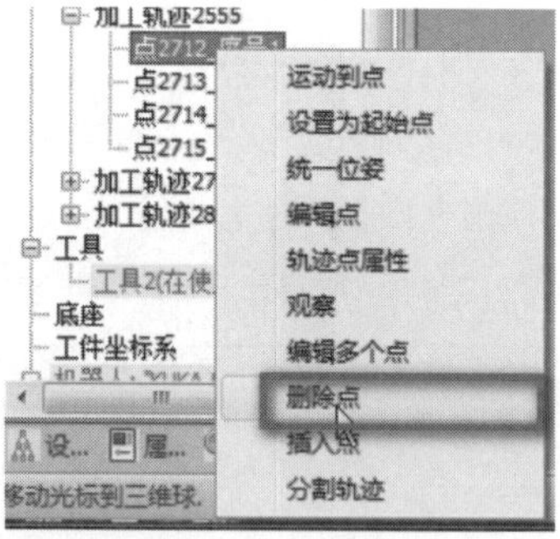
	5	说明	把这四段轨迹重新组合成如下顺序
		图示	

续表

<table>
<tr><th>操作</th><th colspan="2">步骤</th><th>说明</th></tr>
<tr><td rowspan="8">轨迹内轨迹点顺序调整</td><td rowspan="2">6</td><td>说明</td><td>轨迹移动方式见下图，在快捷菜单上选择“上移一个”，多次移动</td></tr>
<tr><td>图示</td><td>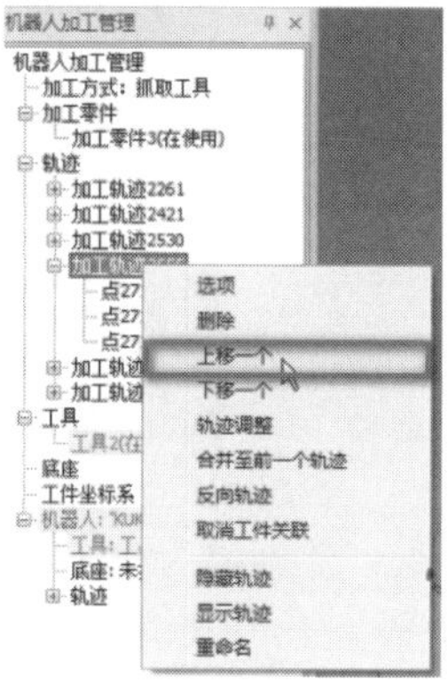
</td></tr>
<tr><td rowspan="2">7</td><td>说明</td><td>移好顺序后，需要把这四部分轨迹合并，因顺序正确，所以，只需要合并即可，合并方法为在非第一个轨迹上使用鼠标右键单击，选择“合并至前一个轨迹”</td></tr>
<tr><td>图示</td><td>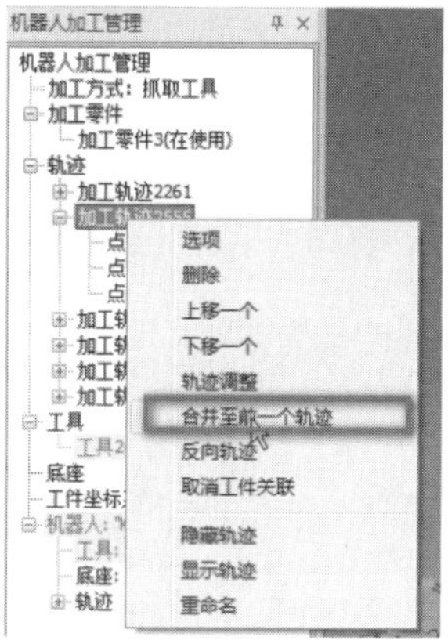
</td></tr>
<tr><td rowspan="2">8</td><td>说明</td><td>此时得到在这个面上的顺序和指向均比较合理的轨迹</td></tr>
<tr><td>图示</td><td>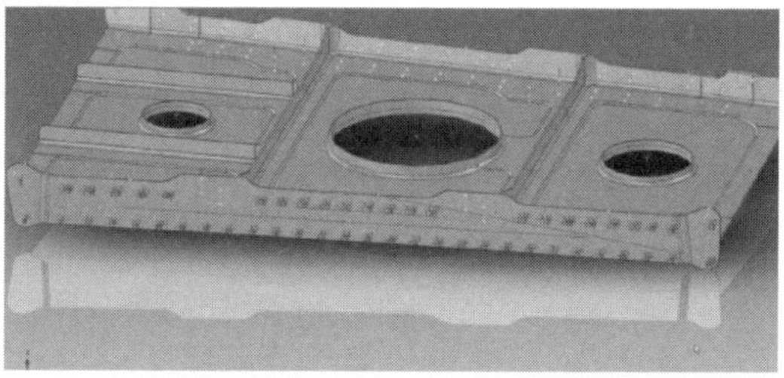</td></tr>
<tr><td>9</td><td>说明</td><td>另外两个面上的两条轨迹的调试方式和这面上的类似</td></tr>
<tr><td></td><td></td><td></td></tr>
<tr><td>插入过渡点</td><td colspan="2">说明</td><td>生成三条轨迹后，会发现这三条轨迹没有联系。每一条轨迹都是单独的工作路径。这就需要加入一些过渡点
技巧：POS 点一般距离轨迹端点不远，可以先让机器人运动到端点，然后再调节，会感觉轻松很多
方法：在轨迹上使用鼠标右键单击，然后选择“运动到点”</td></tr>
</table>

续表

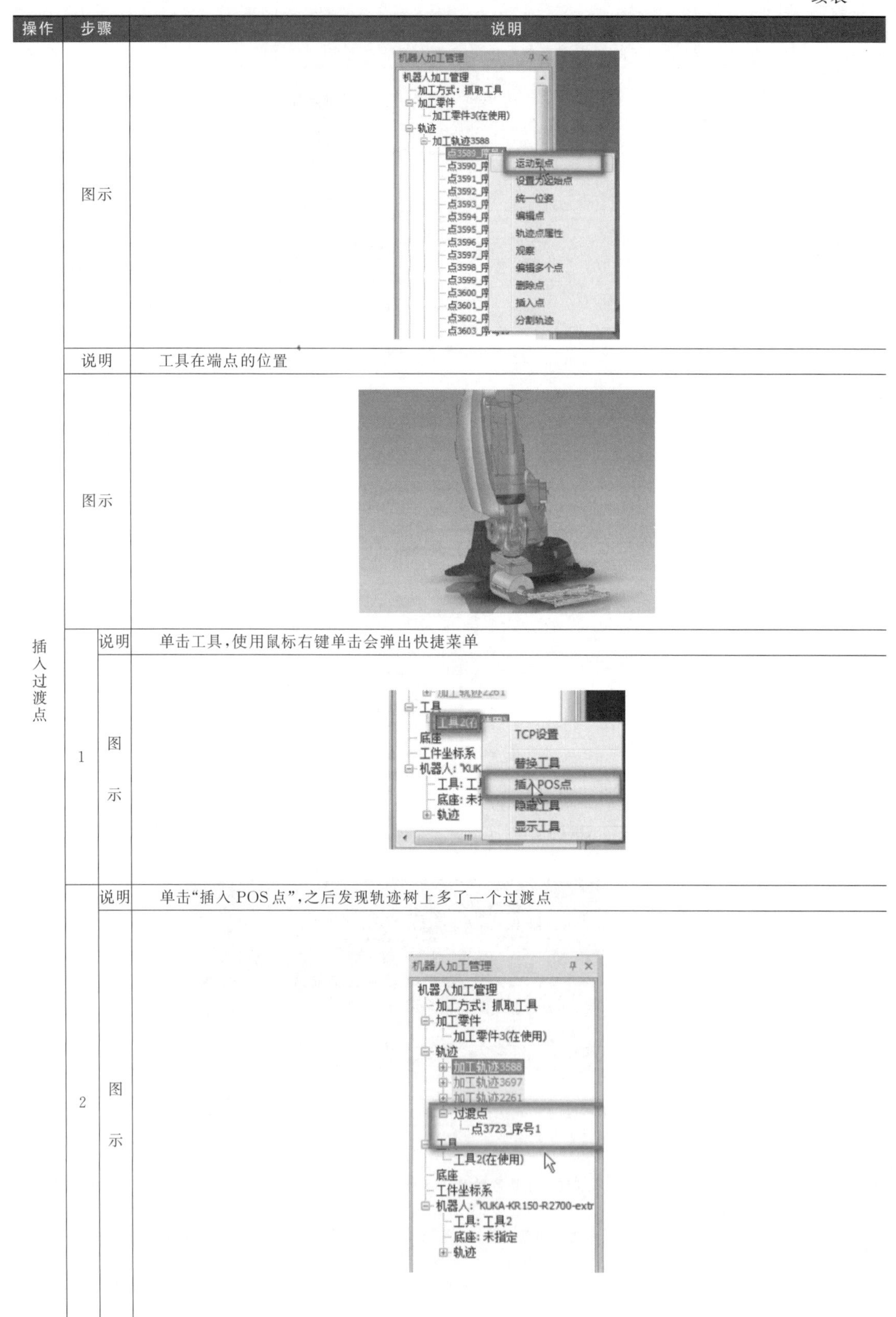

操作	步骤		说明
	图示		
	说明		工具在端点的位置
	图示		
插入过渡点	1	说明	单击工具，使用鼠标右键单击会弹出快捷菜单
		图示	
	2	说明	单击“插入 POS 点”，之后发现轨迹树上多了一个过渡点
		图示	

操作	步骤		说明
插入过渡点	3	说明	选中这个点,使用鼠标右键单击弹出快捷菜单
		图示	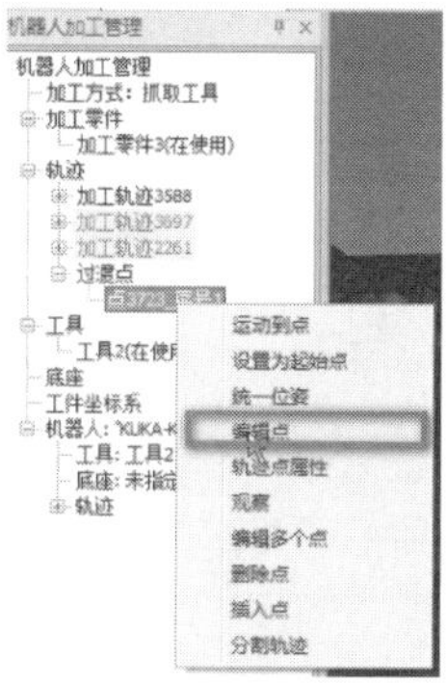
	4	说明	应用三维球
		图示	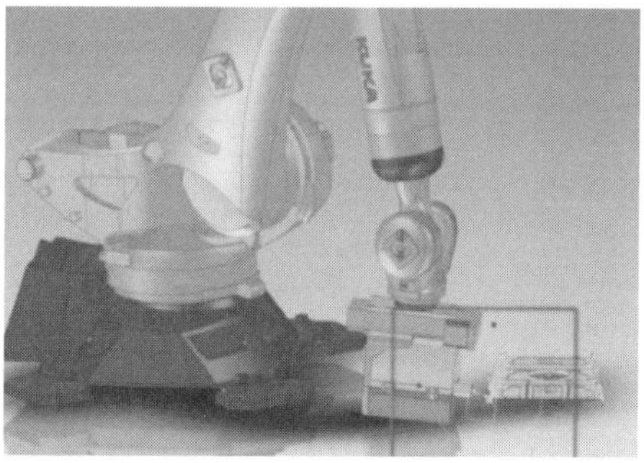
	5	说明	将三维球拖到右上一点的位置
		图示	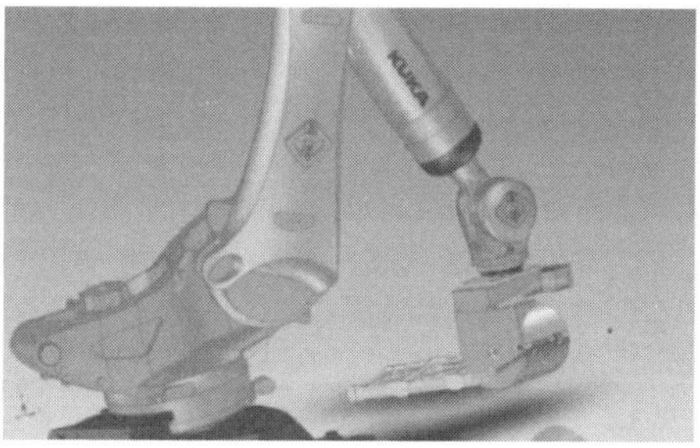
	6	说明	微调这个点的姿势
		图示	

续表

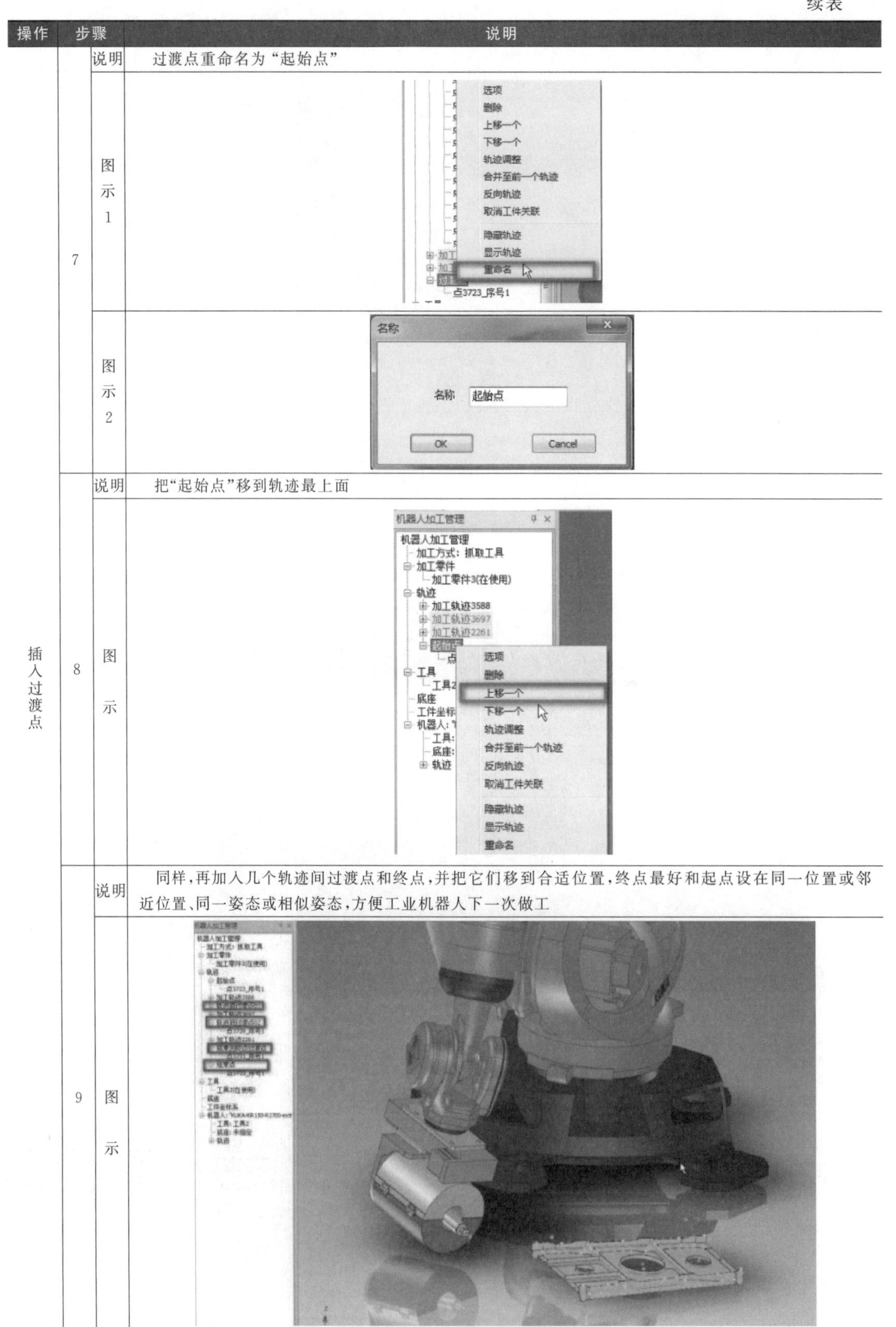

操作	步骤		说明
插入过渡点	7	说明	过渡点重命名为“起始点”
		图示1	
		图示2	
	8	说明	把“起始点”移到轨迹最上面
		图示	
	9	说明	同样，再加入几个轨迹间过渡点和终点，并把它们移到合适位置，终点最好和起点设在同一位置或邻近位置、同一姿态或相似姿态，方便工业机器人下一次做工
		图示	

5.3.3 仿真

通过图 5-10 所示“仿真”按钮进行仿真，观察机器人运动状况。如果运动异常，则继续进行轨迹调整。

5.3.4 后置

仿真确认没有问题的话，就要生成机器人代码，如图 5-10 所示。

图 5-10 后置代码按钮

单击“机器人文件”单选项，其余默认就可以了。单击“生成文件”按钮后选择目录即可，如图 5-11 所示。

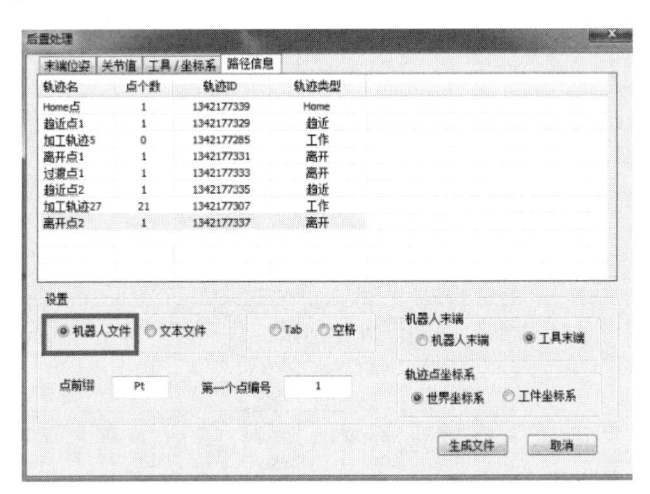

图 5-11 生成机器人可执行文件

用后置代码让机器人进行实际作业，完整的离线编程就结束了。

后置完成时要保存工程文件。有时因为现实误差，轨迹有问题还需要微调。

高级理论试题

题号	题型	题干	正确答案	难易度	选项数	A	B	C	D
1	单选题	( )已经成为一种成熟的、无接触的焊接方式已经多年,极高的能量密度使高速加工和低热输入量成为可能。	B	中	4	A. 电弧焊	B. 激光焊	C. MAG 焊	D. 电阻焊
2	单选题	焊接工作站安装通常包括以下步骤,选项中安装焊接工作站顺序正确的是( )。①焊机安装;②送丝机构安装;③气路连接;④通信控制器的安装;⑤送丝盘的安装;⑥支枪管及焊枪的安装	A	中	4	A. ①③②⑤④⑥	B. ①②③④⑤⑥	C. ①②④③⑤⑥	D. ①③②④⑤⑥
3	单选题	机器人发生电机启动困难,电机转速远低于额定转速的故障,下列选项中对此故障的处理不恰当的是( )。	C	中	4	A. 测量电源电压	B. 减轻负载	C. 电机驱动相线对换	D. 检查内部接线是否有开焊和断点并修复
4	单选题	通信协议是在设计工业机器人通信时要首先考虑的,因为协议是数据传输的准则,通信协议按照三个级别来建立:物理级、( )和应用级。	B	中	4	A. 网络级	B. 连接级	C. 设备级	D. 开发级
5	单选题	六轴工业机器人是典型的( )关节机器人,每一关节都由一台伺服电机驱动。	C	中	4	A. 水平串联	B. 竖直并联	C. 垂直串联	D. 水平并联
6	单选题	焊接电源系统是典型弧焊机器人工作站的主要组成,下列哪个选项不属于焊接电源系统( )。	D	中	4	A. 焊机	B. 送丝机	C. 焊枪	D. PLC
7	单选题	欧姆龙视觉系统在并行通信设置时,会进行相关输入、输出端口的关联。输入状态栏显示从外部装置向视觉控制器输入的各信号输入状态,有信号输入时其背景颜色变为( )。对输出状态栏的 RUN、ERR、BUSY 等输出端口,显示各信号的输出状态,在有信号输出时,背景颜色变为( )。	C	中	4	A. 红色;绿色	B. 绿色;绿色	C. 红色;红色	D. 绿色;红色
8	单选题	工业机器人包含多种编程方式,其中( )能够直接针对工作站现场变成切合实际情况,最为符合现场环境,并且上手简单适合初学者。	A	中	4	A. 在线编程	B. 离线编程	C. 自主编程	D. 以上都不是
9	单选题	在( )主题内,可以进行 ABB 工业机器人 I/O 板与信号的配置。	A	中	4	A. I/O System	B. Motion	C. Process	D. Communication

续表

题号	题型	题干	正确答案	难易度	选项数	A	B	C	D
10	单选题	PROFINET 是一个完整的通信标准，可以满足在工控行业中对网络通信的所有要求。与 ISO/OSI 七层模型之间具有一定的对应关系，PROFINET 的 Ethernet 层相当于 OSI 模型的 Data Link 层和 Physical 层，通信标准采用（ ）。	A	中	4	A. IEEE802.3 协议	B. IEEE803.3 协议	C. IEEE805.3 协议	D. IEEE806.3 协议
11	单选题	工业机器人型号不同，可以使用的校准方法也不同。ABB IRB 1410 机型相对较大，如果按下“解除抱闸”按钮，通过外力使工业机器人保持姿态较为困难，危险度也将大大增加。因此对此类大型工业机器人优先选择（ ）的方法。	D	中	4	A. 省略校准	B. 手动校准	C. 输入数据	D. 自动校准
12	单选题	ABB 工业机器人手动标定工具主要用于（ ）工业机器人的零点标定。	A	中	4	A. 小型	B. 中型	C. 大型	D. 四轴
13	单选题	焊接机器人与操作者（上下料）在各工位间（ ）。操作人员将工件装夹固定好之后，按下操作台上的启动按钮，弧焊焊接机器人完成另一侧的焊接工作，马上会自动转到已经装好的待焊工件的工位上接着焊接，这种方式可以避免或减少机器人等候时间，提高生产率。	A	中	4	A. 交替工作	B. 同时工作	C. 往复工作	D. 以上说法均不对
14	单选题	机械装置的拆卸要按顺序进行，不要盲目乱拆。拆卸顺序与装配顺序相反，一般是先总成后部件再分解成组件、零件，由外向里逐级拆卸，边拆边查。拆卸的零件要放在固定盘中或平台上防止散失。为减少拆卸工作量和避免破坏配合性质，对进行过（ ）或拆卸后会影响精度的部件，一般不拆卸。	A	中	4	A. 特殊校准	B. 维修	C. 部件更换	D. 清洁
15	单选题	下列选项中允许有简单的条件分支，有感知功能，可以选择和设定工具等，有时还有并行功能，数据实时处理能力强的编程语言是（ ）。	A	中	4	A. 动作级	B. 对象级	C. 任务级	D. 以上都不是
16	单选题	自动化过程可以从运行（ ）、工艺流程优化、运动路径等角度来优化，从而使节拍更加紧凑，有效提高自动化执行效率。	A	中	4	A. 速度	B. 难度	C. 平稳性	D. 以上都不是
17	单选题	基于视觉反馈的自主编程是实现机器人路径自主规划的关键技术，其主要原理：在一定条件下，由主控计算机通过双目视觉传感器识别（ ），从而得出工件的三维尺寸数据。	B	中	4	A. 工件坐标	B. 工件图像	C. 工件材质	D. 工件型号

续表

题号	题型	题干	正确答案	难易度	选项数	A	B	C	D
18	单选题	采用视觉及力觉结合的打磨工作站，可进行两种工件的打磨作业，当作业开始时，首先通过视觉系统确定一种工件的位置，然后更换带有恒力装置的（ ）进行打磨作业。	C	中	4	A. 力传感器	B. 路径规划计算机	C. 打磨头	D. 视觉相机
19	单选题	典型的弧焊机器人工作站主要包括机器人系统、焊接电源系统、焊枪防碰撞传感器、（ ）、焊接工装系统、清枪器、控制系统、安全系统和排烟除尘系统。	B	中	4	A. 电机	B. 变位机	C. 夹具	D. 传送带
20	单选题	工业机器人语言操作系统包括三个基本的操作状态，其中（ ）可供操作者编制程序或编辑程序，尽管不同语言的编辑操作不同，一般均包括写入指令、修改或删去指令及插入指令等。	B	中	4	A. 监控状态	B. 编辑状态	C. 执行状态	D. 以上都不是
21	单选题	不同品牌的视觉控制系统有其支持的不同通信方式，欧姆龙视觉控制器支持并行通信、串行通信和工业以太网（无协议 TCP 通信）通信方式，其中串行通信具有（ ）的特点。	D	中	4	A. 多位数据一起传输，传输速度很快	B. 实时性强	C. 对周边温度、干扰要求会更高	D. 使用的数据线少，在远距离通信中可以节约通信成本
22	单选题	经过点位（ ）以后，工业机器人实际运行时将使用示教过程中保存的数据，经过插补运算，就可以再现示教点上记录的工业机器人位置。	B	中	4	A. 编译	B. 示教	C. 运算	D. 以上都不是
23	单选题	抛光打磨机器人工作站系统一般由工业机器人、打磨机具、（ ）、终端执行器等外围设备硬件系统和机器人力矩等软件系统组成。	A	中	4	A. 力控制设备	B. 速度控制设备	C. 变位机	D. 上位机监控
24	单选题	基于以太网实现的通信协议有 Profinet RT、Powerlink、（ ）等，这些通信协议不使用标准的 TCP/IP 协议而采用特殊的传输协议，但仍使用传统的以太网通信硬件，响应时间为 1ms。	D	中	4	A. Ethernet/IP	B. Modbus/TCP	C. Profinet IRT	D. EPA
25	单选题	通过检修和维修，可以将机器人的性能保持在稳定的状态。出现下列哪种情况时，可能需进行零点标定（ ）。	A	中	4	A. 机器人运行时与上次再生位置偏离，停止位置出现离差。	B. 机器人发生异常振动、响声	C. 有油分从各关节部件中渗出来	D. 空气 2 点套件泄水量显著

续表

题号	题型	题干	正确答案	难易度	选项数	A	B	C	D
26	单选题	通过检修和维修，可以将机器人的性能保持在稳定的状态。如工业机器人发生异常振动、响声，需执行一系列解决措施，以下处理方式不正确的是( )。	C	中	3	A. 螺栓松动时，使用防松胶，以适当的力矩切实拧紧。改变底板的平面度，使其落在公差范围内。确认是否夹杂异物，如有异物，将其去除掉	B. 加固架台、地板面，提高其刚性。难以加固架台、地板面时，通过改变动作程序，可以缓和振动	C. 确认机器人的负载允许值。超过允许值时，增大负载，或改变动作程序	D. 使机器人每个轴单独动作，确认哪个轴产生振动。需要拆下电机，更换齿轮、轴承、减速机等部件
27	单选题	属于工业机器人系统电压相关风险的是( )。	B	中	3	A. 释放制动闸时，关节轴会受到重力影响而坠落	B. 在维修故障、断开或连接各个单元时必须关闭工业机器人系统的主电源开关	C. 切勿将工业机器人当作梯子使用，存在工业机器人损坏的风险	D. 拆卸/组装机械单元时，请提防掉落的物体
28	单选题	( )是表面改性技术的一种，一般指借助粗糙物体(含有较高硬度颗粒的砂纸等)来通过摩擦改变材料表面物理性能的一种加工方法，主要目的是为获取特定表面粗糙度。	B	中	3	A. 焊接	B. 抛光打磨	C. 涂胶	D. 以上都不是
29	单选题	智能传感器的功能是通过模拟人的感官和大脑的协调动作，结合长期以来测试技术的研究和实际经验而提出来的，具备( )在电源接通时进行自检，诊断测试以确定组件有无故障。	A	中	3	A. 自诊断功能	B. 自适应功能	C. 信息存储功能	D. 数据处理功能
30	单选题	机器人发生故障后，其诊断与排除思路大体是相同的，为准确、快速地定位故障，应遵循( )的原则。	A	中	3	A. “先方案，后操作”	B. “先操作，后方案”	C. “操作为主”	D. “方案为主”
31	单选题	( )指令通常是由闭合某个开关或继电器而触发的，而开关和继电器又可能把电源接通或断开，直接控制工具运动，或送出一个小功率信号给电子控制器，让后者去控制工具。	A	中	3	A. 工具控制	B. 决策	C. 通信	D. 运动

续表

题号	题型	题干	正确答案	难易度	选项数	A	B	C	D
32	单选题	当工业机器人完成校准后，仍然有可能发生一些与校准相关的异常报错。如果 ABB 工业机器人示教器中显示 50477 错误代码，表示（ ）。	C	中	3	A. 缺少函数	B. 不允许该命令	C. 轴校准数据缺失	D. 向工业机器人存储器传输数据失败
33	单选题	工业机器人控制系统的主要任务是控制工业机器人在工作空间中的运动位置、姿态和轨迹、操作顺序及动作的时间等，其基本功能（ ）可以实现运行时系统状态监视、故障状态下的安全保护和故障自诊断。	D	中	3	A. 示教再现功能	B. 坐标设置功能	C. 与外围设备联系功能	D. 位置伺服功能
34	单选题	校准器具由（ ）和专用夹具组成，校准时将专用夹具固定于分度头的主轴锥孔中，调整分度头使平板大致水平，将水平尺固定在平板上，然后逐项进行校准。	D	中	3	A. 试电笔	B. 水平尺	C. 平板	D. 光学分度头
35	单选题	抛光打磨工作站安装通常包括（ ）。①打磨抛光主轴安装；②吹气嘴工装安装；③工作台安装	A	中	3	A. ①②③	B. ①②	C. ②③	D. ①③
36	单选题	工业机器人系统能根据传感器的（ ）信息做出决策。	B	中	3	A. 输出	B. 输入	C. 处理	D. 通信答案

题号	题型	题干	正确答案	难易度	选项数	A	B	C	D
1	多选题	点焊工作站中，从阻焊变压器与焊钳的结构关系上可将焊钳分为( )。	ABD	中	3	A. 内藏式	B. 分离式	C. 集中式	D. 一体式
2	多选题	进行电气连接操作时，引入电控柜电缆应符合以下哪些要求( )。	ABC	中	4	A. 引入电控柜内的电缆应排列整齐，编号清晰，避免交叉，固定牢固，不得使所接的端子排受机械力	B. 直流回路中有水银接点的电器，电源正极应接到水银侧接点的一端	C. 电缆在进入电控柜后，应该用卡子固定和扎紧，并应接地	D. 在油污环境中，应采用耐油的绝缘导线，例如橡胶或塑料绝缘导线
3	多选题	工业机器人不得在以下列出的哪些情况下使用。( )	ABC	中	4	A. 燃烧的环境	B. 有爆炸可能的环境	C. 无线电干扰的环境	D. 干燥的环境
4	多选题	以下选项中，属于以机械能为焊接能源的焊接类型是( )。	BCD	中	4	A. 爆炸焊	B. 摩擦焊	C. 冷压焊	D. 超声波焊
5	多选题	视觉传感器故障主要是相机故障和控制器故障，可能造成相机无图像故障的选项有( )。	ACD	中	4	A. 外加电源极性不正确	B. 镜头选择错误	C. 输出电压误差值大	D. 镜头光圈没打开
6	多选题	PLC在国内外已广泛应用于钢铁、石油、化工、电力、建材、机械制造、汽车、轻纺、交通运输、环保及文化娱乐等各个行业。大致可归纳为( )几类。	ABD	中	4	A. 开关量逻辑控制和模拟量控制	B. 运动控制和过程控制	C. 视频处理和监控控制	D. 数据处理和通信及联网
7	多选题	焊接机器人主要包括机器人和焊接设备两部分，是一个机电一体化的设备。世界各国生产的焊接用机器人基本上都属于关节型机器人，目前焊接机器人应用中比较普遍的主要有( )。	ABC	中	4	A. 点焊机器人	B. 弧焊机器人	C. 激光机器人	D. SCARA 机器人
8	多选题	ABB工业机器人手动标定工具主要包括( )。	ABCD	中	4	A. 内六角扳手	B. 标定板	C. 导销	D. 连接螺钉
9	多选题	ABB IRB120 工业机器人系统中，( )指令可以用来等待一个数字量输入信号。	BC	中	4	A. WaitDO	B. WaitDI	C. WaitUntil	D. WaitTime

题号	题型	题干	正确答案	难易度	选项数	A	B	C	D
1	判断题	在焊接工作站中，送丝盘只能安装在机器人 1 轴处。（ ）	B	中	2	A. 正确	B. 错误		
2	判断题	在机器视觉系统中，摄像机的选择必须符合所需的几何形状、照明亮度、均匀度、发光的光谱特性等，同时还要考虑光源的发光效率和使用寿命。（ ）	B	中	2	A. 正确	B. 错误		
3	判断题	目前，点焊机器人只用于增强焊接作业，即向已经拼接好的工件上增加焊点。（ ）	B	中	2	A. 正确	B. 错误		
4	判断题	常规的打磨方案采用人工打磨，生产效率低，工作周期长，而且精度不高，产品均一性差。尤其是打磨现场的噪声和光污染对工人的伤害特别大。（ ）	B	中	2	A. 正确	B. 错误		
5	判断题	与机器人电弧焊相比，机器人激光焊的焊缝跟踪精度要求更高。（ ）	A	中	2	A. 正确	B. 错误		

高级实操试题

ABB高级工业机器人应用编程1+X实操题（高级）

1+X制度试点工作

工业机器人应用编程职业技能等级证书

实操考试试卷

高级

本次考核需要完成一个工业机器人“搬运”应用系统集成项目，工业机器人应用编程职业技能等级高级证书实操考试从集成方案设计、工作站虚拟仿真和系统编程调试方面考核职业技能。

上机考试相关技术文件和现场考试相关技术文件均存储在计算机“D盘/技能考核”文件夹中。

考核模块一：工作站搭建（30分）

1. 工作站塔建

（1）利用PQArt软件新建集成系统工作站工程文件，并命名为“智能制造单元系统集成应用平台高级”。

（2）利用工作站选项插入“KH11高级”工作站，并以执行单元为基准按照图1所示布图工作站。

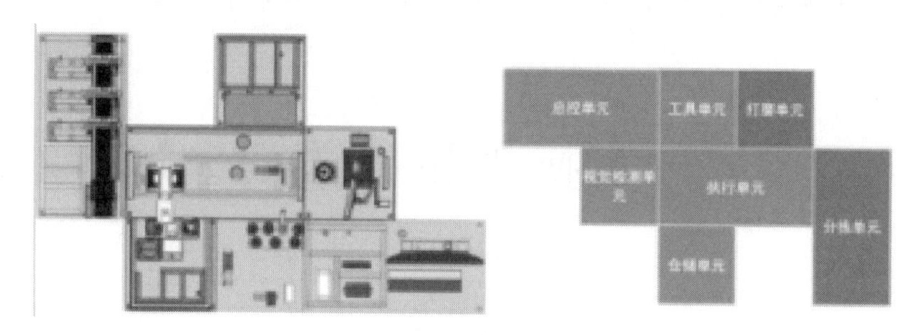

图1 工作站布局

（3）触摸屏适配。在设备库中选用适合的触摸屏设备，安装于总控单元的图2所示控制台处，注意触摸屏安装方向需便于操作人员操纵，且其背面与控制台贴合。

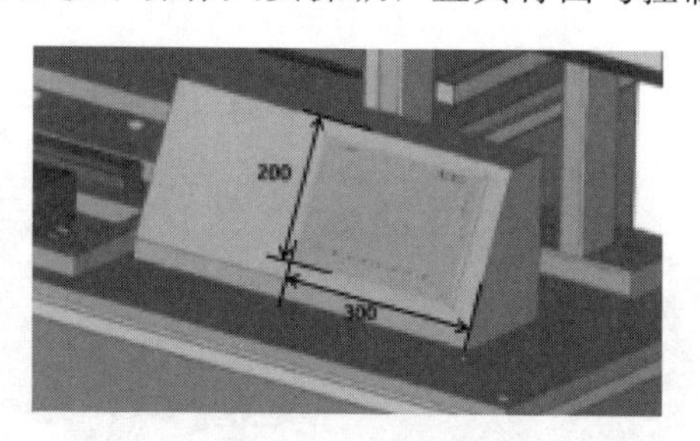

图2 触摸屏安装位置（单位：mm）

工作站触摸屏设备的需求：

① 具备支持以太网通信的接口，支持PROFINET协议通信；

② 触摸屏尺寸适中；

③ 使用面广，编程操作简单。

2. 离线编程

手动调节工业机器人随导轨运动至便于安装工具的位置，基于当前工作站布局离线编写程序并仿真，实现工业机器人由Home点位姿运动至工具单元，抓取吸盘工具，然后在装载吸盘工具的状态下返回Home点。工业机器人在Home点各关节轴数据为（0，0，0，0，90，0），如图3所示。

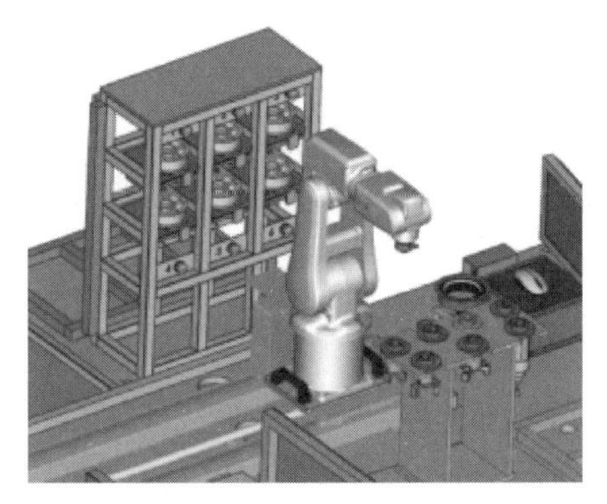

图 3　工业机器人离线编程初始位置

要求：工业机器人运动轨迹无不可达点、碰撞点、奇异点和轴超限等问题。

考核模块二：系统编程调试（70 分）

1. PLC 网络组态及 PLC 程序下载与调试。

（1）完成 PLC1、PLC2、PLC3 的 IP 设备。

要求：PLC 与工作站通信网络中其他设备的 IP 地址在同一网段，且互不重叠。

注意：PLC1 为总控单元中用于控制和监控工作站设备状态的可编程控制器，PLC2 为用于控制和监控工作站指示灯和按钮等状态的可编程控制器，PLC3 为执行单元用于控制伺服滑台动作的可编程控制器。

（2）考核模块 PLC 程序已经完成编写并存储于计算机“D 盘/技能考核”文件夹中，现需分别下载以上程序至对应工作站的 PLC1、PLC2、PLC3 硬件设备中。

联机调试并测试仓储单元控制程序，控制指定料仓的弹出和缩回；调试并测试执行单元控制程序，控制工业机器人随滑台移动。

2. 工业机器人程序编写与调试。

编写工业机器人搬运轮毂流程程序 PCarryHub 并调试运行，实现：手动修改联机 PLC 控制程序中的 Q16.0～Q16.5 输出状态控制指定料仓弹出，工业机器人接收到料仓已弹出的信号之后，将移动到工具单元处，装载工具，然后移动至弹出的料仓处取出轮毂，将轮毂放置到分拣单元的上料工位，最后工业机器人将工具放回工具架。分拣单元上料工位如图 4 所示。

图 4　分拣单元上料工位

注意：工作站上位机控制界面，操控执行单元控制界面可以控制工业机器人随滑台移动，示教编程时可辅助使用。

要求：搬运轮毂流程程序 PCarryHub 包含的各个子程序的功能如下。

（1）MGetTool 取工具程序

该程序为带参数的例行程序，实现调用程序时，改变工具参数号（工具参数号对应工具架上工具的编号顺序）后，工业机器人取工具架上对应工具编号的工具。

注意：编写程序时，工具参数号需要与当前工作站中工具在工具架上的摆放位置及编号对应。

（2）FRobotSlide 伺服滑台移动程序

该程序为带参数的例行程序，输入位置和移动速度参数后，可以控制伺服滑台以设定的速度在导轨上移动到指定位置。

（3）MGetHub 取料仓轮毂程序

工业机器人接收到任务料仓已弹出信号之后，沿着滑台移动至此料仓位置处，取出该轮毂。

（4）Msorting 分拣单元轮毂上料程序

工业机器人沿滑台移动至分拣单元，将夹持的轮毂上料至分拣单元的上料位。

（5）MPutTool 放工具程序

该子程序为带参数的例行程序，改变工具参数号（工具参数号对应工具架上工具的编号程序），工业机器人可以将工具放回到工具架对应工具编号的位置上。

以上流程涉及的工业机器人 I/O 信号见表 1。

表 1　工业机器人搬运程序 I/O 信号

信号名称	工业机器人 I/O 地址	功能说明	对应硬件	PLC 地址
工业机器人输入信号				
FrPDigServoArrive	15	伺服滑台运动到位的反馈信号，当信号值为 1 时，表示伺服滑台移动到指定距离位置；当信号为 0 时，表示伺服滑台尚未移动到指定距离位置	PLC3 板载数字量输出	Q0.4
FrPDigStorage10ut～ FrPDigStorage60ut	0～5	料仓弹出反馈信号，信号值为 1 时，分别表示告知工业机器人仓储单元的 1～6 号料仓已经弹出到位	总控单元 PLC1 远程 I/O 模块 No.5 FR2108 输出信号	Q16.0～ Q16.5
工业机器人输出信号				
ToPAnaVelocity	32～47	控制伺服滑台运动速度信号，该信号值用于指定伺服滑台的运动速度值	PLC3 板载模拟量输入信号	1W64
ToTDigQuickChange	0	控制工具快换装置动作，当信号值为 1 时，控制工具快换装置主端口钢珠缩回；当信号值为 0 时，控制工具快换装置主端口钢珠弹出	快换装置	—
ToTDigGrip	2	控制夹爪类工具动作，当信号值为 1 时，控制夹爪工具闭合；当信号值为 0 时，控制夹爪工具张开	夹爪类工具	—

续表

信号名称	工业机器人 I/O 地址	功能说明	对应硬件	PLC 地址
ToPDigHome	8	控制伺服滑台回原点信号，信号值为 1 时，通过 PLC3 间接控制滑台回原点	PLC3 SM1221 数字量输入模块	19.0
ToPDigServoMode	11	伺服滑自动/手动模式切换信号，信号值为 1 时为自动模式，可通过给定工业机器人运动参数控制伺服滑台移动；值为 0 时为手动模式，可实现手动点动控制伺服滑台移动		19.3
ToPDigFinishHub	13	料仓取/放料完成信号，信号值为 1 时触发 PLC1 间接控制对应料仓缩回	执行单元 PLC1 远程 I/O 模块 No. 2 FR1108 数字量输入模块	117.5
ToPGroPosition	0～7	控制伺服滑台移动距离信号，自动模式时，设置组信号的值触发 PLC3 间接控制滑台移动的距离（0～760mm 行程范围）	PLC3 SM1221 数字量输入模块	IB8

工业机器人搬运程序中建议使用的空间轨迹点位、坐标系及变量见表 2。

表 2　工业机器人搬运轮毂零件轨迹点位、坐标系、变量

名称	功能描述
工业机器人空间轨迹点	
Home	工业机器人工作原点安全姿态（其中一轴、二轴、三轴、四轴、六轴均为 0°，五轴为 90°）
HomeLeft	工业机器人工作原点左侧安全姿态（其中二轴、三轴、四轴、六轴均为 0°，一轴和五轴为 90°）
HomeRight	工业机器人工作原点右侧安全姿态（其中二轴、三轴、四轴、六轴均为 0°、一轴为－90°，五轴为 90°）
Area060OR	取、放工具过渡点位
Area010OR	取、放 1 号和 4 号料仓轮毂过渡点位
Area0101R	取、放 2 号和 5 号料仓轮毂过渡点位
Area0102R	取、放 3 号和 6 号料仓轮毂过渡点位
ToolPoint(7)	一维数组，用于存放工业机器人取，放 7 个工具的点位数据
StorageHubPoint{6}	一维数组，用于存放工业机器人取，放仓储单元六个仓位处轮毂的点位数据
Area0502W	分拣单元传送带末端放置轮毂的位置，即上料位置
工具坐标系	
tool0	默认 TCP（法兰盘中心）
变量	
NumPosition	用于存储伺服滑台位置的中间变量
QuickChangeMotion	定义触发数据，对应使快换装置主端口钢珠缩回

工业机器人应用编程职业技能等级（ABB 高级）实操评分表

场次号　　工位号　　开始时间　　结束时间

考试内容		扣分标准	扣分
操作不当破坏考场提供的设备	工业机器人碰撞，夹具或工件碰损	5 分/次	
	工业机器人碰撞，夹具及工件无损换	3 分/次	
	不按安全规范，强行安装或拆卸设备部件	5 分/次	
	破坏设备无法进行考试	取消考试资格	是　否
违反考场纪律，扰乱考场秩序	在发出开始考试指令前，提前操作	扣 3 分	
	不服从考评员指令	取消考试资格	是　否
	在发出结束考试指令后，继续操作	扣 3 分	
	其他违反考场纪律的情况	扣 3 分/次	
	擅自离开考试工位	取消考试资格	是　否
	与其他工位的考生交流	扣 3 分/次	
	在考场大声喧哗、无理取闹	取消考试资格	是　否
	携带纸张、U 盘、手机等不允许携带的物品进场	取消考试资格	是　否
扣分合计			

评分表

序号	评分内容	结果划圈	分值	得分
考核模块一：集成系统仿真			30	
1	利用 PQArt 软件新建集成系统工作站工程文件，并命名为“智能制造单元系统集成应用平台高级”	是　否	1	
	利用工作站选项插入“KH11 高级”工作站	是　否	1	
	按照要求正确布局工作站，正确布局两个单元以上得基础分 4 分，在此基础上每正确布局一个单元得 2 分，共 14 分		14	
	正确选择并将 KTP 900 Basic 触摸屏设备导入工作站	是　否	1	
	正确安装 KTP 900 Basic 触摸屏设备，背面与控制台贴合	是　否	3	
	正确安装 KTP 900 Basic 触摸屏设备，基准尺寸与要求一致	是　否	2	
2	离线编写程序，实现工业机器人从 Home 点位姿运动至吸盘工具拾取位置	是　否	2	
	离线编写程序，实现工业机器人在吸盘工具拾取位置抓取吸盘工具	是　否	2	
	离线编写程序，实现工业机器人在装载吸盘工具的状态下返	是　否	2	

工业机器人应用编程职业技能等级（ABB 高级）实操评分表

场次号　　工位号　　开始时间　　结束时间

序号	评分内容	结果划圈	分值	得分
	回 Home 点			
	工业机器人运动轨迹无不可达点、碰撞点、奇异点和轴超限等问题	是　否	2	
考核模块二：集成系统编程调试			70	
1	正确设置 PLC1 的 IP 地址	是　否	1	
	正确设置 PLC2 的 IP 地址	是　否	1	
	正确设置 PLC3 的 IP 地址	是　否	1	
	正确下载 PLC1 设备程序	是　否	1	
	正确下载 PLC2 设备程序	是　否	1	
	正确下载 PLC3 设备程序	是　否	1	
	正确调试仓储单元控制程序，控制指定料仓弹出和缩回	是　否	4	
	正确调试测试执行单元控制程序，控制工业机器人随滑台移动	是　否	4	
2	正确编写 MGetTool 取工具程序，实现夹爪工具抓取	是　否	4	
	MGetTool 取工具程序为带参数的例行程序，改变工具参数号（工具参数号对应工具架上工具的编号顺序）号，工业机器人取工具架上对应工具编号的工具	是　否	4	
	正确编写 FRobotSlide 伺服滑台移动程序（4 分），实现输入位置和移动速度参数后，可以控制伺服滑台以设定的速度在导轨上移动到指定位置（4 分）	是　否	8	
	正确编写 MGetHub 取料仓轮毂程序（4 分），实现工业机器人接收到触摸屏上选择的对应料仓已弹出信号之后，沿着滑台移动至此料仓位置处，取出该轮毂（12 分）	是　否	16	
	正确编写 Msorting 分拣单元轮毂上料程序（2 分），实现工业机器人沿滑台移动至分拣单元，将夹持的轮毂上料至分拣单元的上料位（2 分）	是　否	4	
	正确编写 MPutTool 放工具程序，实现工业机器人可以将夹爪工具放回到工具架对应工具编号的位置上	是　否	4	
	MPutTool 放工具程序为带参数的例行程序，改变工具参数号（工具参数号对应工具架上工具的编号顺序），工业机器人可以将工具放回到工具架对应工具编号的位置上	是　否	4	
	在主程序中按照工艺流程调用各子程序，并联合调试，实现轮毂搬运流程	是　否	12	

监考签字：　　　　　　　　　　　　日期：

参考文献

[1] 韩鸿鸾，丛培兰，谷青松．工业机器人系统安装调试与维护．北京：化学工业出版社，2017．

[2] 韩鸿鸾．工业机器人工作站系统集成与应用．北京：化学工业出版社，2017．

[3] 韩鸿鸾，蔡艳辉，卢超．工业机器人现场编程与调试．北京：化学工业出版社，2017．

[4] 韩鸿鸾，宁爽，董海萍．工业机器人操作．北京：化学工业出版社，2018．

[5] 韩鸿鸾，张云强．工业机器人离线编程与仿真．北京：化学工业出版社，2018．

[6] 韩鸿鸾．工业机器人装调与维修．北京：化学工业出版社，2018．

[7] 韩鸿鸾，张林辉，孙海蛟．工业机器人操作与应用一体化教程．西安：西安电子科技大学出版社，2020．

[8] 韩鸿鸾，时秀波，毕美晨．工业机器人离线编程与仿真一体化教程．西安：西安电子科技大学出版社，2020．

[9] 韩鸿鸾，周永钢，王术娥．工业机器人机电装调与维修一体化教程．西安：西安电子科技大学出版社，2020．

[10] 韩鸿鸾，相洪英．工业机器人的组成一体化教程．西安：西安电子科技大学出版社，2020．

[11] 韩鸿鸾等．KUKA（库卡）工业机器人装调与维修．北京：化学工业出版社，2020．

[12] 韩鸿鸾等．KUKA（库卡）工业机器人编程与操作．北京：化学工业出版社，2020．

[13] 王志强等．工业机器人应用编程（ABB）初级．北京：高等教育出版社，2020．

[14] 王志强等．工业机器人应用编程（ABB）中级．北京：高等教育出版社，2020．

[15] 韩鸿鸾．工业机器人在线编程一体化教程．西安：西安电子科技大学出版社，2021．

[16] 韩鸿鸾等．工作站集成一体化教程．西安：西安电子科技大学出版社，2021．